新世纪普通高等教育计算机类课程规划教材

# 离散数学及其应用

（第三版）

◎ 主　编　何中胜
副主编　王　晖
郭海涛

**图书在版编目(CIP)数据**

离散数学及其应用 / 何中胜主编. -- 3 版. -- 大连：大连理工大学出版社，2024.7

新世纪普通高等教育计算机类课程规划教材

ISBN 978-7-5685-4631-7

Ⅰ. ①离… Ⅱ. ①何… Ⅲ. ①离散数学－高等学校－教材 Ⅳ. ①O158

中国国家版本馆 CIP 数据核字(2023)第 196944 号

**LISAN SHUXUE JI QI YINGYONG**

大连理工大学出版社出版

地址：大连市软件园路 80 号　邮政编码：116023

发行：0411-84708842　邮购：0411-84708943　传真：0411-84701466

E-mail：dutp@dutp.cn　URL：https://www.dutp.cn

沈阳市永鑫彩印厂印刷　　大连理工大学出版社发行

幅面尺寸：185mm×260mm　印张：16.5　字数：402 千字

2011 年 4 月第 1 版　　2024 年 7 月第 3 版

2024 年 7 月第 1 次印刷

责任编辑：孙兴乐　　责任校对：齐　欣

封面设计：张　莹

ISBN 978-7-5685-4631-7　　定　价：54.80 元

# 前言 Preface

离散数学是研究离散数量关系和离散结构数学模型的数学分支的统称，是现代数学的一个重要分支，是计算机科学基础理论的核心课程。它在各学科领域，特别是在计算机科学与技术领域有着广泛的应用，如可计算性与计算复杂性理论、算法与数据结构、操作系统、数据库与信息检索系统、人工智能与机器人、网络、计算机图形学，以及人机通信。作为一门重要的专业基础课，离散数学的教学，不仅能为学生的专业课学习及将来所从事的软、硬件开发和应用研究打下坚实的基础，同时还能培养他们的抽象思维能力和逻辑推理能力。

本教材是编者在多年离散数学教学经验基础上，结合普通高校人才培养方案及学生能力结构要求编写而成的，强调“有基础，强能力；重实践，强应用”，具有如下特色：

1. 内容体系严谨、重点突出、讲解翔实，基本涵盖了计算机科学与技术专业离散结构的必修核心知识单元。

2. 例题的选材注重理论联系实际，例题分析注重解题思想和方法，从而使学生能够在较短的时间较好地掌握离散数学的基本概念、理论和方法，并得到较多的思维训练。

3. 对每一篇(章)知识的来龙去脉通过阅读材料的形式展现给学生，既增加了学生对知识背景的了解，扩大了学生的知识面，又增强了学生的学习兴趣。

4. 针对与应用关系密切的知识设计编程实践项目，一方面加强学生对知识点的掌握，另一方面向学生灌输“离散数学不纯粹是数学”的理念，加深理解离散数学与计算机专业之间的密切联系。

5. 本教材响应二十大精神，推进教育数字化，建设全民终身学习的学习型社会、学习型大国，及时丰富和更新了数字化微课资源，以二维码形式融合纸质教材，使得教材更具及时性、内容的丰富性和环境的可交互性等特征，使读者学习时更轻松、更有趣味，促进了碎片化学习，提高了学习效果和效率。

6.将同类且对比鲜明的概念或内容集中叙述，并通过典型的实例进行对比说明，使学生深刻理解它们的区别与联系。

本教材共分4篇：第1篇为数理逻辑；第2篇为集合论；第3篇为代数系统；第4篇为图论。本教材中加*号的章节为选修内容。

本教材可作为计算机科学与技术及信息类专业的基础理论教材，也可作为有关技术人员的学习参考用书。

本教材由常州工学院何中胜任主编，哈尔滨信息工程学院王晖、哈尔滨远东理工学院郭海涛任副主编，常州铂沃尔智能科技有限公司游辉敏参与了编写。具体编写分工如下：第1～4章、第7章由何中胜编写，第5章由王晖编写，第6章由郭海涛编写。全书由何中胜统稿并定稿。

在编写本教材的过程中，编者参考、引用和改编了国内外出版物中的相关资料以及网络资源，在此表示深深的谢意！相关著作权人看到本教材后，请与出版社联系，出版社将按照相关法律的规定支付稿酬。

限于水平，书中仍有疏漏和不妥之处，敬请专家和读者批评指正，以使教材日臻完善。

编　者

2024年6月

所有意见和建议请发往：dutpbk@163.com

欢迎访问高教数字化服务平台：https://www.dutp.cn/hep/

联系电话：0411-84708445　84708462

# 目录 Contents

## 第1篇 数理逻辑



## 第2篇 集合论

## 第3篇 代数系统



## 第4篇 图 论

# 第1篇
# 数理逻辑

逻辑学是一门研究思维形式及思维规律的科学，分为辩证逻辑与形式逻辑两种。前者是以辩证法认识论的世界观为基础的逻辑学，而后者主要是对思维的形式结构和规律进行研究的类似于语法的一门工具性学科。思维的形式结构包括了概念、判断和推理之间的结构和联系，其中概念是思维的基本单位，通过概念对事物是否具有某种属性进行肯定或否定的回答就是判断；由一个或几个判断推出另一个判断的思维形式，就是推理。研究推理有很多方法，用数学方法来研究推理的规律称为数理逻辑。目前数理逻辑已成为计算机学科中的重要分支，由于它使用一套符号简洁地表达出各种推理的逻辑关系，因此数理逻辑又称为符号逻辑或理论逻辑。

大家公认的数理逻辑起源于公元17世纪。19世纪英国的德·摩根(De Morgan)和乔治·布尔(George Boole)发展了逻辑代数，20世纪30年代数理逻辑进入了成熟时期，其基本内容(命题逻辑和谓词逻辑)有了明确的理论基础，成为数学的一个重要分支，同时也是电子元件设计和性质分析的工具。基于理论研究和实践，冯·诺伊曼(Von Neumann)、图灵(Turing)、克林(Kleene)等人研究了逻辑与计算的关系。随着1946年第一台通用电子数字计算机的诞生和近代科学的发展，计算技术中出现了大量的逻辑问题，而逻辑程序设计语言的研制，更促进了数理逻辑的发展。除古典二值(真，假)逻辑外，人们还研究了多值逻辑、模态逻辑、概率逻辑、模糊逻辑和非单调逻辑等。逻辑不仅有演绎逻辑，还有归纳逻辑。计算机科学中还专门研究了计算逻辑、程序逻辑和时序逻辑等。现代数理逻辑分为四论：证明论、递归论(它们与形式语言的语法有关)、模型论和公理化集合论(它们与形式语言的语义有关)。

在传统的形式逻辑中，先讨论概念，后讨论判断(即命题)，再讨论推理，这是因为概念组成判断，判断又组成推理。但是，这未必是一种好的次序安排。事实上，如果我们把推理作为研究的根本目标，先忽略判断的细节——概念，把判断看作不可分的整体——命题来讨论，也就是以命题演算入手，那将更便于对推理规律进行分析；在此基础上，再引入概念的形式表示——谓词，讨论概念、关系的理论——谓词演算，把推理的研究引向更加深刻的层次，其内容编排就显得格外顺理成章。本篇的阐述正是遵循这一次序，第1章讨论命题、命题演算及其推理形式，第2章讨论谓词、谓词演算及其推理形式。

# 第1章

# 命题逻辑

数理逻辑是用数学方法来研究推理规律的学科。数理逻辑与数学的其他分支、计算机科学技术、人工智能和语言学等学科均有密切联系。数理逻辑最基本的内容是命题逻辑和谓词逻辑。这里，我们先介绍命题逻辑。

命题逻辑研究的是以原子命题为基本单位的推理演算，其特征在于，研究和考查逻辑形式时，我们把一个命题只分析到其中所含的原子命题成分为止。通过这样的分析可以显示出一些重要的逻辑形式，这种形式和有关的逻辑规律就属于命题逻辑。

## 1.1 命题及其表示

### 1.1.1 命题的基本概念

语言的单位是句子。句子可以分为疑问句、祈使句、感叹句与陈述句等，其中只有陈述句能判断真假，其他类型的句子无所谓真假。在命题逻辑中，对命题的组成部分不再进一步细分。

**定义 1.1.1** 能够判断真假的陈述句称为命题(Proposition)。命题的判断结果称为命题的真值，常用 1 (或大写字母 T)表示真，用 0(或大写字母 F)表示假。凡是与事实相符的陈述句，即真值为真的命题称为真命题，而与事实不符的陈述句，即真值为假的命题称为假命题。

从这个定义可以看出命题有两层含义：(1)命题是陈述句。其他的语句，如疑问句、祈使句、感叹句均不是命题；(2)这个陈述句表示的内容可以分辨真假，而且不是真就是假，不能不真也不假，也不能既真又假。

【例 1-1】 判断下列语句是否为命题，若是并指出其真值。

(1)北京是中国的首都。

(2)2 是偶数且 3 也是偶数。

(3)$2+2=5$ 。

(4)请勿吸烟！

(5)乌鸦是黑色的吗?

(6)这个小男孩多勇敢啊!

(7)地球外的星球上存在生物 。

(8)1+101=110。

(9)$x+y=5$。

(10)我正在说谎。

**解** (1)～(3)是命题,其中(1)是真命题,(2)、(3)是假命题。值得注意的是,像 2+2=5 这样的数学公式也是一个命题,事实上,一个完整的数学公式与一个完整的陈述句并没有什么本质的差异。(4)是祈使句,(5)是疑问句,(6)是感叹句,因而这 3 个句子都不是命题。(7)是命题,虽然目前我们无法确定其真值,但它的真值客观存在,而且是唯一的,随着科技的发展,不久的将来就会知道其真值。因此,一个语句本身是否能分辨真假与我们是否知道它的真假是两回事。也就是说,对于一个句子,有时我们可能无法判定它的真假,但它本身却是有真假的,那么这个语句就是命题,否则就不是命题。(8)也是命题,但它的真假意义通常和上下文有关,当作为二进制的加法时,它是真命题,否则为假命题。(9)不是命题,虽然是陈述句,但没有确定的真值,其真假随 $x$、$y$ 取值的不同而有改变。(10)不是命题,若(10)的真值为真,即“我正在说谎”为真,则(10)的真值应为假;反之,若(10)的真值为假,即“我正在说谎”为假,也就是“我正在说真话”为真,则又推出(10)的真值应为真;可见(10)的真值无法确定,它显然不是命题,像(10)这样由真推出假,又由假推出真的语句叫悖论,凡是悖论都不是命题。

### 1.1.2 命题分类

我们知道语言中陈述句按其结构可分为简单语句与复合语句,复合语句是由若干个简单语句通过连词连接构成。相应地,命题按结构也可以分为两类,一类是原子命题,一类是复合命题。

**定义 1.1.2** 不能被分解为更简单的陈述语句的命题称为原子命题(Simple Proposition )。由两个或两个以上原子命题通过联结词组合而成的命题称为复合命题(Compound Proposition )。

例如,例 1.1.1 中的命题(1)(3)(7)(8)为原子命题,而命题(2)是复合命题,是由“2 是偶数。”与“3 是偶数。”两个原子命题由联结词“且”组成,该命题的真值不仅依赖于这两个组成它的命题,还依赖于这个联结词的意义。像这样的联结词称为逻辑联结词(Logical Connectives)。

### 1.1.3 命题标识符

为了对命题进行逻辑演算,我们对原子命题进行符号化(形式化),约定用大写字母 P,Q,R,S 等表示原子命题(为了避免与真值 T 及 F 混淆,建议不用 T 及 F 表示原子命题)。例如,用 P 表示“北京是中国的首都”,Q 表示“5 可以被 2 整除”等。

**定义 1.1.3** 表示原子命题的符号称为命题标识符(Identifier)。

命题标识符依据表示命题的情况,分为命题常元和命题变元。一个表示确定命题的标识符称为命题常元(或命题常项)(Propositional constant);没有指定具体内容的命题标识符称为命题变元(或命题变项)(Propositional Variable)。命题变元的真值情况不确定,因而命题变元不是命题。只有给命题变元 $P$ 一个具体的命题时,$P$ 有了确定的真值,$P$ 才成为命题。

**定义 1.1.4** 用一个确定的命题代入一个命题标识符(如 P),称为对 P 进行指派(赋值,或解释)。

如果命题标识符 P 代表命题常元则意味它是某个具体原子命题的符号化,如果 P 代表命题变元则意味着它可指代任何具体原子命题。本书中如果没有特别指明,通常来说命题标识符 P 等是指命题变元,即可指代任何原子命题。

## 1.2 逻辑联结词

日常生活、工作和学习中,自然语言里我们常常使用下面的一些联结词,例如:非,不,没有,无,并非,并不等等来表示否定;并且,同时,以及,而(且),不但…而且…,既…又…,尽管…仍然,和,也,同,与等等来表示同时;虽然…也…,可能…可能…,或许…或许…等和"或(者)"的意义一样;若…则…,当…则…与"如果…那么…"的意义相同;充分必要,等同,一样,相同与"当且仅当"的意义一样。即在自然语言中,这些逻辑联结词的作用一般是同义的。在数理逻辑中将这些同义的联结词统一用符号表示,以便书写、推演和讨论。

本节主要介绍 5 种常用的逻辑联结词(Logical Connectives),分别是"非"(否定联结词)、"与"(合取联结词)、"或"(析取联结词)、"若…则…"(条件联结词)、"…当且仅当…"(双条件联结词),通过这些联结词可以把多个原子命题复合成一个复合命题。

### 1.2.1 否定联结词

**定义 1.2.1** 设 $P$ 表示一个命题,$P$ 的否定(Negation)是一个新的命题,记为$\neg P$(读作非 $P$)。规定若 $P$ 为 1,则$\neg P$ 为 0;若 $P$ 为 0,则$\neg P$ 为 1。

$\neg P$ 的取值情况依赖于 $P$ 的取值情况,真值情况见表 1-1。

表 1-1 联结词"$\neg$"的定义

| $P$ | $\neg P$ |
|---|---|
| 1 | 0 |
| 0 | 1 |

日常用语中的"非","不","无","没有","并非"等均可用否定词表示。但要注意,否定词是否定命题的全部,而不是部分。它是一个一元运算。

【例 1-2】 (1)令 $P$ 表示命题"雪是白的",则$\neg P$ 表示"并非雪是白的""雪不是白的",此时$\neg P$ 为假,因为 $P$ 为真。

(2)令 $P$ 表示命题"常州处处清洁"时,则$\neg P$ 表示"常州并非处处清洁",而不是"常州处处不清洁"。

### 1.2.2 合取联结词

**定义 1.2.2** 设 $P$、$Q$ 为两个命题,$P$ 和 $Q$ 的合取(Conjunction)是一个复合命题,记为 $P\wedge Q$(读作 $P$ 与 $Q$),称为 $P$ 与 $Q$ 的合取式。规定 $P$ 与 $Q$ 同时为 1 时,$P\wedge Q$ 为 1,其

余情况下，$P \wedge Q$ 均为 0。

联结词“∧”的定义见表 1-2。

表 1-2 联结词“∧”的定义

| $P$ | $Q$ | $P \wedge Q$ |
|---|---|---|
| 0 | 0 | 0 |
| 0 | 1 | 0 |
| 1 | 0 | 0 |
| 1 | 1 | 1 |

日常用语中的“与”“和”“也”“并且”“而且”“既…又…”、“一面…一面…”等可用合取词表示。

【例 1-3】 (1)令 $P$ 表示命题“你去了学校”，$Q$ 表示命题“我去了工厂”，则 $P \wedge Q$ 表示命题“你去了学校并且我去了工厂”。$P \wedge Q$ 为真，当且仅当你、我分别去了学校和工厂。

(2)令 $P$：今天下雨。$Q$：今天刮风。则 $P \wedge Q$ 表示命题“今天下雨又刮风。”

(3)令 $P$：猫吃鱼。$Q$：太阳从西方升起。则表示命题“猫吃鱼且太阳从西方升起。”在自然语言中，此命题 $P \wedge Q$ 是没有实际意义的，因为 $P$ 与 $Q$ 两个命题是互不相干的，但在数理逻辑中是允许的，数理逻辑中只关注复合命题的真值情况，并不关心原子命题之间是否存在着内在联系。

需要注意的是，并非命题中所有出现的“与”或“和”就一定使用合取词，而是要看它在命题中的含义。例如，“张三和李四是同学”就不是一个复合命题，虽然命题中也使用了联结词“和”，但这个联结词“和”是联结该句主语的，而整个句子仍是简单命题，因此只能用一个命题变元 $P$ 表示。

命题联结词“∧”甚至可以将两个互为否定的命题联结在一起，形如 $P \wedge \neg P$，显然它的真值永远是假，称为矛盾式。“∧”是一个二元运算。

### 1.2.3 析取联结词

**定义 1.2.3** 设 $P$、$Q$ 为两个命题，$P$ 和 $Q$ 的析取(Disjunction)是一个复合命题，记为 $P \vee Q$(读作 $P$ 或 $Q$)，称为 $P$ 与 $Q$ 的析取式。规定当且仅当 $P$ 与 $Q$ 同时为 0 时，$P \vee Q$ 为 0，否则 $P \vee Q$ 均为 1。

析取联结词“∨”的定义见表 1-3。

表 1-3 联结词“∨”的定义

| $P$ | $Q$ | $P \vee Q$ |
|---|---|---|
| 0 | 0 | 0 |
| 0 | 1 | 1 |
| 1 | 0 | 1 |
| 1 | 1 | 1 |

日常用语中的“或”，“要么…要么…”等可用析取联结词表示。

【例 1-4】 令 $P$，$Q$ 分别表示“今晚我看书”和“今晚我去看电影”，则 $P \vee Q$ 表示“今晚我看书或者去看电影”。当我于当晚看了书，或者看了电影，或者既看了书又看了电影时，$P \vee Q$ 为真，只是在我既没看书也没看电影时 $P \vee Q$ 为假。

需要注意的是，析取联结词“$\vee$”与汉语中的“或”二者表达的意义不完全相同。后者既可表示“排斥或”，又可表示“可兼或”，而数理逻辑中的析取词“$\vee$”仅指“可兼或”。如“他身高 1.8 m 或 1.85 m。”中的“或”为“排斥或”，用析取词“$\vee$”连接就不合适了，令 $P$ 表示“他身高 1.8 m”，$Q$ 表示“他身高 1.85 m”，则该命题表示为$(P\wedge\neg Q)\vee(\neg P\wedge Q)$。

另外还有一些汉语中的“或”字，实际不是命题联结词，如“小红昨天做了二十或三十道习题。”这个句子中的“或”只表示了习题的近似数目，不能用析取联结词表示，因此它是个原子命题。

命题联结词“$\vee$”也可以将两个互为否定的命题联结在一起，形如 $P\vee\neg P$，显然它的真值永远是真，称为重言式。“$\vee$”是一个二元运算。

## 1.2.4 条件联结词

**定义 1.2.4** 设 $P$、$Q$ 为两个命题，$P$ 和 $Q$ 的条件(Conditional)命题是一个复合命题，记为 $P\rightarrow Q$(读作若 $P$ 则 $Q$)，其中 $P$ 称为条件的前件，$Q$ 称为条件的后件。规定当且仅当前件 $P$ 为 1，后件 $Q$ 为 0 时，$P\rightarrow Q$ 为 0，否则 $P\rightarrow Q$ 均为 1。

条件联结词“$\rightarrow$”的定义见表 1-4。

表 1-4 联结词“$\rightarrow$”的定义

| $P$ | $Q$ | $P\rightarrow Q$ |
|---|---|---|
| 0 | 0 | 1 |
| 0 | 1 | 1 |
| 1 | 0 | 0 |
| 1 | 1 | 1 |

日常用语中的“若…则…”“如果…那么…”“只有…才…”等可用条件词表示。

【例 1-5】 令 $P$ 表示“我有车”，$Q$ 表示“我去接你”，则 $P\rightarrow Q$ 表示命题“如果我有车，那么我去接你”。当我有车时，若我去接了你，这时 $P\rightarrow Q$ 为真；若我没去接你，则 $P\rightarrow Q$ 为假。当我没有车时，我无论去或不去接你均未食言，此时认定 $P\rightarrow Q$ 为真是适当的。

条件命题 $P\rightarrow Q$ 表示的基本逻辑关系是：$Q$ 是 $P$ 的必要条件或 $P$ 是 $Q$ 的充分条件。复合命题“只要 $P$，就 $Q$”“因为 $P$，所以 $Q$”“除非 $Q$，才 $P$”“除非 $Q$，否则非 $P$”“$P$ 仅当 $Q$”“只有 $Q$，才 $P$”等均可符号化为 $P\rightarrow Q$ 的形式。

【例 1-6】 (1)只要不下雨，我就骑自行车上班。

(2)只有不下雨，我才骑自行车上班。

**解** 令 $P$：天下雨，$Q$：我骑自行车上班。则(1)表示为$\neg P\rightarrow Q$；(2)表示为 $Q\rightarrow\neg P$。

需要注意的是，在自然语言中，“如果”与“则”之间常有因果联系，否则没有意义，但对条件命题 $P\rightarrow Q$ 来说，其中的 $P$，$Q$ 可以没有任何关系，只要 $P$，$Q$ 为命题，$P\rightarrow Q$ 就有意义。例如：“如果 $2+2=5$，那么雪是黑的”，就是一个有意义的命题，且据定义其真值为“真”。条件联结词的这种规定形式，在讨论数学问题和逻辑问题时是正确的、充分的、方便的，但在日常用语中不大使用。

此外，自然语言中对“如果…则…”这样的语句，当前提为假时，结论不管真假，这个语句的意义往往无法判断。而在条件命题中，规定为“善意的推定”，即前提为假时，不论结论是真是假，条件命题的真值都取为真。条件联结词“$\rightarrow$”也是二元运算。

### 1.2.5 双条件联结词

**定义 1.2.5** 设 $P$、$Q$ 为两个命题，其复合命题 $P \leftrightarrow Q$ 称为双条件(Biconditional)命题，$P \leftrightarrow Q$ 读作 $P$ 当且仅当 $Q$。规定当且仅当 $P$ 与 $Q$ 真值相同时，$P \leftrightarrow Q$ 为 1，否则 $P \leftrightarrow Q$ 均为 0。

双条件联结词"$\leftrightarrow$"的定义如表 1-5 所示。

表 1-5 联结词"$\leftrightarrow$"的定义

| $P$ | $Q$ | $P \leftrightarrow Q$ |
|---|---|---|
| 0 | 0 | 1 |
| 0 | 1 | 0 |
| 1 | 0 | 0 |
| 1 | 1 | 1 |

日常用语中的"等价"，"当且仅当"，"充要条件" 等可用双条件联结词表示。

【例 1-7】 (1)设 $P$ 表示命题"$\triangle ABC$ 是直角三角形"，$Q$ 表示命题"$\triangle ABC$ 有一个角是直角"，则 $P \leftrightarrow Q$ 表示"$\triangle ABC$ 是直角三角形当且仅当$\triangle ABC$ 有一个角是直角"。

(2)如果 $P$ 表示命题"$\triangle ABC \cong \triangle A'B'C'$"，$Q$ 表示命题"$\triangle ABC$ 与$\triangle A'B'C'$的三边对应相等"，那么 $P \leftrightarrow Q$ 表示平面几何中的一个真命题，因为 $P$ 真时 $Q$ 显然真，$P$ 假时 $Q$ 亦必然假，故 $P$ 与 $Q$ 同真值。若 $Q$ 表示命题"$\triangle ABC$ 与$\triangle A'B'C'$的三内角对应相等"，那么 $P \leftrightarrow Q$ 不再是恒真的了，因 $P$ 假时 $Q$ 未必为假。

与条件联结词一样，双条件联结词连接的两个命题之间可以没有任何的因果联系，只要能确定复合命题的真值即可。双条件联结词"$\leftrightarrow$"是二元运算。

## 1.3 命题公式与翻译

### 1.3.1 命题公式

上一节介绍了 5 种常用的逻辑联结词及其表示，则可利用这些逻辑联结词联结若干原子命题形成具体的复合命题。将具体的复合命题表示成符号化的形式，即命题公式。对于较为复杂的复合命题，需要由这 5 种逻辑联结词经过各种相互组合以后得到其符号化的形式，那么怎样的组合形式才是正确的、符合逻辑的表示形式呢？

**定义 1.3.1** 命题公式归纳定义如下：

(1)单个命题常元、单个命题变元是命题公式；

(2)如果 $A$ 是命题公式，则$\neg A$ 也是命题公式；

(3)如果 $A$ 和 $B$ 是命题公式，则$(A \wedge B)$，$(A \vee B)$，$(A \rightarrow B)$，$(A \leftrightarrow B)$均是命题公式；

(4)当且仅当能够有限次地应用(1)、(2)、(3)所得到的包含命题变元、联结词和括号的符号串是命题公式(又称为合式公式，或简称为公式)。

上述定义是以递归的形式给出的，其中(1)称为基础，(2)、(3)称为归纳，(4)称为界限。定义中的符号 $A$，$B$ 不同于具体公式里的 $P$，$Q$，$R$ 等符号(一般用字母 $P$、$Q$、$R$ 来表示原子命题标识符)，它可以用来表示任意的命题公式。

按照上述定义可知，$\neg(P\wedge Q)$，$P\rightarrow(P\vee Q)$等都是命题公式，而$CP\rightarrow Q$，$\vee R\rightarrow P$等不是命题公式。由定义可看出，命题公式归根结底是由命题变元和命题联结词组成的公式，其基本元素是命题变元和联结词。

显然，命题公式是没有真假的，如果把公式中的命题变元代以确定的命题，则该公式便是一个命题，才有确定的真值。因此，对复合命题的研究可转化为对公式的研究，今后我们将以公式为主要研究对象。

为了减少命题公式中使用括号的数量，规定：(1)逻辑联结词的优先级别由高到低依次为$\neg$、$\wedge$、$\vee$、$\rightarrow$、$\leftrightarrow$。(2)具有相同级别的联结词，按出现的先后次序进行计算，括号可以省略。(3)命题公式的最外层括号可以省略。

【例 1-8】 $(P\wedge Q)\rightarrow R$也可以写成$P\wedge Q\rightarrow R$，$(P\vee Q)\vee R$也可写成$P\vee Q\vee R$，$((P\leftrightarrow Q)\rightarrow R)$也可写成$(P\leftrightarrow Q)\rightarrow R$，而$P\rightarrow(Q\rightarrow R)$中的括号不能省去。

**定义 1.3.2** 设$B$是命题公式$A$的一部分，且$B$也是命题公式，则称$B$为$A$的子公式。

例如$P\wedge Q$及$R$都是命题公式$P\wedge Q\rightarrow R$的子公式；$\neg P$、$\neg P\vee Q$及$P\rightarrow R$都是命题公式$(\neg P\vee Q)\wedge(P\rightarrow R)$的子公式。

## 1.3.2 命题的符号化

有了命题公式的概念之后，就可以把自然语言中的一些命题翻译成命题逻辑中的符号化形式。把一个文字描述的命题相应地写成由命题标识符、逻辑联结词和圆括号表示的命题形式称为**命题的符号化或翻译**。

命题的符号化

命题符号化的一般步骤：

(1)明确给定命题的含义；

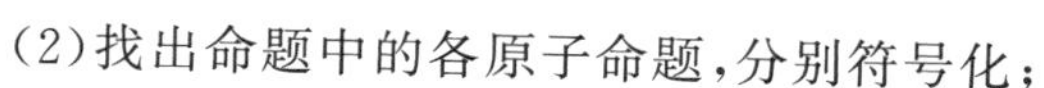
(2)找出命题中的各原子命题，分别符号化；

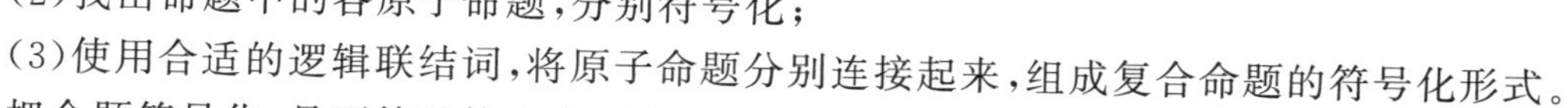
(3)使用合适的逻辑联结词，将原子命题分别连接起来，组成复合命题的符号化形式。

把命题符号化，是不管具体内容而突出思维形式的一种方法。注意在命题符号化时，要正确地分析和理解自然语言命题，不能仅凭文字的字面意思进行翻译。

【例 1-9】 将下列用自然语言描述的命题符号化。

(1)我和他既是弟兄又是同学。

**解** 令$P$:我和他是弟兄，$Q$:我和他是同学，则该语句可符号化为$P\wedge Q$。

(2)我和你之间至少有一个要去海南岛。

**解** 令$P$:我去海南岛，$Q$:你去海南岛，则该语句可符号化为$P\vee Q$。

(3)如果他没来见你，那么他或者是生病了，或者是不在本地。

**解** 令$P$:他来见你，$Q$:他生病；$R$:他在本地，则该语句可符号化为$\neg P\rightarrow(Q\vee\neg R)$。

(4)$n$是偶数当且仅当它能被2整除。

**解** 令$P$:$n$是偶数，$Q$:$n$能被2整除，则该语句可符号化为$P\leftrightarrow Q$。

(5)只有离散数学课程考核通过，你才能拿到毕业证书。

**解** 这个命题的意义也可以理解为：如果你能拿到了毕业证书，那么你离散数学课程一定考核通过了。

令 $P$:离散数学课程考核通过,$Q$:你拿到毕业证书,则该语句可符号化为:$Q \rightarrow P$。

与原命题类似的命题如:若你离散数学课程考核不通过,则你拿不到毕业证书。

**注意**:在一般的命题表述中,“仅当”是必要条件,译成条件命题时其后的命题是后件,而“当”是充分条件,译成条件命题时其后的命题是前件。

(6)仅当天不下雨且我有时间,我才上街。

**解** 令 $P$:天下雨,$Q$:我有时间,$R$:我上街,则该语句可符号化为:$R \rightarrow (\neg P \wedge Q)$。

(7)你将失败,除非你努力。

**解** 这个命题的意义可以理解为:如果你不努力,那么你将失败。

令 $P$:你努力,$Q$:你失败,则该语句可符号化为:$\neg P \rightarrow Q$。

**注意**:含有“除非”的命题,“非…”是充分条件,译成条件命题时,“非…”是条件的前提。

(8)$A$ 中没有元素,$A$ 就是空集。

**解** 令 $P$:$A$ 中有元素,$Q$:$A$ 是空集,则该语句可符号化为:$\neg P \leftrightarrow Q$。

(9)张三与李四是表兄弟。

**解** 此命题是一个原子命题,“…与…是表兄弟。”表示两个对象之间的关系。“张三是表兄弟。”及“李四是表兄弟。”都不是命题。所以上述命题只能符号化为 $P$ 的形式。其中 $P$:张三与李四是表兄弟。

通过以上例子可知在符号化时应该注意下列事项:

①确定给定句子是否为命题。

②句子中连词是否应表示为命题联结词。

③要正确地表示原子命题和选择适当命题联结词来表示复合命题。

## 1.4 真值表与命题公式分类

### 1.4.1 真值表

**定义 1.4.1** 设 $P_1, P_2, \cdots, P_n$ 是出现在命题公式 A 中的全部命题变元,给 $P_1, P_2, \cdots, P_n$ 各指定一个真值,称为对公式 A 的一个赋值(或解释或真值指派)。

若指定的一组值使公式 A 的真值为 1,则这组值称为公式 A 的成真赋值。

若指定的一组值使公式 A 的真值为 0,则这组值称为公式 A 的成假赋值。

**定义 1.4.2** 设 $A$ 是含有 $n$ 个命题变元的命题公式,将命题公式 $A$ 在所有赋值之下取值的情况汇列成表,称为命题公式 $A$ 的真值表。

用归纳法不难证明,对于含有 $n$ 个命题变元的公式,有 $2^n$ 组不同的赋值。即在该公式的真值表中有 $2^n$ 行。为方便构造真值表,特约定如下:

①命题变元按字典序排列。

②对每组赋值,以二进制数从小到大或从大到小顺序列出。

③若公式较复杂,可先列出各子公式的真值(若有括号,则应从里层向外层展开),最后列出所求公式的真值。

【例 1-10】 利用真值表求命题公式$\neg(P \to (Q \vee R))$的成真赋值和成假赋值。

解 命题公式$\neg(P \to (Q \vee R))$的真值表如表 1-6 所示。

表 1-6 命题公式$\neg(P \to (Q \vee R))$的真值表

| $P$ | $Q$ | $R$ | $Q \vee R$ | $P \to (Q \vee R)$ | $\neg(P \to (Q \vee R))$ |
|---|---|---|---|---|---|
| 0 | 0 | 0 | 0 | 1 | 0 |
| 0 | 0 | 1 | 1 | 1 | 0 |
| 0 | 1 | 0 | 1 | 1 | 0 |
| 0 | 1 | 1 | 1 | 1 | 0 |
| 1 | 0 | 0 | 0 | 0 | 1 |
| 1 | 0 | 1 | 1 | 1 | 0 |
| 1 | 1 | 0 | 1 | 1 | 0 |
| 1 | 1 | 1 | 1 | 1 | 0 |

从表 1-6 可看出，赋值(1,0,0)为成真赋值，而赋值(0,0,0)，(0,0,1)，(0,1,0)，(0,1,1)，(1,0,1)，(1,1,0)及(1,1,1)均为成假赋值。

【例 1-11】 利用真值表求命题公式$\neg(P \to Q) \wedge Q$ 的成真赋值和成假赋值。

解 命题公式$\neg(P \to Q) \wedge Q$ 的真值表如表 1-7 所示。

表 1-7 命题公式$\neg(P \to Q) \wedge Q$ 的真值表

| $P$ | $Q$ | $P \to Q$ | $\neg(P \to Q)$ | $\neg(P \to Q) \wedge Q$ |
|---|---|---|---|---|
| 0 | 0 | 1 | 0 | 0 |
| 0 | 1 | 1 | 0 | 0 |
| 1 | 0 | 0 | 1 | 0 |
| 1 | 1 | 1 | 0 | 0 |

从表 1-7 可看出，无成真赋值，成假赋值为(0,0)，(0,1)，(1,0)，(1,1)。

【例 1-12】 利用真值表求命题公式$\neg(P \wedge Q) \leftrightarrow (\neg P \vee \neg Q)$的成真赋值和成假赋值。

解 命题公式$\neg(P \wedge Q) \leftrightarrow (\neg P \vee \neg Q)$的真值表如表 1-8 所示。

表 1-8 命题公式$\neg(P \wedge Q) \leftrightarrow (\neg P \vee \neg Q)$的真值表

| $P$ | $Q$ | $P \wedge Q$ | $\neg(P \wedge Q)$ | $\neg P \vee \neg Q$ | $\neg(P \wedge Q) \leftrightarrow (\neg P \vee \neg Q)$ |
|---|---|---|---|---|---|
| 0 | 0 | 0 | 1 | 1 | 1 |
| 0 | 1 | 0 | 1 | 1 | 1 |
| 1 | 0 | 0 | 1 | 1 | 1 |
| 1 | 1 | 1 | 0 | 0 | 1 |

从表 1-8 可看出，无成假赋值，成真赋值为(0,0)，(0,1)，(1,0)，(1,1)。

## 1.4.2 命题公式分类

我们注意到例 1-10，例 1-11 和例 1-12 中。对命题变元无论作什么样的赋值，例 1-12 中的命题公式永远取真值 1，这种类型的命题公式称为重言(永真)式；例 1-11 中的命题公式永

远取真值为0,这种类型的命题公式称为矛盾(永假)式;而例1-10中的命题公式则对有的赋值取真值为1,对另外赋值又取真值为0,这种类型的命题公式称为可满足公式。显然重言式是可满足公式,矛盾式是不可满足公式。

**定义 1.4.3** 设 $A$ 为任一命题公式。

(1)若对公式 $A$ 的命题变元所有赋值均是成真赋值,则公式 $A$ 称为重言式或永真式;

(2)若对公式 $A$ 的命题变元所有赋值均是成假赋值,则公式 $A$ 称为矛盾式或永假式;

(3)若公式 $A$ 中至少有一个成真赋值,则公式 $A$ 称为可满足式。

从定义不难看出以下几点:

(1)重言式一定是可满足式,但反之不真。因而,若公式 $A$ 是可满足式,且它至少存在一个成假指派,则称 $A$ 为非重言式的可满足式。

(2)真值表可用来判断公式的类型:

①若真值表最后一列全为1,则公式为重言式;

②若真值表最后一列全为0,则公式为矛盾式;

③若真值表最后一列中至少有一个1,则公式为可满足式。

【例 1-13】 判断下列公式的类型。

(1)$(P \wedge Q) \rightarrow Q$

**解** 令 $A=(P \wedge Q) \rightarrow Q$,公式 $A$ 的真值表如表1-9所示。

表 1-9 公式 $A$ 的真值表

| $P$ | $Q$ | $P \wedge Q$ | $A$ |
|---|---|---|---|
| 0 | 0 | 0 | 1 |
| 0 | 1 | 0 | 1 |
| 1 | 0 | 0 | 1 |
| 1 | 1 | 1 | 1 |

因为公式 $A$ 的真值表的最后一列全为1,所以该公式为重言式。

(2)$(Q \rightarrow P) \wedge (\neg P \wedge Q)$

令 $B=(Q \rightarrow P) \wedge (\neg P \wedge Q)$,公式 $B$ 的真值表如表1-10所示。

表 1-10 公式 $B$ 的真值表

| $P$ | $Q$ | $Q \rightarrow P$ | $\neg P \wedge Q$ | $B$ |
|---|---|---|---|---|
| 0 | 0 | 1 | 0 | 0 |
| 0 | 1 | 0 | 1 | 0 |
| 1 | 0 | 1 | 0 | 0 |
| 1 | 1 | 1 | 0 | 0 |

因为公式 $B$ 的真值表的最后一列全为0,所以该公式为矛盾式。

(3)$(P \vee \neg Q) \rightarrow (\neg P \wedge Q \wedge R)$

令 $C=(P \vee \neg Q) \rightarrow (\neg P \wedge Q \wedge R)$,公式 $C$ 的真值表如表1-11所示。

表 1-11 公式 $C$ 的真值表

| $P$ | $Q$ | $R$ | $P \vee \neg Q$ | $\neg P \wedge Q \wedge R$ | $C$ |
|---|---|---|---|---|---|
| 0 | 0 | 0 | 1 | 0 | 0 |
| 0 | 0 | 1 | 1 | 0 | 0 |

（续表）

| $P$ | $Q$ | $R$ | $P\vee\neg Q$ | $\neg P\wedge Q\wedge R$ | $C$ |
|---|---|---|---|---|---|
| 0 | 1 | 0 | 0 | 0 | 1 |
| 0 | 1 | 1 | 0 | 1 | 1 |
| 1 | 0 | 0 | 1 | 0 | 0 |
| 1 | 0 | 1 | 1 | 0 | 0 |
| 1 | 1 | 0 | 1 | 0 | 0 |
| 1 | 1 | 1 | 1 | 0 | 0 |

因为公式 $C$ 的真值表的最后一列至少有一个 1，所以该公式为可满足式。

从以上的讨论可知，真值表不但能准确地给出公式的成真赋值和成假赋值，而且能判断公式的类型。但当命题变元较多时，则计算量大，我们就要运用到后面章节中介绍的其他的方法来判断了。

# 1.5 等价公式与蕴含式

## 1.5.1 等价公式

**定义 1.5.1** 给定两个命题公式 $A$ 和 $B$，设 $P_1,P_2,\cdots,P_n$ 是出现在命题公式 $A$ 和 $B$ 中的全部命题变元，若对所有命题变元 $P_1,P_2,\cdots,P_n$ 的任一组赋值，公式 $A$ 和 $B$ 的真值都对应相同，则称公式 $A$ 与 $B$ 等价或逻辑相等(Equivalence)，记作 $A\Leftrightarrow B$，称 $A\leftrightarrow B$ 为等价式。

**定理 1.5.1** 对命题公式 $A$ 和 $B$，$A\Leftrightarrow B$ 当且仅当 $A\leftrightarrow B$ 是重言式。

**证明** 若 $A\leftrightarrow B$ 是重言式，则在任一解释下，$A\leftrightarrow B$ 的真值都为真。依 $A\leftrightarrow B$ 的定义知，当 $A\leftrightarrow B$ 为真时，$A$ 和 $B$ 必有相同的真值。于是，在任一解释下，$A$ 和 $B$ 都有相同的真值，从而有 $A\Leftrightarrow B$。

反过来，若 $A\Leftrightarrow B$，则在任一解释下 $A$ 和 $B$ 都有相同的真值，依 $A\leftrightarrow B$ 的定义知，此时 $A\leftrightarrow B$ 为真，从而 $A\leftrightarrow B$ 是重言式。

**注意**：“$\Leftrightarrow$”不是逻辑联结词，因而“$A\Leftrightarrow B$”不是命题公式，只是表示两个命题公式之间的一种等价关系，即若 $A\Leftrightarrow B$，$A$ 和 $B$ 没有本质上的区别，最多只是 $A$ 和 $B$ 具有不同的形式而已。

“$\Leftrightarrow$”具有如下的性质：

(1)自反性：$A\Leftrightarrow A$。

(2)对称性：若 $A\Leftrightarrow B$，则 $B\Leftrightarrow A$。

(3)传递性：若 $A\Leftrightarrow B$，$B\Leftrightarrow C$，则 $A\Leftrightarrow C$。

给定 $n$ 个命题变元，根据公式的形成规则，可以形成许多个形式各异的公式，但是有很多形式不同的公式具有相同的真值表。因此引入公式等价的概念，其目的就是将复杂的公式简化。

下面介绍两种证明公式等价的方法。

1. 真值表法

由公式等价的定义可知，利用真值表可以判断任何两个公式是否等价。

【例 1-14】 证明 $P\leftrightarrow Q\Leftrightarrow(P\rightarrow Q)\wedge(Q\rightarrow P)$。

**证明** 命题公式 $P\leftrightarrow Q$ 与$(P\rightarrow Q)\wedge(Q\rightarrow P)$的真值表如表 1-12 所示。

由表 1-12 可知，在任意赋值下 $P\leftrightarrow Q$ 与$(P\rightarrow Q)\wedge(Q\rightarrow P)$两者的真值均对应相同。因此 $P\leftrightarrow Q\Leftrightarrow(P\rightarrow Q)\wedge(Q\rightarrow P)$。

表 1-12 $P\leftrightarrow Q$ 与$(P\rightarrow Q)\wedge(Q\rightarrow P)$的真值表

| $P$ | $Q$ | $P\rightarrow Q$ | $Q\rightarrow P$ | $(P\rightarrow Q)\wedge(Q\rightarrow P)$ | $P\leftrightarrow Q$ |
|---|---|---|---|---|---|
| 0 | 0 | 1 | 1 | 1 | 1 |
| 0 | 1 | 1 | 0 | 0 | 0 |
| 1 | 0 | 0 | 1 | 0 | 0 |
| 1 | 1 | 1 | 1 | 1 | 1 |

【例 1-15】 判断公式 $P\rightarrow Q$ 与$\neg P\rightarrow\neg Q$ 二者是否等价。

**证明** 公式 $P\rightarrow Q$ 与$\neg P\rightarrow\neg Q$ 的真值表见表 1-13。

表 1-13 $P\rightarrow Q$ 与$\neg P\rightarrow\neg Q$ 的真值表

| $P$ | $Q$ | $P\rightarrow Q$ | $\neg P\rightarrow\neg Q$ |
|---|---|---|---|
| 0 | 0 | 1 | 1 |
| 0 | 1 | 1 | 0 |
| 1 | 0 | 0 | 1 |
| 1 | 1 | 1 | 1 |

可见真值表中的最后两列值不完全相同，因此公式 $P\rightarrow Q$ 与$\neg P\rightarrow\neg Q$ 不等价。

从理论上来讲，利用真值表法可以判断任何两个命题公式是否等价，但是真值表法并不是一个非常好的方法，因为当公式中命题变元较多时，其计算量较大，例如当公式中有四个命题变元时，需要列出 $2^4=16$ 种赋值情况，计算较为繁杂。因此，通常采用其他的证明方法。下面要介绍的证明方法是先用真值表法验证出一些等价公式，再用这些等价公式来推导出新的等价公式，以此作为判断两个公式是否等价的基础。下面给出 16 组常用的等价公式(又称命题定律)，它们是进一步推理的基础。牢记并熟练运用这些公式是学好数理逻辑的关键之一。

(1)双重否定律：$\neg\neg P\Leftrightarrow P$

(2)结合律：$(P\vee Q)\vee R\Leftrightarrow P\vee(Q\vee R)$，$(P\wedge Q)\wedge R\Leftrightarrow P\wedge(Q\wedge R)$，
$(P\leftrightarrow Q)\leftrightarrow R\Leftrightarrow P\leftrightarrow(Q\leftrightarrow R)$

(3)交换律：$P\wedge Q\Leftrightarrow Q\wedge P$，$P\vee Q\Leftrightarrow Q\vee P$，$P\leftrightarrow Q\Leftrightarrow Q\leftrightarrow P$

(4)分配律：$P\vee(Q\wedge R)\Leftrightarrow(P\vee Q)\wedge(P\vee R)$，$P\wedge(Q\vee R)\Leftrightarrow(P\wedge Q)\vee(P\wedge R)$

(5)幂等律：$P\vee P\Leftrightarrow P$，$P\wedge P\Leftrightarrow P$

(6)吸收律：$P\vee(P\wedge Q)\Leftrightarrow P$，$P\wedge(P\vee Q)\Leftrightarrow P$

(7)德・摩根律：$\neg(P\wedge Q)\Leftrightarrow\neg P\vee\neg Q$，$\neg(P\vee Q)\Leftrightarrow\neg P\wedge\neg Q$

(8)同一律：$P\vee 0\Leftrightarrow P$，$P\wedge 1\Leftrightarrow P$

(9)零律：$P\vee 1\Leftrightarrow 1$，$P\wedge 0\Leftrightarrow 0$

(10)矛盾律：$P\wedge\neg P\Leftrightarrow 0$

(11)排中律：$P \vee \neg P \Leftrightarrow 1$

(12)蕴含律：$P \rightarrow Q \Leftrightarrow \neg P \vee Q$

(13)等价律：$P \leftrightarrow Q \Leftrightarrow (P \rightarrow Q) \wedge (Q \rightarrow P) \Leftrightarrow \neg P \leftrightarrow \neg Q$

(14)输出律：$(P \wedge Q) \rightarrow R \Leftrightarrow P \rightarrow (Q \rightarrow R)$

(15)归谬律：$(P \rightarrow Q) \wedge (P \rightarrow \neg Q) \Leftrightarrow \neg P$

(16)逆反律：$P \rightarrow Q \Leftrightarrow \neg Q \rightarrow \neg P$

上述 16 组等价公式(命题定律)均可以通过构造真值表法来证明。注意上述公式中的 $P$，$Q$，$R$ 可以看作命题变元，也可以看作任意命题公式，这可以从定理 1.5.3 得到。

2. 等值演算法

**定理 1.5.2** (**代入规则**)在一个永真式 $A$ 中，任何一个原子命题变元 $R$ 出现的每一处用另一个公式代入，所得的公式 $B$ 仍为永真式。

**证明** 因为永真式对于任何指派，其真值都是 1，与每个命题变元指派的真假无关，所以，用一个命题公式代入到原子命题变元 $R$ 出现的每一处，所得到的命题公式的真值仍为 1。

例如，$R \vee \neg R$ 是永真式，将原子命题变元 $R$ 用 $P \rightarrow Q$ 代入后得到的式子 $(P \rightarrow Q) \vee \neg (P \rightarrow Q)$ 仍为永真式。

**定理 1.5.3** (**置换规则**)设 $X$ 是命题公式 $A$ 的一个子公式，若 $X \Leftrightarrow Y$，如果将公式 $A$ 中的 $X$ 用 $Y$ 来置换，则所得到的公式 $B$ 与公式 $A$ 等价，即 $A \Leftrightarrow B$。

**证明** 因为 $X \Leftrightarrow Y$，所以在相应变元的任一种指派情况下，$X$ 与 $Y$ 的真值相同，故以 $Y$ 取代 $X$ 后，公式 $B$ 与公式 $A$ 在相应的指派情况下真值也必相同，因此 $A \Leftrightarrow B$。

例如 $P \rightarrow Q \Leftrightarrow \neg P \vee Q$，利用 $R \wedge S$ 置换 $P$，则 $(R \wedge S) \rightarrow Q \Leftrightarrow \neg (R \wedge S) \vee Q$。

下面比较一下代入规则和置换规则的区别，见表 1-14。

表 1-14 代入规则和置换规则的区别

| | 代入规则 | 置换规则 |
|---|---|---|
| 使用对象 | 任意重言式 | 任一命题公式 |
| 代换对象 | 任一命题变元 | 任一子公式 |
| 代换物 | 任一命题公式 | 任一与代换对象等价的命题公式 |
| 代换方式 | 代换同一命题变元的所有出现 | 代换子公式的某些出现 |
| 代换结果 | 仍为重言式 | 与原公式等价 |

有了代入规则和置换规则，我们便可以利用已知的一些公式的等价公式(如命题定律)推导出其他一些更复杂的等价公式。

从定理 1.5.2 和定理 1.5.3 可以看出，代入规则是对原子命题变元而言，而置换规则可对命题公式进行；代入必须处处代入，替换可以部分或全部替换；代入规则可以用来扩大永真式的个数，替换规则可以增加等价式的个数。

微课3

等值演算应用

有了上述的 16 组等价公式(命题定律)及代入规则和置换规则后，就可以推演出更多的等价公式。由已知等价公式推出另外一些等价公式的过程称为等值演算(Equivalent Calculation)。

【例 1-16】 证明下列公式等价。

(1)$(P \wedge Q) \rightarrow R \Leftrightarrow P \rightarrow (Q \rightarrow R)$

(2) $(P\wedge\neg Q)\vee(\neg P\wedge Q)\Leftrightarrow(P\vee Q)\wedge\neg(P\wedge Q)$

**证明** (1) $(P\wedge Q)\rightarrow R$

$\Leftrightarrow\neg(P\wedge Q)\vee R$ （蕴含律）

$\Leftrightarrow\neg P\vee\neg Q\vee R$ （德·摩根律）

$\Leftrightarrow\neg P\vee(\neg Q\vee R)$ （结合律）

$\Leftrightarrow\neg P\vee(Q\rightarrow R)$ （蕴含律）

$\Leftrightarrow P\rightarrow(Q\rightarrow R)$ （蕴含律）

(2) $(P\wedge\neg Q)\vee(\neg P\wedge Q)$

$\Leftrightarrow((P\wedge\neg Q)\vee\neg P)\wedge((P\wedge\neg Q)\vee Q)$ （分配律）

$\Leftrightarrow(P\vee\neg P)\wedge(\neg Q\vee\neg P)\wedge(P\vee Q)\wedge(\neg Q\vee Q)$ （分配律）

$\Leftrightarrow 1\wedge(\neg P\vee\neg Q)\wedge(P\vee Q)\wedge 1$ （排中律）

$\Leftrightarrow(P\vee Q)\wedge(\neg P\vee\neg Q)$ （同一律）

$\Leftrightarrow(P\vee Q)\wedge\neg(P\wedge Q)$ （德·摩根律）

等值演算还可以用来解决常见的推理题。

【例 1-17】 某件事情是甲、乙、丙、丁 4 人中某一个人干的。询问 4 人后回答如下：(1) 甲说是丙干的；(2) 乙说我没干；(3) 丙说甲讲的不符合事实；(4) 丁说是甲干的。若其中 3 人说的是真话，一人说假话，问是谁干的？

**解** 令 $P$：这件事是甲干的，$Q$：这件事是乙干的，$R$：这件事是丙干的，$S$：这件事是丁干的。

4 个人所说的命题分别用 $A$、$B$、$C$、$D$ 表示，则 (1)、(2)、(3)、(4) 分别符号化为：

$A\Leftrightarrow\neg P\wedge\neg Q\wedge R\wedge\neg S$；$B\Leftrightarrow\neg Q$；$C\Leftrightarrow\neg R$；$D\Leftrightarrow P\wedge\neg Q\wedge\neg R\wedge\neg S$

已知事实"4 人中有 3 个人说真话，1 个人说假话"（用命题 $K$ 表示）符号化为：

$K\Leftrightarrow(\neg A\wedge B\wedge C\wedge D)\vee(A\wedge\neg B\wedge C\wedge D)\vee(A\wedge B\wedge\neg C\wedge D)\vee(A\wedge B\wedge C\wedge\neg D)$

其中 $\neg A\wedge B\wedge C\wedge D\Leftrightarrow\neg(\neg P\wedge\neg Q\wedge R\wedge\neg S)\wedge\neg Q\wedge\neg R\wedge(P\wedge\neg Q\wedge\neg R\wedge\neg S)$

$\Leftrightarrow(P\vee Q\vee\neg R\vee S)\wedge\neg Q\wedge\neg R\wedge P\wedge\neg S$

$\Leftrightarrow(P\wedge\neg Q\wedge\neg R\wedge P\wedge\neg S)\vee(Q\wedge\neg Q\wedge\neg R\wedge P\wedge\neg S)\vee$
$(\neg R\wedge\neg Q\wedge\neg R\wedge P\wedge\neg S)\vee(S\wedge\neg Q\wedge\neg R\wedge P\wedge\neg S)$

$\Leftrightarrow(P\wedge\neg Q\wedge\neg R\wedge\neg S)\vee 0\vee(P\wedge\neg Q\wedge\neg R\wedge\neg S)\vee 0$

$\Leftrightarrow(P\wedge\neg Q\wedge\neg R\wedge\neg S)$

同理对于 $A\wedge\neg B\wedge C\wedge D$、$A\wedge B\wedge\neg C\wedge D$ 和 $A\wedge B\wedge C\wedge\neg D$，将其中的 $A$、$B$、$C$ 和 $D$ 代入后进行化简得到：

$(A\wedge\neg B\wedge C\wedge D)\Leftrightarrow 0$，$(A\wedge B\wedge\neg C\wedge D)\Leftrightarrow 0$，$(A\wedge B\wedge C\wedge\neg D)\Leftrightarrow 0$，因此 $K$ 最终化简为 $P\wedge\neg Q\wedge\neg R\wedge\neg S$。又知其为事实，故其真值为 1，即 $P\wedge\neg Q\wedge\neg R\wedge\neg S$ 为 1，即这件事是甲做的。

本题也可以从题设直接找出相互矛盾的两个命题作为解题的突破口。甲、丙两人所说的话是相互矛盾的，必有一人说真话，一人说假话，而 4 个人中只有一人说假话，因此乙、丁两人必说真话，由此可断定这件事是甲干的。

【例 1-18】 $A$、$B$、$C$、$D$ 4 人进行百米竞赛，观众甲、乙、丙对比赛的结果进行预测。甲：$C$ 第一，$B$ 第二；乙：$C$ 第二，$D$ 第三；丙：$A$ 第二，$D$ 第四。比赛结束后发现甲、乙、丙每个人的预测结果都各对一半。试问实际名次如何(假如无并列者)?

**解** 设 $P_i,Q_i,R_i,S_i$ 分别表示 $A,B,C,D$ 是第 $i(i=1,2,3,4)$ 名,由于甲,乙,丙每人报告的情况都各对一半,故有下面三个等价公式:

①$(R_1\wedge\neg Q_2)\vee(\neg R_1\wedge Q_2)\Leftrightarrow 1$

②$(R_2\wedge\neg S_3)\vee(\neg R_2\wedge S_3)\Leftrightarrow 1$

③$(P_2\wedge\neg S_4)\vee(\neg P_2\wedge S_4)\Leftrightarrow 1$

因为重言式的合取仍为重言式,所以①∧②⇔1。即

$1\Leftrightarrow((R_1\wedge\neg Q_2)\vee(\neg R_1\wedge Q_2))\wedge((R_2\wedge\neg S_3)\vee(\neg R_2\wedge S_3))$

$\Leftrightarrow(R_1\wedge\neg Q_2\wedge R_2\wedge\neg S_3)\vee(R_1\wedge\neg Q_2\wedge\neg R_2\wedge S_3)\vee(\neg R_1\wedge Q_2\wedge R_2\wedge\neg S_3)\vee$
$(\neg R_1\wedge Q_2\wedge\neg R_2\wedge S_3)$

由于 $C$ 不能既第一又第二,$B$ 和 $C$ 不能并列第二,所以

$$R_1\wedge\neg Q_2\wedge R_2\wedge\neg S_3\Leftrightarrow 0$$
$$\neg R_1\wedge Q_2\wedge R_2\wedge\neg S_3\Leftrightarrow 0$$

于是得

④$(R_1\wedge\neg Q_2\wedge\neg R_2\wedge S_3)\vee(\neg R_1\wedge Q_2\wedge\neg R_2\wedge S_3)\Leftrightarrow 1$

再将③与④合取得③∧④⇔1,即

$1\Leftrightarrow((P_2\wedge\neg S_4)\vee(\neg P_2\wedge S_4))\wedge((R_1\wedge\neg Q_2\wedge\neg R_2\wedge S_3)\vee(\neg R_1\wedge Q_2\wedge\neg R_2\wedge S_3))$

$\Leftrightarrow(P_2\wedge\neg S_4\wedge R_1\wedge\neg Q_2\wedge\neg R_2\wedge S_3)\vee(P_2\wedge\neg S_4\wedge\neg R_1\wedge Q_2\wedge\neg R_2\wedge S_3)\vee$
$(\neg P_2\wedge S_4\wedge R_1\wedge\neg Q_2\wedge\neg R_2\wedge S_3)\vee(\neg P_2\wedge S_4\wedge\neg R_1\wedge Q_2\wedge\neg R_2\wedge S_3)$

由于 $A,B$ 不能并列第二,$D$ 不能既第三又第四,所以

$$P_2\wedge\neg S_4\wedge\neg R_1\wedge Q_2\wedge\neg R_2\wedge S_3\Leftrightarrow 0$$
$$\neg P_2\wedge S_4\wedge R_1\wedge\neg Q_2\wedge\neg R_2\wedge S_3\Leftrightarrow 0$$
$$\neg P_2\wedge S_4\wedge\neg R_1\wedge Q_2\wedge\neg R_2\wedge S_3\Leftrightarrow 0$$

于是可得

⑤$P_2\wedge\neg S_4\wedge R_1\wedge\neg Q_2\wedge\neg R_2\wedge S_3\Leftrightarrow 1$

因此 $C$ 第一,$A$ 第二,$D$ 第三,$B$ 第四。

## 1.5.2 蕴含式

下面讨论 $A\to B$ 的重言式。

**定义 1.5.2** 设 $A,B$ 为两个命题公式,若 $A\to B$ 为重言式,则称“$A$ 蕴含(Implication)$B$”,记作 $A\Rightarrow B$。

**注意**:⇒与⇔一样,都不是逻辑联结词,因而 $A\Rightarrow B$ 也不是公式。$A\Rightarrow B$ 是用来表示由条件 $A$ 能够推导出结论 $B$,或称为 $B$ 可以由 $A$ 逻辑推出。

蕴含关系具有如下的性质:

(1)若 $A$ 为重言式,且 $A\Rightarrow B$,则 $B$ 必为重言式;

(2)自反性:$A\Rightarrow A$;

(3)反对称性:若 $A\Rightarrow B$ 且 $B\Rightarrow A$,则 $A\Leftrightarrow B$;

(4)传递性:若 $A\Rightarrow B$ 且 $B\Rightarrow C$,则 $A\Rightarrow C$;

(5)若 $A\Rightarrow B$ 且 $A\Rightarrow C$,则 $A\Rightarrow B\wedge C$;

(6)若 $A \Rightarrow B$ 且 $C \Rightarrow B$,则 $A \vee C \Rightarrow B$。

**证明** (1)、(2)由 $A \Rightarrow B$ 的定义即可知。

(3)因为 $A \Rightarrow B$ 且 $B \Rightarrow A$,所以 $A \to B$ 与 $B \to A$ 为重言式,由等价公式知 $A \leftrightarrow B$ 为重言式,所以 $A \Leftrightarrow B$。

(4)由 $A \Rightarrow B$ 且 $B \Rightarrow C$ 知 $(A \to B) \wedge (B \to C)$ 为重言式,根据蕴含公式知 $(A \to B) \wedge (B \to C) \Rightarrow A \to C$,由蕴含关系性质(1)知 $A \to C$ 为重言式,故 $A \Rightarrow C$。

(5)因 $A \Rightarrow B$ 且 $A \Rightarrow C$,故 $(A \to B)$,$(B \to C)$ 都为重言式,如果 $A$ 取值为 1,则 $B$ 和 $C$ 都取值为 1,因而 $B \wedge C$ 取值为 1;如果 $A$ 取值为 0,无论 $B \wedge C$ 取值为 1 还是取 0,$A \to B \wedge C$ 取值均为 1。故 $A \to B \wedge C$ 为重言式,所以 $A \Rightarrow B \wedge C$。

(6)因 $A \Rightarrow B$ 且 $C \Rightarrow B$,故 $(A \to B) \wedge (C \to B) \Leftrightarrow 1$,即 $(\neg A \vee B) \wedge (\neg C \vee B) \Leftrightarrow 1$,即 $(\neg A \wedge \neg C) \vee B \Leftrightarrow 1$,即 $\neg(A \vee C) \vee B \Leftrightarrow 1$,即 $(A \vee C) \to B \Leftrightarrow 1$,故 $A \vee C \Rightarrow B$。

由于 $A \to B$ 不具有对称性,即 $A \to B$ 与 $B \to A$ 不等价,因此,对于 $A \to B$ 而言,$B \to A$ 称为它的逆换式,$\neg A \to \neg B$ 称为它的反换式,$\neg B \to \neg A$ 称为它的逆反式。在上述的 4 个公式中,一定有:$A \to B \Leftrightarrow \neg B \to \neg A$,$B \to A \Leftrightarrow \neg A \to \neg B$,这两个公式留给读者自己验证。

**定理 1.5.4** $A \Leftrightarrow B$ 的充分必要条件是 $A \Rightarrow B$ 且 $B \Rightarrow A$。

**证明** 若 $A \Leftrightarrow B$,则 $A \leftrightarrow B$ 为重言式。又 $A \leftrightarrow B \Leftrightarrow (A \to B) \wedge (B \to A)$,故 $A \to B$ 且 $B \to A$ 均为重言式,即 $A \Rightarrow B$ 且 $B \Rightarrow A$。

反之,若 $A \Rightarrow B$ 且 $B \Rightarrow A$,则 $A \to B$ 且 $B \to A$ 均为重言式。于是 $(A \to B) \wedge (B \to A)$ 为重言式,即 $A \leftrightarrow B$ 为重言式,故 $A \Leftrightarrow B$。

由定义 1.5.2 知,要证明 $A \Rightarrow B$,只需证明 $A \to B$ 为重言式即可。因此,前面介绍的真值表法和等值演算法均可应用。

下面综合介绍证明 $A \Rightarrow B$ 的各种方法。

**1. 真值表法**

**【例 1-19】** 证明 $P \wedge Q \Rightarrow P$。

**证明** 只需证明 $P \wedge Q \to P$ 为重言式。真值表见表 1-15。

**表 1-15 $P \wedge Q \to P$ 的真值表**

| $P$ | $Q$ | $P \wedge Q$ | $P \wedge Q \to P$ |
|---|---|---|---|
| 0 | 0 | 0 | 1 |
| 0 | 1 | 0 | 1 |
| 1 | 0 | 0 | 1 |
| 1 | 1 | 1 | 1 |

**2. 等值演算法**

**【例 1-20】** 证明 $P \wedge (P \to Q) \Rightarrow Q$。

**证明** 只需证明 $P \wedge (P \to Q) \to Q$ 为重言式。

$$
\begin{aligned}
P \wedge (P \to Q) \to Q &\Leftrightarrow \neg(P \wedge (P \to Q)) \vee Q \\
&\Leftrightarrow \neg P \vee \neg(\neg P \vee Q) \vee Q \\
&\Leftrightarrow \neg P \vee (P \wedge \neg Q) \vee Q \\
&\Leftrightarrow (\neg P \vee Q) \vee (P \wedge \neg Q) \\
&\Leftrightarrow \neg(P \wedge \neg Q) \vee (P \wedge \neg Q) \\
&\Leftrightarrow 1
\end{aligned}
$$

即 $P\wedge(P\to Q)\Rightarrow Q$。

**3. 逻辑分析法**

逻辑分析法包括以下两种形式：

(1)肯定前件法：假定前件 $A$ 为真，推出后件 $B$ 为真，则 $AB$。

(2)否定后件法：假定后件 $B$ 为假，推出前件 $A$ 为假，则 $AB$。

理由是：对于条件式 $A\to B$，根据条件联结词的运算规则可知：只有前件 $A$ 为真，后件 $B$ 为假时 $AB$ 为假，其余情况均为真。因此有

(1)若从假设前件 $A$ 为真时能推导出后件 $B$ 一定也为真，说明无论前件 $A$ 为真为假，$AB$ 都为真，即 $A\to B$ 为重言式，也即 $A\Rightarrow B$。

(2)若从假设后件 $B$ 为假时能推导出前件 $A$ 一定也为真，说明无论前件 $A$ 为真为假，$AB$ 都为真，即 $A\to B$ 为重言式，也即 $A\Rightarrow B$。

下面通过例题来理解逻辑分析方法及运用。

**【例 1-21】** 逻辑证明下列蕴含式。

(1)$\neg Q\wedge(P\vee Q)\Rightarrow P$

(2)$P\wedge(P\to Q)\Rightarrow Q$

**证明** (1)假设前件 $\neg Q\wedge(P\vee Q)$ 为真，则 $\neg Q$ 为真，$P\vee Q$ 为真；由此有 $Q$ 为假，$P$ 为真。因此 $\neg Q\wedge(P\vee Q)\Rightarrow P$。

(2)假设后件 $Q$ 为假，若 $P$ 为真，则 $P\to Q$ 为假，有 $P\wedge(P\to Q)$ 为假。若 $P$ 为假，则 $P\to Q$ 为真，有 $P\wedge(P\to Q)$ 为假。

综上，若后件 $Q$ 为假，无论 $P$ 为真还是假，前件 $P\wedge(P\to Q)$ 均为假。因此 $P\wedge(P\to Q)\Rightarrow Q$。

需要指出的是，在(2)中，因为不知道 $P$ 的真值情况，所以要分情况讨论。

下面给出的一些常用的蕴含式，其正确性均可用上述推理方法进行证明。

(1)$P\wedge Q\Rightarrow P$，$P\wedge Q\Rightarrow Q$；

(2)$P\Rightarrow P\vee Q$，$Q\Rightarrow P\vee Q$；

(3)$\neg P\Rightarrow P\to Q$；

(4)$Q\Rightarrow P\to Q$；

(5)$\neg(P\to Q)\Rightarrow P$；$\neg(P\to Q)\Rightarrow\neg Q$；

(6)$P\wedge(P\to Q)\Rightarrow Q$；

(7)$\neg Q\wedge(P\to Q)\Rightarrow\neg P$；

(8)$\neg P\wedge(P\vee Q)\Rightarrow Q$；

(9)$(P\to Q)\wedge(Q\to R)\Rightarrow P\to R$；

(10)$(P\vee Q)\wedge(P\to R)\wedge(Q\to R)\Rightarrow R$；

(11)$(P\to Q)\wedge(R\to S)\Rightarrow(P\wedge R)\to(Q\wedge S)$；

(12)$(P\leftrightarrow Q)\wedge(Q\leftrightarrow R)\Rightarrow P\leftrightarrow R$。

# 1.6 对偶式与范式

## 1.6.1 对偶式与对偶原理

### 1. 对偶式

**定义 1.6.1** 在只含有逻辑联结词¬, ∨, ∧的命题公式 $A$ 中,若将∨换成∧,∧换成∨,如果 $A$ 中有 T(或 1)或者 F(或 0)就分别换成 F(或 0)或 T(或 1),所得到的新命题 $A^*$ 称为 $A$ 的对偶式(Dualistic Formula)。

显然 $A^*$ 与 $A$ 互为对偶式。

【例 1-22】 写出下列命题的对偶式。

(1)$(P\rightarrow R)\rightarrow(P\vee Q\rightarrow R\vee Q)$;

(2)$(P\wedge Q)\vee 0$;

(3)$P\wedge(Q\vee 1)$。

**解** (1)令 $A=(P\rightarrow R)\rightarrow(P\vee Q\rightarrow R\vee Q)$,则 $A=\neg(\neg P\vee R)\vee(\neg(P\vee Q)\vee R\vee Q)$。故 $A^*=\neg(\neg P\wedge R)\wedge(\neg(P\wedge Q)\wedge R\wedge Q)$。

(2),(3)中二式的对偶式分别为$(P\vee Q)\wedge 1$,$P\vee(Q\wedge 0)$。

### 2. 对偶原理

一个仅含有逻辑联结词¬, ∧, ∨的命题公式和它的对偶式之间具有如下等价关系:

**定理 1.6.1** 设 $P_1,P_2,\cdots,P_n$ 是公式$A$ 和$A^*$中出现的原子命题变元,现采用函数记法分别为 $A(P_1,P_2,\cdots,P_n)$,$A^*(P_1,P_2,\cdots,P_n)$,则

$$\neg A(P_1,P_2,\cdots,P_n)\Leftrightarrow A^*(\neg P_1,\neg P_2,\cdots,\neg P_n),$$

$$A(\neg P_1,\neg P_2,\cdots,\neg P_n)\Leftrightarrow\neg A^*(P_1,P_2,\cdots,P_n)。$$

**证明** 由德·摩根定律得

$$\neg(P\vee Q)\Leftrightarrow\neg P\wedge\neg Q\ ,\neg(P\wedge Q)\Leftrightarrow\neg P\vee\neg Q,$$

又因¬ T⇔F,¬ F⇔T,这正好表明¬应用于∨(或∧)上时将原子命题变元换为它们否定的∧(或∨),故

$$\neg A(P_1,P_2,\cdots,P_n)\Leftrightarrow A^*(\neg P_1,\neg P_2,\cdots,\neg P_n)。$$

令 $Q_i=\neg P_i$,则 $P_i=\neg Q_i(i=1,2,\cdots,n)$。

故$\neg A(\neg Q_1,\neg Q_2,\cdots,\neg Q_n)\Leftrightarrow A^*(Q_1,Q_2,\cdots,Q_n)$。

即 $A(\neg Q_1,\neg Q_2,\cdots,\neg Q_n)\Leftrightarrow\neg A^*(Q_1,Q_2,\cdots,Q_n)$。

二式均得证。

【例 1-23】 设 $A^*(P,Q,R)\Leftrightarrow\neg P\wedge(\neg Q\vee R)$,证明 $A^*(\neg P,\neg Q,\neg R)\Leftrightarrow A(P,Q,R)$。

**证明** 因为 $A^*(P,Q,R)\Leftrightarrow\neg P\wedge(\neg Q\vee R)$,所以 $A^*(\neg P,\neg Q,\neg R)\Leftrightarrow P\wedge(Q\vee\neg R)$,$A(P,Q,R)\Leftrightarrow\neg P\vee(\neg Q\wedge R)$。

因而得到 $\neg A(P,Q,R)\Leftrightarrow\neg(\neg P\vee(\neg Q\wedge R))\Leftrightarrow P\wedge Q\vee\neg R$

所以 $A^*(\neg P,\neg Q,\neg R)\Leftrightarrow\neg A(P,Q,R)$

**定理 1.6.2** （对偶原理）设 $A,B$ 为合式命题公式，若 $A\Leftrightarrow B$，则 $A^*\Leftrightarrow B^*$。

**证明** 设 $P_1,P_2,\cdots,P_n$ 是出现在 $A,B$ 中的原子命题变元。

因 $A(P_1,P_2,\cdots,P_n)\Leftrightarrow B(P_1,P_2,\cdots,P_n)$，

故 $A(P_1,P_2,\cdots,P_n)\leftrightarrow B(P_1,P_2,\cdots,P_n)$ 是重言式。

即 $A(\neg P_1,\neg P_2,\cdots,\neg P_n)\leftrightarrow B(\neg P_1,\neg P_2,\cdots,\neg P_n)$ 是重言式，

故 $A(\neg P_1,\neg P_2,\cdots,\neg P_n)\Leftrightarrow B(\neg P_1,\neg P_2,\cdots,\neg P_n)$。

由定理 1.6.1 有 $A(\neg P_1,\neg P_2,\cdots,\neg P_n)\Leftrightarrow\neg A^*(P_1,P_2,\cdots,P_n)$，

$B(\neg P_1,\neg P_2,\cdots,\neg P_n)\Leftrightarrow\neg B^*(P_1,P_2,\cdots,P_n)$，

由合式公式的等价具有传递性，可得

$$\neg A^*(P_1,P_2,\cdots,P_n)\Leftrightarrow\neg B^*(P_1,P_2,\cdots,P_n)$$

从而 $A^*\Leftrightarrow B^*$。

对于命题定律中幂等律、交换律、结合律等包含的两个等价公式都是互为对偶式，因此由对偶原理，我们只要证明其中的一个即可。

## 1.7.2 命题公式的范式

判断一个命题公式是否为重言式、矛盾式或者可满足式，称作一个判定问题。在命题逻辑中，对于命题变元个数较少的命题公式来说，可以用列真值表的方法解决判定问题。但是，当命题变元个数较多时，运算次数很大，每增加一个命题变元，真值表的行数就增加一倍。另外，从前面的讨论可知，存在大量互不相同的命题公式，实际上互为等价，而判别两个命题公式是否等价与判定命题公式的类型是否一样存在相同的问题。本节将介绍另一种方法——求范式，此方法是通过使用等值演算法，求出含 $n$ 个命题变元的公式的两种规范表示方法，这种规范的表达式能表达真值表所能给出的一切信息。下面为了叙述方便，首先介绍几个术语。

### 1. 简单析取式与简单合取式

**定义 1.6.2** 单个的命题变元及其否定形式称为文字。如 $P,\neg Q$ 等。

**定义 1.6.3** 仅由有限个文字组成的析取式称为简单析取式或子句。仅由有限个文字组成的合取式称为简单合取式或短语。不含任何文字的子句称为空子句，记为□或 NIL。

例如 $P\vee Q,P\vee\neg Q,\neg P\vee Q,\neg P\vee\neg Q,P,\neg Q$ 等都是简单析取式；$P\wedge Q,P\wedge\neg Q,\neg P\wedge Q,\neg P\wedge\neg Q,P,\neg Q$ 等都是简单合取式。一个文字既是简单析取式，又是简单合取式。

**定理 1.6.3** 简单析取式是重言式当且仅当它同时含有某个命题变元及其否定形式。

**证明** 设公式 $A$ 为简单析取式，含有命题变元 $P_1,P_2,\cdots,P_n$。

若 $A$ 同时含有 $P_i$ 及 $\neg P_i$，显然 $A$ 为重言式。

反过来，若 $A$ 为重言式，假设它不同时含有某个命题变元及其否定形式，那么，我们对该析取式 $A$ 中出现在否定词后面的命题变元指派值 1，其余的指派值 0，则整个析取式 $A$ 取真值 0，即 $A$ 为非重言式，与已知 $A$ 为重言式矛盾。

对于简单合取式也有类似的性质。

**定理 1.6.4** 简单合取式是矛盾式当且仅当它同时含有某个命题变元及其否定形式。

证明同定理 1.6.3。

### 2. 析取范式与合取范式

**定义 1.6.4** 由有限个简单合取式组成的析取式称为析取范式(Disjunctive Normal Form)。亦即该公式具有形式 $A_1 \vee A_2 \cdots \vee A_n$,其中 $A_i(i=1,2,\cdots,n)$ 为简单合取式。由有限个简单析取式组成的合取式称为合取范式(Conjunctive Normal Form)。亦即该公式具有形式 $B_1 \wedge B_2 \cdots \wedge B_m$,其中 $B_j(j=1,2,\cdots,m)$ 为简单析取式。析取范式与合取范式统称为范式。

例如,$P \wedge Q$,$(P \vee Q) \wedge (\neg P \vee Q)$ 都是合取范式,$\neg P \wedge Q$,$(P \wedge Q) \vee (\neg P \wedge \neg Q)$ 都是析取范式。对于单独的一个命题变元 $P$ 或其否定 $\neg P$ 既可以看成是析取范式,又可看成是合取范式。当然既可以看成是简单析取式,又可以看成是简单合取式。至于 $P \vee Q$,若把它看作为简单合取式的析取,则它是析取范式;若把它看成是文字的析取,则它是合取范式。同理,$P \wedge Q$,$\neg P \wedge \neg Q$ 等既是析取范式,又是合取范式。

**定理 1.6.5** (**范式存在定理**)任何一个命题公式都存在着与之等价的析取范式和合取范式。

从析取范式和合取范式的定义可知,范式中不存在除了 $\neg$,$\vee$,$\wedge$ 以外的逻辑联结词。

下面给出求任一公式的析取范式和合取范式的步骤:

(1)利用蕴含律和等价律消去除 $\neg$,$\vee$,$\wedge$ 以外公式中出现的所有逻辑联结词。

(2)利用德摩根律和双重否定律将联结词“$\neg$”向内深入,使之只作用于命题变元;

(3)利用分配律、结合律将公式转化为合取范式或析取范式。

【例 1-24】 求 $\neg P \to (P \to Q)$ 的合取范式和析取范式。

**解** $\neg P \to (P \to Q) \Leftrightarrow P \vee (\neg P \vee Q)$

$\Leftrightarrow P \vee (\neg P \vee Q)$ (合析取范式)

$\Leftrightarrow (P \vee \neg P) \vee Q$

$\Leftrightarrow T \vee Q$ (合析取范式)

$\Leftrightarrow T \Leftrightarrow P \vee \neg P$。

【例 1-25】 求 $\neg(P \vee Q) \leftrightarrow P \wedge Q$ 的合取和析取范式。

**解** $\neg(P \vee Q) \leftrightarrow (P \wedge Q)$

$\Leftrightarrow (\neg(P \vee Q) \to (P \wedge Q)) \wedge ((P \wedge Q) \to \neg(P \vee Q))$

$\Leftrightarrow ((P \vee Q) \vee (P \wedge Q)) \wedge (\neg(P \wedge Q) \vee \neg(P \vee Q))$

$\Leftrightarrow ((P \vee Q) \vee P) \wedge ((P \vee Q) \vee Q)) \wedge ((\neg P \vee \neg Q) \vee (\neg P \wedge \neg Q))$

$\Leftrightarrow (P \vee Q) \wedge ((\neg P \vee \neg Q) \vee \neg P) \wedge ((\neg P \vee \neg Q) \vee \neg Q))$

$\Leftrightarrow (P \vee Q) \wedge (\neg P \vee \neg Q)$ (合取范式)

$\Leftrightarrow ((P \vee Q) \wedge \neg P) \vee ((P \vee Q) \wedge \neg Q)$

$\Leftrightarrow (\neg P \wedge Q) \vee (P \wedge \neg Q)$ (析取范式)

从上面的例子可以看出一个命题公式的合取范式和析取范式有若干个,并不是唯一的。

### 3. 范式的应用

利用析取范式和合取范式可以判定一个命题公式是重言式还是矛盾式。

**定理 1.6.6** 一个析取范式是矛盾式当且仅当它的每个简单合取式都是矛盾式。一个合取范式是重言式当且仅当它的每个简单析取式都是重言式。

**证明** 由析取范式和合取范式的定义以及定理 1.6.3 可得。

【例 1-26】 判断下列公式的类型。

(1)$\neg(P\rightarrow Q)\wedge Q$;

(2)$P\vee(Q\rightarrow R)\vee\neg(P\vee R)$。

**解** (1)$\neg(P\rightarrow Q)\wedge Q\Leftrightarrow\neg(\neg P\vee Q)\wedge Q\Leftrightarrow P\wedge\neg Q\wedge Q$

由定理 1.6.6 可知,$\neg(P\rightarrow Q)\wedge Q$ 为矛盾式。

(2)$P\vee(Q\rightarrow R)\vee\neg(P\vee R)\Leftrightarrow P\vee\neg Q\vee R\vee(\neg P\wedge\neg R)$

$\Leftrightarrow(P\vee\neg Q\vee R\vee\neg P)\wedge(P\vee\neg Q\vee R\vee\neg R)$

由定理 1.6.6 可知,$P\vee(Q\rightarrow R)\vee\neg(P\vee R)$为重言式。

## 1.6.3 命题公式的主析取范式和主合取范式

利用合取范式和析取范式虽然可以较容易地判断一个公式是否为重言式或矛盾式,但它们也有不足之处,那就是一个公式的合取范式和析取范式不是唯一的。这对于希望通过范式来判别两公式是否等值带来了不便。为了使各公式的范式是唯一的,下面进一步介绍主范式的概念。

### 1. 主析取范式

**定义 1.6.5** 在含有 $n$ 个命题变元的简单合取式中,若每个命题变元与其否定不同时存在,而二者之一必出现且仅出现一次,且第 $i$ 个命题变元或其否定出现在从左算起的第 $i$ 位上(若命题变元无下标,则按字典顺序排序),则称该简单合取式为极小项。

例如 $P\wedge Q\wedge R$,$\neg P\wedge\neg Q\wedge R$ 是关于 $P,Q,R$ 的极小项,但$\neg P$,$P\wedge\neg Q$ 就不是关于 $P,Q,R$ 的极小项,$P\wedge\neg Q$ 是关于 $P,Q$ 的极小项,$\neg P$ 是关于 $P$ 的极小项。

一般说来,$n$ 个命题变元共有 $2^n$ 个极小项。其中每个极小项都有且仅有一个成真指派,见表 1-16。若在极小项中,将其唯一的成真指派构成一个二进制数,并把该二进制数转化成十进制数为 $i$,则每个极小项都对应一个十进制数 $i$,因此将该极小项可记作 $m_i$。

表 1-16 列出了两个命题变元 $P$ 和 $Q$ 生成的 4 个极小项的真值表。

表 1-16 两个命题变元 $P$ 和 $Q$ 生成的 4 个极小项的真值表

| $m_{(二进制)}$ | | $m_{00}$ | $m_{01}$ | $m_{10}$ | $m_{11}$ |
|---|---|---|---|---|---|
| $P$ | $Q$ | $\neg P\wedge\neg Q$ | $\neg P\wedge Q$ | $P\wedge\neg Q$ | $P\wedge Q$ |
| 0 | 0 | 1 | 0 | 0 | 0 |
| 0 | 1 | 0 | 1 | 0 | 0 |
| 1 | 0 | 0 | 0 | 1 | 0 |
| 1 | 1 | 0 | 0 | 0 | 1 |
| $m_{(十进制)}$ | | $m_0$ | $m_1$ | $m_2$ | $m_3$ |

从这个真值表中可以看到,没有两个极小项是等价的,且每个极小项都只对应着 $P$ 和

$Q$ 的一组真值指派使该极小项的真值为 1。

这个结论可以推广到有 3 个及 3 个以上变元的情况。

由真值表得到的极小项具有如下性质：

(1)各极小项的真值表都不相同。

(2)每个极小项当其真值指派与对应的二进制编码相同时，其真值为真，在其余 $2^n-1$ 种指派情况下，其真值均为假。

(3)任意两个极小项的合取式都是矛盾式。例如 $m_0 \wedge m_1 \Leftrightarrow (\neg P \wedge \neg Q) \wedge (\neg P \wedge Q) \Leftrightarrow 0$。

(4)全体极小项的析取式为永真式。

**定义 1.6.6** 由若干个不同的极小项组成的析取式称为主析取范式(The Principal Disjunctive Normal Form )。与公式 $A$ 等价的主析取范式称为 $A$ 的主析取范式。

**定理 1.6.7** 任意含 $n$ 个命题变元的非永假式命题公式都存在着与之等价的主析取范式，并且其主析取范式是唯一的。

**证明** 设 $A'$ 是公式 $A$ 的析取范式，即 $A \Leftrightarrow A'$。若 $A'$ 的某个简单合取式 $A_i$ 中不含有命题变元 $P$ 及其否定 $\neg P$，将 $A_i$ 展成形式 $A_i \Leftrightarrow A_i \wedge T \Leftrightarrow A_i \wedge (P \vee \neg P) \Leftrightarrow (A_i \wedge P) \vee (A_i \wedge \neg P)$，继续这个过程，直到所有的简单合取式成为极小项。然后消去重复的项及矛盾式后，得到公式 $A$ 的主析取范式。

下证唯一性。

若公式 $A$ 有两个与之等价的主析取范式 $B$ 和 $C$，则 $B \Leftrightarrow C$。由于 $B$ 和 $C$ 是 $A$ 的不同的主析取范式，不妨设极小项 $m_i$ 只出现在 $B$ 中而不在 $C$ 中，于是 $i$ 的二进制表示为 $B$ 的成真赋值、$C$ 的成假赋值，这与 $B \Leftrightarrow C$ 矛盾。因而公式 $A$ 的主析取范式是唯一的。

一个命题公式的主析取范式可通过两种方法求得，一是由公式的真值表得出，即真值表法；另一是由基本等价公式推出，即等值演算法。

(1)真值表法

**定理 1.6.8** 在真值表中，命题公式 $A$ 的真值为真的赋值所对应的极小项的析取即为命题公式 $A$ 的主析取范式。

**证明** 设命题公式 $A$ 的真值为真的赋值所对应的极小项为 $m_1, m_2, \cdots, m_k$。令 $B = m_1 \vee m_2 \vee \cdots \vee m_k$。下证 $A \Leftrightarrow B$，即证 $A$ 与 $B$ 在相应指派下具有相同的真值。

首先，对 $A$ 为真的某一指派，其对应的极小项为 $m_i$，则因为 $m_i$ 为 1，而 $m_1, m_2, \cdots, m_{i-1}, m_{i+1}, \cdots, m_k$ 均为 0，所以 $B = m_1 \vee m_2 \vee \cdots \vee m_k$ 为 1，即为真。

其次，对 $A$ 为假的某一指派，则其赋值所对应的极小项一定不是 $m_1, m_2, \cdots, m_k$ 中的某一项，即 $m_1, m_2, \cdots, m_k$ 均为假，所以 $B = m_1 \vee m_2 \vee \cdots \vee m_k$ 为假。

综上，$A \Leftrightarrow B$。

利用真值表法求主析取范式的基本步骤为：

(1)列出公式的真值表。

(2)将真值表最后一列中 1 的赋值所对应的极小项写出。

(3)将这些极小项进行析取。

【例 1-27】 利用真值表法求 $\neg(P \wedge Q)$ 的主析取范式。

**解** $\neg(P \wedge Q)$ 的真值表见表 1-17。

表 1-17 $\neg(P \land Q)$的真值表

| $P$ | $Q$ | $\neg(P \land Q)$ |
| --- | --- | --- |
| 0 | 0 | 1 |
| 0 | 1 | 1 |
| 1 | 0 | 1 |
| 1 | 1 | 0 |

从表 1-17 中可以看出，该公式在其真值表的 00 行、01 行、10 行处取真值 1，所以

$$\neg(P \land Q) \Leftrightarrow m_0 \lor m_1 \lor m_2 \Leftrightarrow (\neg P \land \neg Q) \lor (\neg P \land Q) \lor (P \land \neg Q)$$

【例 1-28】 用真值表法求$(P \land Q) \lor R$ 的主析取范式。

**解** $(P \land Q) \lor R$ 的真值表见表 1-18。

表 1-18 $(P \land Q) \lor R$ 的真值表

| $P$ | $Q$ | $R$ | $P \land Q$ | $(P \land Q) \lor R$ |
| --- | --- | --- | --- | --- |
| 0 | 0 | 0 | 0 | 0 |
| 0 | 0 | 1 | 0 | 1 |
| 0 | 1 | 0 | 0 | 0 |
| 0 | 1 | 1 | 0 | 1 |
| 1 | 0 | 0 | 0 | 0 |
| 1 | 0 | 1 | 0 | 1 |
| 1 | 1 | 0 | 1 | 1 |
| 1 | 1 | 1 | 1 | 1 |

从表 1-18 中可以看出，该公式在其真值表的 001 行、011 行、101 行、110 行和 111 行处取真值 1，所以$(P \land Q) \lor R \Leftrightarrow m_1 \lor m_3 \lor m_5 \lor m_6 \lor m_7 \Leftrightarrow (\neg P \land \neg Q \land R) \lor (\neg P \land Q \land R) \lor (P \land \neg Q \land R) \lor (P \land Q \land \neg R) \lor (P \land Q \land R)$。

【例 1-29】 设公式 $A$ 的真值表如表 1-19 所示，求公式 $A$ 的主析取范式。

**解** 由真值表可看出公式 $A$ 有 3 组成真赋值，分别出现在 000 行，100 行和 111 行，所以公式 $A$ 的主析取范式为

$$A \Leftrightarrow (\neg P \land \neg Q \land \neg R) \lor (P \land \neg Q \land \neg R) \lor (P \land Q \land R)$$

表 1-19 公式 $A$ 的真值表

| $P$ | $Q$ | $R$ | $A$ |
| --- | --- | --- | --- |
| 0 | 0 | 0 | 1 |
| 0 | 0 | 1 | 0 |
| 0 | 1 | 0 | 0 |
| 0 | 1 | 1 | 0 |
| 1 | 0 | 0 | 1 |
| 1 | 0 | 1 | 0 |
| 1 | 1 | 0 | 0 |
| 1 | 1 | 1 | 1 |

(2)等值演算法

除了用真值表法来求一个命题公式的主析取范式外，还可以利用公式的等值演算方法来推导。具体的求解步骤如下：

(1)利用蕴含律和等价律消去公式中的联结词“$\rightarrow$”和“$\leftrightarrow$”；

(2)利用德摩根律和双重否定律将联结词“$\neg$”向内深入，使之只作用于命题变元；

(3)利用分配律将公式化为析取范式；

(4)利用同一律消去矛盾的简单合取式；

(5)利用幂等律消去相同的简单合取式以及简单合取式中相同的合取项；

(6)利用同一律、分配律将不包含某一命题变元的简单合取式置换为包含这一命题变元的简单合取式,直到每一简单合取式成为极小项,并将极小项按顺序排列。例如,$P\wedge Q\Leftrightarrow P\wedge Q\wedge(R\vee\neg R)\Leftrightarrow(P\wedge Q\wedge R)\vee(P\wedge Q\wedge\neg R)$。

【例 1-30】 求$(P\to Q)\wedge Q$的主析取范式。

**解** 
$$
\begin{aligned}
(P\to Q)\wedge Q &\Leftrightarrow(\neg P\vee Q)\wedge Q\\
&\Leftrightarrow(\neg P\wedge Q)\vee Q\\
&\Leftrightarrow(\neg P\wedge Q)\vee((P\vee\neg P)\wedge Q)\\
&\Leftrightarrow(\neg P\wedge Q)\vee(P\wedge Q)\vee(\neg P\wedge Q)\\
&\Leftrightarrow(\neg P\wedge Q)\vee(P\wedge Q)\\
&\Leftrightarrow m_1\vee m_3
\end{aligned}
$$

【例 1-31】 求$A\Leftrightarrow(P\vee Q)\wedge(Q\vee R)\wedge(\neg P\vee R)$的主析取范式。

**解** 
$$
\begin{aligned}
A &\Leftrightarrow(P\vee Q)\wedge(Q\vee R)\wedge(\neg P\vee R)\\
&\Leftrightarrow((P\vee Q)\wedge Q)\vee((P\vee Q)\wedge R)\wedge(\neg P\vee R)\\
&\Leftrightarrow(Q\vee(P\wedge R)\vee(Q\wedge R))\wedge(\neg P\vee R)\\
&\Leftrightarrow(Q\vee(P\wedge R))\wedge(\neg P\vee R)\\
&\Leftrightarrow(Q\wedge(\neg P\vee R))\vee((P\wedge R)\wedge(\neg P\vee R))\\
&\Leftrightarrow(Q\wedge\neg P)\vee(Q\wedge R)\vee(P\wedge R\wedge(\neg P\vee R))\\
&\Leftrightarrow(Q\wedge\neg P)\vee(Q\wedge R)\vee(P\wedge R\wedge\neg P)\vee(P\wedge R\wedge R)\\
&\Leftrightarrow(Q\wedge\neg P)\vee(Q\wedge R)\vee(P\wedge R)\\
&\Leftrightarrow(\neg P\wedge Q\wedge(R\wedge\neg R))\vee((P\vee\neg P)\wedge Q\wedge R)\vee\\
&\quad(P\wedge(Q\vee\neg Q)\wedge R)\\
&\Leftrightarrow(\neg P\wedge Q\wedge R)\vee(\neg P\wedge Q\wedge\neg R)\vee(P\wedge Q\wedge R)\vee(\neg P\wedge Q\wedge R)\vee(P\wedge Q\wedge\\
&\quad R)\vee(P\wedge\neg Q\wedge R)\\
&\Leftrightarrow(\neg P\wedge Q\wedge R)\vee(\neg P\wedge Q\wedge\neg R)\vee(P\wedge Q\wedge R)\vee(P\wedge\neg Q\wedge R)\\
&\Leftrightarrow m_2\vee m_3\vee m_5\vee m_7
\end{aligned}
$$

### 2. 主合取范式

**定义 1.6.7** 在含有 $n$ 个命题变元的简单析取式中,若每个命题变元与其否定不同时存在,而二者之一必出现且仅出现一次,且第 $i$ 个命题变元或其否定出现在从左算起的第 $i$ 位上(若命题变元无下标,则按字典顺序排序),则称该简单析取式为极大项。

例如,$\neg P\vee Q\vee\neg R$,$P\vee\neg Q\vee\neg R$ 是关于 $P,Q,R$ 的极大项,但 $P\vee\neg Q$ 不是关于 $P$,$Q$,$R$ 的极大项,只是关于 $P$,$Q$ 的一个极大项。

一般说来,$n$ 个命题变元共有 $2^n$ 个极大项。其中每个极大项都有且仅有一个成假指派,见表 1-20。若在极大项中,将其唯一的成假指派构成一个二进制数,并把该二进制数转化成十进制数 $i$,则每个极大项都唯一对应一个十进制数为 $i$,因此将该极大项可记作 $M_i$。

表 1-20 列出了两个命题变元 $P$ 和 $Q$ 生成的 4 个极大项的真值表。

表 1-20 两个命题变元 $P$ 和 $Q$ 生成的 4 个极大项的真值表

| $M_{(二进制)}$ | | $M_{00}$ | $M_{01}$ | $M_{10}$ | $M_{11}$ |
|---|---|---|---|---|---|
| $P$ | $Q$ | $P\vee Q$ | $P\vee\neg Q$ | $\neg P\vee Q$ | $\neg P\vee\neg Q$ |
| 0 | 0 | 0 | 1 | 1 | 1 |
| 0 | 1 | 1 | 0 | 1 | 1 |

（续表）

| $M_{(二进制)}$ | | $M_{00}$ | $M_{01}$ | $M_{10}$ | $M_{11}$ |
|---|---|---|---|---|---|
| 1 | 0 | 1 | 1 | 0 | 1 |
| 1 | 1 | 1 | 1 | 1 | 0 |
| $M_{(十进制)}$ | | $M_0$ | $M_1$ | $M_2$ | $M_3$ |

从这个真值表中可以看到，没有两个极大项是等价的，且每个极大项都只对应着 $P$ 和 $Q$ 的一组真值指派使该极大项的真值为 0。

这个结论可以推广到 3 个及 3 个以上变元的情况。

由真值表可得到极大项具有如下性质：

1）各极大项的真值表都不相同。

2）每个极大项当其真值指派与对应的二进制编码相同时，其真值为假，在其余 $2^n-1$ 种指派情况下，其真值均为真。

3）任意两个不同极大项的析取式都是永真式。例如 $M_0 \vee M_2 \Leftrightarrow (P \vee Q) \vee (\neg P \vee Q) \Leftrightarrow 1$。

4）全体极大项的合取式必为永假式。

**定义 1.6.8** 由若干个不同的极大项组成的合取式称为主合取范式（The Principal Conjunctive Normal Form）。与公式 $A$ 等价的主合取范式称为 $A$ 的主合取范式。

**定理 1.6.9** 任意含 $n$ 个命题变元的非永真式命题公式都存在着与之等价的主合取范式，并且其主合取范式是唯一的。（证明方法同定理 1.6.7）

与主析取范式的求解方法相类似，主合取范式同样可通过真值表法或等值演算法求得。

（1）真值表法

**定理 1.6.10** 在真值表中，命题公式 $A$ 的真值为假的赋值所对应的极大项的合取即为命题公式 $A$ 的主合取范式。

证明方法与定理 1.6.8 的证明相类似。

利用真值表法求主合取范式的基本步骤为：

（1）列出公式的真值表。

（2）将真值表最后一列中 0 的赋值所对应的极大项写出。

（3）将这些极大项进行合取。

【例 1-32】 求 $(P \to Q) \wedge Q$ 的主合取范式。

**解** $(P \to Q) \wedge Q$ 的真值表见表 1-21。

表 1-21 $(P \to Q) \wedge Q$ 的真值表

| $P$ | $Q$ | $P \to Q$ | $(P \to Q) \wedge Q$ |
|---|---|---|---|
| 0 | 0 | 1 | 0 |
| 0 | 1 | 1 | 1 |
| 1 | 0 | 0 | 0 |
| 1 | 1 | 1 | 1 |

从表 1-21 可看出，公式 $(P \to Q) \wedge Q$ 在 00 行，10 行处取真值 0，所以

$$(P \to Q) \wedge Q \Leftrightarrow (P \vee Q) \wedge (\neg P \vee Q) \Leftrightarrow M_0 \wedge M_2$$

（2）等值演算法

具体的求解步骤如下：

（1）利用蕴含律和等价律消去公式中的联结词“→”和“↔”；

（2）利用德摩根律和双重否定律将联结词“¬”向内深入，使之只作用于命题变元；

(3)利用分配律将公式化为合取范式；

(4)利用同一律消去矛盾的简单析取式；

(5)利用幂等律消去相同的简单析取式以及简单析取式中相同的析取项；

(6)利用同一律、分配律将不包含某一命题变元的简单析取式置换为包含这一命题变元的简单析取式，直到每一简单析取式成为极大项。并将极大项按顺序排列。例如，$P \vee Q \Leftrightarrow P \vee Q \vee (R \wedge \neg R) \Leftrightarrow (P \vee Q \vee R) \wedge (P \vee Q \vee \neg R)$。

【例 1-33】 求 $A \Leftrightarrow (P \vee Q) \wedge (Q \vee R) \wedge (\neg P \vee R)$ 的主合取范式。

**解** $A \Leftrightarrow (P \vee Q) \wedge (Q \vee R) \wedge (\neg P \vee R)$

$\Leftrightarrow ((P \vee Q) \vee (R \wedge \neg R)) \wedge ((Q \vee R) \vee (P \wedge \neg P)) \wedge ((\neg P \vee R) \vee (Q \wedge \neg Q))$

$\Leftrightarrow (P \vee Q \vee R) \wedge (P \vee Q \vee \neg R) \wedge (P \vee Q \vee R) \vee (\neg P \vee Q \vee R) \wedge (\neg P \vee Q \vee R) \wedge (\neg P \vee \neg Q \vee R)$

$\Leftrightarrow (P \vee Q \vee R) \wedge (P \vee Q \vee \neg R) \wedge (\neg P \vee Q \vee R) \wedge (\neg P \vee \neg Q \vee R)$

$\Leftrightarrow m_0 \wedge m_1 \wedge m_4 \wedge m_6$

**3. 主析取范式和主合取范式关系**

设 $Z$ 为命题公式 $A$ 的主析取范式中所有极小项的足标集合，$R$ 为命题公式 $A$ 的主合取范式中所有极大项的足标集合，则有

$$R = \{0, 1, 2, \cdots, 2^n - 1\} - Z$$

或

$$Z = \{0, 1, 2, \cdots, 2^n - 1\} - R$$

故已知命题公式 $A$ 的主析取范式，可求得其主合取范式，反之亦然。

事实上，注意到极小项 $m_i$ 与极大项 $M_i$ 满足 $\neg m_i \Leftrightarrow M_i$，$m_i \Leftrightarrow \neg M_i$。(例：$m_5$：$P \wedge \neg Q \wedge R$，$M_5$：$\neg P \vee Q \vee \neg R$。

如例 1-33 中的主合取范式为 $M_0 \wedge M_1 \wedge M_4 \wedge M_6$ 已求出，则主析取范式为 $m_2 \vee m_3 \vee m_5 \vee m_7$，然后写出相应的极小项即可。

【例 1-34】 求 $(\neg P \to R) \wedge (P \leftrightarrow Q)$ 的主析取范式与主合取范式。

**解** $(\neg P \to R) \wedge (P \leftrightarrow Q)$

$\Leftrightarrow (P \vee R) \wedge (\neg P \vee Q) \wedge (P \vee \neg Q)$ (合取范式)

$\Leftrightarrow (P \vee (Q \wedge \neg Q) \vee R) \wedge (\neg P \vee Q \vee (R \wedge \neg R)) \wedge (P \vee \neg Q \vee (R \wedge \neg R))$

$\Leftrightarrow (P \vee Q \vee R) \wedge (P \vee \neg Q \vee R) \wedge (\neg P \vee Q \vee R) \wedge (\neg P \vee Q \vee \neg R) \wedge (P \vee \neg Q \vee R) \wedge (P \vee \neg Q \vee \neg R)$

$\Leftrightarrow (P \vee Q \vee R) \wedge (P \vee \neg Q \vee R) \wedge (\neg P \vee Q \vee R) \wedge (\neg P \vee Q \vee \neg R) \wedge (P \vee \neg Q \vee \neg R)$

$\Leftrightarrow M_0 \wedge M_2 \wedge M_3 \wedge M_4 \wedge M_5$

$\Leftrightarrow m_1 \vee m_6 \vee m_7$

$\Leftrightarrow (\neg P \wedge \neg Q \wedge R) \vee (P \wedge Q \wedge \neg R) \vee (P \wedge Q \wedge R)$

**4. 主范式的应用**

(1)命题公式等价性的判定

由于每个命题公式都存在着与之等价的唯一的主析取范式和主合取范式，因此，如果两个命题公式等价，则相应的主范式也对应相同。

【例 1-35】 判断下面两组公式是否等价：

①$P$ 与 $(P \wedge Q) \vee (P \wedge \neg Q)$；

②$(P \to Q) \to R$ 与 $(P \wedge Q) \to R$。

**解** ①两公式共含两个命题变元,因而极小项含两个文字。

$$P \Leftrightarrow P \wedge (\neg Q \vee Q)$$
$$\Leftrightarrow (P \wedge \neg Q) \vee (P \wedge Q)$$
$$\Leftrightarrow m_2 \vee m_3$$

而

$$(P \wedge Q) \vee (P \wedge \neg Q) \Leftrightarrow m_2 \vee m_3$$

两者相同,所以 $P \Leftrightarrow (P \wedge Q) \vee (P \wedge \neg Q)$

②两公式都含命题变项 $P,Q,R$,因而极小项含三个文字。经过等值演算得到

$$(P \rightarrow Q) \rightarrow R \Leftrightarrow m_1 \vee m_3 \vee m_4 \vee m_5 \vee m_7$$
$$(P \wedge Q) \rightarrow R \Leftrightarrow m_0 \vee m_1 \vee m_2 \vee m_3 \vee m_4 \vee m_5 \vee m_7$$

所以 $(P \rightarrow Q) \rightarrow R$ 与 $(P \wedge \neg Q) \rightarrow R$ 不等价。

(2)命题公式类型的判定

**定理 1.6.11** 设 $A$ 是含 $n$ 个命题变元的命题公式,则

(1)$A$ 为永真式当且仅当 $A$ 的主析取范式中含有全部 $2^n$ 个极小项。

(2)$A$ 为矛盾式当且仅当 $A$ 的主合取范式中含有全部 $2^n$ 个极大项。

(3)若 $A$ 的主析取范式中至少含有一个极小项,则 $A$ 是可满足式。

【例 1-36】 判断下列命题公式的类型。

(1)$\neg(P \rightarrow Q) \wedge Q$;

(2) $P \rightarrow (P \vee Q)$;

(3)$(P \vee Q) \rightarrow R$。

**解** 注意(1),(2)中含两个命题变元,故极小项含两个文字,而(3)中公式含三个命题变元,因而极小项应含三个文字。

①$\neg(P \rightarrow Q) \wedge Q$

$\Leftrightarrow \neg(\neg P \vee Q) \wedge Q$

$\Leftrightarrow (P \wedge \neg Q) \wedge Q$

$\Leftrightarrow 0$

这说明(1)中公式是矛盾式。

②$P \rightarrow (P \vee Q)$

$\Leftrightarrow \neg P \vee P \vee Q$

$\Leftrightarrow (\neg P \wedge (\neg Q \vee Q)) \vee (P \wedge (\neg Q \vee Q)) \vee ((\neg P \vee P) \wedge Q)$

$\Leftrightarrow (\neg P \wedge \neg Q) \vee (\neg P \wedge Q) \vee (P \wedge \neg Q) \vee (P \wedge Q) \vee (\neg P \wedge Q) \vee (P \wedge Q)$

$\Leftrightarrow (\neg P \wedge \neg Q) \vee (\neg P \wedge Q) \vee (P \wedge \neg Q) \vee (P \wedge Q)$

$\Leftrightarrow m_0 \vee m_1 \vee m_2 \vee m_3$

这说明该公式为重言式。

其实,以上演算到第一步,就已知该公式等值于1,因而它为重言式,然后根据公式中所含命题变元个数写出全部极小项即可。即

$$P \rightarrow (P \vee Q) \Leftrightarrow \neg P \vee P \vee Q$$
$$\Leftrightarrow 1$$
$$\Leftrightarrow m_0 \vee m_1 \vee m_2 \vee m_3$$

③$(P \vee Q) \rightarrow R \Leftrightarrow \neg(P \vee Q) \vee R$

$\Leftrightarrow (\neg P \wedge \neg Q) \vee R$

$\Leftrightarrow(\neg P\wedge\neg Q\wedge(\neg R\vee R))\vee((\neg P\vee P)\wedge(\neg Q\vee Q)\wedge R)$

$\Leftrightarrow(\neg P\wedge\neg Q\wedge\neg R)\vee(\neg P\wedge\neg Q\wedge R)\vee(\neg P\wedge Q\wedge R)\vee(P\wedge\neg Q\wedge R)\vee(P\wedge Q\wedge R)$

$\Leftrightarrow m_0\vee m_1\vee m_3\vee m_5\vee m_7$

易知，该公式是可满足的，但不是重言式，因为它的主析取范式未包含全部(8 个)极小项。

(3)解决实际问题

【例 1-37】 某科研所要从 3 名科研骨干 $A,B,C$ 中挑选 1～2 名出国进修。由于工作原因，选派时要满足以下条件：

(1)若 $A$ 去，则 $C$ 同去。

(2)若 $B$ 去，则 $C$ 不能去。

(3)若 $C$ 不去，则 $A$ 或 $B$ 可以去。

问应如何选派？

**解** 设 $P$：派 $A$ 去，$Q$：派 $B$ 去，$R$：派 $C$ 去

由已知条件可得公式

$$(P\to R)\wedge(Q\to\neg R)\wedge(\neg R\to(P\vee Q))$$

经过演算可得

$$(\neg P\wedge\neg Q\wedge R)\vee(\neg P\wedge Q\wedge\neg R)\vee(P\wedge\neg Q\wedge R)\Leftrightarrow m_1\vee m_2\vee m_5$$

由于 $m_1=\neg P\wedge\neg Q\wedge R$，$m_2=\neg P\wedge Q\wedge\neg R$，$m_5=P\wedge\neg Q\wedge R$

可知，选派方案有 3 种：

①$C$ 去，而 $A,B$ 都不去；

②$B$ 去，而 $A,C$ 都不去；

③$A,C$ 去，而 $B$ 不去。

【例 1-38】 一家航空公司，为了保证安全，用三台计算机同时复核飞行计划是否正确。由计算机所给的答案，根据少数服从多数的原则作出计划是否正确的判断，试画出逻辑网络图。

**说明**：计算机逻辑电路中有三种基本的门电路，分别与逻辑联结词¬，∧，∨相对应，分别称为非门，与门，或门，采用图 1-1 中各种图示标号表示。

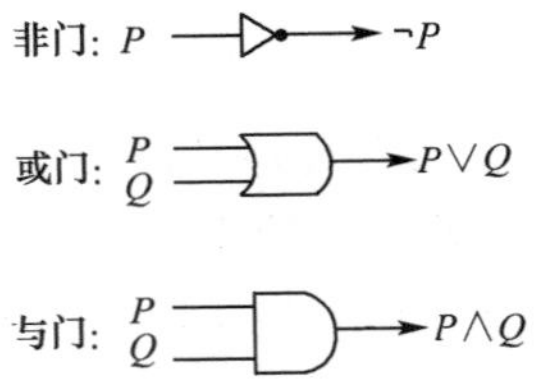

非门：$P\to\neg P$

或门：$P,Q\to P\vee Q$

与门：$P,Q\to P\wedge Q$

图 1-1 三种基本的门电路图示

表 1-22 飞行计划的真值表

| $P$ | $Q$ | $R$ | $C$ |
|---|---|---|---|
| 1 | 1 | 1 | 1 |
| 1 | 1 | 0 | 1 |
| 1 | 0 | 1 | 1 |
| 1 | 0 | 0 | 0 |
| 0 | 1 | 1 | 1 |
| 0 | 1 | 0 | 0 |
| 0 | 0 | 1 | 0 |
| 0 | 0 | 0 | 0 |

因此可以得到 $C$ 的主析取范式：

$$C=(P\wedge Q\wedge R)\vee(P\wedge Q\wedge\neg R)\vee(P\wedge\neg Q\wedge R)\vee(\neg P\wedge Q\wedge R)$$

$$\Leftrightarrow(P\wedge Q\wedge R)\vee(P\wedge Q\wedge\neg R)\vee(P\wedge\neg Q\wedge R)\vee(P\wedge Q\wedge R)\vee(P\wedge Q\wedge R)\vee(\neg P\wedge Q\wedge R)$$

$$\Leftrightarrow((P\wedge Q)\wedge(R\vee\neg R))\vee((P\wedge R)\wedge(Q\vee\neg Q))\vee((Q\wedge R)\wedge(P\vee\neg P))$$

$$\Leftrightarrow((P\wedge Q)\wedge 1)\vee((P\wedge R)\wedge 1)\vee((Q\wedge R\wedge 1)$$

$$\Leftrightarrow(P\wedge Q)\vee(P\wedge R)\vee(Q\wedge R)$$

故逻辑网络如图 1-2 所示为：

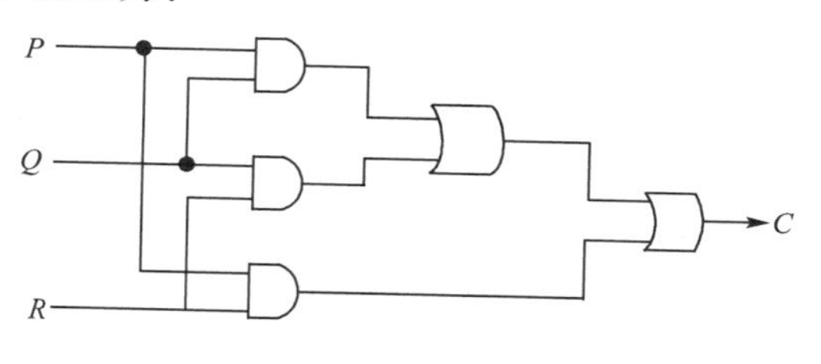


图 1-2 飞行计划判断逻辑网络图

## 1.7 命题逻辑的推理理论

数理逻辑的主要任务是用数学的方法来研究数学中的推理。推理就是由已知的命题得到新命题的思维过程。任何一个推理都是由前提和结论两部分组成。前提就是推理所根据的已知命题，结论则是从前提出发应用推理规则推出的新命题。

前提与结论有蕴含关系的推理，或者结论是从前提中必然推出的推理称为必然性推理，如演绎推理；前提和结论没有蕴含关系的推理，或者前提与结论之间并没有必然联系而仅仅是一种或然性联系的推理称为或然性推理，如简单枚举归纳推理。推理："金能导电，银能导电，铜能导电。金、银、铜都是金属，所以金属都能导电。"这种从偶然现象概括出一般规律的推理就是一种简单枚举归纳推理。命题逻辑中的推理是演绎推理。

在实际应用的推理中，常常把本门学科的一些定律、定理和条件，作为假设前提，尽管这些前提在数理逻辑中并非永真，但在推理过程中，却总是假设这些命题为真，并使用一些公认的规则，得到另外的命题，形成结论，这种过程就是论证。要研究推理就应该给出推理的形式结构，为此，首先应该明确什么样的推理是有效的或正确的。

**定义 1.7.1** 设 $H_1,H_2,\cdots,H_n,C$ 都是命题公式。若 $(H_1\wedge H_2\wedge\cdots\wedge H_n)\rightarrow C$ 是重言式，则称由前提 $H_1,H_2,\cdots,H_n$ 推出 $C$ 的推理是有效的或正确的，并称 $C$ 是 $H_1,H_2,\cdots,H_n$ 的有效结论或逻辑结果，记为 $H_1,H_2,\cdots,H_n\Rightarrow C$ 或 $H_1\wedge H_2\wedge\cdots\wedge H_n\Rightarrow C$，$H_1\wedge H_2\wedge\cdots\wedge H_n\Rightarrow C$ 也称为重言蕴含或推理形式。

关于定义 1.7.1 还需做以下说明：

(1) 由前提 $H_1,H_2,\cdots,H_n$ 推结论 $C$ 的推理是否正确与各前提的排列次序无关，因而前提中的公式不一定是序列，而是一个有限公式集合。若推理是正确的，则记为 $H_1\wedge H_2\wedge\cdots\wedge H_n\Rightarrow C$，否则记为 $H_1\wedge H_2\wedge\cdots\wedge H_n\nRightarrow C$。

(2) 符号 $\Rightarrow$ 与 $\rightarrow$ 是两个完全不同的符号，它们的区别与联系类似于 $\Leftrightarrow$ 和 $\leftrightarrow$ 的关系。$\Rightarrow$ 不

是命题联结词而是公式间的关系符号，而→是命题联结词。这两者之间有密切的联系，即 $A\Rightarrow B$ 的充要条件是公式 $A\rightarrow B$ 为重言式。

## 1.7.1 推理规则

在数理逻辑中，要想进行正确的推理，就必须构造一个逻辑结构严谨的形式证明，这需要使用一些推理规则。下面介绍在推理过程中常用的几条推理规则。

**1. 前提引入规则（*P*）**

在推理过程中，可以随时引入已知的前提。

**2. 结论引用规则（*T*）**

在推理过程中，前面已推出的有效结论都可作为后续推理的前提引用。

**3. 置换规则（*R*）**

在推理过程中，命题公式中的子公式都可以用与之等值的命题公式置换，得到需证明的公式序列的另一公式（1.5 节介绍的常用等价式都可以作为命题推理定律，在后面的推理演算中以大写字母 $E$ 加以引用）。

**4. 代入规则（*S*）**

在推理过程中，重言式中的任一命题变元都可以用一命题公式代入，得到的仍是重言式。

## 1.7.2 推理定律

在推理过程中，除了需要使用推理规则之外，还需要使用许多推理定律。在 1.5 节介绍的常用等价式（命题定律）都可以看作推理定律，下面列出一些常用的推理定律（在后面的推理演算中以大写字母 $I$ 加以引用）

(1)化简律

$$A\wedge B\Rightarrow A, A\wedge B\Rightarrow B$$

(2)附加律

$$A\Rightarrow A\vee B, B\Rightarrow A\vee B$$

(3)假言推理（又称分离规则）

$$A\wedge(A\rightarrow B)\Rightarrow B$$

(4)假言三段论

$$(A\rightarrow B)\wedge(B\rightarrow C)\Rightarrow(A\rightarrow C)$$

(5)等价三段论

$$(A\leftrightarrow B)\wedge(B\leftrightarrow C)\Rightarrow(A\leftrightarrow C)$$

(6)析取三段论

$$(A\vee B)\wedge\neg A\Rightarrow B$$

(7)拒取式

$$\neg B\wedge(A\rightarrow B)\Rightarrow\neg A$$

(8)二难推理

$$(A\rightarrow C)\wedge(B\rightarrow C)\wedge(A\vee B)\Rightarrow C$$

(9)合取引入

$$A, B\Rightarrow A\wedge B$$

(10)$\neg A\Rightarrow A\rightarrow B, B\Rightarrow A\rightarrow B$

(11) $\neg(A\to B)\Rightarrow A$，$\neg(A\to B)\Rightarrow\neg B$

(12) $(A\to B)\wedge(B\to A)\Rightarrow(A\leftrightarrow B)$

(13) $A\to B\Rightarrow(A\vee C)\to(B\vee C)$，$A\to B\Rightarrow(A\wedge C)\to(B\wedge C)$

(14) $A\leftrightarrow B\Rightarrow A\to B$，$A\leftrightarrow B\Rightarrow B\to A$

以上推理定律有两点需要说明：

(1)推理定律中出现的 $A,B,C$ 均代表任意的命题公式；

(2)若一个推理形式与某条推理定律对应一致，则不用证明就可判定这个推理是正确的，但需说明依据。

## 1.7.3 推理方法

在命题逻辑中，常用的推理方法有三种：真值表法、直接证法和间接证法，下面分别介绍。

**1. 真值表法**

设 $P_1,P_2,\cdots,P_n$ 是出现于前提 $H_1,H_2,\cdots,H_n$ 和结论 $C$ 中的全部命题变元，对 $P_1,P_2,\cdots,P_n$ 的所有情况作完全赋值，这样能相应地确定 $H_1,H_2,\cdots,H_n$ 和 $C$ 的所有真值，列出这个真值表，即可判断如下推理形式是否成立：

$$H_1\wedge H_2\wedge\cdots\wedge H_n\Rightarrow C \text{ 或 } H_1,H_2,\cdots,H_n\Rightarrow C$$

若从真值表上找出 $H_1,H_2,\cdots,H_n$ 均为1的行，$C$ 对应的行也为1，则上式成立。或者，若 $C$ 为0的行，对应的行中 $H_1,H_2,\cdots,H_n$ 至少有一个为0，则上式也成立。

【例1-39】 用真值表法证明 $(P\to Q)\wedge\neg(P\wedge Q)\Rightarrow\neg P$。

列出 $(P\to Q)\wedge\neg(P\wedge Q)\to\neg P$ 的真值表，如表1-23所示。

从表中可以看出 $P\to Q$ 与 $\neg(P\wedge Q)$ 均为1的行是第一、二行，此两行 $\neg P$ 也为1，所以该推理形式正确。

当然也可以从另外一个方面来判断，表中 $\neg P$ 为0的行是第三、四行，此两行中 $P\to Q$ 与 $\neg(P\wedge Q)$ 至少有一个为0，从而也可以判断出该推理形式正确。

表1-23 公式 $(P\to Q)\wedge\neg(P\wedge Q)$ 与 $\neg P$ 的真值表

| $P$ | $Q$ | $P\to Q$ | $\neg(P\wedge Q)$ | $\neg P$ |
|---|---|---|---|---|
| 0 | 0 | 1 | 1 | 1 |
| 0 | 1 | 1 | 1 | 1 |
| 1 | 0 | 0 | 1 | 0 |
| 1 | 1 | 1 | 0 | 0 |

**2. 直接证法**

利用前面的四条推理规则，根据已知的命题等价公式(1.5节中的16组公式)和推理定律，推演而得到有效的结论。这样的推理过程所用的方法即为直接证法

【例1-40】 证明 $(P\vee Q)\wedge(P\to R)\wedge(Q\to S)\Rightarrow S\vee R$

**证明**

| | |
|---|---|
| (1) $P\vee Q$ | $P$ |
| (2) $\neg P\to Q$ | $R,E,(1)$ |
| (3) $Q\to S$ | $P$ |
| (4) $\neg P\to S$ | $T,I,(2)(3)$ |
| (5) $\neg S\to P$ | $R,E,(4)$ |
| (6) $P\to R$ | $P$ |

(7)$\neg S \to R$　　　$T, I, (5)(6)$

(8)$S \vee R$　　　$R, E, (7)$

证毕。

**说明**：上述推理过程中，最左边的一列(1)，(2)等代表推理的步骤，也是推导出来的命题公式的编号，最右边的一列是说明每一步的依据。如 $P$ 表示前提引入规则；$R, E$，(1)表示依据置换规则和命题定律中的命题等价公式，由(1)得到(2)；$T, I$，(2)(3)表示依据结论引用规则和推理定律，由(2)，(3)两式推得(4)。

【例 1-41】 证明 $W \vee R \to V, V \to C \vee S, S \to U, \neg C \wedge \neg U \Rightarrow \neg W$。

**证明**

(1)$\neg C \wedge \neg U$　　　$P$

(2)$\neg U$　　　$T, I, (1)$

(3)$S \to U$　　　$P$

(4)$\neg S$　　　$T, I, (2)(3)$

(5)$\neg C$　　　$T, I, (1)$

(6)$\neg C \wedge \neg S$　　　$T, I, (4)(5)$

(7)$\neg(C \vee S)$　　　$R, E, (6)$

(8)$W \vee R \to V$　　　$P$

(9)$V \to C \vee S$　　　$P$

(10)$W \vee R \to C \vee S$　　　$T, I, (8)(9)$

(11)$\neg(W \vee R)$　　　$T, I, (7)(10)$

(12)$\neg W \wedge \neg R$　　　$R, E, (11)$

(13)$\neg W$　　　$T, I, (12)$

【例 1-42】 “如果下雨，春游就改期；如果没有球赛，春游就不改期；结果没有球赛，所以没有下雨”，证明这是有效的论断。

**证明**　令 $P$：天下雨，$Q$：春游改期，$R$：没有球赛。符号化推理中各命题得：

$P \to Q, R \to \neg Q, R \Rightarrow \neg P$。

(1)$P \to Q$　　　$P$

(2)$R \to \neg Q$　　　$P$

(3)$Q \to \neg R$　　　$R, E, (2)$

(4)$P \to \neg R$　　　$T, I, (1)(3)$

(5)$R \to \neg P$　　　$R, E, (4)$

(6)$P$　　　$P$

(7)$\neg P$　　　$T, I, (5)(6)$

因此，这个论断是有效的。

**3. 间接证法**

间接证法主要有两种，一种是 $CP$ 规则，还有一种是常用的反证法(也叫归谬法)。

(1)附加前提证明法($CP$ 规则)

由公式的等价性知 $H_1 \wedge H_2 \wedge \cdots \wedge H_n \Rightarrow (A \to B) \Leftrightarrow (H_1 \wedge H_2 \wedge \cdots \wedge H_n) \to (A \to B)$，所以要证明 $H_1 \wedge H_2 \wedge \cdots \wedge H_n \Rightarrow (A \to B)$，只需证明$(H_1 \wedge H_2 \wedge \cdots \wedge H_n) \to (A \to B)$即可，这种方法称为 $CP$ 规则。

【例 1-43】 证明：$R \to S$ 是$\{P \to (Q \to S), \neg R \vee P, Q\}$的逻辑结果。

**证明**

(1)$\neg R \vee P$　　P

(2)$R$　　P(附加前提)

(3)$P$　　T,I,(1)(2)

(4)$P \to (Q \to S)$　　P

(5)$Q \to S$　　T,I,(3)(4)

(6)$Q$　　P

(7)$S$　　T,I,(5)(6)

(8)$R \to S$　　CP(2)(7)

【例 1-44】 如果学生学习努力,他们的父亲或母亲就高兴,若母亲高兴,学生就不努力学习,若老师只表扬学生,学生的父亲就不高兴,故如果学生学习努力,老师就不是只表扬学生。试证这是有效的结论。

**证明** 令 $P$:学生学习努力;$Q$:学生的父亲高兴;$R$:学生的母亲高兴;$S$:老师只表扬学生。符号化推理中各命题得:

$P \to Q \vee R, R \to \neg P, S \to \neg Q \Rightarrow P \to \neg S$

(1)$S \to \neg Q$　　P

(2)$Q \to \neg S$　　R,E,(1)

(3)$R \to \neg P$　　P

(4)$P \to \neg R$　　R,E,(3)

(5)$P \to (Q \vee R)$　　P

(6)$P \to (\neg R \to Q)$　　R,E,(5)

(7)$P$　　P(附加前提)

(8)$\neg R$　　T,I,(4)(7)

(9)$\neg R \to Q$　　T,I,(6)(7)

(10)$Q$　　T,I,(8)(9)

(11)$\neg S$　　T,I,(2)(10)

(12)$P \to \neg S$　　CP

所以这是有效的结论。

(2)归谬法

归谬法(反证法)是经常使用的一种间接证明方法,是将结论的否定形式作为附加前提与给定的前提条件一起推证来导出矛盾。

**定义 1.7.2** 设 $P_1, P_2, \cdots, P_n$ 是 $A_1, A_2, \cdots, A_m$ 中出现的原子命题变元,若对 $P_1, P_2, P_3 \cdots, P_n$ 的一些真值赋值,$A_1 \wedge A_2 \wedge \cdots \wedge A_m$ 取值为 1,则称 $A_1, A_2, \cdots, A_m$ 是相容的,若对 $P_1, P_2, P_3 \cdots, P_n$ 的任何指派,$A_1 \wedge A_2 \wedge \cdots \wedge A_m$ 取值为 0,则称 $A_1, A_2, \cdots, A_m$ 是不相容的(矛盾的)。

**定理 1.7.1** $A_1 \wedge A_2 \wedge \cdots \wedge A_m \Rightarrow B$ 当且仅当 $A_1, A_2, \cdots, A_m, \neg B$ 是不相容的。

**证明** $A_1 \wedge A_2 \wedge \cdots \wedge A_m \Rightarrow B$

当且仅当 $A_1 \wedge A_2 \wedge \cdots \wedge A_m \to B \Leftrightarrow 1$(重言式),

当且仅当$\neg(A_1 \wedge A_2 \wedge \cdots \wedge A_m) \vee B \Leftrightarrow 1$,

当且仅当 $A_1 \wedge A_2 \wedge \cdots \wedge A_m \wedge \neg B \Leftrightarrow 0$(矛盾式),

当且仅当 $A_1, A_2, \cdots, A_m, \neg B$ 是不相容的。

【例 1-45】 用归谬法证明例 1-40。

**证明**

| | |
|---|---|
| (1)$\neg(S\vee R)$ | $P$(附加前提) |
| (2)$\neg S\wedge\neg R$ | $R,E$,(1) |
| (3)$P\vee Q$ | $P$ |
| (4)$\neg P\rightarrow Q$ | $R,E$,(3) |
| (5)$Q\rightarrow S$ | $P$ |
| (6)$\neg P\rightarrow S$ | $T,I$,(4)(5) |
| (7)$\neg S\rightarrow P$ | $R,E$,(6) |
| (8)$\neg S\wedge\neg R\rightarrow\neg R\wedge P$ | $T,I$,(7) |
| (9)$\neg R\wedge P$ | $T,I$,(2)(8) |
| (10)$P\rightarrow R$ | $P$ |
| (11)$\neg P\vee R$ | $R,E$,(10) |
| (12)$\neg(P\wedge\neg R)$ | $R,E$,(11) |
| (13)$(P\wedge\neg R)\wedge\neg(P\wedge\neg R)\Leftrightarrow F$ | $T,I$,(9)(12) |

由(13)得出了矛盾,根据归谬法说明原推理正确。

【例 1-46】 如果小张守第一垒并且小李向 $B$ 队投球,则 $A$ 队将取胜;或者 $A$ 队未取胜,或者 $A$ 队获得联赛第一名;$A$ 队没有获得联赛的第一名;小张守第一垒,因此,小李没有向 $B$ 队投球。试证这是有效的结论。

**证明** 令 $P$:小张守第一垒。$Q$:小李向 $B$ 队投球。$R$:$A$ 队取胜。$S$:$A$ 队获得联赛第一名。符号化推理中各命题得:

$(P\wedge Q)\rightarrow R,\neg R\vee S,\neg S,P\Rightarrow\neg Q$

| | |
|---|---|
| (1) $Q$ | $P$(附加前提) |
| (2)$\neg R\vee S$ | $P$ |
| (3)$\neg S$ | $P$ |
| (4)$\neg R$ | $T,I$,(2)(3) |
| (5)$(P\wedge Q)\rightarrow R$ | $P$ |
| (6)$\neg(P\wedge Q)$ | $T,I$,(4)(5) |
| (7)$\neg P\vee\neg Q$ | $R,E$,(6) |
| (8)$P$ | $P$ |
| (9)$\neg Q$ | $T,I$,(7)(8) |
| (10)$Q\wedge\neg Q$ | $T,I$,(1)(9) |

由(10)得出了矛盾,根据归谬法说明原推理正确。

思考:不用归谬法证明该例。

### 4. 归结演绎法

无论是直接证明方法、CP 规则证明方法还是反证法,证明过程都有很大的随意性,不易机械地执行。1965 年,德国逻辑学家鲁滨逊(J. A. Robinson)提出了归结原理(Principle of Resolution)。归解原理的出现,被认为是自动推理,特别是定理机器证明领域的重大突破,它从理论上解决了定理证明问题。

**定义 1.7.3** 对一个命题公式 $G$,消去 $G$ 的合取范式中合取词 $\wedge$,以子句为元素组成集合 $S$,称为 $G$ 的子句集。

**定义 1.7.4** 设 $C_1$ 和 $C_2$ 是两个子句，$C_1$ 中有文字 $L_1$，$C_2$ 中有文字 $L_2$，且 $L_1$ 与 $L_2$ 互补，从 $C_1$，$C_2$ 中分别删除 $L_1$，$L_2$，再将 $C_1$ 和 $C_2$ 中余下部分析取，构成一个新的子句 $C_{12}$，这个过程被称为归结，$C_{12}$ 称为 $C_1$ 和 $C_2$ 的归结式，$C_1$，$C_2$ 称为其归结式的亲本子句，$L_1$，$L_2$ 称为归结基。

例如 $C_1 = \neg P \vee Q \vee R$，$C_2 = \neg Q \vee S$，则 $C_1$，$C_2$ 的归结式 $C_{12} = \neg P \vee R \vee S$。

**定理 1.7.2** （**归结原理**）如果 $C_{12}$ 是 $C_1$ 和 $C_2$ 的归结式，则 $C_1 \wedge C_2 \Rightarrow C_{12}$。

证明略，留给读者自己证明。

定理 1.7.2 说明归结式是其亲本子句的逻辑结果，即得推理规则：

$$C_1 \wedge C_2 \Rightarrow (C_1 - \{L_1\}) \vee (C_2 - \{L_2\})$$

其中 $C_1$，$C_2$ 是两个子句，$L_1$，$L_2$ 分别是 $C_1$，$C_2$ 中的文字，且 $L_1$，$L_2$ 互补。

利用归结原理进行推理证明的步骤：

(1)将结论的否定作为附加前提；

(2)将包括附加前提在内的所有前提组成的合取式转化为合取范式；

(3)以合取范式中的全部子句作为对象集进行归结。

(4)若在某一步推出了空子句，即推出了矛盾，说明推理有效。

【例 1-47】 用归结演绎法证明 $P, (P \wedge Q) \to R, (S \vee U) \to Q, U \Rightarrow R$。

**证明** 由所给条件得到子句集

$$S = \{P, \neg P \vee \neg Q \vee R, \neg S \vee Q, \neg U \vee Q, U, \neg R\}$$

然后对该子句集实行归结。

| | |
|---|---|
| (1)$\neg P \vee \neg Q \vee R$ | $P$ |
| (2)$\neg R$ | $P$ |
| (3)$\neg P \vee \neg Q$ | $T$，归结(1)(2) |
| (4)$P$ | $P$ |
| (5)$\neg Q$ | $T$，归结(3)(4) |
| (6)$\neg U \vee Q$ | $P$ |
| (7)$\neg U$ | $T$，归结(5)(6) |
| (8)$U$ | $P$ |
| (9)$NIL$ | $T$，归结(7)(8) |

所以推理有效。

## 本章小结

命题逻辑是研究数理逻辑的基础，它是数理逻辑的一部分。其主要内容包括：命题符号化及联结词，命题公式及分类，等值演算，对偶与范式，推理理论。通过本章学习，主要熟悉命题的概念；熟悉命题公式演算；掌握命题的公式符号化应用；熟悉真值表及其应用；领会推理理论及其规则；熟练运用各种推理方法来证明推理的有效性。

## 习　题

1. 指出下列语句哪些是命题，哪些不是命题，如果是命题指出其真值。

(1)离散数学是人工智能专业的一门必修课。

(2)$5>2$ 吗?

(3)明天我去看电影。

(4)请勿随地吐痰。

(5)不存在最大质数。

(6)如果我掌握了英语、法语,那么学习其他欧洲的语言就容易多了。

(7)$9+5<12$。

(8)$x<3$。

(9)月球上有水。

(10)我正在说假话。

2.判断下列语句是否是命题,若是命题则请将其形式化:

(1)$a+b$

(2)$x>0$

(3)“请进!”

(4)所有的人都是要死的,但有人不怕死。

(5)我明天或后天去苏州。

(6)我明天或后天去苏州的说法是谣传。

(7)我明天或后天去北京或天津。

(8)如果买不到飞机票,我哪儿也不去。

(9)只要他出门,他必买书,不管他余款多不多。

(10)除非你陪伴我或代我雇辆车子,否则我不去。

(11)只要充分考虑一切论证,就可得到可靠见解;必须充分考虑一切论证,才能得到可靠见解。

(12)如果只有懂得希腊文才能了解柏拉图,那么我不了解柏拉图。

(13)不管你和他去不去,我去。

(14)假如上午不下雨,我去看电影,否则就在家里读书或看报;

(15)我今天进城,除非下雨;

(16)仅当你走,我将留下;

(17)一个数是素数当且仅当它只能被1和它自身整除。

3.判定下列符号串是否为命题公式,若是,请给出它的真值表。

(1)$P\rightarrow(P\vee Q)$。

(2)$(\neg P\rightarrow Q)\rightarrow(Q\rightarrow P)$。

(3)$Q\rightarrow R\wedge S$。

(4)$(P\vee Q\vee R)\rightarrow S$。

(5)$(R\rightarrow(Q\rightarrow R))\rightarrow(P\rightarrow Q)$。

4.求下列公式的成真赋值和成假赋值。

(1)$\neg(P\vee\neg Q)$。

(2)$P\wedge(Q\vee R)$。

(3)$\neg(P\vee Q)\leftrightarrow(\neg P\wedge\neg Q)$。

(4)$\neg P\rightarrow(Q\rightarrow P)$。

5.分别用真值表法和等值演算法判断下列命题公式的类型。

(1)$(P\vee Q)\rightarrow(P\wedge Q)$。

(2)$(P \wedge Q) \rightarrow (P \vee Q)$。

(3)$(\neg P \vee Q) \wedge \neg(Q \vee \neg R) \wedge \neg(R \vee \neg P \vee \neg Q)$。

(4)$(P \wedge Q \rightarrow R) \rightarrow (P \wedge \neg R \wedge Q)$。

(5)$(Q \rightarrow P) \wedge (\neg P \wedge Q)$。

(6)$(\neg P \leftrightarrow Q) \leftrightarrow \neg(P \leftrightarrow Q)$。

(7)$(P \wedge Q) \wedge \neg(P \vee Q)$。

6. 分别用真值表法和等值演算法证明下列各等价式。

(1)$(P \vee Q) \wedge \neg P \Leftrightarrow \neg P \wedge Q$。

(2)$\neg(P \vee Q) \vee (\neg P \wedge Q) \Leftrightarrow \neg P$。

(3)$(P \wedge Q) \vee \neg P \Leftrightarrow \neg P \vee Q$。

(4)$P \rightarrow (Q \wedge R) \Leftrightarrow (P \rightarrow Q) \wedge (P \rightarrow R)$。

(5)$(P \rightarrow Q) \wedge (R \rightarrow Q) \Leftrightarrow (P \vee R) \rightarrow Q$。

(6)$(P \wedge Q \wedge A \rightarrow C) \wedge (A \rightarrow P \vee Q \vee C) \Leftrightarrow (A \wedge (P \leftrightarrow Q)) \rightarrow C$。

7. 设$A$、$B$、$C$为任意的三个命题公式，试问下面的结论是否正确？

(1)若$A \vee C \Leftrightarrow B \vee C$，则$A \Leftrightarrow B$。

(2)若$A \wedge C \Leftrightarrow B \wedge C$，则$A \Leftrightarrow B$。

(3)若$\neg A \Leftrightarrow \neg B$，则$A \Leftrightarrow B$。

(4)若$A \rightarrow C \Leftrightarrow B \rightarrow C$，则$A \Leftrightarrow B$。

(5)若$A \leftrightarrow C \Leftrightarrow B \rightarrow C$，则$A \Leftrightarrow B$。

8. 试给出下列命题公式的对偶式：

(1)$(P \wedge Q) \vee R$。

(2)$\mathrm{T} \vee (P \wedge Q)$。

(3)$(P \vee Q) \wedge \mathrm{F}$。

(4)$\neg(P \wedge Q) \wedge (\neg P \vee Q)$。

9. 分别用真值表法、分析法和等值演算法证明下列蕴含式。

(1)$\neg(P \rightarrow Q) \Rightarrow P$。

(2)$(P \rightarrow Q) \rightarrow Q \Rightarrow P \vee Q$。

(3)$P \rightarrow Q \Rightarrow P \rightarrow (P \wedge Q)$。

(4)$(P \rightarrow Q) \wedge (Q \rightarrow R) \Rightarrow P \rightarrow R$。

10. 在某次球赛中，3位球迷甲、乙、丙对某球队的比赛结果进行猜测。甲说：该球队不会得第一名，是第二名。乙说：该球队不会得第二名，是第一名。丙说：该球队不会得第二名，也不会是第三名。比赛结束后，结果证实甲、乙、丙3人中有一人猜的全对，有一人猜对一半，有一人猜的全错。试分析该球队究竟是第几名。

11. 分别用真值表法和等值演算法求下面命题公式的主析取范式与主合取范式，判断各公式的类型，并写出其相应的成真赋值和成假赋值。

(1)$P \rightarrow (Q \rightarrow R)$。

(2)$(P \vee Q) \rightarrow R$。

(3)$(P \rightarrow (Q \vee R)) \wedge (\neg P \vee (Q \leftrightarrow R))$。

(4)$(\neg(P \rightarrow Q) \wedge Q) \vee R$。

(5)$(\neg P \vee \neg Q) \rightarrow (P \leftrightarrow \neg Q)$。

(6)$\neg((P \rightarrow Q) \wedge (R \rightarrow P)) \vee \neg((R \rightarrow \neg Q) \rightarrow \neg P)$。

(7)$((P\to(P\vee Q))\to(Q\wedge R))\leftrightarrow(\neg P\vee R)$。

12. 使用将命题公式化为主范式的方法，证明下列各等价公式。

(1)$(P\to Q)\to(P\wedge Q)\Leftrightarrow(Q\to P)\wedge(P\vee Q)$。

(2)$P\wedge Q\wedge(\neg P\vee\neg Q)\Leftrightarrow\neg P\wedge\neg Q\wedge(P\vee Q)$。

(3)$\neg(P\leftrightarrow Q)\Leftrightarrow(P\vee Q)\wedge\neg(P\wedge Q)$。

(4)$(P\wedge Q)\vee(\neg P\wedge R)\vee(Q\wedge R)\Leftrightarrow(P\wedge Q)\vee(\neg P\wedge R)$。

13. 设计一盏电灯的开关电路，要求受3个开关$A$、$B$、$C$的控制：当且仅当$A$和$C$同时关闭或$B$和$C$同时关闭时灯亮。设$F$表示灯亮。请写出$F$的主析取范式与主合取范式。

14. 用演绎法证明下列推理。

(1)$\neg P\vee Q,\neg Q\vee R,R\to S\Rightarrow P\to S$。

(2)$P,P\to(Q\to(R\wedge S))\Rightarrow Q\to S$。

(3)$(P\vee Q)\to R\Rightarrow(P\wedge Q)\to R$。

(4)$A\to(B\to C),B\to(C\to D)\Rightarrow A\to(B\to D)$。

(5)$A\to\neg B,A\vee C,C\to\neg B,R\to B\Rightarrow\neg R$。

(6)$\neg B,C\to\neg A,\neg B\to A,C\vee D\Rightarrow D$。

(7)$\neg(A\vee B)\to\neg(P\vee Q),P,(B\to A)\vee\neg P\Rightarrow A$。

(8)$P\to(Q\to R),S\to Q\Rightarrow P\to(S\to R)$。

(9)$\neg(P\wedge\neg Q),\neg Q\vee R,\neg R\Rightarrow\neg P$。

15. 证明$R\vee M,\neg R\vee S,\neg M$和$\neg S$是不相容的。

16. 证明定理1.7.2。

17. 检验下述论证的有效性：

如果我学习，那么我数学不会不及格；如果不热衷于玩扑克，那么我将学习；我数学不及格，因此我热衷于玩扑克。

18. 判断如下推理是否正确(有效)。

(1)前提：如果小张和小王去看电影，则小李也去看电影。

小赵不去看电影或小张去看电影。

小王去看电影。

结论：当小赵去看电影时，小李也去。

(2)前提：若下午气温超过30℃，则王小燕去游泳。

若她去游泳，则她就不去看电影了。

结论：若王小燕没去看电影，则下午气温必超过30℃。

19. 在某次足球比赛中，有四支球队进行了比赛，已知情况如下，问结论是否有效。

前提：若$A$队得第一，则$B$队或$C$队获亚军；

若$C$队获亚军，则$A$队不能获冠军；

若$D$队获亚军，则$B$队不能获亚军；

$A$队获第一。

结论：$D$队不是亚军。

20. 小李或者小张是三好学生。如果小李是三好学生，你是会知道的；如果小张是三好学生，小赵也是三好学生；你不知道小李是三好学生，问谁是三好学生？

## 上机实践

1. 编程输出由命题变元 $P$,$Q$ 和 $R$ 组成的任意命题公式的真值表,并判断公式的类型。
2. 编程实现本章习题10。

## 阅读材料

### 符号的逻辑——数理逻辑

逻辑是探索、阐述和确立有效推理原则的学科,最早由古希腊学者亚里士多德创建的。用数学的方法研究关于推理、证明等问题的学科就叫作数理逻辑,也叫作符号逻辑。

**1. 数理逻辑的产生**

利用计算的方法来代替人们思维中的逻辑推理过程,这种想法早在十七世纪就有人提出过。莱布尼茨就曾经设想过能不能创造一种"通用的科学语言",可以把推理过程像数学一样利用公式来进行计算,从而得出正确的结论。受当时的社会条件所限,他的想法并没有得以实现,但是他的思想却是现代数理逻辑部分内容的萌芽,从这个意义上讲,莱布尼茨可以说是数理逻辑的先驱。

1847年,英国数学家布尔发表了《逻辑的数学分析》,建立了"布尔代数",并创造一套符号系统,利用符号来表示逻辑中的各种概念。布尔建立了一系列的运算法则,利用代数的方法研究逻辑问题,初步奠定了数理逻辑的基础。

十九世纪末二十世纪初,数理逻辑有了比较大的发展。1884年,德国数学家弗雷格出版了《数论的基础》一书,在书中引入量词的符号,使得数理逻辑的符号系统更加完备。对建立这门学科做出贡献的,还有美国人皮尔斯,他也在著作中引入了逻辑符号,从而使现代数理逻辑基本的理论基础逐步形成,成为一门独立的学科。

**2. 数理逻辑的内容**

数理逻辑包括哪些内容呢?这里我们先介绍它的两个最基本的也是最重要的组成部分,就是"命题演算"和"谓词演算"。

命题演算是研究关于命题如何通过一些逻辑连接词构成更复杂的命题以及逻辑推理的方法。命题是指具有具体意义的又能判断它是真还是假的句子。

如果我们把命题看作运算的对象,如同代数中的数字、字母或代数式,而把逻辑连接词看作运算符号,就像代数中的"加、减、乘、除"那样,那么由简单命题组成复合命题的过程,就可以当作逻辑运算的过程,也就是命题的演算。

这样的逻辑运算也同代数运算一样具有一定的性质,满足一定的运算规律。例如满足交换律、结合律、分配律,同时也满足逻辑上的同一律、吸收律、双否定律、狄摩根定律、三段论定律等等。利用这些定律,我们可以进行逻辑推理,可以简化复合命题,可以推证两个复合命题是不是等价,也就是它们的真值表是不是完全相同等等。

命题演算的一个具体模型就是逻辑代数。逻辑代数也叫作开关代数,它的基本运算是逻辑加、逻辑乘和逻辑非,也就是命题演算中的"或""与""非",运算对象只有两个数0和1,相当于命题演算中的"真"和"假"。

逻辑代数的运算特点如同电路分析中的开和关、高电位和低电位、导电和截至等现象,都只有两种不同的状态,因此,它在电路分析中得到广泛的应用。

利用电子元件可以组成相当于逻辑加、逻辑成和逻辑非的门电路，就是逻辑元件。还能把简单的逻辑元件组成各种逻辑网络，这样任何复杂的逻辑关系都可以由逻辑元件经过适当的组合来实现，从而使电子元件具有逻辑判断的功能。因此，在自动控制方面有重要的应用。

谓词演算也叫作命题涵项演算。在谓词演算里，把命题的内部结构分析成具有主词和谓词的逻辑形式，由命题涵项、逻辑连接词和量词构成命题，然后研究这样的命题之间的逻辑推理关系。

命题涵项就是指除了含有常项以外还含有变项的逻辑公式。常项是指一些确定的对象或者确定的属性和关系；变项是指一定范围内的任何一个，这个范围叫作变项的变域。命题涵项和命题演算不同，它无所谓真和假。如果以一定的对象概念代替变项，那么命题涵项就成为真的或假的命题了。

命题涵项加上全程量词或者存在量词，它就成为全称命题或者特称命题了。

**3. 数理逻辑的发展**

数理逻辑这门学科建立以后，发展比较迅速，促进它发展的因素也是多方面的。比如，非欧几何的建立，促进人们去研究非欧几何和欧氏几何的无矛盾性，就促进了数理逻辑的发展。

集合论的产生是近代数学发展的重大事件，但是在集合论的研究过程中，出现了一次称作数学史上的第三次大危机。这次危机是由于发现了集合论的悖论引起。什么是悖论呢？悖论就是逻辑矛盾，集合论本来是论证很严格的一个分支，被公认为是数学的基础。

1903 年，英国唯心主义哲学家、逻辑学家、数学家罗素却对集合论提出了以他名字命名的"罗素悖论"，这个悖论的提出几乎动摇了整个数学基础。

罗素悖论中有许多例子，其中一个很通俗也很有名的例子就是"理发师悖论"：某乡村有一位理发师，有一天他宣布：只给不自己刮胡子的人刮胡子。那么就产生了一个问题：理发师究竟给不给自己刮胡子？如果他给自己刮胡子，他就是自己刮胡子的人，按照他的原则，他又不该给自己刮胡子；如果他不给自己刮胡子，那么他就是不自己刮胡子的人，按照他的原则，他又应该给自己刮胡子。这就产生了矛盾。

悖论的提出促使许多数学家去研究集合论的无矛盾性问题，从而产生了数理逻辑的一个重要分支——公理集合论。

非欧几何的产生和集合论的悖论的发现，说明数学本身还存在许多问题，为了研究数学系统的无矛盾性问题，需要以数学理论体系的概念、命题、证明等作为研究对象，研究数学系统的逻辑结构和证明的规律，这样又产生了数理逻辑的另一个分支——证明论。

数理逻辑新近还发展了许多新的分支，如递归论、模型论等。递归论主要研究可计算性的理论，他和计算机的发展和应用有密切的关系。模型论主要是研究形式系统和数学模型之间的关系。

数理逻辑近年来发展特别迅速，主要原因是这门学科对于数学其他分支如集合论、数论、代数、拓扑学等的发展有重大的影响，特别是对新近形成的计算机科学的发展起了推动作用。反过来，其他学科的发展也推动了数理逻辑的发展。

正因为它是一门新近兴起而又发展很快的学科，所以它本身也存在许多问题有待于深入研究。现在许多数学家正针对数理逻辑本身的问题进行研究解决。

总之，这门学科的重要性已经十分明显，他已经引起了更多人的关心和重视。

# 第 2 章

# 谓词逻辑

在第 1 章的命题逻辑中,我们把命题分解到原子命题为止,并将原子命题看作是不可再分的基本元素。但是我们仅仅研究了以原子命题为基本单位的复合命题之间的逻辑关系和推理,没有关注两个命题之间有没有任何的内在联系。例如,两个简单命题"王平是大学生"和"李明是大学生",有一个共同特点——是大学生,显然这一共性在命题逻辑中表示不出来。因此,有必要扩充命题逻辑。

命题逻辑不仅无法刻画世界上事物之间复杂的逻辑关系,甚至无法证明一些简单而又常见的推理。例如,著名的苏格拉底三段论:"所有的人都是要死的,苏格拉底是人,所以苏格拉底是要死的。"根据常识,我们知道上述推理是正确的,然而利用命题逻辑却无法推证。因为,在命题逻辑中,令 $P$、$Q$、$R$ 分别表示上述三个原子命题,则该推理可符号化为 $P \wedge Q \Rightarrow R$,即证明 $P \wedge Q \rightarrow R$ 是永真式。然而,在命题逻辑中这是不可能的,如何能推证这个原子命题间的蕴含关系呢?关键在于命题符号 $R$ 与 $P$、$Q$ 间的内在关系未能表示出来,受到了原子命题的限制,因此,需要对原子命题再进行剖析,去掉命题逻辑不能很好推理的局限性。从推理的角度看,也有必要扩充命题逻辑。

谓词逻辑是命题逻辑的自然扩充,为了克服命题逻辑的局限性,有必要对原子命题的结构作进一步的分解,划分出个体词、谓词和量词,研究它们的形式结构和逻辑关系、正确的推理形式和规则,这就是谓词逻辑的基本内容。本章介绍的谓词逻辑内容仅限于一阶谓词逻辑或狭义谓词逻辑,即谓词中的变元不再是谓词变元。

## 2.1 个体、谓词和量词

命题是能够判断真假的陈述句。从语法上讲,陈述句由主语和谓语两部分组成。在谓词逻辑中,为揭示命题内部结构及其不同命题的内部结构关系,应按照这两部分对命题进行分析,并且把主语称为个体或客体,把谓语称为谓词。下面我们就从这两部分对原子命题进行分析。

## 2.1.1 个体和谓词

**定义 2.1.1** 在原子命题中，所陈述的对象称为个体，它可以是独立存在的具体事物，也可以是一个抽象的概念。如王平，李明，计算机，离散数学，精神等都可以作为个体。

**定义 2.1.2** 将表示具体的或确定的个体称为个体常元，而将表示抽象的或泛指的(或取值不确定的)个体称为个体变元。

个体常元一般用小写英文字母 $a,b,c\cdots$ 或带下标的 $a_i,b_i,c_i\cdots$ 表示，个体变元一般用小写英文字母 $x,y,z\cdots$ 或带下标的 $x_i,y_i,z_i\cdots$ 表示。

**定义 2.1.3** 用以描述单个个体所具有的性质或多个个体之间关系的词称为谓词。

例如，“小王是大学生”主语是小王，谓语是“是大学生”。“2 和 3 是自然数”由主语“2 和 3”和谓语“是自然数”组成。主语部分说明的是什么人或什么事，也就是陈述的对象，我们也称之为个体，如“小王”、“2”、“3”都是个体。“…是大学生”和“…是自然数”都是谓词。

同个体词一样，谓词也有常元与变元之分。

**定义 2.1.4** 表示具体性质或关系的谓词称为谓词常元，表示抽象的或泛指的性质或关系的谓词称为谓词变元。

无论是谓词常元或变元都用大写英文字母 $P,Q,R\cdots$ 或带下标的 $P_i,Q_i,R_i\cdots$ 表示，要根据上下文区分。在本书中，不对谓词变元作更多地讨论。

对于给定的命题，当用表示其个体的小写字母和表示其谓词的大写字母来表示时，规定把小写字母写在大写字母右侧的圆括号“( )”内。例如，在命题“张明是大学生”中，“张明”是个体，“是大学生”是谓词，它阐述了“张明”的性质。设 $S$：是大学生，$c$：张明，则“张明是大学生”可表示为 $S(c)$，或者写成 $S(c)$：张明是大学生。又如，在命题“武汉位于北京和广州之间”中，武汉、北京和广州是三个个体，而“…位于…和…之间”是谓词，它描述了武汉、北京和广州之间的关系。设 $P$：…位于…和…之间，$a$：武汉，$b$：北京，$c$：广州，则 $P(a,b,c)$：武汉位于北京和广州之间。

**定义 2.1.5** 一个原子命题用一个谓词(如 $P$)和 $n$ 个有次序的个体常元(如 $a_1,a_2,\cdots,a_n$)表示成 $P(a_1,a_2,\cdots,a_n)$，称它为该原子命题的谓词形式或命题的谓词形式。

应注意的是，命题的谓词形式中的个体出现的次序会影响命题的真值，不能随意变动，否则真值会有变化。如上述例子中，$P(b,a,c)$是假。

原子命题的谓词形式还可以进一步加以抽象，比如在谓词右侧的圆括号内的 $n$ 个个体常元被替换成个体变元，如 $x_1,x_2,\cdots,x_n$，这样便得到了一种关于命题结构的新表达形式，称之为 $n$ 元原子谓词。

**定义 2.1.6** 由一个谓词(如 $P$)和 $n$ 个个体变元(如 $x_1,x_2,\cdots,x_n$)组成的 $P(x_1,x_2,\cdots,x_n)$，称为 $n$ 元原子谓词或 $n$ 元命题函数，简称 $n$ 元谓词。例如，令 $P$ 表示谓词“…是大学生”，则用 $P(x)$表示“$x$ 是大学生”；令 $G$ 表示谓词“…比…大”，则用 $G(x,y)$ 可表示“$x$ 比 $y$ 大”。

当 $n=1$ 时，称为一元谓词；当 $n=2$ 时，称为二元谓词……一元谓词表达了个体的性质，而 $n$ 元谓词表达了 $n$ 个个体之间的关系。

特别地，当 $n=0$ 时，称为零元谓词，即不带个体变元的谓词为零元谓词。零元谓词是命题，这样命题与谓词就得到了统一，因而可将命题看成特殊的谓词。

【例 2-1】 分析下列命题的个体和谓词。

(1)2 是质数。

(2)上课认真听讲是好习惯。

(3)李强比王飞高。

(4)5 大于 3。

(5)$x$ 与 $y$ 具有关系 $R$。

**解** (1)"2"是个体常元，"…是质数"是谓词，记为 $P$。这里的谓词是一元谓词，属于谓词常元，描述个体的性质。

(2)"上课认真听讲"是个体常元，"…是好习惯"是谓词，记为 $Q$。这里的谓词也是一元谓词，属于谓词常元，描述个体的性质。

(3)"李强"与"王飞"是个体常元，分别记为 $a$,$b$，"…比…高"是谓词，记为 $H$。这里的谓词是二元谓词，属于谓词常元，描述两个个体间的关系。

(4)"5"与"3" 是个体常元，分别记为 $c$,$d$，"…大于…"是谓词，记为 $G$。这里的谓词也是二元谓词，属于谓词常元，描述两个个体间的关系。

(5)"$x$"与"$y$"是个体变元，谓词为"与…具有关系 $R$"。这里的谓词是二元谓词，属于谓词变元。

【例 2-2】 用个体，谓词表示下列命题。

(1)张华是大学生。

(2)武汉位于重庆和上海之间。

(3)平方为$-1$ 的数不是实数。

(4)小王爱好篮球或排球。

(5)张三与李四都是三好学生。

(6)如果你不出去，我就不进来。

**解** (1)令 $a$:张华；$S(x)$:$x$ 是大学生。整个命题可表示为:$S(a)$。

(2)令 $a$:武汉；$b$:重庆；$c$:上海；$P(x,y,z)$:$x$ 位于 $y$ 和 $z$ 之间。整个命题可表示为 $P(a,b,c)$。

(3)令 $a$:平方为$-1$ 的数；$R(x)$:$x$ 是实数。整个命题可表示为$\neg R(a)$。

(4)令 $a$:小王；$B(x)$:$x$ 爱好篮球；$V(x)$:$x$ 爱好排球。整个命题可表示为 $B(a)\vee V(a)$。

(5)令 $a$:张三；$b$:李四；$S(x)$:$x$ 是三好学生。整个命题可表示为 $S(a)\wedge S(b)$。

(6)令 $a$:你；$b$:我；$G(x)$:$x$ 出去；$C(x)$:$x$ 进来。整个命题可表示为$\neg G(a)\rightarrow\neg C(b)$。

下面以该例的(1)为例分析命题的真值，若 $x$ 的个体域为某大学计算机系的全体学生，则 $S(a)$为真；若 $x$ 的个体域为某中学的全体学生，则 $S(a)$为假；若 $x$ 的个体域为某电影院中的观众，则 $S(a)$真值不确定。所以个体变元在哪些范围取特定的值，对命题的真值极有影响，因此引入个体域。

**定义 2.1.7** 个体变元的取值范围称为个体域或论域，把宇宙间一切事物组成的个体域称为全总个体域。

另外，例 2-2 中(2)中显然 $P(a,b,c)$为真，但 $P(b,a,c)$为假。所以个体变元的顺序会影响命题的真值，不能随意改动。从这个例子还可以看出，单独的一个谓词 $S(x)$ 及 $P(x,y,z)$ 都不是完整的命题，它不能表达完整的意思。只有按照谓词所刻画的性质或关系为个体变元填以具体的个体之后，才形成完整的语句，表达完整的意思。因此，$n$ 元谓词不是命题，只有当个体变元用特定的个体替代时，才成为一个命题。因此，在谓词逻辑中，需要指定个体的论述范围即个体域。

个体域可以是有穷集合，例如 $\{1,2,3,4,5\}$，$\{a,b,c\}$ 等，也可以是无穷集合，例如自然数集，实数集等。同时约定，本书在论述或推理中如无指明所采用的个体域，则使用的都是全总个体域。这时又常常要采用一个谓词如 $P(x)$ 来限制个体变元 $x$ 的取值范围，并把 $P(x)$ 称为特性谓词。

**定义 2.1.8** 对个体变元变化范围进行限定的谓词称为特性谓词。

当给定个体域后，个体常元为该个体域中的一个确定的元素，个体变元则可取该个体域中的任一元素。

## 2.1.2 量 词

利用 $n$ 元谓词及其符号和它的论域概念，还不能很好地表达日常生活中的各种命题。例如：$S(x)$：$x$ 是大学生，而 $x$ 的个体域为某单位的职工。那么 $S(x)$ 可以表示某单位职工都是大学生，也可以表示某单位存在一些职工是大学生。为了避免这种理解上的歧义，在谓词逻辑中还需要引入用以刻画“所有的”、“存在一些”等表示不同数量的词，即量词。其定义如下：

**定义 2.1.9**

(1)表示“全部”，“所有的”，“一切的”，“每一个”，“任意的”等数量关系的词称为全称量词符，用符号“$\forall$”表示。$\forall x$ 称为全称量词，$x$ 称为指导变元。

(2)表示“存在一些”，“有一些”，“至少有一个”等数量关系的词称为存在量词符，用符号“$\exists$”表示。$\exists x$ 称为存在量词，$x$ 称为指导变元。

(3)表示“存在唯一”、“恰有一个”等数量关系的词称为存在唯一量词符，用符号“$\exists!$”表示。$\exists!\ x$ 称为存在唯一量词，$x$ 称为指导变元。

(4)全称量词、存在量词、存在唯一量词统称量词。

量词符号是由逻辑学家 Fray 引入的。有了量词之后，用逻辑符号表示命题的能力大大加强了。我们可以用个体、谓词和量词将命题符号化，并且可以刻画命题的内在结构以及命题之间的关系。因此，引进个体、谓词和量词后，用形式符号表示命题的功能得到加强，表达意思更加全面、确切。

【例 2-3】 符号化下列命题。

(1)所有的人是要呼吸的。

(2)每个自然数都是实数。

(3)有些人是聪明的。

(4)有的自然数是素数。

**解** (1)符号化为 $(\forall x)(M(x)\rightarrow H(x))$，其中 $M(x)$：$x$ 是人；$H(x)$：$x$ 是要呼吸的。

(2)符号化为 $(\forall x)(N(x)\rightarrow R(x))$，其中 $N(x)$：$x$ 是自然数；$R(x)$：$x$ 是实数。

(3)符号化为 $(\exists x)(M(x)\wedge I(x))$，其中 $M(x)$：$x$ 是人；$I(x)$：$x$ 是聪明的。

(4)符号化为 $(\exists x)(N(x)\wedge P(x))$，其中 $N(x)$：$x$ 是自然数；$P(x)$：$x$ 是素数。

上述句子中，都没有指明个体的取值范围，这便意味着各命题是在全总论域中进行讨论，因而都使用了特性谓词，如 $M(x)$、$S(x)$、$N(x)$。而且还可以看出，量词与特性谓词的搭配还有一定的规律，即全称量词后跟一个条件式，特性谓词作为其前件出现；存在量词后跟一个合取式，特性谓词作为一个合取项出现。

如果在解答时，指明了个体域，便不用特性谓词。例如在例 2-3 的(1)、(3)中，将个体域指定为所有人的集合，则(1)、(3)的符号化形式分别为 $(\forall x)H(x)$、$(\exists x)I(x)$；当(2)和(4)中的个体域为全部自然数，则可符号化为 $(\forall x)R(x)$、$(\exists x)P(x)$。

谓词前加上了量词，称为谓词的量化。若一个谓词中所有个体变元都量化了，则该谓词就变成了命题。因为在谓词被量化后，就可以在整个个体域中考虑命题的真值了。如同数学中的函数 $f(x)$，它的值域范围是不确定的，但可确定其真值。

在命题符号化过程中需注意以下几点：

(1)在不同的个体域中，同一命题的符号化形式可能相同，也可能不同。

(2)同一命题在不同的个体域中的真值可能会有所不同。

(3)$A(x)$不是命题，但在其前面加上量词后，$(\forall x)A(x)$与$(\exists x)A(x)$在给定的个体域内就有了确定的真值，也就变成了命题。

## 2.2 谓词公式与翻译

与命题逻辑一样，为了在谓词逻辑中进行演算和推理，需要对谓词的表达式进行形式化，即舍去命题的具体内容，只对其真值进行讨论，因此需要引入谓词公式的概念。

### 2.2.1 谓词公式

为了方便处理数学和计算机科学的逻辑问题，使谓词表示的直觉清晰性更加明显，我们引入项的概念。

**定义 2.2.1** 项由下列规则形成：

(1)个体常元和个体变元是项；

(2)若 $f$ 是 $n$ 元函数，且 $t_1,t_2,\cdots,t_n$ 是项，则 $f(t_1,t_2,\cdots,t_n)$是项；

(3)所有项都由(1)和(2)生成。

有了项的定义，函数的概念就可用来表示个体常元和个体变元。例如，令 $f(x,y)$表示 $x+y$，谓词 $N(x)$表示 $x$ 是自然数，那么 $f(2,3)$表示个体自然数 5，而 $N(f(2,3))$表示 5 是自然数。这里函数是广义而言的，例如 $P(x)$：$x$ 是教授，$f(x)$：$x$ 的父亲，$c$：张强，那么 $P(f(c))$便表示“张强的父亲是教授”这一命题。

函数的使用给谓词表示带来很大方便。例如，用谓词表示命题：对任意整数 $x$，$x^2-1=(x+1)(x-1)$是恒等式。令 $I(x)$：$x$ 是整数；$f(x)=x^2-1$；$g(x)=(x+1)(x-1)$；$E(x,y)$：$x=y$，则该命题可表示成：$(\forall x)(I(x)\rightarrow E(f(x),g(x)))$。

**定义 2.2.2** 若 $P(x_1,x_2,\cdots,x_n)$是 $n$ 元谓词，$t_1,t_2,\cdots,t_n$ 是项，则称 $P(t_1,t_2,\cdots,t_n)$为谓词逻辑中的原子谓词公式，简称原子公式。

由定义可知，一个命题或一个命题变元也称为原子公式。也就是说，当 $n=0$ 时，

$P(x_1, x_2, \cdots, x_n)$为原子命题。

下面，由原子公式出发，给出谓词逻辑中的合式谓词公式的归纳定义。

**定义 2.2.3** 合式谓词公式（也称为合式公式）是由下列规则形成的符号串：

(1)原子谓词公式是合式公式；

(2)若 $A$ 是合式公式，则$\neg A$ 也是合式公式；

(3)若 $A$ 和 $B$ 是合式公式，则$(A \wedge B)$，$(A \vee B)$，$(A \rightarrow B)$和$(A \leftrightarrow B)$也是合式公式；

(4)若 $A$ 是合式公式，$x$ 是 $A$ 中出现的任何个体变元，则$(\forall x)A$、$(\exists x)A$ 都是合式公式；

(5)只有经过有限次地应用规则(1)，(2)，(3)，(4)所得到的公式是合式公式。

由定义可知，合式谓词公式（以后简称为谓词公式）是由原子公式、命题联结词、量词以及圆括号按照上述规则组成的一个符号串。因此，命题逻辑中的命题公式是谓词公式的一个特例。

为叙述方便，我们下面讨论只含“$\forall x$”和“$\exists x$”的谓词公式。事实上，量词“$\exists ! x$”可以通过量词“$\forall x$”和“$\exists x$”来表示。

谓词公式中的某些括号的规定与命题公式相同时，可以省略。量词中左右括号在不影响理解整个公式时可以省略，如$(\forall x)R(x)$、$(\exists x)R(x)$可为$\forall xR(x)$、$\exists xR(x)$但量词后若有括号则不能省略，如$\forall x(R(x) \wedge P(x))$不能写为$\forall xR(x) \wedge P(x)$。

## 2.2.2 谓词的翻译

谓词的符号化

使用计算机来处理自然语句或非形式化陈述的问题时，首先必须将问题本身形式化，即翻译为逻辑表达式。由于谓词演算中引入了个体变元、谓词和量词，具有较强的表达问题的能力，已成为处理知识的有力工具，是人工智能的一种基本的知识表示方法和推理方法。因此，将用自然语言叙述的命题，用谓词公式表示出来的过程称为谓词逻辑的翻译或符号化，反之亦然。

一般说来，将自然语言翻译成谓词公式的步骤如下：

(1)正确理解给定命题。必要时把命题改叙，使其中每个原子命题、原子命题之间的关系能明显表达出来。

(2)把每个原子命题分解成个体、谓词和量词；在全总个体域讨论时，要给出特性谓词。

(3)找出恰当量词。应注意全称量词$(\forall x)$后跟条件式，存在量词$(\exists x)$后跟合取式。

(4)用恰当的联结词把给定命题表示出来。

【例 2-4】 将下列命题符号化。

(1)并非每个实数都是有理数。

(2)发光的不都是金子。

(3)没有最大的自然数。

(4)今天有雨雪，有些人会跌跤。

**解** 因为题中没有特别指明个体域，所以这里采用全总个体域。

(1)设 $R(x)$:$x$ 是实数;$Q(x)$:$x$ 是有理数，则命题符号化为:$\neg(\forall x)(R(x) \rightarrow Q(x))$。另外本命题还可以理解为“有些实数不是有理数”，因此还可以符号化为:$(\exists x)(R(x) \wedge \neg Q(x))$。

(2)设 $P(x)$:$x$ 发光;$G(x)$:$x$ 是金子。本命题的一种理解为“有些发光的不是金子”，则命题符号化为$(\exists x)(P(x)\wedge\neg G(x))$。本命题的另一种理解为“并非所有发光的都是金子”，因此还可以符号化为：$\neg(\forall x)(P(x)\rightarrow G(x))$。

(3)设$N(x)$：$x$是自然数；$G(x,y)$：$x$大于$y$。命题中“没有最大的”显然是对所有的自然数而言，所以可理解为“对任意的自然数$x$，存在着比$x$更大的自然数”。则命题可符号化为：$(\forall x)(N(x)\rightarrow(\exists y)(N(y)\wedge G(y,x)))$。

(4)设$R$：今天下雨；$S$：今天下雪；$M(x)$：$x$是人；$F(x)$：$x$会跌跤，本语句可理解为“若今天下雨又下雪，则存在$x$，$x$是人且$x$会跌跤”。则命题符号化为：$R\wedge S\rightarrow(\exists x)(M(x)\wedge F(x))$。

【例 2-5】 设$P(x)$：$x$是汽车；$Q(x)$：$x$是火车；$R(x,y)$：$x$比$y$跑得快。将下列表达式译成汉语。

(1)$(\forall x)(\forall y)(P(x)\wedge Q(y)\rightarrow R(x,y))$。

(2)$(\exists x)(P(x)\wedge(\forall y)(Q(y)\rightarrow R(x,y)))$。

(3) $\neg(\forall x)(\forall y)(P(x)\wedge Q(y)\rightarrow R(x,y))$。

**解** 本题是将谓词公式翻译成自然语言语句。

(1)译成汉语为：汽车比火车跑得快。

(2)译成汉语为：有的汽车比所有的火车跑得快。

(3)译成汉语为：并不是所有的汽车都比火车跑得快。

由于人们对命题文字叙述的含意理解的不同，强调的重点不同，会使命题符号化的形式不同。

**定义 2.2.4** 设$A$是谓词公式，$B$是$A$中的连续的符号串且也是谓词公式，则称$B$是$A$的子公式。

例如，$A=(\forall x)(P(x)\rightarrow(\exists y)(Q(y)\wedge R(x,y))$，$B=(\exists y)(Q(y)\wedge R(x,y))$，则$B$是$A$的子公式。而$P(x)\rightarrow\exists y$不是谓词公式，因而也不是$A$的子公式。

## 2.3 约束变元与自由变元

**定义 2.3.1** 给定一个谓词公式$A$，其中部分公式形如$(\forall x)B(x)$或$(\exists x)B(x)$，称它为$A$的$x$约束部分，称$B(x)$为相应量词的作用域或辖域。在辖域中，$x$的所有出现称为约束出现，$x$称为约束变元；$B$中不是约束出现的其他个体变元的出现称为自由出现，这些个体变元称自由变元。

自由变元是不受约束的变元，虽然它有时也在量词的作用域中出现，但它不受相应量词中指导变元的约束。

为了正确地理解谓词公式，我们必须准确地判断出量词的作用域以及谓词公式中哪些是自由变元，哪些是约束变元。

通常，一个量词的辖域是某公式$A$的子公式。因此，确定一个量词的辖域就是找出位于该量词之后的相邻接的子公式，具体地讲：

(1)若量词后有括号，则括号内的子公式就是该量词的辖域；

(2)若量词后无括号，则与量词邻接的子公式为该量词的辖域。

另外还有一点需要注意，当多个量词连续出现，它们之间无括号分隔时，后面的量词在前面量词的辖域之中，且量词对变元的约束与量词的次序有关，一般不能随意调动。

例如，在公式$\forall y \exists x(x<y)$中，$x,y$的个体域为实数集。“$\forall y$”的辖域为$\exists x(x<y)$，“$\exists x$”的辖域为$(x<y)$。该公式表示对任何实数$y$均有实数$x$，使得$x<y$。此命题的真值为真。若将量词次序改变为$\exists x \forall y(x<y)$，则公式表示存在一个实数$x$，对任何实数$y$均有$(x<y)$，即存在最小实数，显然不成立，所以公式表示的是一个真值为假的命题。

判断给定公式中的个体变元是约束变元还是自由变元，关键看它是自由出现还是约束出现。

【例 2-6】 指出下列公式的指导变元、作用域、约束变元和自由变元。

(1) $\forall x(P(x)\rightarrow \exists yR(x,y))$。

(2) $\forall x \forall y(P(x,y)\vee Q(y,z))\wedge \exists xP(x,y)$。

(3) $\forall x(P(x)\wedge \exists xQ(x,z)\rightarrow \exists yR(x,y))\vee Q(x,z)$。

**解** (1)$x$是指导变元，相应的作用域为$P(x)\rightarrow \exists yR(x,y)$。又$y$也是指导变元，相应的作用域为$R(x,y)$。在作用域$R(x,y)$中$x$为自由出现，$y$为约束出现；在作用域$P(x)\rightarrow \exists yR(x,y)$中，$x$为约束出现，$y$仍为约束出现，故$x,y$为约束变元。

(2)$x,y$都是指导变元，$\forall x$的作用域是$\forall y(P(x,y)\vee Q(y,z))$，而$\forall y$的作用域是$P(x,y)\vee Q(y,z)$。$x,y$为约束出现，$z$为自由出现。$\exists x$的作用域为$P(x,y)$，$x$为约束出现，$y$为自由出现。在整个公式中，$x$至少有一次约束出现，$y$至少有一次约束出现，又至少有一次自由出现，$z$至少有一次自由出现，故$x$为约束变元，$y$既为约束又为自由变元，$z$为自由变元。

(3)$x,y$是指导变元，$\forall x$作用域为$P(x)\wedge \exists xQ(x,z)\rightarrow \exists yR(x,y)$，$\exists x$的作用域为$Q(x,z)$，$\exists y$的作用域为$R(x,y)$。$x$约束出现两次，自由出现一次，$y$自由出现一次，约束出现一次，$z$自由出现一次，故$x$和$y$既是约束变元，又是自由变元，$z$是自由变元。

**定义 2.3.2** 设$A$为任一谓词公式，若$A$中无自由出现的个体变元，则称$A$是封闭的谓词公式，简称为闭式。

由闭式定义可知，闭式中所有个体变元均为约束出现。例如，$(\forall x)(P(x)\rightarrow Q(x))$和$(\exists x)(\forall y)(P(x)\vee Q(x,y))$是闭式，而$(\forall x)(P(x)\rightarrow Q(x,y))$和$(\exists y)(\forall z)L(x,y,z)$不是闭式。

从例 2-6 可知，自由变元有时会在量词的辖域中出现，但它不受相应量词指导变元的约束。所以将自由变元看作谓词公式的变元，当谓词公式中没有自由变元时就是一个命题，若出现一个自由变元就是一元谓词，出现$n$个自由变元就是$n$元谓词。一般的$n$元谓词$P(x_1,x_2,\cdots,x_n)$若有$k$个变元为约束变元时，就称为一个$(n-k)$元谓词。例如，$\exists x \forall yP(x,y,z)$是一元谓词，$\forall wQ(x,z,w)$是二元谓词。而由定义 2.3.2 可知闭式为命题。

由前面的讨论可知，在一个谓词合式公式中，个体变元既可以是约束出现又可以是自由出现，因而该变元既是约束变元又是自由变元，这就会引起混淆。为了避免变元的约束与自由同时出现，采用下列规则：

(1)换名规则：对约束变元进行换名，即将量词辖域中出现的该变元和指导变元的符号更换为另一变元符号，公式的其余部分不变，更新的变元符号必须为辖域中未出现的。

(2)代入规则：对自由变元用与原公式中所有变元符号不同的变元符号去代替，代替时必须在公式中该自由变元出现的每一处都代入。

换名规则与代入规则的共同点是都不能改变约束关系，不同点是：

(1)施行的对象不同。换名是对约束变元施行，代入是对自由变元施行。

(2)施行的范围不同。换名可以只对公式中一个量词及其辖域内施行，即只对公式的一个子公式施行；而代入必须对整个公式同一个自由变元的所有自由出现同时施行，即必须对整个公式施行。

(3)施行后的结果不同。换名后，公式含义不变，因为约束变元只换名为另一个个体变元，约束关系不改变，约束变元不能换名为个体常元；而代入，不仅可用另一个个体变元代入，并且可用个体常元代入，从而使公式由具有普遍意义变为仅对该个体常元有意义，即公式的含义改变了。

【例 2-7】 对公式中 $\forall x(P(x,y)\land \exists yQ(y)\land M(x,y))\land(\forall xR(x)\rightarrow Q(x))$ 的约束变元进行改名，使每个变元在公式中只以一种形式出现(即约束出现或自由出现)。

**解** 在该公式中，将 $P(x,y)$ 和 $M(x,y)$ 中的约束变元 $x$ 改名为 $z$，$R(x)$ 中的 $x$ 改名为 $s$，$Q(y)$ 中的 $y$ 改名为 $t$，改名后为

$$\forall z(P(z,y)\land \exists tQ(t)\land M(z,y))\land(\forall sR(s)\rightarrow Q(x))。$$

【例 2-8】 对公式 $(\exists yA(x,y)\rightarrow(\forall xB(x,z)\land C(x,y,z)))\land \exists x\forall zC(x,y,z)$ 中的自由变元进行代入，使每个变元在公式中只以一种形式出现(即约束出现或自由出现)。

**解** 将该公式中的自由变元 $x$ 用 $t$ 代入，$y$ 用 $u$ 代入，$z$ 用 $v$ 代入，代入后为

$$(\exists yA(t,y)\rightarrow(\forall xB(x,v)\land C(t,u,v)))\land \exists x\forall zC(x,u,z)$$

## 2.4 谓词公式的解释与分类

### 2.4.1 谓词公式的解释

命题公式的值可以通过对公式中命题变元进行真值赋值确定，当然，取什么值要由命题公式自身的形式结构决定。但是要确定谓词公式的真值就不是那么容易了，因为在谓词公式中，除了要指定个体域外，还要对命题变元、个体变元和谓词变元等赋以确定的值，个体变元的取值范围的不同对真值是有影响的。因而，谓词公式的解释较命题公式的解释要复杂的多。下面给出谓词公式的一个解释的概念。

**定义 2.4.1** 设 $A$ 是一个谓词公式，个体域为 $E$，$A$ 的个体变元符号、命题变元符号、函数符号、谓词符号按下列规则进行的一组真值赋值称为 $A$ 的一个赋值或解释。

(1)每一个个体变元符号指定 $E$ 的一个元素。

(2)每一个命题变元符号指定一个确定的命题。

(3)每一 $n$ 元函数符号指定一个函数。

(4)每一 $n$ 元谓词符号指定一个谓词。

【例 2-9】 设谓词公式 $A=\forall y(P(y)\land Q(y,a))$，

$B=\exists x(P(f(x))\land Q(x,f(a)))$(它们不含自由变元)

解释给定为:$E=\{2,3\}$,$a=2$。

| $f(2)$ | $f(3)$ | $P(2)$ | $P(3)$ | $Q(2,2)$ | $Q(2,3)$ | $Q(3,2)$ | $Q(3,3)$ |
|---|---|---|---|---|---|---|---|
| 3 | 2 | 0 | 1 | 1 | 1 | 1 | 1 |

则　$A \Leftrightarrow (P(2) \wedge Q(2,2)) \wedge (P(3) \wedge Q(3,2)) \Leftrightarrow (0 \wedge 1) \wedge (1 \wedge 1) \Leftrightarrow 0$,

$B \Leftrightarrow (P(f(2)) \wedge Q(2,f(2))) \vee (P(f(3)) \wedge Q(3,f(2)))$

$\Leftrightarrow (P(3) \wedge Q(2,3)) \vee (P(2) \wedge Q(3,3)) \Leftrightarrow (1 \wedge 1) \vee (0 \wedge 1) \Leftrightarrow 1$

【例 2-10】 设谓词公式 $A=\forall x \exists y P(x,y)$。此公式中不含函数符号和常量。现定义解释 $I_1$ 如下: $E_1=\{1,2\}$

| $P(1,1)$ | $P(1,2)$ | $P(2,1)$ | $P(2,2)$ |
|---|---|---|---|
| 1 | 0 | 1 | 0 |

因为对于 $E_1$ 的所有元素 $x$ 存在 $y$(即 $x=1$ 时 $y=1$;$x=2$ 时 $y=1$)使 $P(x,y)=1$,故 $A$ 的真值为 1(注意:在 $E_1$ 上可以得到 $2^2$ 个解释)。定义解释 $I_2$ 如下:$E_2=\{1,2,3\}$

| $P(1,1)$ | $P(1,2)$ | $P(1,3)$ | $P(2,1)$ | $P(2,2)$ | $P(2,3)$ | $P(3,1)$ | $P(3,2)$ | $P(3,3)$ |
|---|---|---|---|---|---|---|---|---|
| 1 | 0 | 1 | 0 | 0 | 1 | 0 | 0 | 0 |

虽然 $x=1$ 时有 $y=1$(或 $y=3$)使 $P(x,y)=1$;$x=2$ 时有 $y=3$ 使 $P(x,y)=1$,但 $x=3$ 时没有 $y$ 使 $P(x,y)$ 取值为 1;而 $x=1$ 时有 $y=2$,$x=2$ 时有 $y=1$(或 $y=2$),$x=3$ 时有 $y=1$(或 2 或 3)使 $P(x,y)=0$,故 $A$ 在解释 $I_2$ 下的真值为 0。

【例 2-11】 给定解释 $I$ 如下:

(1)个体域为自然数集 **N**。

(2)**N** 中特定的元素 $a=0$。

(3)**N** 上特定的函数 $f(x,y)=x+y$,$g(x,y)=xy$。

(4)**N** 中特定的谓词 $F(x,y)$ 为 $x=y$。

在解释 $I$ 下,求下列公式的真值:

(1)$\forall x F(g(x,a),x)$。

(2)$\forall x \forall y (F(f(x,a),y) \rightarrow F(f(y,a),x))$。

(3)$\forall x \forall y \exists z F(f(x,y),z)$。

(4)$\forall x \forall y F(f(x,y),g(x,y))$。

(5)$F(f(x,y),f(y,z))$。

**解** (1)$\forall x F(g(x,a),x)$

$\Leftrightarrow \forall x F(ax,x)$

$\Leftrightarrow \forall x (ax=x)$

$\Leftrightarrow \forall x (x=0)$

$\Leftrightarrow 0$

(2)$\forall x \forall y (F(f(x,a),y) \rightarrow F(f(y,a),x))$

$\Leftrightarrow \forall x \forall y ((f(x,a)=y) \rightarrow (f(y,a)=x))$

$\Leftrightarrow \forall x \forall y ((a+x=y) \rightarrow (a+y=x))$

$\Leftrightarrow \forall x \forall y ((x=y) \rightarrow (y=x))$

$\Leftrightarrow 1$

(3) $\forall x \forall y \exists z F(f(x,y),z)$

$\Leftrightarrow \forall x \forall y \exists z (f(x,y)=z)$

$\Leftrightarrow \forall x \forall y \exists z (x+y=z)$

$\Leftrightarrow 1$

(4) $\forall x \forall y F(f(x,y),g(x,y))$

$\Leftrightarrow \forall x \forall y (f(x,y)=g(x,y))$

$\Leftrightarrow \forall x \forall y (x+y=xy)$

$\Leftrightarrow 0$

(5) $F(f(x,y),f(y,z))$

$\Leftrightarrow x+y=y+z$

$\Leftrightarrow x=z$

由于(5)的真值不确定,因而它不是命题。

由上面的例子可以看出,有的公式在具体的解释下真值确定,即为命题,而有的公式在某些解释下真值不确定,则不是命题。

## 2.4.2 谓词公式的分类

与命题逻辑一样,谓词逻辑也存在着永真公式。

**定义 2.4.2** 给定谓词公式 $A$,其个体域为 $E$,对于 $A$ 的所有解释,其结果都为真,则称谓词公式 $A$ 在个体域 $E$ 上是有效的(或永真的);若对于 $A$ 的所有解释,其结果都为假,则称谓词公式 $A$ 在个体域 $E$ 上是不可满足的(或矛盾的);若对于 $A$ 的所有赋值,如果至少在一种解释下其结果为真,则称谓词公式 $A$ 在个体域 $E$ 上是可满足的。

显然,永真公式一定是可满足的。由永真公式的定义知,要判断一个公式是否永真,需要写出所有的解释。但当论域为无限集时,我们不可能把所有的解释都写出来,另外,谓词逻辑没有像命题逻辑那样的真值表。因此,谓词公式永真的判定问题就变得十分复杂。直到 20 世纪才知道这个问题是不可解的,令人十分遗憾。

目前还没有判断谓词公式类型的统一可行的方法,我们只能对一些特殊的谓词公式进行判断。

对于一些特殊的谓词公式,如果它是永真式或矛盾式,则可以采用分析法或等值演算法进行证明;如果它是可满足式,则要通过举例说明,即给出两种解释,一种解释使其为真,另一种解释使其为假。

**定义 2.4.3** 设 $A_0$ 是含命题变元 $P_1,P_2,\cdots,P_n$ 的命题公式,$A_1,A_2,\cdots,A_n$ 是 $n$ 个谓词公式,用 $A_i$ 处处代换 $P_i$,所得公式 $A$ 称为 $A_0$ 的代换实例。

显然有如下结论。

**定理 2.4.1** 命题公式中永真式的代换实例在谓词公式中仍为永真式;命题公式中矛盾式的代换实例在谓词公式中仍为矛盾式。

【例 2-12】 判断下列公式的类型(永真式、矛盾式、可满足式):

(1) $\forall x F(x) \rightarrow \exists x F(x)$。

(2) $\forall x F(x) \rightarrow (\forall x \exists y G(x,y) \rightarrow \forall x F(x))$。

(3) $\neg(F(x,y) \rightarrow R(x,y)) \wedge R(x,y)$。

(4) $\forall x \exists y F(x,y) \rightarrow \exists x \forall y F(x,y)$。

**解** (1)设 $I$ 为任意解释。如果 $\forall x F(x)$ 在 $I$ 下为真，则对于任意一个个体 $a$ 都有 $F(a)$ 为真，于是 $\exists x F(x)$ 为真，所以 $\forall x F(x) \rightarrow \exists x F(x)$ 为真。如果 $\forall x F(x)$ 在 $I$ 下为假，则 $\forall x F(x) \rightarrow \exists x F(x)$ 为真。故 $\forall x F(x) \rightarrow \exists x F(x)$ 为永真式。

(2)因为 $P \rightarrow (Q \rightarrow P) \Leftrightarrow \neg P \vee (\neg Q \vee P) \Leftrightarrow (\neg P \vee P) \vee \neg Q \Leftrightarrow 1$，而 $\forall x F(x) \rightarrow (\forall x \exists y G(x,y) \rightarrow \forall x F(x))$ 是 $P \rightarrow (Q \rightarrow P)$ 的代换实例，所以 $\forall x F(x) \rightarrow (\forall x \exists y G(x,y) \rightarrow \forall x F(x))$ 为永真式。

(3)因为 $\neg(P \rightarrow Q) \wedge Q \Leftrightarrow \neg(\neg P \vee Q) \wedge Q \Leftrightarrow P \wedge \neg Q \wedge Q \Leftrightarrow 0$，而 $\neg(F(x,y) \rightarrow R(x,y)) \wedge R(x,y)$ 是 $\neg(P \rightarrow Q) \wedge Q$ 的代换实例，所以 $\neg(F(x,y) \rightarrow R(x,y)) \wedge R(x,y)$ 为矛盾式。

(4)取解释 $I_1$ 为：个体域为自然数集合 $\mathbf{N}$；$F(x,y)$ 为 $x=y$。则

$$\forall x \exists y F(x,y) \rightarrow \exists x \forall y F(x,y) \Leftrightarrow \forall x \exists y (x=y) \rightarrow \exists x \forall y (x=y) \Leftrightarrow 0$$

取解释 $I_2$ 为：个体域为自然数集合 $\mathbf{N}$；$F(x,y)$ 为 $x \leqslant y$。则

$$\forall x \exists y F(x,y) \rightarrow \exists x \forall y F(x,y) \Leftrightarrow \forall x \exists y (x \leqslant y) \rightarrow \exists x \forall y (x \leqslant y) \Leftrightarrow 1$$

所以，$\forall x \exists y F(x,y) \rightarrow \exists x \forall y F(x,y)$ 为可满足式。

## 2.5 谓词逻辑的等价式与蕴含式

### 2.5.1 谓词逻辑的等价式

**定义 2.5.1** 给定任何两个谓词公式 $A$ 和 $B$，设它们有共同的个体域 $E$，若在 $E$ 中 $A \leftrightarrow B$ 为永真式，则称谓词公式 $A$ 和 $B$ 在个体域 $E$ 上是等价的，并记作 $A \Leftrightarrow B$，称 $A \Leftrightarrow B$ 在域 $E$ 上是等价式或 $A \Leftrightarrow B$ 是等价式。

由定义知，判断公式 $A$ 与 $B$ 是否等价，等价于判断公式 $A \leftrightarrow B$ 是否为永真式，这是谓词逻辑中的判定问题，也是个未解问题。同命题逻辑中的等价式一样，人们已经证明出了一些重要的等价式，由这些等价式可以推导出更多的等价式来，这就是谓词逻辑等值演算要讨论的内容。

由于谓词公式在解释下变为命题，而前一章已指明，在命题逻辑中，任一重言式里同一命题变元用一个合式公式替换后所得结果仍然是重言式，再由定理 2.4.1 可知，命题逻辑中的基本等价式和基本蕴含式可以推广到谓词逻辑中使用。

例如：
$$\forall x(P(x) \rightarrow Q(x)) \Leftrightarrow \forall x(\neg P(x) \vee Q(x)),$$
$$\neg(\forall x P(x) \vee \exists y R(x,y)) \Leftrightarrow \neg(\forall x P(x)) \wedge \neg(\exists y R(x,y)),$$
$$\exists x A(x) \wedge \neg(\exists x A(x)) \Leftrightarrow 0, \exists x A(x) \vee \neg(\exists x A(x)) \Leftrightarrow 1。$$

但是，应该注意：含有量词的命题和不含量词的命题两者的否定是有区别的，也需要考察量词和其他逻辑联结词的关系。

另外，还有很多谓词逻辑本身特有的等价式，下面给出一些常见的基本谓词公式等价式。

**1. 量词的消去**

量词作用域中的约束变元，当论域的元素有限时，个体变元的所有可能的取代是可以枚举的。若个体域为 $\{a_1, a_2, \cdots, a_n\}$，则有下式成立：

(1) $\forall x A(x) \Leftrightarrow A(a_1) \wedge A(a_2) \wedge \cdots \wedge A(a_n)$；

(2) $\exists x A(x) \Leftrightarrow A(a_1) \vee A(a_2) \vee \cdots \vee A(a_n)$。

【例 2-13】 求下列各式的真值：

(1) $\forall x(P(x) \vee Q(x))$，其中 $P(x): x=1$，$Q(x): x=2$，个体域$\{1,2\}$。

(2) $\forall x(P \rightarrow Q(x)) \vee R(a)$，$P: 3>-2$，$Q(x): x \leqslant 3$，$R(x): x>5$，$a: 3$，个体域$\{-2,3,5,6\}$。

(3) $\exists x(P(x) \rightarrow Q(x)) \wedge T$，$P(x): x>1$，$Q(x): x=1$，$T$ 任意永真式，个体域$\{1\}$。

(4) $\forall x \exists y(x+y=4)$，个体域为$\{1,2\}$。

**解**

(1) $\forall x(P(x) \vee Q(x))$

$\Leftrightarrow (P(1) \vee Q(1)) \wedge (P(2) \vee Q(2))$

$\Leftrightarrow (1 \vee 0) \wedge (0 \vee 1)$

$\Leftrightarrow 1$

(2) $\forall x(P \rightarrow Q(x)) \vee R(a)$

$\Leftrightarrow ((P \rightarrow Q(-2)) \wedge (P \rightarrow Q(3)) \wedge (P \rightarrow Q(5)) \wedge (P \rightarrow Q(6))) \vee R(a)$

$\Leftrightarrow (1 \wedge 1 \wedge 0 \wedge 0) \vee 0$

$\Leftrightarrow 0$

(3) $\exists x(P(x) \rightarrow Q(x)) \wedge T$

$\Leftrightarrow \exists x(P(x) \rightarrow Q(x))$

$\Leftrightarrow P(1) \rightarrow Q(1)$

$\Leftrightarrow 1$

(4) $\forall x \exists y(x+y=4)$

$\Leftrightarrow \forall x((x+1=4) \vee (x+2=4))$

$\Leftrightarrow ((1+1=4) \vee (1+2=4)) \wedge ((2+1=4) \vee (2+2=4))$

$\Leftrightarrow 0$

### 2. 量词与“¬”之间的关系

设 $A(x)$是一个含个体变元 $x$ 的谓词公式，则下列等价式成立：

(1) $\neg(\forall x A(x)) \Leftrightarrow \exists x(\neg A(x))$；

(2) $\neg(\exists x A(x)) \Leftrightarrow \forall x(\neg A(x))$。

**证明** (1) $\neg(\forall x A(x))$为真$\Leftrightarrow \exists x(\neg A(x))$为假$\Leftrightarrow \exists a$ 使 $A(a)$为假$\Leftrightarrow \exists a$ 使$\neg A(a)$为真$\Leftrightarrow \exists x(\neg A(x))$为真，故$\neg(\forall x A(x)) \Leftrightarrow \exists x(\neg A(x))$。

(2) $\forall x(\neg A(x))$为假$\Leftrightarrow \exists a$ 使$\neg A(a)$为假$\Leftrightarrow \exists a$ 使 $A(a)$为真$\Leftrightarrow \exists x A(x)$为真$\Leftrightarrow \neg(\exists x A(x))$为假，故$\neg(\exists x A(x)) \Leftrightarrow \forall x(\neg A(x))$。

例如，设论域为人的集合。$P(x): x$ 来校上课，则$\neg P(x): x$ 没有来校上课。$\forall x P(x)$：所有的人都来校上课，而$\neg(\forall x P(x))$：不是所有的人都来校上课，其意思也就是有人没有来校上课，符号化就是$\exists x(\neg P(x))$；反之$\exists x(\neg P(x))$：有人没有来校上课，其意思就是不是所有的人都来校上课，符号化就是$\neg(\forall x P(x))$，因此$\neg(\forall x P(x)) \Leftrightarrow \exists x(\neg P(x))$。

这两个等价式的意义在于：否定可以通过量词深入到作用域且两个量词可以相互表达。

需要指出的是，出现在量词之前的否定，不是否定该量词，而是否定被量化了的整个命题。

对于多重量词前置“¬”，可以反复应用上面的结果，逐次右移“¬”。例如：

$$\neg(\forall x)(\forall y)(\forall z) P(x, y, z) \Leftrightarrow (\exists x) \neg(\forall y)(\forall z) P(x, y, z)$$

$$\Leftrightarrow(\exists x)(\exists y)\neg(\forall z)P(x,y,z)$$
$$\Leftrightarrow(\exists x)(\exists y)(\exists z)\neg P(x,y,z)$$

通过上述的两个公式可以看到，当我们将量词前面的“¬”移到量词的后面去时，存在量词改为全称量词，全称量词改为存在量词。反之，若将量词后面的“¬”移到量词的前面去时，存在量词和全称量词同样要做相应的变换。这种量词与“¬”之间的关系是普遍成立的。

**3. 量词作用域的扩张与收缩**

设 $A(x)$ 是一个含个体变元 $x$ 的谓词公式，$B$ 是一个不含个体变元 $x$ 的谓词公式，则下列等价式成立：

(1) $\forall x(A(x)\vee B)\Leftrightarrow\forall xA(x)\vee B$。

(2) $\forall x(A(x)\wedge B)\Leftrightarrow\forall xA(x)\wedge B$。

(3) $\exists x(A(x)\vee B)\Leftrightarrow\exists xA(x)\vee B$。

(4) $\exists x(A(x)\wedge B)\Leftrightarrow\exists xA(x)\wedge B$。

(5) $\forall x(B\rightarrow A(x))\Leftrightarrow B\rightarrow\forall xA(x)$。

(6) $\exists x(B\rightarrow A(x))\Leftrightarrow B\rightarrow\exists xA(x)$。

(7) $\forall x(A(x)\rightarrow B)\Leftrightarrow\exists xA(x)\rightarrow B$。

(8) $\exists x(A(x)\rightarrow B)\Leftrightarrow\forall xA(x)\rightarrow B$。

**证明**　(1)设 $I$ 是 $A(x)$ 和 $B$ 的一个解释。若 $\forall x(A(x)\vee B)$ 在 $I$ 下取值为 1，则在 $I$ 下，对任意 $x\in D$(论域)，$A(x)\vee B$ 取值为 1。如果 $B$ 取值为 1，显然 $\forall x(A(x)\vee B)$ 取值为 1，如果 $B$ 取值为 0，则必有 $\forall xA(x)$ 取值为 1，即在 $I$ 下 $\forall xA(x)\vee B$ 取值为 1。

若 $\forall x(A(x)\vee B)$ 在解释 $I$ 下取值为 0，则在 $I$ 下对任意 $x\in D$ 有 $A(x)\vee B$ 取值为 0，即 $B$ 取值 0，且对任意 $x\in D$，$A(x)$ 取值为 0，即 $B$ 取值为 0 且 $\forall xA(x)$ 取值为 0，故在 $I$ 下 $\forall xA(x)\vee B$ 取值为 0。

根据谓词等价式定义得 $\forall x(A(x)\vee B)\Leftrightarrow\forall xA(x)\vee B$。

同理可证(2)，(3)，(4)。

现证明(5)：

$$B\rightarrow\forall xA(x)\Leftrightarrow\neg B\vee(\forall xA(x))\Leftrightarrow\forall x(A(x)\vee\neg B)\Leftrightarrow\forall x(B\rightarrow A(x))$$

同理可证(6)。

再证明(7)：

$$\begin{aligned}\exists xA(x)\rightarrow B&\Leftrightarrow\neg(\exists xA(x))\vee B\Leftrightarrow\forall x(\neg A(x))\vee B\\&\Leftrightarrow\forall x(\neg A(x))\vee B\\&\Leftrightarrow\forall x(A(x)\rightarrow B)\end{aligned}$$

同理可证(8)。

**注意**：上述等价式中的 $B$ 可以含有其他变元，只要不同于量词中的相应指导变元，就有类似于上述的公式。例如

$$\forall x(A(x)\vee B(y))\Leftrightarrow\forall xA(x)\vee B(y)$$
$$\forall x(\forall yA(x,y)\wedge B(z))\Leftrightarrow\forall x\forall yA(x,y)\wedge B(z)$$

**4. 量词分配的等价式**

设 $A(x)$ 和 $B(x)$ 都是含个体变元 $x$ 的谓词公式，则下列等价式成立：

(1) $\forall x(A(x)\wedge B(x))\Leftrightarrow\forall xA(x)\wedge\forall xB(x)$。

(2) $\exists x(A(x)\vee B(x))\Leftrightarrow\exists xA(x)\vee\exists xB(x)$。

**证明**　(1)设 $I$ 为任意解释。

如果$\forall x(A(x)\wedge B(x))$在 $I$ 下为真,则对于任意一个个体 $a$ 都有$A(a)$与$B(a)$为真,于是$\forall xA(x)$与$\forall xB(x)$都为真,从而$\forall xA(x)\wedge\forall xB(x)$为真,因此$\forall x(A(x)\wedge B(x))\Rightarrow\forall xA(x)\wedge\forall xB(x)$。

反之,如果$\forall xA(x)\wedge\forall xB(x)$在 $I$ 下为真,则$\forall xA(x)$与$\forall xB(x)$都为真,于是对于任意一个个体 $a$ 都有$A(a)\wedge B(a)$为真,所以$\forall x(A(x)\wedge B(x))$为真,因此$\forall xA(x)\wedge\forall xB(x)\Rightarrow\forall x(A(x)\wedge B(x))$。

故$\forall x(A(x)\wedge B(x))\Leftrightarrow\forall xA(x)\wedge\forall xB(x)$。

对(2)同理可证,过程留给读者自己完成。

对于公式(1)可解释如下:$\forall x(A(x)\wedge B(x))$表示晚会上所有的人既唱歌又跳舞,而$\forall xA(x)\wedge\forall xB(x)$表示晚会上所有的人唱歌且所有的人跳舞。这两个语句的意义显然相同。

#### 5. 多重量词的等价式

设$A(x,y)$是含个体变元 $x$ 和 $y$ 的谓词公式,则下列等价式成立:

(1) $\forall x\forall yA(x,y)\Leftrightarrow\forall y\forall xA(x,y)$;

(2) $\exists x\exists yA(x,y)\Leftrightarrow\exists y\exists xA(x,y)$。

下面通过例子来说明上述等价式是成立的:

设$A(x,y)$表示 $x$ 和 $y$ 同姓,论域 $x$ 是甲村的人,论域 $y$ 是乙村的人,则

$\forall x\forall yA(x,y)$:甲村与乙村所有的人都同姓。

$\forall y\forall xA(x,y)$:乙村与甲村所有的人都同姓。

显然上述两个句子的含义是相同的,故$\forall x\forall yA(x,y)\Leftrightarrow(\forall y)(\forall x)A(x,y)$。

同理,

$\exists x\exists yA(x,y)$:甲村与乙村有人同姓。

$\exists y\exists xA(x,y)$:乙村与甲村有人同姓。

这两个句子的含义也是相同的,故$\exists x\exists yA(x,y)\Leftrightarrow\exists y\exists xA(x,y)$。

【例 2-14】 证明下列等价式。

(1) $\exists x(A(x)\to B(x))\Leftrightarrow\forall xA(x)\to\exists xB(x)$。

(2) $\forall x\forall y(P(x)\to Q(y))\Leftrightarrow\exists xP(x)\to\forall yQ(y)$。

**证明** (1) $\exists x(A(x)\to B(x))$

$\Leftrightarrow\exists x(\neg A(x)\vee B(x))$

$\Leftrightarrow\exists x\neg A(x)\vee\exists xB(x)$

$\Leftrightarrow\neg\forall xA(x)\vee\exists xB(x)$

$\Leftrightarrow\forall xA(x)\to\exists xB(x)$

(2) $\forall x\forall y(P(x)\to Q(y))$

$\Leftrightarrow\forall x\forall y(\neg P(x)\vee Q(y))$

$\Leftrightarrow\forall x\neg P(x)\vee\forall yQ(y)$

$\Leftrightarrow\neg\exists xP(x)\vee\forall yQ(y)$

$\Leftrightarrow\exists xP(x)\to\forall yQ(y)$

### 2.5.2 谓词逻辑的蕴含式

**定义 2.5.2** 设 $A$ 和 $B$ 是两个谓词公式,若 $A\to B$ 为逻辑有效式,则称 $A$ 蕴含 $B$,记为 $A\Rightarrow B$,称 $A\Rightarrow B$ 为蕴含式。

同样，命题逻辑中常用蕴含式的代换实例构成了谓词逻辑中常用蕴含式。另外量词与命题联结词之间存在一些不同的结合情况，有些是蕴含式。设 $A(x)$ 和 $B(x)$ 都是含个体变元 $x$ 的谓词公式，则下列蕴含式成立：

(1) $\forall xA(x) \vee \forall xB(x) \Rightarrow \forall x(A(x) \vee B(x))$。

(2) $\exists x(A(x) \wedge B(x)) \Rightarrow \exists xA(x) \wedge \exists xB(x)$。

(3) $\forall x(A(x) \rightarrow B(x)) \Rightarrow \forall xA(x) \rightarrow \forall xB(x)$。

(4) $\exists x(A(x) \rightarrow B(x)) \Rightarrow \exists xA(x) \rightarrow \exists xB(x)$。

**证明** 仅证(1)和(3)，其余留给读者自己证明。

(1)若 $\forall x(A(x) \vee B(x))$ 为假，则存在个体 $a$ 使 $A(a) \vee B(a)$ 为假，于是 $A(a)$ 和 $B(a)$ 皆为假，$\forall xA(x)$ 和 $\forall xB(x)$ 为假，从而 $\forall xA(x) \vee \forall xB(x)$ 为假，所以 $\forall xA(x) \vee \forall xB(x) \Rightarrow \forall x(A(x) \vee B(x))$。

(3)因为 $\forall x(A(x) \rightarrow B(x)) \wedge \forall xA(x) \Leftrightarrow \forall x((\neg A(x) \vee B(x)) \wedge A(x)) \Leftrightarrow \forall x(A(x) \wedge B(x)) \Leftrightarrow \forall xA(x) \wedge \forall xB(x) \Rightarrow \forall xB(x)$，所以 $\forall x(A(x) \rightarrow B(x)) \Rightarrow \forall xA(x) \rightarrow \forall xB(x)$。

对于多个量词的公式，有时候可以交换量词的顺序，但大多数情况下是不能随意交换的。比如，两个量词的公式有下列 8 种情况：

$$\forall x \forall yA(x,y), \forall y \forall xA(x,y), \forall x \exists yA(x,y), \exists y \forall xA(x,y),$$
$$\exists x \forall yA(x,y), \forall y \exists xA(x,y), \exists x \exists yA(x,y), \exists y \exists xA(x,y)。$$

设 $A(x,y)$ 都是含个体变元 $x$ 和 $y$ 的谓词公式，则下列蕴含式成立：

(1) $\forall x \forall yA(x,y) \Rightarrow \forall xA(x,x)$。

(2) $\exists xA(x,x) \Rightarrow \exists x \exists yA(x,y)$。

(3) $\forall x \forall yA(x,y) \Rightarrow \exists y \forall xA(x,y)$。

(4) $\exists x \forall yA(x,y) \Rightarrow \forall y \exists xA(x,y)$。

(5) $\forall x \exists yA(x,y) \Rightarrow \exists y \exists xA(x,y)$。

**证明** 仅证(1)，其余留给读者自己证明。

(1)设 $I$ 为任意解释。如果 $\forall xA(x,x)$ 在 $I$ 下为假，则存在一个个体 $a$ 使得 $A(a,a)$ 为假，于是 $\forall yA(a,y)$ 为假，从而 $\forall x \forall yA(x,y)$ 为假，因此 $\forall x \forall yA(x,y) \Rightarrow \forall xA(x,x)$。

需要说明的是：上述的蕴含式的逆不一定成立。下面以例子对(5)进行说明。

例如，设 $A(x,y)$ 表示 $x$ 和 $y$ 同姓，论域 $x$ 是甲村的人，论域 $y$ 是乙村的人，则

$\forall x \exists yA(x,y)$ 表示对于甲村的所有人，乙村都有人与他同姓。

$\exists y \exists xA(x,y)$ 表示乙村与甲村有人同姓。

显然 $\forall x \exists yA(x,y) \Rightarrow \exists y \exists xA(x,y)$ 成立，而其逆不成立。

【例 2-15】 下列蕴含式是否成立，为什么？

(1) $\forall xP(x) \rightarrow \forall xQ(x) \Rightarrow \forall x(P(x) \rightarrow Q(x))$。

(2) $\forall x(P(x) \rightarrow Q(x)) \Rightarrow \exists xP(x) \rightarrow \forall xQ(x)$。

**解** (1)、(2)均不成立。

(1)设个体域为 $\{1,2\}$，令 $P(x):x=1$，$Q(x):x=2$，则

$$\forall xP(x) \rightarrow \forall xQ(x) \Leftrightarrow (P(1) \wedge P(2)) \rightarrow (Q(1) \wedge Q(2)) \Leftrightarrow 1$$
$$\forall x(P(x) \rightarrow Q(x)) \Leftrightarrow (P(1) \rightarrow Q(1)) \wedge (P(2) \rightarrow Q(2)) \Leftrightarrow 0$$

所以，该蕴含式不成立。

(2)设个体域为 $\{1,2\}$，令 $P(x):x=2$，$Q(x):x=2$，则

$$\forall x(P(x)\to Q(x))\Leftrightarrow(P(1)\to Q(1))\wedge(P(2)\to Q(2))\Leftrightarrow 1$$

$$\exists xP(x)\to\forall xQ(x)\Leftrightarrow(P(1)\vee P(2))\to(Q(1)\wedge Q(2))\Leftrightarrow 0$$

所以,该蕴含式不成立。

## 2.6 谓词公式范式

同命题逻辑一样,谓词逻辑中也有必要研究谓词公式的标准形式。本节主要介绍前束范式和斯柯林范式。

### 2.6.1 前束范式

在命题逻辑中,析取范式和合取范式是公式的两种不同的等价形式。实际上,范式解决了公式的标准表示形式的问题。在谓词逻辑中同样有范式的概念,并且范式还不止一种。本小节我们只介绍前束范式。

**定义 2.6.1** 设 $A$ 是谓词公式,如 $A$ 具有形式 $(Q_1x_1)(Q_2x_2)\cdots(Q_kx_k)B$,其中 $Q_k$ 为 $\forall$ 或 $\exists$,$B$ 为不含量词的公式,则称 $A$ 为前束范式。

例如,$\forall x(A(x)\to B(x))$ 为前束范式,而 $\exists xA(x)\to\forall xB(x)$ 不是前束范式。

**定义 2.6.2** 设 $A$ 是具有形式为 $(Q_1x_1)(Q_2x_2)\cdots(Q_kx_k)B$ 的前束范式,若 $B$ 为合取范式,则称 $A$ 为前束合取范式;若 $B$ 为析取范式,则称 $A$ 为前束析取范式。

利用换名规则、代入规则、量词的否定公式及量词辖域的扩张与收缩公式等,可以将任一谓词公式化成前束范式。

**定理 2.6.1** 任何一个谓词公式,均和一个前束范式等价。

求一个谓词公式的前束范式的过程为:

(1)通过利用公式 $A\leftrightarrow B\Leftrightarrow(A\to B)\wedge(B\to A)$,$A\to B\Leftrightarrow\neg A\vee B$,如果需要的话,消去谓词公式中的联结词 $\leftrightarrow$ 和 $\to$;

(2)消去 $\neg$;

(3)否定深入,即利用量词转化公式,把否定联结词深入到命题变元和谓词的前面;

(4)运用换名规则和代入规则,将公式中所有变元均用不同的符号替换;

(5)量词前移,即利用量词辖域的扩张把量词移到前面。

【例 2-16】 求下列公式的前束范式:

(1) $\forall xP(x)\to\exists xQ(x)$。

(2) $\forall x\forall y(\exists z(P(x,z)\wedge P(y,z))\to\exists uQ(x,y,u))$。

(3) $\forall x(\forall yP(x)\vee\forall zQ(z,y)\to\neg(\forall yR(x,y)))$。

(4) $\neg(\forall x(\exists yP(x,y)\to\exists x\forall y(Q(x,y)\wedge\forall y(P(y,x)\to Q(x,y)))))$。

**解** (1) $\forall xP(x)\to\exists xQ(x)$

$$\Leftrightarrow\neg(\forall xP(x))\vee\exists xQ(x)$$

$$\Leftrightarrow\exists x(\neg P(x))\vee\exists xQ(x)$$

$$\Leftrightarrow\exists x(\neg P(x)\vee Q(x))$$

(2) $\forall x\forall y(\exists z(P(x,z)\wedge P(y,z))\to\exists uQ(x,y,u))$

$$\Leftrightarrow\forall x\forall y(\neg(\exists z(P(x,z)\wedge P(y,z)))\vee\exists uQ(x,y,u))$$

$$\Leftrightarrow\forall x\forall y(\forall z(\neg P(x,z)\vee\neg P(y,z))\vee\exists uQ(x,y,u))$$

$\Leftrightarrow \forall x \forall y \forall z \exists u(\neg P(y,z) \vee \neg P(y,z) \vee Q(x,y,u))$

(3) $\forall x(\forall yP(x) \vee \forall zQ(z,y) \to \neg(\forall yR(x,y)))$

$\Leftrightarrow \forall x(P(x) \vee \forall zQ(z,y)) \to \neg(\forall yR(x,y)))$ （去掉多余的$\forall y$）

$\Leftrightarrow \forall x(\neg P(x) \vee \forall zQ(z,y)) \vee \exists y(\neg R(x,y))$

$\Leftrightarrow \forall x((\neg P(x) \wedge \exists z(\neg Q(z,y)) \vee \exists y(\neg R(x,y)))$

$\Leftrightarrow \forall x(\exists z(\neg P(x) \wedge \neg Q(z,y)) \vee \exists u(\neg R(x,u)))$ （换名，扩张辖域）

$\Leftrightarrow \forall x \exists z \exists u((\neg P(x) \wedge \neg Q(z,y)) \vee \neg R(x,u)$

$\Leftrightarrow \forall x \exists z \exists u((\neg P(x) \vee \neg R(x,y)) \wedge (\neg Q(z,y) \vee \neg R(x,u)))$

(4) $\neg(\forall x(\exists yP(x,y) \to \exists x \forall y(Q(x,y) \wedge \forall y(P(y,x) \to Q(x,y)))))$

$\Leftrightarrow \neg(\forall x(\neg \exists yP(x,y) \vee \exists x \forall y(Q(x,y) \wedge \forall y(\neg P(y,x) \vee Q(x,y)))))$

$\Leftrightarrow \exists x(\exists y(P(x,y) \wedge \forall x \exists y(\neg Q(x,y) \vee \exists y(P(y,x) \wedge \neg Q(x,y))))$

$\Leftrightarrow \exists x(\exists y(P(x,y) \wedge \forall x \exists y(\neg Q(x,y) \vee \exists u(P(u,x) \wedge \neg Q(x,u)))))$ （*）

$\Leftrightarrow \exists x(\exists y(P(x,y) \wedge \forall v \exists w(\neg Q(v,w) \vee \exists u(P(u,v) \wedge \neg Q(v,u)))))$ （*）

$\Leftrightarrow \exists x \exists y \forall v \exists w \exists u(P(x,y) \wedge (\neg Q(v,w) \vee (P(u,v) \wedge \neg Q(v,u))))$

$\Leftrightarrow \exists x \exists y \forall v \exists w \exists u(P(x,y) \wedge (\neg Q(v,w) \vee P(u,v)) \wedge (\neg Q(v,w) \vee \neg Q(v,u)))$

**注意**：(4)最后已化为等价的前束合取范式。（*）处是先将最内层括号里的约束变元换名为 $u$，再将次内层括号里的约束变元换名为 $v,w$。

从这个例子可以看出，一个谓词合式公式等价为一个前束合取范式时，可能出现许多量词，有的是全称量词，有的是存在量词，量词次序也是必须重视不能随意变动的，这也使谓词合式公式的讨论略显复杂。为了便于讨论，下面介绍一种不含存在量词的前束合取范式，称为斯柯林范式。机器定理证明中的消解(归结)原理就建立在这种范式上。

## 2.6.2 斯柯林范式

前束范式的优点是全部量词集中在公式的前面，其缺点是各个量词的排列没有一定的规则，这样当把一个公式化为前束范式时，其表达形式会出现多种形式，不便应用。为得到一个谓词公式的子句集以便利用归结原理，人们设计了一种解决方案，消去前束范式中所有的存在量词但保留全称量词，这样得到的合式公式称为 Skolem(斯柯林)范式，这一过程称作 Skolem 化。Skolem 范式与它的原公式不一定等价，但在不可满足性方面，二者是等价的。也就是说，如果原公式是不可满足的，则其对应的 Skolem 范式也一定是不可满足的，反之亦成立。

按照这样的原则将公式中的存在量词消去：对一个前束范式，按照从左到右的顺序消去存在量词，设 $Q_ix_i$ 是前束范式中的一个存在量词，如果在它的前面没有出现全称量词，则 $Q_ix_i$ 所约束的变量 $x_i$ 全部用一个新的常量(未在公式中出现过)代替；如果前面有全称量词，则 $Q_ix_i$ 所约束的变量 $x_i$ 全部用一个新的(未在公式出现过的)函数(称为 Skolem 函数)代替，该函数的变量是那些在 $Q_ix_i$ 前面的全称量词所约束的变量；然后将存在量词 $Q_ix_i$ 消去。

【例 2-17】 求公式 $\forall(x((\neg P(x) \vee \forall yQ(y,z)) \to \neg \forall zR(y,z))$ 的斯柯林范式。

**解** ①将公式化成前束范式形式。

$\forall x((\neg P(x) \vee \forall yQ(y,z)) \to \neg \forall zR(y,z))$

$\Leftrightarrow \forall x((P(x) \wedge \exists y \neg Q(y,z)) \vee (\exists z) \neg R(y,z))$ 消去→、否定内移

$\Leftrightarrow \forall x((P(x) \wedge \exists u \neg Q(u,z)) \vee (\exists v)\neg R(y,v))$ 换名规则

$\Leftrightarrow \forall x \exists u \exists v((P(x) \wedge \neg Q(u,z)) \vee \neg R(y,v))$ 量词前移，得到前束范式

②按照上面的原则消去存在量词，得到其斯柯林范式。

消去 $u$，$u$ 用 $f(x)$ 代替，得到

$$\forall x \exists v((P(x) \wedge \neg Q(f(x),z)) \vee \neg R(y,v))$$

消去 $\exists v$，$v$ 用 $g(x)$ 代替，得到

$$\forall x((P(x) \wedge \neg Q(f(x),z)) \vee \neg R(y,g(x)))$$ 斯柯林范式

## 2.7 谓词逻辑的推理理论

谓词逻辑是命题逻辑的进一步深化和发展，因此谓词逻辑的推理方法，可以看作是命题逻辑推理方法的扩展。因为谓词逻辑的很多等价式和蕴含式是命题逻辑有关公式的推广，所以命题演算中的推理规则，如 $P$ 规则、$T$ 规则和 $CP$ 规则等也可以在谓词的推理理论中应用，只不过这时涉及的公式不是命题公式而是谓词公式。

### 2.7.1 推理规则

命题逻辑中所使用的推理规则，如 $P$ 规则（前提引入规则）、$T$ 规则（结论引入规则）、$E$ 规则（置换规则）和 $CP$ 规则，都可以应用于谓词逻辑的推理中。除此以外，由于谓词逻辑中引进了个体、谓词和量词等，因此又增加了一些推理规则。下面介绍几个与量词有关的推理规则。

与量词有关的推理规则

**1. US 规则（全称量词消去规则）**

$$\forall xA(x) \Rightarrow A(y) \text{或} \forall xA(x) \Rightarrow A(c)$$

这个规则要求：

(1) $x$ 是 $A(x)$ 的约束变元；

(2) $y$ 为不在 $A(x)$ 中约束出现的变元，$y$ 可以在 $A(x)$ 中自由出现，也可在证明序列前面的公式中出现；

(3) $c$ 为任意的个体常元，可以是证明序列中前面公式所指定的个体常元。

【例 2-18】 设个体域为实数集，$P(x,y)$：$x+1=y$，分析下面推导过程的错误：

(1) $\forall x \exists yP(x,y)$　　$P$

(2) $\exists yP(y,y)$　　$US(1)$

**解** $\forall x \exists yP(x,y)$ 的语意为："对任何实数 $x$，存在实数 $y$，满足 $x+1=y$"，这是一个真命题。由于在使用 $US$ 规则时违反了 $US$ 规则使用条件(2)，致使得到错误的结论 $\exists yP(y,y)$，即"存在实数 $y$，满足 $y+1=y$"。

**2. UG 规则（全称量词引入规则）**

$$A(y) \Rightarrow \forall xA(x)$$

这个规则要求：

(1) $y$ 在 $A(y)$ 中自由出现，且 $y$ 取任何值时 $A$ 均为真；

(2) 替换 $y$ 的 $x$ 要选择在 $A(y)$ 中不出现的变元符号。

【例 2-19】 设个体域为实数集，$P(x,y)$：$x>y$，分析下面推导过程的错误：

(1) $\exists xP(x,y)$　　$P$

(2) $\forall x \exists x P(x,x)$　　　　　　$UG(1)$

**解**　对个体域中任意的个体变元 $y$，显然 $\exists x P(x,y)$ 都取值 1，但结论 $\forall x \exists x P(x,x) = \forall x \exists x (x > x)$ 是一个假命题。产生错误的原因是违反了 $UG$ 规则使用条件(2)。若不用 $x$ 而用另一个变元 $z$，则得 $\forall z \exists x (x > z)$ 就为真命题了。

**3. *ES* 规则(存在量词消去规则)**

$$\exists x A(x) \Rightarrow A(c)$$

这个规则要求：

(1) $c$ 是使 $A$ 为真的特定的个体常元，$c$ 不能在前面的公式序列中出现；

(2) $c$ 不曾在 $A(x)$ 中出现；

(3) $A(x)$ 中除 $x$ 外还有其他自由出现的个体变元时，不能用此规则。

【例 2-20】　设个体域为实数集，$P(x)$：$x$ 是正数，$Q(x)$：$x$ 是负数，分析下面推导过程的错误：

(1) $\exists x P(x)$　　　　　　$P$

(2) $P(a)$　　　　　　$ES(1)$

(3) $\exists x Q(x)$　　　　　　$P$

(4) $Q(a)$　　　　　　$ES(3)$

(5) $P(a) \wedge Q(a)$　　　　　　$T, I(2)(4)$

**解**　前提 $\exists x P(x)$ 和 $\exists x Q(x)$ 都是真命题，但结论 $P(a) \wedge Q(a)$ 是假命题。错误出现在步骤(4)，它违反了 $ES$ 规则使用条件(1)，使用 $ES$ 规则的正确推理为 $\exists x Q(x) \Rightarrow Q(b)$，以避免与步骤(2)使用同一个体常元符号 $a$。

**4. *EG* 规则(存在量词引入规则)**

$$A(c) \Rightarrow \exists x A(x)$$

这个规则要求：

(1) $c$ 是特定的个体常元；

(2) 替换 $c$ 的 $x$ 要选择在 $A(c)$ 中没有出现过的变元符号。

【例 2-21】　设个体域为实数集，$P(x,y)$：$xy=0$，分析下面推导过程的错误：

(1) $\exists y \forall x P(x,y)$　　　　　　$P$

(2) $\forall x P(x,a)$　　　　　　$ES(1)$

(3) $\exists x \forall x P(x,x)$　　　　　　$EG(2)$

(4) $\forall x P(x,x)$　　　　　　$T, ES(3)$

**解**　前提 $\exists y \forall x P(x,y)$ 的语意为："存在一个 $y$，对任何实数 $x$，都有 $xy=0$"，这是一个真命题，但结论 $\forall x P(x,x)$ 的语意是："对任何实数 $x$，都有 $x^2=0$"，这是一个假命题。错误出现在步骤(3)，它违反了 $EG$ 规则使用条件(2)。

注意，因为 $\forall x P(x,x)$ 与 $x$ 无关，所以

$$\exists x \forall x P(x,x) \Leftrightarrow \forall x P(x,x)$$

而不应该认为

$$\exists x \forall x P(x,x) \Leftrightarrow \exists x P(x,x)$$

量词消去和引入的上述四条规则的使用都有一些前提条件，违反这些条件去使用与量词相关的推理规则，都可能导致错误的结果。另外需要注意的是，以上四条规则只能对前束范式使用。

## 2.7.2 推理定律

下面列出一些常用的推理定律(同命题逻辑一样,在后面的推理演算中以大写字母 $I$ 加以引用)。

1. 由命题逻辑推理定律推广而来的谓词逻辑推理定律

利用代入定理将命题逻辑中的推理定律推广得到谓词逻辑中的推理定律。

如在命题逻辑中有公式

$$P \land Q \Rightarrow P, P \Rightarrow P \lor Q$$

可推广而得

$$\forall xA(x) \land \forall yB(y) \Rightarrow \forall xA(x), \forall xA(x) \Rightarrow \forall xA(x) \lor \exists yB(y)$$

2. 由基本等价式生成的推理定律

在 2.5 节给出的等价式中每个等价式可生成两个推理定律。例如:

$$\forall xA(x) \Rightarrow \neg\neg\forall xA(x), \neg\neg\forall xA(x) \Rightarrow \forall xA(x)$$

$$\neg\forall xA(x) \Rightarrow \exists x\neg A(x), \exists x\neg A(x) \Rightarrow \neg\forall xA(x)$$

3. 一些特有的重要推理定律

(1) $\forall xA(x) \lor \forall xB(x) \Rightarrow \forall x(A(x) \lor B(x))$。

(2) $\exists x(A(x) \land B(x)) \Rightarrow \exists xA(x) \land \exists xB(x)$。

(3) $\forall x(A(x) \to B(x)) \Rightarrow \forall xA(x) \to \forall xB(x)$。

(4) $\exists x(A(x) \to B(x)) \Rightarrow \forall xA(x) \to \exists xB(x)$。

## 2.7.3 推理方法

有了 $US$、$UG$、$ES$、$EG$ 4 个规则,再加上命题逻辑的推理规则,我们就可以进行谓词逻辑中的一些推理。在谓词逻辑中,常用的推理方法有两种:直接证法和间接证法,其内容与命题逻辑中的类似,下面分别举例说明。

1. 直接证法

【例 2-22】 证明苏格拉底三段论。

"所有的人都是要死的;苏格拉底是人;所以苏格拉底是要死的。"

**证明** 先进行符号化。设个体域是全总个体域,设 $M(x)$:$x$ 是人,$D(x)$:$x$ 是要死的,个体常元 $a$:苏格拉底。则

前提:$\forall x(M(x) \to D(x)), M(a)$

结论:$D(a)$

推理形式:$\forall x(M(x) \to D(x)), M(a) \Rightarrow D(a)$。证明如下:

| | |
|---|---|
| (1) $\forall x(M(x) \to D(x))$ | $P$ |
| (2) $M(a) \to D(a)$ | $US(1)$ |
| (3) $M(a)$ | $P$ |
| (4) $D(a)$ | $T, I(2)(3)$ |

【例 2-23】 指出下列推导中的错误,并加以改正。

| | |
|---|---|
| (1) $\exists xP(x)$ | $P$ |
| (2) $P(c)$ | $ES$,(1) |
| (3) $\exists xQ(x)$ | $P$ |
| (4) $Q(c)$ | $ES$,(2) |

**解** 第二次使用存在量词消去规则时，所指定的特定个体应该是证明序列以前公式中没有出现过的，正确的推理是：

| | |
|---|---|
| (1) $\exists xP(x)$ | $P$ |
| (2) $P(c)$ | $ES$，(1) |
| (3) $\exists xQ(x)$ | $P$ |
| (4) $Q(d)$ | $ES$，(2) |

【例 2-24】 证明：

$$\forall x(C(x)\rightarrow W(x)\wedge R(x))\wedge \exists x(C(x)\wedge Q(x))\Rightarrow \exists x(Q(x)\wedge R(x))$$

**证明**

| | |
|---|---|
| (1) $\exists x(C(x)\wedge Q(x))$ | $P$ |
| (2) $C(a)\wedge Q(a)$ | $ES(1)$ |
| (3) $\forall x(C(x)\rightarrow W(x)\wedge R(x))$ | $P$ |
| (4) $C(a)\rightarrow(W(a)\wedge R(a))$ | $US(3)$ |
| (5) $C(a)$ | $T,I(2)$ |
| (6) $W(a)\wedge R(a)$ | $T,I(4)(5)$ |
| (7) $Q(a)$ | $T,I(2)$ |
| (8) $R(a)$ | $T,I(6)$ |
| (9) $Q(a)\wedge R(a)$ | $T,I(7)(8)$ |
| (10) $\exists x(Q(x)\wedge R(x))$ | $EG(9)$ |

注意在本例的推导过程中，(2)和(4)两条的次序不能颠倒。如果先用 $US$ 规则得到 $C(a)\rightarrow W(a)\wedge R(a)$，再用 $ES$ 规则时，不一定得到 $C(a)\wedge Q(a)$，一般应为 $C(b)\wedge Q(b)$，因此无法推证下去，这也符合 $ES$ 规则使用条件。从该例子也说明：如果既有全称量词的前提也有存在量词的前提，必须先对存在量词的前提使用 $ES$ 规则，后对全称量词的前提使用 $US$ 规则。

**2. 间接证法**

同命题逻辑推理一样，间接证法主要有两种：$CP$ 规则和反证法。

【例 2-25】 证明 $\forall x(P(x)\rightarrow Q(x))\Rightarrow \forall xP(x)\rightarrow \exists xQ(x)$。

**证明**

| | |
|---|---|
| (1) $\forall xP(x)$ | $P$（附加前提） |
| (2) $P(c)$ | $US(1)$ |
| (3) $\forall x(P(x)\rightarrow Q(x))$ | $P$ |
| (4) $P(c)\rightarrow Q(c)$ | $US(3)$ |
| (5) $Q(c)$ | $T,I(2)(4)$ |
| (6) $\exists xQ(x)$ | $EG(5)$ |
| (7) $\forall xP(x)\rightarrow \exists xQ(x)$ | $CP$ |

【例 2-26】 将下列推理符号化并给出形式证明：

每一个大学生不是文科生就是理科生；有的大学生是优等生；小张不是文科生但他是优等生。因此，如果小张是大学生，他就是理科生。

**解** 个体域取全总个体域，设 $P(x)$：$x$ 是大学生，$Q(x)$：$x$ 是文科生，$S(x)$：$x$ 是理科生，$T(x)$：$x$ 是优等生，$c$：小张，则

前提：$\forall x(P(x)\rightarrow(Q(x)\vee S(x)))$，$\exists x(P(x)\wedge T(x))$，$\neg Q(c)\wedge T(c)$

结论：$P(c)\rightarrow S(c)$

推理形式：$\forall x(P(x)\rightarrow(Q(x)\vee S(x)))$，$\exists x(P(x)\wedge T(x))$，

$\neg Q(c) \wedge T(c) \Rightarrow P(c) \to S(c)$

| | |
|---|---|
| (1) $\forall x(P(x) \to (Q(x) \vee S(x)))$ | $P$ |
| (2) $P(c) \to (Q(c) \vee S(c))$ | $US(1)$ |
| (3) $P(c)$ | $P$(附加前提) |
| (4) $Q(c) \vee S(c)$ | $T,I(2),(3)$ |
| (5) $\neg Q(c) \wedge T(c)$ | $P$ |
| (6) $\neg Q(c)$ | $T,I(5)$ |
| (7) $S(c)$ | $T,I(4),(6)$ |
| (8) $P(c) \to S(c)$ | $CP$ |

【例 2-27】 将下列推理符号化并给出形式证明：

晚会上所有人都唱歌或跳舞了，因此或者所有人都唱歌了，或者有些人跳舞了。

**解** 设 $P(x)$：$x$ 唱歌了，$Q(x)$：$x$ 跳舞了，则

前提：$\forall x(P(x) \vee Q(x))$

结论：$\forall xP(x) \vee \exists xQ(x)$

推理形式：$\forall x(P(x) \vee Q(x)) \Rightarrow \forall xP(x) \vee \exists xQ(x)$

| | |
|---|---|
| (1) $\neg(\forall xP(x) \vee \exists xQ(x))$ | $P$(附加前提) |
| (2) $\exists x \neg P(x) \wedge \forall x \neg Q(x)$ | $R,E(1)$ |
| (3) $\exists x \neg P(x)$ | $T,I(2)$ |
| (4) $\neg P(a)$ | $ES(3)$ |
| (5) $\forall x \neg Q(x)$ | $T,I(2)$ |
| (6) $\neg Q(a)$ | $US(5)$ |
| (7) $\forall x(P(x) \vee Q(x))$ | $P$ |
| (8) $P(a) \vee Q(a)$ | $US(7)$ |
| (9) $Q(a)$ | $T,I(4)(8)$ |
| (10) $Q(a) \wedge \neg Q(a)$ | $T,I(6)(9)$，矛盾 |

因此，假设不成立，原推理形式正确。

【例 2-28】 证明 $\forall x(P(x) \vee Q(x)) \Rightarrow \forall xP(x) \vee \exists xQ(x)$。

**证明** 当然可以使用蕴含式的定义来加以证明，但往往比较麻烦，故利用推理规则来进行演绎。

| | |
|---|---|
| (1) $\neg(\forall xP(x) \vee \exists xQ(x))$ | $P$(附加前提) |
| (2) $\neg\forall xP(x) \wedge \neg\exists xQ(x)$ | $R,E(1)$ |
| (3) $\neg\forall xP(x)$ | $T,I(2)$ |
| (4) $\exists x \neg P(x)$ | $R,E(3)$ |
| (5) $\neg\exists xQ(x)$ | $T,I(2)$ |
| (6) $\forall x \neg Q(x)$ | $R,E(5)$ |
| (7) $\neg P(a)$ | $ES(4)$ |
| (8) $\neg Q(a)$ | $US(6)$ |
| (9) $\neg P(a) \wedge \neg Q(a)$ | $T,I(7)(8)$ |
| (10) $\neg(P(a) \vee Q(a))$ | $R,E(9)$ |
| (11) $\forall x(P(x) \vee Q(x))$ | $P$ |
| (12) $P(a) \vee Q(a)$ | $US(1)$ |

(13)$\neg(P(a)\vee Q(a))\wedge(P(a)\vee Q(a))$　　　　$T,I(10)(12)$,矛盾

因此,假设不成立,原推理形式正确。这个题目如果使用 $CP$ 规则证明可以简单一些,现证明如下。首先将原来的问题改为:

$$\forall x(P(x)\vee Q(x))\Rightarrow\neg(\forall xP(x))\rightarrow\exists xQ(x)$$

**证明**

| | |
|---|---|
| (1)$\neg(\forall xP(x))$ | $P$(附加前提) |
| (2)$\exists x(\neg P(x))$ | $R,E(1)$ |
| (3)$\neg P(a)$ | $ES(2)$ |
| (4)$\forall x(P(x)\vee Q(x))$ | $P$ |
| (5)$P(a)\vee Q(a)$ | $ES(4)$ |
| (6)$Q(a)$ | $T,I(3)(5)$ |
| (7)$\exists Q(x)$ | $EG(6)$ |
| (8)$\neg(\forall xP(x))\rightarrow\exists xQ(x)$ | $CP$ |

**【例 2-29】** 将下列推理符号化并给出形式证明:

每个喜欢步行的人都不喜欢坐汽车;每个人或者喜欢坐汽车或者喜欢骑自行车;有的人不喜欢骑自行车,因而有的人不喜欢步行。

解:设 $W(x)$:$x$ 喜欢步行,$B(x)$:$x$ 喜欢坐汽车,$R(x)$:$x$ 喜欢骑自行车,论域为人的集合,则:

前提:$\forall x(W(x)\rightarrow\neg B(x))$,$\forall x(B(x)\vee R(x))$,$\exists x(\neg R(x))$

结论:$\exists x(\neg W(x))$

推理形式:$\forall x(W(x)\rightarrow\neg B(x)),\forall x(B(x)\vee R(x)),\exists x(\neg R(x))\Rightarrow\exists x(\neg W(x))$。

现证明如下:

| | |
|---|---|
| (1)$\exists x(\neg R(x))$ | $P$ |
| (2)$\neg R(c)$ | $ES(1)$ |
| (3)$\forall x(B(x)\vee R(x))$ | $P$ |
| (4)$B(c)\vee R(c)$ | $US(3)$ |
| (5)$B(c)$ | $T,I(2)(4)$ |
| (6)$\forall x(W(x)\rightarrow\neg B(x))$ | $P$ |
| (7)$W(c)\rightarrow\neg B(c)$ | $US(6)$ |
| (8)$B(c)\rightarrow\neg W(c)$ | $R,E(7)$ |
| (9)$\neg W(c)$ | $T,I(5)(8)$ |
| (10)$\exists x(\neg W(x))$ | $EG(9)$ |

**3. 归结演绎法**

谓词公式中含有个体变元、谓词与量词,因此谓词逻辑中运用归结原理推理时相对复杂。

**定义 2.7.1** 对一个谓词公式 $G$,通过以下步骤所得的子句集合 $S$,称为 $G$ 的子句集。

(1)消去条件词→和双条件词↔。

(2)缩小否定词¬的作用范围,直到其仅作用于原子公式。

(3)适当改名,使量词间不含同名指导变元和约束变元。

(4)消去存在量词。

(5)消去所有全称量词。

(6)化公式为合取范式。

(7)消去合取词∧,以子句为元素组成集合 $S$。

(8)对子句集中的变元再次进行换名替换,使子句间无同名变元。

**注意**:第(4)步其实就是得到原公式的 Skolem 范式。第(8)步在有些书中并不要求,如果是这样的话,必须清楚,不同子句中的变元,即便是同名的,也可以代表不同的变元。

利用归结原理进行谓词逻辑推理证明的步骤:

(1)将结论的否定作为附加前提;

(2)将包括附加前提在内的所有前提对应的公式分别转化为子句集;

(3)对各子句集合并形成整体子句集,并进行归结。

(4)若在某一步推出了空子句,即推出了矛盾,说明推理有效。

**说明**:谓词逻辑中对两个子句进行归结时情形比较复杂,需要运用到替换与合一概念,限于篇幅,本教材中不加详述,感兴趣的读者请阅读参考文献[10]。

【例 2-30】 利用归结演绎法证明

$\forall x(P(x)\to(Q(x)\wedge R(x))), \exists x(P(x)\wedge S(x))\Rightarrow\exists x(S(x)\to\wedge R(x))$。

**证明** 求出各前提与结论的否定对应的子句集:

$$\{\neg P(x)\vee Q(x), \neg P(y)\vee R(y), P(a), S(a), \neg S(z)\vee\neg R(z)\}$$

然后应用归结原理进行证明:

(1)$\neg P(y)\vee R(y)$　　$P$

(2)$P(a)$　　$P$

(3)$R(a)$　　$T$,归结(1)(2),替换$\{a/y\}$

(4)$S(a)$　　$P$

(5)$\neg S(z)\vee\neg R(z)$　　$P$

(6)$\neg R(a)$　　$T$,归结(4)(5),替换$\{a/z\}$

(7)$NIL$　　$T$,归结(3)(6)

因此原推理是有效的。

# 2.8 谓词逻辑在知识表示中的应用

人工智能是研究如何使机器具有人类智能的学科。要使机器具有智能,就必须使它像人一样拥有知识,机器拥有的知识越多,其智能就越高。正如人类抽象的知识要用自然语言表达,机器也必须具有一种表达知识的方式,而谓词逻辑就是一种知识表示的方法。

## 2.8.1 知识与知识表示

什么是知识?从认识论的角度来看,知识就是人类认识自然界(包括社会和人)的精神产物,是人类进行智能活动的基础。

知识的分类方法很多,主要有三种:

### 1. 按知识的性质分

①叙述性知识:表示问题的状态、概念、条件、事实的知识。

②过程性知识:表示问题求解过程中用到的各种操作、演算和行动等相关的知识。

③控制性知识:表示问题求解过程中决定选用哪种操作、演算和行动等相关的知识。

**2. 按知识的层次分**

①零级知识：最基本层的知识，包括问题域内的事实、属性、定理、定义等，属问题求解的常识性和原理性知识。

②一级知识：第二层知识，启发式知识。可弥补零级知识的不足，提高求解效率。

③二级知识：第三层知识，控制性知识。对低层知识起指导作用，组织和有效运用零级和一级知识。

④高层次知识：如回忆、综合、概括、抽象等，它们反映人的心理特征。

⑤领域知识(问题领域内知识)：包括零级知识和一级知识。

⑥元知识(知识的知识)：二级以上的知识。高级的、本原的知识。

**3. 按知识的来源分**

①共性知识：指问题域内有关事物、属性、概念、定义、定理、原理、理论、算法等的知识，它们来自教科书和刊物，并已为领域内专业人员所承认和接受。它描述问题的细节，确保问题解的精确性，属深层知识。

②个性知识：来自现场有经验的专业人员，包括大量的经验知识或启发式知识。它描述问题的轮廓，知识严格性差，属浅层(表层)知识。

## 2.8.2 基于谓词逻辑的知识表示

所谓知识表示，就是研究在机器中如何用最合适的形式对知识进行描述，使知识形式化、模型化，以便在机器中存储和使用知识。对于人们习惯的知识表示形式(如自然语言表示)，机器不一定能接受，所以必须把人类知识变换成一定形式的机器内部的知识模型，为机器所接受。

由于谓词逻辑是一种形式语言，也是目前为止能够表达人类思维活动规律的一种最精确的语言，它与人们的自然语言比较接近，又可方便地存储到计算机中并被计算机做精确处理。因此，它成为最早应用于人工智能中表示知识的一种逻辑。

【例 2-31】 用谓词逻辑表示法求解机器人摞积木问题。设机器人有一只机械手，要处理的世界有一张桌子，桌上可堆放若干相同的方积木块。机械手有 4 个操作积木的典型动作：从桌上拣起一块积木；将手中的积木放到桌上；在积木上再摞上一块积木；从积木上面拣起一块积木。积木世界的布局如图 2-1 所示。

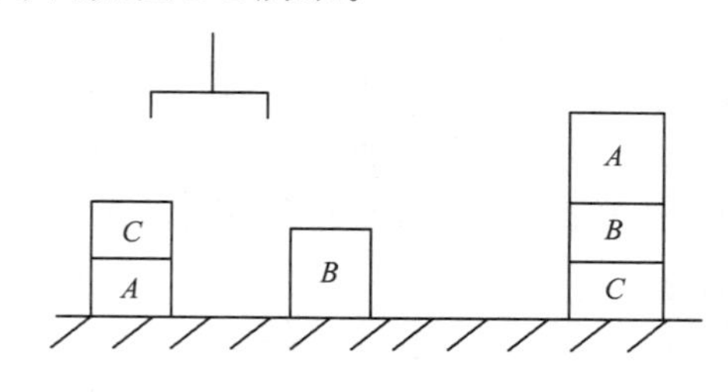


图 2-1 积木世界的布局

解 该例子中，不仅要用谓词公式表示事物的状态、位置，而且还要用谓词公式表示动作。为做到这一点，首先必须定义谓词。

(1)先定义描述状态的谓词

CLEAR($x$)：积木 $x$ 上面是空的。

ON($x$, $y$)：积木 $x$ 在积木 $y$ 的上面。

ONTABLE($x$)：积木 $x$ 在桌子上。
HOLDING($x$)：机械手抓住 $x$。
HANDEMPTY：机械手是空的。
其中，$x$ 和 $y$ 的个体域都是$\{A, B, C\}$。
问题的初始状态是：
ONTABLE($A$)
ONTABLE($B$)
ON($C$, $A$)
CLEAR($B$)
CLEAR($C$)
HANDEMPTY
问题的目标状态是：
ONTABLE($C$)
ON($B$, $C$)
ON($A$, $B$)
CLEAR($A$)
HANDEMPTY
(2)再定义描述操作的谓词
在本问题中，机械手的操作需要定义以下 4 个谓词：
Pickup($x$)：从桌面上拣起一块积木 $x$。
Putdown($x$)：将手中的积木放到桌面上。
Stack($x$, $y$)：在积木 $x$ 上面再摞上一块积木 $y$。
Upstack($x$, $y$)：从积木 $x$ 上面拣起一块积木 $y$。
其中，每一个操作都可分为条件和动作两部分，具体描述如下：
Pickup($x$)
　　条件：ONTABLE($x$)，HANDEMPTY，CLEAR($x$)
　　动作：删除表：ONTABLE($x$)，HANDEMPTY
　　　　　添加表：HANDEMPTY($x$)
Putdown($x$)
　　条件：HANDEMPTY($x$)
　　动作：删除表：HANDEMPTY($x$)
　　　　　添加表：ONTABLE($x$)，CLEAR($x$) ，HANDEMPTY
Stack($x$, $y$)
　　条件：HANDEMPTY($x$)，CLEAR($y$)
　　动作：删除表：HANDEMPTY($x$)，CLEAR($y$)
　　　　　添加表：HANDEMPTY，ON($x$, $y$) ，CLEAR($x$)
Upstack($x$, $y$)
　　条件：HANDEMPTY，CLEAR($y$) ，ON($y$,$x$)
　　动作：删除表：HANDEMPTY，ON($y$, $x$)
　　　　　添加表：HOLDING($y$)，CLEAR($x$)
　　(3)问题求解过程

利用上述谓词和操作，其求解过程为：

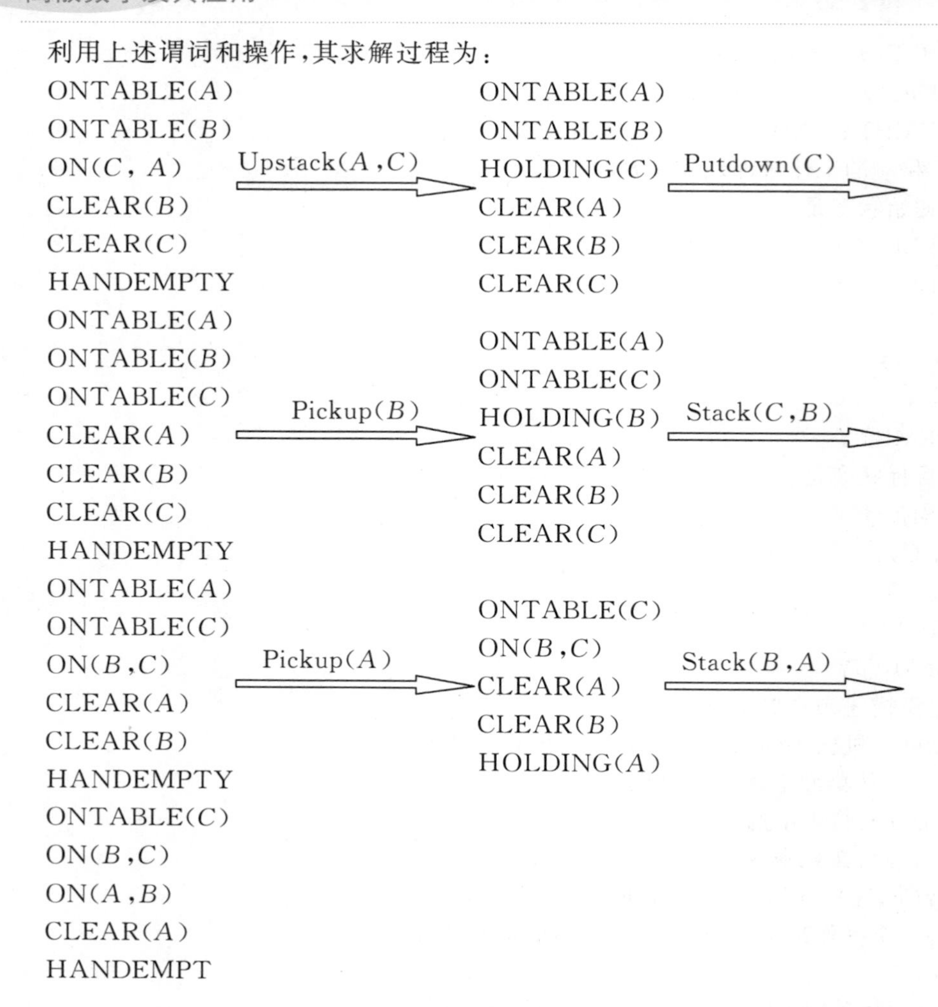


## 本章小结

谓词逻辑是命题逻辑的扩充，具有比命题逻辑更强的推理描述能力。其主要内容包括：谓词逻辑的概念与表示方法、命题函数与量词、合式公式与自然语言的翻译、谓词中的变元约束、谓词逻辑等价公式与蕴含式、谓词逻辑的前束范式、谓词逻辑的推理理论。通过本章的学习，使读者了解谓词逻辑的基本概念，掌握谓词逻辑中的基本定义、定理，并能熟练运用谓词逻辑的推理方法。

## 习　题

1. 将下列命题用谓词表达式符号化。

(1)小张不是工人。

(2)小王是田径或球类运动员。

(3)小莉是非常聪明和美丽的。

(4)若 $m$ 是奇数，则 $2m$ 不是奇数。

(5)直线 $A$ 与直线 $B$ 平行当且仅当直线 $A$ 与直线 $B$ 不相交。

(6)王教练既不老又不健壮。

(7)如果 5 大于 4,则 4 大于 6。

2. 将下列各式翻译成自然语言,然后在不同的个体域中确定各命题的真值。

(1) $\exists x \forall y(xy=1)$

(2) $\forall x \exists y(xy=1)$

(3) $\forall x \exists y(xy=0)$

(4) $\forall x \exists y(xy=0)$

(5) $\forall x \exists y(xy=x)$

(6) $\exists x \forall y(xy=x)$

(7) $\forall x \forall y \forall z(x-y=z)$

个体域分别为:a. 实数集;b. 整数集;c. 正整数集;d. 除 0 外的实数集。

3. 设 $A(x,y,z)$: $x+y=z$,$M(x,y,z)$: $xy=z$,$L(x,y)$: $x<y$,$G(x,y)$: $x>y$,个体域为自然数。将下列命题符号化。

(1)没有小于 0 的自然数。

(2)$x<z$ 是 $x<y$ 且 $y<z$ 的必要条件。

(3)若 $x<y$,则存在某些 $z$,使 $z<0$,$xz>yz$。

(4)存在 $x$,对任意 $y$ 使得 $xy=y$。

(5)对任意 $x$,存在 $y$ 使 $x+y=x$。

4. 量词$\exists!$表示"有且仅有",$\exists ! xP(x)$表示有且仅有一个个体满足谓词 $P(x)$。试用量词"$\forall$"、"$\exists$"、等号"$=$"及谓词 $P(x)$,表示$\exists ! P(x)$,即写出一个通常的谓词公式使之与$\exists ! xP(x)$具有相同的意义。

5. 将下列命题符号化为谓词公式。

(1)兔子比乌龟跑得快。

(2)有的兔子比所有的乌龟跑得快。

(3)并不是所有的兔子都比乌龟跑得快。

(4)不存在跑得同样快的两只兔子。

6. 用谓词公式将下列语句形式化。

(1)高斯是数学家,但不是文学家。

(2)没有一个奇数是偶数。

(3)一个数既是偶数又是质数,当且仅当该数为 2。

(4)有的猫不捉耗子,会捉耗子的猫便是好猫。

(5)发亮的东西不都是金子。

(6)不是所有的男人都至少比一个女人高,但至少有一个男人比所有的女人高。

(7)一个人如果不相信其他所有人,那么他也就不可能得到其他人的信任。

(8)如果别的星球上有人,天文学家是不会感到惊讶的。

(9)党指向哪里,我们就奔向哪里。

(10)谁要是游戏人生,他就一事无成;谁不能主宰自己,他就是一个奴隶(歌德)。

7. 自然数有三条公理:

(1)每个数都有唯一的一个数是它的后继数;

(2)没有一个数,使 1 是它的后继;

(3)每个不等于1的数，都有唯一的一个数是它的直接先行者。

用谓词公式符号化上述三条公理。

8. 设 $P(x)$:$x$ 是质数，$E(x)$:$x$ 是偶数，$O(x)$:$x$ 是奇数，$D(x,y)$:$y$ 被 $x$ 除尽。将下列谓词公式翻译成汉语：

(1)$P(5)$

(2)$E(2)\land P(2)$

(3)$\forall x(D(2,x)\to E(x))$

(4)$\exists x(E(x)\land D(x,6))$

(5)$\forall x(\neg E(x)\to\neg D(2,x))$

(6)$\forall x(E(x)\to\forall y(D(x,y)\to E(y)))$

(7)$\forall x(P(x)\to\exists y(E(y)\land D(x,y)))$

(8)$\forall x(O(x)\to\forall y(P(y)\to\neg D(x,y)))$

9. 指定整数集的一个尽可能大的子集(如果存在)为个体域，使得下列公式为真：

(1)$\forall x(x>0)$

(2)$\forall x(x=5\lor x=6)$

(3)$\forall x\exists y(x+y=3)$

(4)$\exists y\forall x(x+y<0)$

10. 指出下列谓词公式中的量词及其辖域，指出各自由变元和约束变元，并判定它们是否是命题。

(1)$\forall x(P(x)\lor Q(x))\land R$($R$ 为命题常元)

(2)$\forall x(P(x)\land Q(x))\land\exists xS(x)\to T(x)$

(3)$\forall x(P(x)\to\exists y(B(x,y)\land Q(y))\lor T(y))$

(4)$P(x)\to(\forall y\exists x(P(x)\land B(x,y))\to P(x))$

11. 设整数集为个体域，判定下列公式的真值( * 表示数乘运算)。

(1)$\forall x\exists y(x*y=x)$

(2)$\forall x\exists y(x*y=1)$

(3)$\forall x\exists y(x+y=1)$

(4)$\exists y\forall x(x+y=x)$

(5)$\forall y\exists x(x+y=0)$

(6)$\forall x\exists y(x+y=0)$

12. 判断下列公式的类型。

(1)$\forall xP(x)\lor\exists y\neg P(y)$

(2)$\forall xP(x)\land\exists y\neg P(y)$

(3)$\neg(P(a)\to\exists xP(x))$

(4)$\neg(P(a)\land\exists xP(x))$

(5)$P(a)\to\neg\exists xP(x)$

(6)$\forall xP(x)\to\neg P(a)$

13. 求下列各式的前束合取范式和前束析取范式。

(1)$\neg\forall x(A(x)\to\exists yB(y))$

(2)$\forall x(A(x)\to\exists yB(x,y))$

(3)$\forall x\forall y(\exists zA(x,y,z)\leftrightarrow\exists zB(x,y,z))$

(4) $\exists x(\neg\exists yA(x,y)\rightarrow(\exists zB(z)\rightarrow C(x)))$

(5) $\exists xP(x)\rightarrow(Q(y)\rightarrow\neg(\exists yR(y)\rightarrow\forall xS(x)))$

(6) $\forall x((\forall yP(x)\vee\forall zQ(z,y))\rightarrow\neg\forall yR(x,y))$

(7) $\forall x(\neg(\exists xP(x,y))\rightarrow(\exists yQ(z)\rightarrow R(x)))$

14. 证明下列推理是有效的。

前提：每个非文科的一年级学生都有辅导员；小王是一年级学生；小王是理科生；凡小王的辅导员都是理科生；所有的理科生都不是文科生。

结论：至少有一个不是文科生的辅导员。

15. 将下列推理符号化并给出形式证明：

(1)有理数都是实数，有的有理数是整数，因此有的实数是整数。

(2)所有牛都有角，有些动物是牛，所以，有些动物有角。

(3)鸟会飞，猴子不会飞；所以猴子不是鸟。

(4)如果一个人长期吸烟或酗酒，那么他身体绝不会健康；如果一个人身体不健康，那么他就不能参加体育比赛。有人参加了体育比赛，所以有人不长期酗酒。

(5)每个科学工作者都是勤奋的，每个既勤奋又聪明的人在他的事业中都将获得成功，王大志是科学工作者并且是聪明的，所以王大志在他的事业中将获得成功。

## 阅读材料

### 谓词逻辑与机器证明

在命题逻辑中，研究的基本单位是命题，命题不可分，命题仅是有真值的一个陈述句。这样在命题演算的过程中，我们根本就不考虑命题的结构和成分，只是对命题之间的联系加以研究，而对命题内部的特征命题逻辑是无能为力的。事实上，人类的思维过程，需要将命题内部的逻辑结构和成分作进一步分析。如著名的苏格拉底三段论：

所有的人都是要死的；

苏格拉底是人；

所以苏格拉底是要死的。

凭直觉这个论证过程是正确的，且上述三个命题之间有着密切的联系，但却无法用命题演算表达出来，因为它们都是命题。上述推理过程不仅仅与各命题有关，更与各命题的内部结构有关。因此有必要对命题内部的结构和成分加以深入研究，将命题演算扩展成谓词演算，对简单命题的成分、结构和命题间的共同特征等作分析。这就是谓词逻辑的目的。

在谓词逻辑中，利用谓词公式间的各种等价和永真蕴含关系，通过一些推理规则，从一些已知的谓词公式推出另一些新的谓词公式。这就是谓词逻辑中的形式证明。

谓词逻辑中的结构严谨的形式证明，使得由公理系统中的公理和推理规则出发而求证定理的过程变得简单了。于是人们不禁要探究，是否有某种算法可以证明任何公理系统中定理的正确性。若真的存在这种算法的话，将这种算法在计算机上实现后，则公理系统中的定理就可借助计算机证明，从而实现定理的自动证明。这就是所谓的机器证明。

1950 年，波兰数理科学家塔尔斯基(A. Tarski)从理论上证明，初等代数和初等几何的定理可以机械化。1956 年，美国的纽厄尔(A. Newell)和西蒙(H. Simon)从分析人类解答数学题的技巧入手，经过反复的实验，认识到人类证明数学定理时，通过“分解”(把一个复杂问题分解为几个简单的子问题)和“代入”(利用已知常量代入未知的变量)等方法，用已知的定理、公理或解题规则进行试探性推理，直到所有的子问题最终都变成已知的定理或公理，从而解决整个问题。人类求证数学定理是一种启发式搜索，与电脑下棋的原理异曲同工。基于这样的研究成果，他们编制出了所谓的“逻辑理论机”(The Logic Theory Machine)，即LT数学定理证明程序，一举在计算机上证明了数学大师罗素(Rusell)和怀特海(Whitehead)所著的《数学原理》第二章中的38个定理。这是机器证明的开始。1963年，经过改进的LT程序在一部更大的电脑上，最终完成了全部52条数学定理的证明。1959年，美籍华人学者、洛克菲勒大学数学教授王浩用他首创的“王氏算法”，用一种相当原始的汇编语言写了两个证明程序，在一台速度不高的IBM 704电子计算机上用不到9分钟的时间就把这本数学史上视为里程碑的著作中全部(350条以上)定理，统统证明了一遍。

改进算法是提高机器证明效率的重点。1965年，美国数学家罗宾逊(J. Robinson)提出了与传统的演绎方法完全不同的归结法(Resolution Principle)(该原理的基本出发点是，要证明任何一个命题为真，都可以通过证明其否定为假来得到)，他用归结法做到了谓词逻辑中永真式的自动证明。从此，机器证明取得了重要的进展，国际上掀起了自动机器证明的高潮。

1971—1977年间，莱德索(T. Moore)等人给出了分析拓扑学和集合论方面的一些著名定理的机器证明。1979年，波依尔(J. Boyte)和穆尔(T. Moore)等人做出了递归函数方面的机器证明系统。

而机器证明最有名的例子，莫过于“四色问题”的证明。据说，“四色问题”最早是1852年一位21岁的大学生提出的数学难题：任何地图都可以用最多四种颜色着色，就能区分任何两相邻的国家或区域。这个看似简单的问题，就像“哥德巴赫猜想”一样，不知难倒了多少著名数学家和献身数学的业余爱好者，属于世界上最著名的数学难题之一。1976年6月，美国伊利诺斯大学的两位数学家沃尔夫冈·哈肯(W. Haken)和肯尼斯·阿佩尔(K. Apple)自豪地宣布，他们用计算机证明了这一定理。当“四色定理”被证明的消息传出后，许多大学的教师都纷纷中断讲课，打开香槟酒以示庆贺。在该定理被证明的所在地——伊利诺斯州乌班纳，连邮政局员工都欣喜若狂，他们在寄出的所有信件上都加盖了“四色是足够的”字样邮戳。

哈肯和阿佩尔攻克这一难题使用的方法仍然是前人提出的“穷举归纳法”，只是别人用的是手工计算，无论如何也不可能“穷举”所有的可能性。哈肯和阿佩尔编制出一种很复杂的程序，让3台IBM 360计算机自动高速寻找各种可能的情况，并逐一判断它们是否可以被“归纳”。十几天后，共耗费了1200个机时，做完了200亿个逻辑判断，计算机终于证明了“四色定理”。这是机器证明首次解决传统人脑支配的手工证明所没有解决的重要难题。

20世纪70年代中期，我国数学家吴文俊引入了完全不同于前人的代数方法——“吴方法”，完成了初等几何定理的机械化证明。他的工作经出国留学生介绍到国外后，在国际学术界引起重大反响，国际《Artificial Intelligence》杂志曾专集报导他的研究工作。

从手工证明到机器证明，人类的数学思想方法产生了一个重大飞跃。

# 第2篇

# 集合论

集合论是现代各科数学的基础，它是德国数学家康托(Geog Cantor，1845～1918)于1874年创立的，1876～1883年康托一系列有关集合论的文章，对任意元的集合进行了深入的探讨，提出了关于基数、序数和良序集等理论，奠定了集合论深厚的基础，19世纪90年代后逐渐为数学家们采用，成为分析数学、代数和几何的有力工具。

随着集合论的发展，以及它与数学哲学密切联系所做的讨论，在1900年前后出现了各种悖论，使集合的发展一度陷入僵滞的局面。1904年～1908年，策墨罗(Zermelo)列出了第一个集合论的公理系统。他的公理使数学哲学中产生的一些矛盾基本上得到了统一，在此基础上就逐渐形成了公理化集合论和抽象集合论，使该学科成为在数学中发展最为迅速的一个分支。

现在，集合论已经成为内容充实、应用广泛的一门学科，在近代数学中占据重要地位，它的观点已渗透到古典分析、泛函、概率、函数论、信息论、排队论等现代数学各个分支，正在影响着整个数学科学。集合论在计算机科学中也具有十分广泛的应用，计算机科学领域中的大多数基本概念和理论几乎均采用集合论的有关术语来描述和论证，成为计算机科学工作者必不可少的基础知识。集合论可作为数学学科的通用语言，一切必要的数据结构都可以利用集合这个原始数据结构而构造出来，计算机科学家也可以利用这种方法来进行学术研究。

本篇介绍集合论的基础知识，主要内容包括集合概念及其运算、性质、序偶、关系、映射、函数和基数等。

# 第3章 集合与关系

集合是数学中最基本的概念之一，是现代数学的重要基础，并且已渗透到各种科学与技术领域中。对计算机工作者来说，集合论是不可缺少的数学工具，例如，在编译原理、开关理论、数据库原理、有限状态机和形式语言等领域中，都已得到广泛的应用。

本章介绍的集合论十分类似于朴素集合论，它具有数学分支的基本特征，像平面几何中的点、线、面一样，采纳不加定义的原始概念，提出符合客观实际的公设，确立推理关系的定理。在我们规定的范围内，既不会导致悖论，也不会影响结论的正确性。

本章首先介绍集合及其运算，重点讨论关系（主要是二元关系），关系是一种集合，但它是一种更为复杂的集合。它的元素是序偶，这些序偶中的两个元素来自于两个不同或者相同的集合。因此，关系是建立在其他集合基础之上的集合。关系中的序偶反映了不同集合中元素与元素之间的关系，或者同一集合中元素之间的关系。本章将讨论这些关系的表示方法、关系的运算以及关系的性质，最后讨论集合上几类特殊的关系。

## 3.1 集合的概念和表示法

### 3.1.1 集合与元素

集合是数学中最基本的概念之一，是一个不能精确定义的基本概念。一般地说，把具有共同性质的或满足一定条件的事物汇集成一个整体，就形成一个集合。例如：教室内的桌椅、自然数的全体、直线上的所有点等，均分别构成一个集合，而桌椅、每个自然数、直线上的点等分别是所对应集合中的元素。

通常用大写英文字母表示集合的名称，用小写英文字母表示组成集合的“事物”，即元素。若元素 $a$ 属于集合 $A$，记作 $a \in A$，也称集合 $A$ 包含 $a$，或 $a$ 在 $A$ 之中，或 $a$ 是 $A$ 的成员；若元素 $a$ 不属于集合 $A$，记作 $a \notin A$，也称集合 $A$ 不包含 $a$，或 $a$ 不在 $A$ 之中，或 $a$ 不是 $A$ 的成员。若一个集合包含的元素个数是有限的，则称该集合为有限集，否则称为无限集。

表示集合的方法通常有两种：列举法和描述法。列举法是指将集合中所有元素都列举出来，或者列出足够多的元素以反映集合中成员的特征，并把它们写在大括号里。例如，

$A=\{a,b,c,d\}$,$B=\{$课桌,灯泡,自然数,老虎$\}$,$C=\{1,2,3,\cdots\}$,$D=\{a,a^2,a^3,\cdots\}$。从方法的定义中可以看出,列举法必须把元素的全体尽列出来,不能遗漏任何一个,并且集合中的元素没有顺序之分且不重复。

而描述法是指利用一项规则,概括集合中元素的属性,以便决定某一事物是否属于该集合。

如果我们用谓词 $P(x)$表示一个集合中的元素 $x$ 所具有的属性,则这一集合可表示为$\{x|P(x)\}$,其中竖线"|"左边写的是元素的一般表示,右边写出元素应满足(具有)的属性,含义为该集合中的元素 $x$ 具有属性 $P$。设集合 $A=\{x|P(x)\}$,如果 $P(a)$为真,则 $a\in A$,否则 $a\notin A$。例如:

$S1=\{x|x$ 是正奇数$\}$表示全体正奇数集合;

$S2=\{x|x$ 是中国的省$\}$表示中国所有省的集合;

$S3=\{y|y=a$ 或 $y=b\}$表示满足条件 $y=a$ 或 $y=b$ 的所有 $y$ 的集合。

当然,用描述法来表示一个集合,其方式并不是唯一的,因为一个集合的元素往往可以用多种不同的方式来确定。例如,集合$\{1,2,3,4\}$中的元素可定义为不大于 4 的正整数,也可定义为小于 6 而能整除 12 的正整数。因此集合$\{1,2,3,4\}$可表示为$\{a|a$ 是正整数且 $a\leqslant 4\}$,也可表示为$\{a|a$ 是正整数且 $a<6$ 且 $a$ 整除 $12\}$。

应该注意,常常有一些集合,其元素本身也是集合。例如 $A=\{1,2,\{3\},\{4\}\}$等,对于这种情形,重要的是把集合$\{a\}$和元素 $a$ 区别开来,$a$ 与$\{a\}$是不同的。$a$ 表示一个元素;而$\{a\}$表示仅含有一个元素 $a$ 的集合,称为单元素集。如集合$\{3\}$是集合 $A$ 的元素,而 3 不是 $A$ 的元素。

另外在本书中用如下专用字母表示常见的集合:

(1)$\mathbf{N}$——自然数的集合(包含 0);

(2)$\mathbf{N}m$ ——小于 $m$ 的自然数集合,即$\{0,1,\cdots,m-1\}$;

(3)$\mathbf{I}$(或 $\mathbf{Z}$)——整数的集合;

(4)$\mathbf{I}_+$(或 $\mathbf{Z}_+$)——正整数的集合;

(5)$\mathbf{I}_-$(或 $\mathbf{Z}_-$)——负整数的集合;

(6)$\mathbf{R}$——实数的集合;

(7)$\mathbf{R}_+$——正实数的集合;

(8)$\mathbf{R}_-$——负实数的集合;

(9)$\mathbf{Q}$——有理数的集合;

(10)$\mathbf{C}$——复数的集合。

### 3.1.2 集合间的关系

"集合"、"元素"、"元素与集合间的所属关系"是三个没有精确定义的原始概念,对它们仅给出了直观的描述,以说明它们各自的含义。现利用这三个概念定义集合间的相等关系、集合的包含关系、集合的子集和幂集等概念。

**定义 3.1.1** 设 $A,B$ 为任意两个集合,则有:

(1)对于每个 $a\in A$ 皆有 $a\in B$,那么称 $A$ 为 $B$ 的子集或 $B$ 包含 $A$,也称 $B$ 为 $A$ 的母集,记作 $A\subseteq B$ 或 $B\supseteq A$。即:

$$A \subseteq B \Leftrightarrow \forall x(x \in A \to x \in B)$$

可等价地表示成：$A \subseteq B \Leftrightarrow \forall x(x \notin B \to x \notin A)$。

(2)若 $A \subseteq B$ 且 $A \neq B$，则称 $A$ 为 $B$ 的真子集或 $B$ 真包含 $A$，记作 $A \subset B$ 或 $B \supset A$。即：

$$A \subset B \Leftrightarrow \forall x(x \in A \to x \in B) \wedge \exists x(x \in B \wedge x \notin A)$$

(3)若 $A \subseteq B$ 且 $B \subseteq A$，则称 $A$ 和 $B$ 相等，记作 $A = B$；否则，称 $A$ 和 $B$ 不相等，并记作 $A \neq B$。即：

$$A = B \Leftrightarrow (A \subseteq B) \wedge (B \subseteq A)$$

由此定义可知，两个集合相等，是指它们含有的元素完全相同(集合相等的条件在公理集合论中称为外延公理)。因此，要想确定一个集合，只需要确定：哪些元素属于这个集合，哪些元素不属于这个集合。至于这些元素用什么方法指定或描述，并不重要。只要能证明属于一个集合的任何元素必属于另外一个集合，则这个集合包含在另外一个集合之中，或另外一个集合包含了这个集合，不需要指明这些集合的元素是什么以及是用什么方法得到的集合。同样两个集合相等只需证明具有相互的包含关系，也不需要指明这些集合的元素是什么，是用什么方法得到的集合。例如，$\{1,2,2,3,4\} = \{1,2,3,4\}$，$\{2,3,4\} = \{4,2,3\}$，但 $\{1,2,3\} \neq \{1,2,4\}$。

【例 3-1】 设 $\mathbf{N}$ 为自然数集合，$\mathbf{Q}$ 为一切有理数组成的集合。$\mathbf{R}$ 为全体实数集合，$\mathbf{C}$ 为全体复数集合，则 $\mathbf{N} \subseteq \mathbf{Q} \subseteq \mathbf{R} \subseteq \mathbf{C}$，$\{1\} \subseteq \mathbf{N}$，$\{1,1.2,9.9\} \subseteq \mathbf{Q}$，$\{2,\pi\} \subseteq \mathbf{R}$。也有 $\mathbf{N} \subset \mathbf{Q} \subset \mathbf{R} \subset \mathbf{C}$，$\{1\} \subset \mathbf{N}$，$\{1,1.2,9.9\} \subset \mathbf{Q}$，$\{a,b\} \subset \{a,b,c,d\}$。

注意符号“$\in$”和“$\subseteq$”在概念上的区别。“$\in$”表示元素与集合间的“属于”关系，“$\subseteq$”表示集合间的“包含”关系。

集合间的包含关系“$\subseteq$”具有下述性质：

**定理 3.1.1** 设 $A$，$B$ 是任意的集合，则

(1)$A \subseteq A$，称为自反性；

(2)若 $A \subseteq B$ 且 $B \subseteq C$，则 $A \subseteq C$，称为传递性。

**证明**

(1)由集合间包含关系的定义直接得证。

(2)对任意 $x \in A$，由 $A \subseteq B$ 可知，一定有 $x \in B$，又由 $B \subseteq C$ 可知，一定有 $x \in C$，因此 $A \subseteq C$。

**定义 3.1.2** 不包含任何元素的集合是空集(Empty Set)，记作$\varnothing$。即$\varnothing = \{x \mid P(x) \wedge \neg P(x)\}$，$P(x)$是任意谓词。

例如，方程 $x^2 + 1 = 0$ 的实根的集合是空集。注意：$\varnothing \neq \{\varnothing\}$，但$\varnothing \in \{\varnothing\}$。

**定理 3.1.2** 对于任意一个集合 $A$，有$\varnothing \subseteq A$，且空集是唯一的。

**证明** 假设$\varnothing \subseteq A$ 不成立，则至少有一个元素 $x$，使 $x \in \varnothing$且 $x \notin A$，这与空集$\varnothing$不包含任何元素相矛盾，因此有$\varnothing \subseteq A$。

假设有两个空集$\varnothing_1$ 和$\varnothing_2$，则根据上述结论有$\varnothing_1 \subseteq \varnothing_2$ 和$\varnothing_2 \subseteq \varnothing_1$，再根据定义 3.1.1 有$\varnothing_1 = \varnothing_2$。所以，空集是唯一的。

对于每个非空集合 $A$，至少有两个不同的子集：$A$ 和$\varnothing$，即 $A \subseteq A$ 和$\varnothing \subseteq A$，我们称 $A$ 和$\varnothing$是 $A$ 的平凡子集。

一般地说,$A$ 的每个元素都能确定 $A$ 的一个子集,即若 $a\in A$,则 $\{a\}\subseteq A$。

【例 3-2】 列出集合 $A=\{1,\{2\}\}$的全部子集。

**解** 因为$\varnothing$是任何集合的子集,所以$\varnothing$是 $A$ 的子集。由 $A$ 中任意一个元素所组成的集合是 $A$ 的子集,所以$\{1\}$和$\{\{2\}\}$是 $A$ 的子集。由 $A$ 中任意两个元素所组成的集合是 $A$ 的子集,所以$\{1,\{2\}\}$是 $A$ 的子集。因为 $A$ 中只有两个元素,故 $A$ 再没有其他的子集。

由上可知,$A$ 有四个子集:$\varnothing$,$\{1\}$,$\{\{2\}\}$,$\{1,\{2\}\}$。

【例 3-3】 设有集合 $A$,$B$,$C$ 和 $D$,下述论断是否正确?说明理由。

(1)若 $A\in B$,$B\subseteq C$,则 $A\in C$。

(2)若 $A\in B$,$B\subseteq C$,则 $A\subseteq C$。

(3)若 $A\subseteq B$,$B\in C$,则 $A\in C$

(4)若 $A\subseteq B$,$B\in C$,则 $A\subseteq C$。

**解** (1)正确。因为 $B\subseteq C$,所以集合 $B$ 的每一个元素也是集合 $C$ 的元素,由 $A\in B$ 知 $A$ 是 $B$ 的一个元素,因此 $A$ 也是 $C$ 的一个元素,故 $A\in C$。

(2)错误。举反例如下:设 $A=\{a\}$,$B=\{\{a\},b\}$,$C=\{\{a\},b,\{c\}\}$,显然 $A\in B$,$B\subseteq C$,但 $A$ 不是 $C$ 的子集。因为 $a\in A$,但 $a\notin C$。

(3)和(4)都是错误的。举反例如下:设 $A=\{a\}$,$B=\{a,b\}$,$C=\{\{a,b\},c\}$。显然 $A\subseteq B$,$B\in C$,但 $A\notin C$,因为集合 $C$ 中没有元素$\{a\}$。又 $A$ 不是 $C$ 的子集,因为集合 $A$ 中的元素 $a$ 不是 $C$ 的元素。

**定义 3.1.3** 在一定范围内,如果所有集合均为某一集合的子集,则称该集合为全集,记作 $E$(或 $U$)。对于任一 $x\in A$,因 $A\subseteq E$,故 $x\in E$,即 $\forall x(x\in E)$恒真,故 $E=\{x\mid P(x)\vee\neg P(x)\}$,$P(x)$是任意谓词。

**注意:**全集的概念相当于论域,如在初等数论中,全体整数组成了全集。在考虑某大学的部分学生组成的集合(如系、班级等)时,该大学的全体学生组成了全集。

## 3.1.3 幂 集

**定义 3.1.4** 给定集合 $A$,由集合 $A$ 的所有子集为元素组成的集合,称为集合 $A$ 的幂集。记为 $P(A)$(或记为 $2^A$)。即 $P(A)=\{X\mid X\subseteq A\}$。

例如,例 3-2 中的集合 $A$ 的幂集为$\{\varnothing,\{1\},\{\{2\}\},\{1,\{2\}\}\}$。

【例 3-4】 设 $A=\{0,1,2\}$,则

$P(A)=\{\varnothing,\{0\},\{1\},\{2\},\{0,1\},\{0,2\},\{1,2\},\{0,1,2\}\}$;

$P(\varnothing)=\{\varnothing\}$;$P(\{a\})=\{\varnothing,\{a\}\}$;$P(\{\varnothing\})=\{\varnothing,\{\varnothing\}\}$。

**定义 3.1.5** 设 $A$ 为任一集合,用$|A|$表示 $A$ 含有不同元素的个数,也称为集合 $A$ 的基数。显然$|\{0,1,2\}|=3$,$|\varnothing|=0$。有限集的基数为某自然数,而无限集合的基数为无穷。

**定理 3.1.3** 如果有限集 $A$ 的基数$|A|=n$,则其幂集 $P(A)$有 $2^n$ 个元素,即$|P(A)|=2^n$。

**证明** 集合 $A$ 的 $m(m=0,1,2,\cdots,n)$个元素组成的子集个数为从 $n$ 个元素中取 $m$ 个元素的组合数,即 $C_n^m$,故 $P(A)$的元素个数为:

$$|P(A)|=C_n^0+C_n^1+\cdots+C_n^n=\sum_{m=0}^{n}C_n^m$$

根据二项式定理：

$$(x+y)^n=\sum_{m=0}^{n}C_n^m x^m y^{n-m}$$

令 $x=y=1$ 得：

$$2^n=\sum_{m=0}^{n}C_n^m$$

故：

$$|P(A)|=2^n$$

由定义 3.1.4 可知，幂集还有如下几条性质：

**定理 3.1.4** 设 $A,B$ 为任意两个集合，则有：

(1)$\varnothing\in P(A)$；

(2)$A\in P(A)$；

(3)若 $A\subseteq B$，则 $P(A)\subseteq P(B)$。

**证明** (1)和(2)由定理 3.1.2 和定义 3.1.4 直接推出。

下面证明(3)，若 $x\in P(A)$，则 $x\subseteq A$，又 $A\subseteq B$，所以 $x\subseteq B$，因此，$x\in P(B)$，从而知 $P(A)\subseteq P(B)$。

## 3.1.4 集合的数码表示

在中学学习集合时，特别强调了集合中元素的无序性，但是，为了用计算机表示集合及其幂集，需要对集合中元素规定次序，即给集合中元素附上排列指标，以指明一个元素关于集合中其他元素的位置。如 $A_2=\{$计算机，打印机$\}$是两个元素的集合，令“计算机”为集合 $A_2$ 的第一个元素，“打印机”为集合 $A_2$ 的第二个元素。改记为 $A_2=\{x_1,x_2\}$，则 $P(A_2)$的四个元素可记为，$\varnothing=S_{00}$，$\{x_1\}=S_{10}$，$\{x_2\}=S_{01}$，$\{x_1,x_2\}=S_{11}$，其中 $S$ 的下标，从左到右分别记为第一位、第二位，它们的取值是 1 还是 0 由第一个和第二个元素是否在该子集中出现来决定，如果第 $i$ 个元素出现在该子集中，那么 $S$ 下标的第 $i$ 位取值为 1，否则取值为 0$(i=0,1)$。即令 $J=\{00,01,10,11\}=\{i\mid i$ 是二位二进制数，$00\leqslant i\leqslant 11\}$，则 $P(A_2)=\{S_i\mid i\in J\}$。类似地，三个元素集合 $A_3=\{x_1,x_2,x_3\}$的幂集 $P(A_3)=\{S_i\mid i\in J,J=\{i\mid i$ 二进制数，$000\leqslant i\leqslant 111\}\}$，因此，$S_{010}=\{x_2\}$，$S_{101}=\{x_1,x_3\}$。上述幂集中元素表示法实际上是一种编码，可以推广到 $n$ 个元素的集合 $A_n$ 的幂集上，$P(A_n)$的 $2^n$ 个元素可以表示为：

$$S_i,i\in J=\{i\mid i\text{ 是二进制数},\overbrace{0\,0\cdots 0}^{n\text{个}}\leqslant i\leqslant\overbrace{1\,1\cdots 1}^{n\text{个}}\}$$

如果 $A_6=\{x_1,x_2,x_3,x_4,x_5,x_6\}$，$P(A_6)$的 $2^6$ 个元素记为 $S_0,S_1,\cdots,S_{2^6-1}$，此时 $S$ 的下标是十进制整数，如何求出 $S_7$，$S_{12}$ 是 $A_6$ 的哪些元素组成的子集呢？可以将下标转换为二进制整数，不足六位的在左边补入需要个数的零，使之成为六位的二进制整数，由排列的六位二进制整数推断出含有哪些元素。凡第 $i$ 位为 0，表示 $x_i$ 不在此子集中；凡第 $i$ 位为 1，表示 $x_i$ 在此子集中，故：

$$B_7=B_{111}=B_{000111}=\{x_4,x_5,x_6\},B_{12}=B_{001100}=\{x_3,x_4\}$$

这种方法可以推广到一般情况，即将十进制整数转换为二进制整数，在左边补入需要个数的0使之成为$n$位的二进制数。若第$i$位为0，表示$x_i$不在此子集中；若第$i$位为1，表示$x_i$在此子集中。

子集的这种编码法，不仅给出了一个子集含哪些元素的判别方法，还可以用计算机表示集合、存贮集合以供使用。

## 3.2 集合的运算

集合的运算，就是以集合为对象，按照确定的规则得到另外一些新集合的过程。给定集合$A$，$B$，可以通过集合的并（$\cup$）、交（$\cap$）、相对补（$-$）、绝对补（$\bar{\ }$）和对称差（$\oplus$）等运算产生新的集合。

集合运算案例

### 3.2.1 集合的几种基本运算

**定义3.2.1** 集合的几种主要的基本运算。设$A$，$B$是集合。

(1)并集(Union)：$A\cup B$称为集合$A$与$B$的并集，由$A$和$B$的所有元素所组成，定义为$A\cup B=\{x\mid x\in A\vee x\in B\}$；$\cup$称为集合的并运算。

(2)交集(Intersection)：$A\cap B$称为集合$A$与$B$的交集，由所有同属于$A$和$B$的元素所组成，定义为$A\cap B=\{x\mid x\in A\wedge x\in B\}$；$\cap$称为集合的交运算。

(3)差集(Difference)：$B-A$称为$B$与$A$的差集，或称为$A$关于$B$的相对补集，由所有属于$B$而不属于$A$的元素所组成，定义为$B-A=\{x\mid x\in B\wedge x\notin A\}$。

(4)补集(Complement)：$\overline{A}$称为$A$关于全集$U$的相对补集，或称为$A$的绝对补集，简称为$A$的补集，由$U$中不属于$A$的所有元素所组成，定义为$\overline{A}=\{x\mid x\in U\wedge x\notin A\}$。

(5)对称差(Symmetric Difference)：$A\oplus B$称为集合$A$与$B$的对称差或布尔和，由$A$和$B$中除了它们的共同元素外的其他元素所组成，定义为$A\oplus B=(A-B)\cup(B-A)=(A\cup B)-(A\cap B)$。

【例3-5】 设$A=\{1,3,5,7,9\}$，$B=\{2,3,4,5,6,7\}$，假定取全集为$U=\{0,1,2,\cdots,10\}$。

则$A\cup B=\{1,2,3,4,5,6,7,9\}$；$A\cap B=\{3,5,7\}$；

$B-A=\{2,4,6\}$；$A-B=\{1,9\}$；

$\overline{A}=\{0,2,4,6,8,10\}$；$\overline{B}=\{0,1,8,9,10\}$。

### 3.2.2 集合运算的文氏图表示

文氏图(Venn Diagram)是英国著名数学家约翰·维恩(John Venn，1834—1883)首先提出的，用它可以形象地描述集合间的关系和运算。

文氏图的构造方法是：先用一个长方形区域表示全集$U$，长方形内的圆形区域(或封闭曲线)的内部表示集合。用阴影部分表示运算得到的结果。

如集合$A$以及五种基本集合运算的文氏图表示，如图3-1所示。

文氏图的优点是直观，易于理解，但理论基础不严谨，故只能用于说明，不能用于证明。

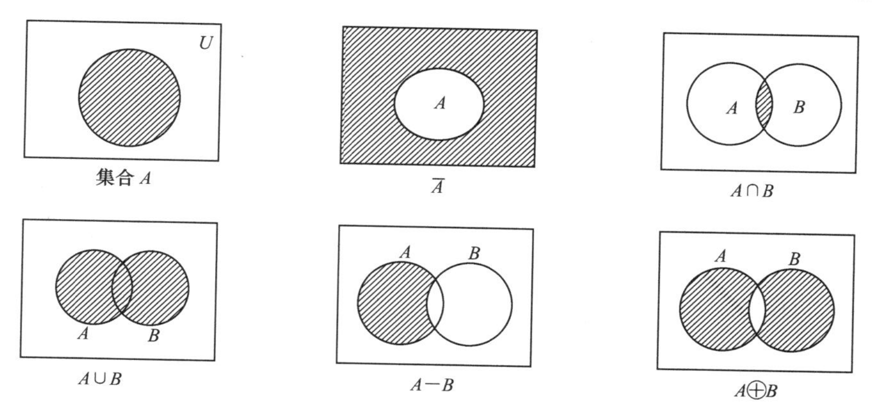


图 3-1 集合 A 和五种基本集合运算的文氏图

## 3.2.3 集合的运算定律

**定理 3.2.1** 集合运算主要的运算定律。设 $A$、$B$、$C$ 为任意集合，则

(1)交换律：$A\cup B=B\cup A$，$A\cap B=B\cap A$；

(2)结合律：$(A\cup B)\cup C=A\cup(B\cup C)$，$(A\cap B)\cap C=A\cap(B\cap C)$；

(3)分配律：$A\cup(B\cap C)=(A\cup B)\cap(A\cup C)$，$A\cap(B\cup C)=(A\cap B)\cup(A\cap C)$；

(4)幂等律：$A\cup A=A$，$A\cap A=A$；

(5)同一律：$A\cup\varnothing=A$，$A\cap U=A$；

(6)零律：$A\cup U=U$，$A\cap\varnothing=\varnothing$；

(7)互补律：$A\cup\overline{A}=U$，$A\cap\overline{A}=\varnothing$；

(8)双重否定律：$\overline{\overline{A}}=A$；

(9)吸收律：$A\cup(A\cap B)=A$，$A\cap(A\cup B)=A$；

(10)德·摩根律：$\overline{A\cup B}=\overline{A}\cap\overline{B}$，$\overline{A\cap B}=\overline{A}\cup\overline{B}$。

定理 3.2.1 中有很多集合恒等式，这些恒等式是需要证明的，如何证明呢？

集合恒等式的证明有多种方法，这里介绍一种常用的基本方法：欲证 $A=B$，等价于证明 $A\subseteq B$ 并且 $B\subseteq A$。也就是要证明对任意 $x$，若 $x\in A$，则可推出 $x\in B$；并证明，若 $x\in B$，则可推出 $x\in A$ 成立。

【例 3-6】 试证明 $A-B=A\cap\overline{B}$。

**证明** 方法一：对任意 $x$，若有 $x\in A-B$，则有 $x\in A$ 且 $x\notin B$，即 $x\in A$ 且 $x\in\overline{B}$，所以 $x\in A\cap\overline{B}$，可得 $A-B\subseteq A\cap\overline{B}$。

方法二：对任意 $x$，若有 $x\in A\cap\overline{B}$，则有 $x\in A$ 且 $x\in\overline{B}$，即 $x\in A$ 且 $x\notin B$，所以 $x\in A-B$，可得 $A\cap\overline{B}\subseteq A-B$。

故 $A-B=A\cap\overline{B}$。

集合恒等式的证明，除例 3-6 的方法外，还经常利用已知的恒等式通过演算的方法来证明未知的恒等式。这是集合恒等式证明的第二个方法，这个方法也常用来作为集合表达式的化简。另外，在遇到差集时，可利用例 3-6 的结论，把差集转换成交集形式简化运算。

因此，我们还可以得到公式：$A-B=A-(A\cap B)$。

【例 3-7】 证明 $A-(B\cup C)=(A-B)\cap(A-C)$。

**证明** 左边 $=A-(B\cup C)=A\cap(\overline{B\cup C})$ （例 3-6）

$=A\cap(\overline{B}\cap\overline{C})$ （德·摩根律）

右边 $=(A-B)\cap(A-C)=(A\cap\overline{B})\cap(A\cap\overline{C})$ （幂等律、交换律、结合律）

$=A\cap(\overline{B}\cap\overline{C})$ （例 3-6）

因为左边＝右边，所以 $A-(B\cup C)=(A-B)\cap(A-C)$ 得证。

【例 3-8】 证明 $(A-B)\cup B=A\cup B$。

**证明** $(A-B)\cup B=(A\cap\overline{B})\cup B$ （例 3-6）

$=(A\cup B)\cap(\overline{B}\cup B)$ （分配律）

$=(A\cup B)\cap U$ （互补律）

$=A\cup B$ （同一律）

还有很多常用公式，限于篇幅，下面列出一些，不再给出具体的证明，请读者自己证明。

(1) $\overline{\varnothing}=U,\overline{U}=\varnothing$；

(2) $A-(B\cap C)=(A-B)\cup(A-C)$；

(3) $A-B\subseteq A$；

(4) $A\cap B\subseteq A,A\cap B\subseteq B$；

(5) $A\cup B=B\Leftrightarrow A\subseteq B\Leftrightarrow A\cap B=A$；

(6) $A\oplus B=B\oplus A$；

(7) $(A\oplus B)\oplus C=A\oplus(B\oplus C)$；

(8) $A\oplus\varnothing=A,A\oplus A=\varnothing$。

【例 3-9】 化简 $((A\cup B\cup C)\cap(A\cup B))-((A\cup(B-C))\cap A)$。

**解**

方法一：由吸收律可得：

$$((A\cup B\cup C)\cap(A\cup B))-((A\cup(B-C))\cap A)=A\cup B-A=B-A$$

方法二：因为 $A\cup B\subseteq A\cup B\cup C,A\subseteq A\cup(B-C)$

所以 $(A\cup B\cup C)\cap(A\cup B)=A\cup B$

$(A\cup(B-C))\cap A=A$

故原式可化简为 $(A\cup B)-A=B-A$

## 3.3 有限集合中元素的计数

集合的运算，可用于有限集中元素的计数问题。我们记 $|A|$ 为有限集合 $A$ 所含元素的个数，通常有两种方法——文氏图法和容斥原理法来进行集合运算的计数。

### 3.3.1 文氏图法

在上一节讲过用文氏图来表示集合的运算，非常直观。同样用文氏图来对有限集进行计数也很直观，下面关系式可直接由文氏图得到，如图 3-2 所示。

(1) $|A_1 \cup A_2| \leqslant |A_1| + |A_2|$；

(2) $|A_1 \cap A_2| \leqslant \min(|A_1|, |A_2|)$；

(3) $|A_1 - A_2| \geqslant |A_1| - |A_2|$；

(4) $|A_1 \oplus A_2| = |A_1| + |A_2| - 2|A_1 \cap A_2|$。

【例 3-10】 有 100 名程序员，其中 47 名熟悉 VC++语言，35 名熟悉 Java 语言，23 名同时熟悉这两种语言，问有多少人这两种语言都不熟悉？

**解** 设 $A,B$ 分别表示熟悉 VC++和 Java 语言的程序员集合，用如图 3-3 所示的文氏图表示，将熟悉两种语言的对应人数 23 填入 $A \cap B$ 的区域内，不难得到 $A-B$ 和 $B-A$ 的人数分别为：

$$|A-B| = |A| - |A \cap B| = 47 - 23 = 24$$
$$|B-A| = |B| - |A \cap B| = 35 - 23 = 12$$

从而得到

$$|A \cup B| = 24 + 23 + 12 = 59$$
$$|\overline{A \cup B}| = |U| - |A \cup B| = 100 - 59 = 41$$

所以，两种语言都不熟悉的有 41 人。

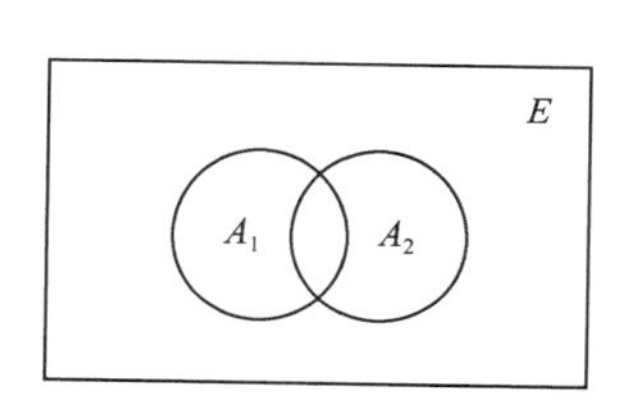

图 3-2 $|A_1|$与$|A_2|$的运算性质示意图

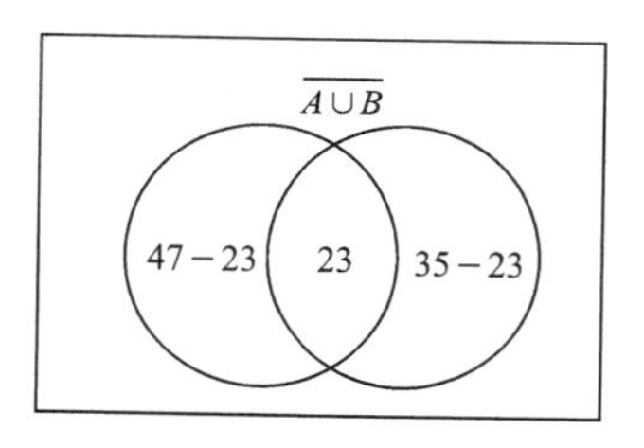

图 3-3 例 3-10 文氏图表示

## 3.3.2 容斥原理法

容斥原理也称包含与排斥原理或逐步淘汰原则，它是“多退少补”计数思想的应用。

**定理 3.3.1** 设 $A,B$ 为有限集合，其元素个数分别为$|A|$，$|B|$。则：

$$|A \cup B| = |A| + |B| - |A \cap B|$$

**证明** (1)当 $A,B$ 不相交，即 $A \cap B = \varnothing$ 时，

$$|A \cup B| = |A| + |B|$$

(2)当 $A \cap B \neq \varnothing$ 时：

$$|A| = |A \cap \overline{B}| + |A \cap B| \text{ ，} |B| = |B \cap \overline{A}| + |A \cap B|$$

所以

$$|A| + |B| = |A \cap \overline{B}| + |\overline{A} \cap B| + 2|A \cap B|$$

但是

$$|A \cap \overline{B}| + |\overline{A} \cap B| + |A \cap B| = |A \cup B|$$

因此

$$|A \cup B| = |A| + |B| - |A \cap B|$$

【例 3-11】 假设 10 名青年中有 5 名是工人，7 名是学生，其中既是工人又是学生的青年有 3 名，问既不是工人又不是学生的青年有几名？

**解** 设该10名青年组成集合$Y$，$|Y|=10$，其中工人集合设为$W$，$|W|=5$；学生集合设为$S$，$|S|=7$。$|W\cap S|=3$，又因为

$$Y=(W\cup S)\cup(\overline{W}\cap\overline{S})$$

所以

$$|Y|=|W\cup S|+|\overline{W}\cap\overline{S}|=10$$

即

$$|\overline{W}\cap\overline{S}|=10-|W\cup S|=10-(|W|+|S|-|W\cap S|)=10-(5+7-3)=1$$

因此，既不是工人又不是学生的青年有1人。

包含原理与排斥原理常称作包含排斥原理，简称容斥原理。一般地，设$S$是有限集合，$P_1$和$P_2$分别表示两种性质，对$S$中的任何一个元素$x$，只能处于以下四种情况之一：只具有性质$P_1$，只具有性质$P_2$，同时具有这两种性质，这两种性质都不具有。

令$A_1$和$A_2$分别表示$S$中具有性质$P_1$和$P_2$的元素的集合。由文氏图不难得到以下公式：$|\overline{A_1}\cap\overline{A_2}|=|S|-(|A_1|+|A_2|)+|A_1\cap A_2|$，这就是容斥原理的一种简单形式。

如果涉及三条性质，容斥原理的公式可表示为：

$$|\overline{A_1}\cap\overline{A_2}\cap\overline{A_3}|=|S|-(|A_1|+|A_2|+|A_3|)+(|A_1\cap A_2|+|A_1\cap A_3|+|A_2\cap A_3|)-|A_1\cap A_2\cap A_3|$$

一般说来，设$S$为有限集合，$P_1,P_2,\cdots,P_m$是$m$条性质。$S$中的任何一个元素$x$，具有或者不具有性质$P_i(i=1,2,\cdots,m)$，两种情况必居其一。令$A_i$表示$S$中具有性质$P_i$的元素构成的集合。那么容斥原理可以叙述为：

**定理 3.3.2** $S$中不具有性质$P_1,P_2,\cdots,P_m$的元素个数为：

$$|\overline{A_1}\cup\overline{A_2}\cup\cdots\cup\overline{A_m}|$$
$$=|S|-\sum_{i=1}^{m}|A_i|+\sum_{1\leqslant i<j\leqslant m}|A_i\cap A_j|-\sum_{1\leqslant i<j<k\leqslant m}|A_i\cap A_j\cap A_k|+\cdots+(-1)^m(|A_1\cap A_2\cap\cdots\cap A_m|)$$

证明从略。

**推论** 在$S$中至少具有一条性质的元素个数有：

$$|A_1\cup A_2\cup\cdots\cup A_m|$$
$$=\sum_{i=1}^{m}|A_i|-\sum_{1\leqslant i<j\leqslant m}|A_i\cap A_j|+\sum_{1\leqslant i<j<k\leqslant m}|A_i\cap A_j\cap A_k|+\cdots+(-1)^{m-1}(|A_1\cap A_2\cap\cdots\cap A_m|)$$

【例3-12】 一个班有50名学生，在第一次考试中得5分的有26人，在第二次考试中得5分的有21人，如果两次考试中都没有得5分的有17人，那么两次考试都得5分的有多少人？

**解法1** 设$A,B$分别表示在第一次和第二次考试中得5分的学生的集合，则有$|S|=50$，$|A|=26$，$|B|=21$，$|\overline{A}\cap\overline{B}|=17$。

由容斥原理知：

$$|\overline{A}\cap\overline{B}|=|S|-(|A|+|B|)+|A\cap B|$$

即

$$|A\cap B|=|\overline{A}\cap\overline{B}|-|S|+|A|+|B|=17-50+26+21=14$$

所以在两次考试中都得到 5 分的有 14 人。

**解法 2** 画出文氏图如图 3-4 所示。根据题意首先填入 $A\cap B$ 中的人数，设所求为 $x$，然后填入其他区域中的数字，并列出方程：

$$(26-x)+x+(21-x)+17=50$$

解此方程得 $x=14$。

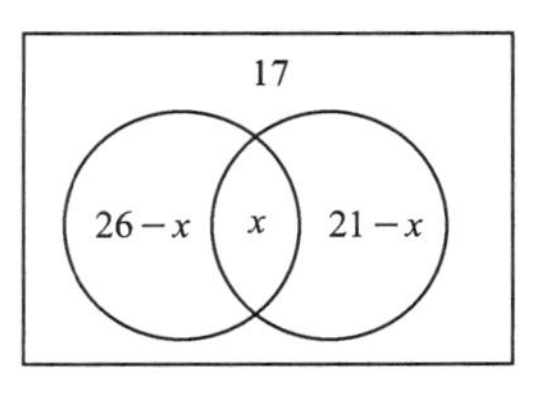


图 3-4 例 3-12 文氏图表示

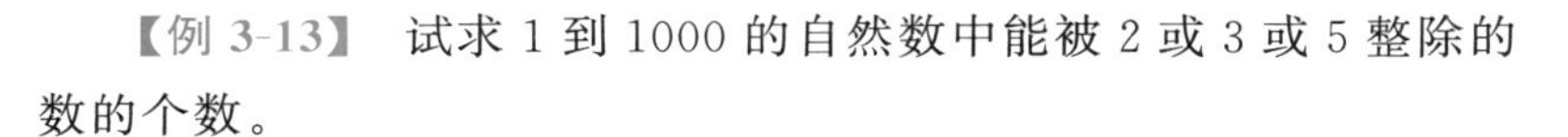

【例 3-13】 试求 1 到 1000 的自然数中能被 2 或 3 或 5 整除的数的个数。

**解** 此题是研究对象的集合。设 $A=\{1,2,\cdots,1000\}$，在 $A$ 上定义性质 $P_1,P_2,P_3$。对任意 $n\in A$，若 $n$ 具有性质 $P_1(P_2、P_3)$ 当且仅当 $2|n(3|n,5|n)$。令 $A_i$ 为 $A$ 中具有性质 $P_i$ 的数组成的子集，$i=1,2,3$，则

$$A_1=\{2,4,6,\cdots,1000\}=\{2k\,|\,k=1,2,\cdots,500\}$$

$$A_2=\{3,6,9,\cdots,999\}=\left\{3k\,\middle|\,k=1,2,\cdots,\left[\frac{1000}{3}\right]\right\}$$

$$A_3=\{5,10,15,\cdots,1000\}=\left\{5k\,\middle|\,k=1,2,\cdots,\left[\frac{1000}{5}\right]\right\}$$

于是：

$$|A_1|=\left[\frac{1000}{2}\right]=500\ ,|A_2|=\left[\frac{1000}{3}\right]=333\ ,|A_3|=\left[\frac{1000}{5}\right]=200$$

而

$$|A_1\cap A_2|=\left|\left\{6k\,\middle|\,k=1,2,\cdots,\left[\frac{1000}{6}\right]\right\}\right|=\left[\frac{1000}{6}\right]=166;$$

$$|A_1\cap A_3|=\left|\left\{10k\,\middle|\,k=1,2,\cdots,\left[\frac{1000}{10}\right]\right\}\right|=\left[\frac{1000}{10}\right]=100;$$

$$|A_2\cap A_3|=\left|\left\{15k\,\middle|\,k=1,2,\cdots,\left[\frac{1000}{15}\right]\right\}\right|=\left[\frac{1000}{15}\right]=66;$$

$$|A_1\cap A_2\cap A_3|=\left|\left\{30k\,\middle|\,k=1,2,\cdots,\left[\frac{1000}{30}\right]\right\}\right|=\left[\frac{1000}{30}\right]=33。$$

由定理推论可知：

$$|A_1\cup A_2\cup A_3|=(500+333+200)-(166+100+66)+33$$
$$=1033-332+33=734$$

所以，1 到 1000 的自然数中，至少能被 2,3,5 之一整除的数共有 734 个。

## 3.4 序偶与笛卡尔积

### 3.4.1 序 偶

**定义 3.4.1** 由两个元素 $x,y$(允许 $x=y$)按给定次序排成的二元组合称为一个有序对或序偶(Ordered Pair)，记作 $\langle x,y\rangle$，其中称 $x$ 是有序对 $\langle x,y\rangle$ 的第一元素，$y$ 是有序

对$\langle x,y\rangle$的第二元素。

序偶在日常生活中经常遇到，有许多事物是成对出现的，而这种成对出现的事物，具有一定的顺序。例如，上，下；左，右；$3<4$；张华高于李明；中国地处亚洲；平面上点的坐标等。这些实例可分别用序偶表示：〈上，下〉；〈左，右〉；$\langle 3,4\rangle$；〈张华，李明〉；〈中国，亚洲〉；$\langle a,b\rangle$等。从这里可看出序偶是用来刻画两个对象之间的关系的。

序偶可以看作是具有两个元素的集合。但与一般集合不同的是序偶具有确定的次序。在集合中$\{a,b\}=\{b,a\}$，但对序偶$\langle a,b\rangle\neq\langle b,a\rangle$。

**定义 3.4.2** 两个序偶相等，表示为：$\langle x,y\rangle=\langle u,v\rangle$当且仅当 $x=u$，$y=v$。

这里指出：序偶$\langle a,b\rangle$中两个元素不一定来自同一个集合，它们可以代表不同类型的事物。例如，$a$ 代表操作码，$b$ 代表地址码，则序偶$\langle a,b\rangle$就代表一条单地址指令。当然亦可将 $a$ 代表地址码，$b$ 代表操作码，$\langle a,b\rangle$仍代表一条单地址指令。但上述这种约定，一经确定，序偶的次序就不能再变化了。

【例 3-14】 设$\langle 2x+y,5\rangle=\langle 10,x-3y\rangle$，求 $x,y$。

**解** 由定义 3.4.2 可列出如下方程组：$\begin{cases}2x+y=10\\x-3y=5\end{cases}$，求解得 $x=5,y=0$。

序偶的概念可以推广到有序三元组的情况。

三元组是一个序偶，其第一元素本身也是一个序偶，可形式化表示为$\langle\langle x,y\rangle,z\rangle$。由序偶相等的定义，可知$\langle\langle x,y\rangle,z\rangle=\langle\langle u,v\rangle,w\rangle$，当且仅当$\langle x,y\rangle=\langle u,v\rangle$，$z=w$，即 $x=u$，$y=v$，$z=w$。今后约定三元组可记作$\langle x,y,z\rangle$。应该注意的是：当 $x\neq y$ 时，$\langle x,y,z\rangle\neq\langle y,x,z\rangle$。同理四元组被定义为一个序偶，其第一元素为三元组，故四元组有形式为$\langle\langle x,y,z\rangle,w\rangle$且

$$\langle\langle x,y,z\rangle,w\rangle=\langle\langle p,q,r\rangle,s\rangle$$

当且仅当

$$(x=p)\wedge(y=q)\wedge(z=r)\wedge(w=s)$$

依此类推，$n$ 元组可写为$\langle\langle x_1,x_2,\cdots,x_{n-1}\rangle,x_n\rangle$且

$$\langle\langle x_1,x_2,\cdots,x_{n-1}\rangle,x_n\rangle=\langle\langle y_1,y_2,\cdots,y_{n-1}\rangle,y_n\rangle$$

当且仅当

$$(x_1=y_1)\wedge(x_2=y_2)\wedge\cdots\wedge(x_{n-1}=y_{n-1})\wedge(x_n=y_n)$$

一般地，$n$ 元组可简写为$\langle x_1,x_2,\cdots,x_n\rangle$，第 $i$ 个元素 $x_i$ 称作 $n$ 元组的第 $i$ 个坐标。

## 3.4.2 笛卡尔积

序偶$\langle x,y\rangle$的元素可以分别属于不同的集合。因此任给两个集合 $A$ 和 $B$，我们可以定义一种序偶的集合。

**定义 3.4.3** 设 $A,B$ 是任意集合，以 $A$ 中元素作第一元素，$B$ 中元素作第二元素生成的所有有序对的集合称为 $A,B$ 的笛卡尔积(Descartes Product)，记作 $A\times B$。即：

$$A\times B=\{\langle x,y\rangle\mid x\in A\wedge y\in B\}$$

由定义可知，两集合的笛卡尔积仍是集合，所以可应用集合的运算，如并、交、差、补。

【例 3-15】 设集合 $A=\{x,y,z\}$，$B=\{0,1\}$，$C=\{u,v\}$，求

$$A\times B,B\times A,A\times A,A\times B\times C,(A\times B)\times C,A\times(B\times C)。$$

**解** $A\times B=\{\langle x,0\rangle,\langle x,1\rangle,\langle y,0\rangle,\langle y,1\rangle,\langle z,0\rangle,\langle z,1\rangle\}$

$B\times A=\{\langle 0,x\rangle,\langle 0,y\rangle,\langle 0,z\rangle,\langle 1,x\rangle,\langle 1,y\rangle,\langle 1,z\rangle\}$

$A\times A=\{\langle x,x\rangle,\langle x,y\rangle,\langle x,z\rangle,\langle y,x\rangle,\langle y,y\rangle,\langle y,z\rangle,\langle z,x\rangle,\langle z,y\rangle,\langle z,z\rangle\}$

$A\times B\times C=\{\langle x,0,u\rangle,\langle x,0,v\rangle,\langle x,1,u\rangle,\langle x,1,v\rangle,\langle y,0,u\rangle,\langle y,0,v\rangle,\langle y,1,u\rangle,\langle y,1,v\rangle,\langle z,0,u\rangle,\langle z,0,v\rangle,\langle z,1,u\rangle,\langle z,1,v\rangle\}$

$(A\times B)\times C=\{\langle\langle x,0\rangle,u\rangle,\langle\langle x,0\rangle,v\rangle,\langle\langle x,1\rangle,u\rangle,\langle\langle x,1\rangle,v\rangle,\langle\langle y,0\rangle,u\rangle,\langle\langle y,0\rangle,v\rangle,\langle\langle y,1\rangle,u\rangle,\langle\langle y,1\rangle,v\rangle,\langle\langle z,0\rangle,u\rangle,\langle\langle z,0\rangle,v\rangle,\langle\langle z,1\rangle,u\rangle,\langle\langle z,1\rangle,v\rangle\}$

$=\{\langle x,0,u\rangle,\langle x,0,v\rangle,\langle x,1,u\rangle,\langle x,1,v\rangle,\langle y,0,u\rangle,\langle y,0,v\rangle,\langle y,1,u\rangle,\langle y,1,v\rangle,\langle z,0,u\rangle,\langle z,0,v\rangle,\langle z,1,u\rangle,\langle z,1,v\rangle\}$

$A\times(B\times C)=\{\langle x,\langle 0,u\rangle\rangle,\langle x,\langle 0,v\rangle\rangle,\langle x,\langle 1,u\rangle\rangle,\langle x,\langle 1,v\rangle\rangle,\langle y,\langle 0,u\rangle\rangle,\langle y,\langle 0,v\rangle\rangle,\langle y,\langle 1,u\rangle\rangle,\langle y,\langle 1,v\rangle\rangle,\langle z,\langle 0,u\rangle\rangle,\langle z,\langle 0,v\rangle\rangle,\langle z,\langle 1,u\rangle\rangle,\langle z,\langle 1,v\rangle\rangle\}$

$=\{\langle x,0,u\rangle,\langle x,0,v\rangle,\langle x,1,u\rangle,\langle x,1,v\rangle,\langle y,0,u\rangle,\langle y,0,v\rangle,\langle y,1,u\rangle,\langle y,1,v\rangle,\langle z,0,u\rangle,\langle z,0,v\rangle,\langle z,1,u\rangle,\langle z,1,v\rangle\}$

由笛卡尔积的定义可得：

(1)对于任意集合 $A$，约定 $A\times\varnothing=\varnothing$，$\varnothing\times A=\varnothing$。

(2)笛卡尔积运算是不可交换的，当 $A\neq\varnothing$，$B\neq\varnothing$，$A\neq B$ 时，$A\times B\neq B\times A$。

(3)笛卡尔积运算是不可结合的，因为 $(A\times B)\times C=\{\langle\langle x,y\rangle,z\rangle\mid x\in A,y\in B,z\in C\}$ 是三元组的集合。$A\times(B\times C)=\{\langle x,\langle y,z\rangle\rangle\mid x\in A,y\in B,z\in C\}$ 是二元组的集合。

**定理 3.4.1** 设 $A$，$B$，$C$ 是三个集合，则有：

(1) $A\times(B\cup C)=(A\times B)\cup(A\times C)$

(2) $A\times(B\cap C)=(A\times B)\cap(A\times C)$

(3) $(B\cup C)\times A=(B\times A)\cup(C\times A)$

(4) $(B\cap C)\times A=(B\times A)\cap(C\times A)$

**证明** 利用集合相等的定义和逻辑推理分别证明(2)，(4)；(1)，(3)的证明留给读者自行完成。

(2)①对任意的 $\langle x,y\rangle\in A\times(B\cap C)$，有 $x\in A$ 且 $y\in(B\cap C)$，即 $x\in A$，$y\in B$ 且 $y\in C$，于是必有 $\langle x,y\rangle\in A\times B$ 且 $\langle x,y\rangle\in A\times C$，于是 $\langle x,y\rangle\in(A\times B)\cap(A\times C)$，故 $A\times(B\cap C)\subseteq(A\times B)\cap(A\times C)$；

②对任意的 $\langle x,y\rangle\in(A\times B)\cap(A\times C)$，有 $\langle x,y\rangle\in A\times B$ 且 $\langle x,y\rangle\in A\times C$，即 $x\in A$，$y\in B$ 且 $x\in A$，$y\in C$，显然 $y\in B\cap C$，于是必有 $\langle x,y\rangle\in A\times(B\cap C)$，故 $(A\times B)\cap(A\times C)\subseteq A\times(B\cap C)$；

由①，②得 $A\times(B\cap C)=(A\times B)\cap(A\times C)$。

(4)对任意的 $\langle x,y\rangle\in(B\cap C)\times A\Leftrightarrow(x\in(B\cap C)\wedge y\in A)\Leftrightarrow(x\in B\wedge x\in C)\wedge y\in A$
$\Leftrightarrow(x\in B\wedge y\in A)\wedge(x\in C\wedge y\in A)\Leftrightarrow(\langle x,y\rangle\in B\times A)\wedge(\langle x,y\rangle\in C\times A)$
$\Leftrightarrow\langle x,y\rangle\in((B\times A)\cap(C\times A))$

因此 $(B\cap C)\times A=(B\times A)\cap(C\times A)$。

**定理 3.4.2** 对于任意集合 $A$，$B$，$C$，若 $C\neq\varnothing$，则

(1) $A\subseteq B$ 的充分必要条件是 $A\times C\subseteq B\times C$。(2) $A\subseteq B$ 的充分必要条件是 $C\times A\subseteq C\times B$。

**证明** (1)①充分性:设对任意的 $x \in A$,因为 $C \neq \varnothing$,任取 $y \in C$,则 $\langle x, y\rangle \in A \times C$,又因为 $A \times C \subseteq B \times C$,因此 $\langle x, y\rangle \in B \times C$,从而 $x \in B$,故 $A \subseteq B$;

②必要性:对任意的 $\langle x, y\rangle \in A \times C$,则 $x \in A$ 且 $y \in C$,因为 $A \subseteq B$,所以 $x \in B$,因此 $\langle x, y\rangle \in B \times C$,故 $A \times C \subseteq B \times C$。

(2)的证明留给读者自行完成。

在证明过程中 $C \neq \varnothing$ 的条件在证明必要性时可减弱,因而 $A \subseteq B \Rightarrow A \times C \subseteq B \times C$。

**定理 3.4.3** 设 $A, B, C, D$ 为四个非空集合,则 $A \times B \subseteq C \times D$ 的充要条件为 $A \subseteq C, B \subseteq D$。

**证明** 若 $A \times B \subseteq C \times D$,对任意 $x \in A$ 和 $y \in B$ 有:

$$\begin{aligned}(x \in A) \wedge (y \in B) &\Rightarrow (\langle x, y\rangle \in A \times B) \\ &\Rightarrow (\langle x, y\rangle \in C \times D) \\ &\Rightarrow (x \in C) \wedge (y \in D)\end{aligned}$$

即 $A \subseteq C$ 且 $B \subseteq D$。

反之,若 $A \subseteq C$ 且 $B \subseteq D$,设任意 $x \in A$ 和 $y \in B$,有:

$$\begin{aligned}\langle x, y\rangle \in A \times B &\Rightarrow (x \in A \wedge y \in B) \\ &\Rightarrow (x \in C \wedge y \in D) \\ &\Rightarrow (\langle x, y\rangle \in C \times D)\end{aligned}$$

因此 $A \times B \subseteq C \times D$。

由笛卡尔积的定义,对于有限集合可以进行多次笛卡尔积运算。

**定义 3.4.4** 定义 $A_1 \times A_2 \times \cdots \times A_n = (A_1 \times A_2 \times \cdots \times A_{n-1}) \times A_n$,称为集合 $A_1, A_2, \cdots, A_n$ 的叉积。特别地,当 $A_1 = A_2 = \cdots = A_n = A$ 时,简记 $A_1 \times A_2 \times \cdots \times A_n$ 为 $A^n$。

【例 3-16】 设 $A = \{1, 2\}$,$B = \{a, b, c\}$,则

$A \times B = \{\langle 1, a\rangle, \langle 1, b\rangle, \langle 1, c\rangle, \langle 2, a\rangle, \langle 2, b\rangle, \langle 2, c\rangle\}$;

$B \times A = \{\langle a, 1\rangle, \langle a, 2\rangle, \langle b, 1\rangle, \langle b, 2\rangle, \langle c, 1\rangle, \langle c, 2\rangle\}$;

$A^2 = A \times A = \{\langle 1, 1\rangle, \langle 1, 2\rangle, \langle 2, 1\rangle, \langle 2, 2\rangle\}$;

$A^3 = A \times A \times A = \{\langle 1, 1, 1\rangle, \langle 1, 1, 2\rangle, \langle 1, 2, 1\rangle, \langle 1, 2, 2\rangle, \langle 2, 1, 1\rangle, \langle 2, 1, 2\rangle, \langle 2, 2, 1\rangle, \langle 2, 2, 2\rangle\}$。

**定理 3.4.4** 若 $A, B$ 都是有限集,$|A| = m$,$|B| = n$,则 $A \times B$ 也是有限集,且 $|A \times B| = m \times n$。

**证明** 根据笛卡尔积的定义,$A$ 的一个元素要产生 $n$ 个序对,$A$ 的 $m$ 个元素共产生 $m \times n$ 个序对。

## 3.5 关系及其表示

关系一词是大家所熟知的,不论科学研究还是日常生活中,关系无处不在。例如,人与人之间有父子、兄弟、师生关系;两数之间的大于、等于、小于关系;元素与集合之间的属于关系等。在计算机科学中"关系"这个概念有着广泛的应用,它在有限状态自动机、形式语言、

编译程序设计、信息检索、数据结构、算法分析和数据库等方面起着重要作用。

## 3.5.1 关系的定义

**定义 3.5.1** 设 $A,B$ 为集合，$A\times B$ 的任何子集 $R$ 称为从集合 $A$ 到集合 $B$ 的二元关系，简称为关系 $R$(Relation)。并称 $A$ 为关系 $R$ 的前域，$B$ 为关系 $R$ 的后域。对于二元关系 $R$，若 $\langle x,y\rangle\in R$，常记作 $xRy$；若 $\langle x,y\rangle\notin R$，则记作 $x\not R y$。特别当 $A=B$ 时称 $R$ 为集合 $A$ 上的二元关系。

【例 3-17】 (1)$A=\{0,1\}$，$B=\{x,y,z\}$，则 $R_1=\{\langle 0,x\rangle,\langle 1,z\rangle\}$，$R_2=A\times B$，$R_3=\varnothing$ 等都是从 $A$ 到 $B$ 的二元关系，$R_4=\{\langle 0,0\rangle\}$ 和 $R_3$ 同时也是 $A$ 上的二元关系。

(2)$\mathbf{A}$ 为整数集合，$R=\{\langle x,y\rangle\mid x$ 能整除 $y,x,y\in\mathbf{A}\}$ 为 $\mathbf{A}$ 上的整除关系。

(3)$\mathbf{R}$ 为实数集合，$R=\{\langle x,y\rangle\mid x>y,x,y\in\mathbf{R}\}$ 为 $\mathbf{R}$ 上的大于关系。

【例 3-18】 设 $A=\{2,3,4\}$，$B=\{2,3,4,5,6\}$，定义 $A$ 到 $B$ 的关系 $R$ 为。

对于 $a\in A,b\in B$，$\langle a,b\rangle\in R$ 当且仅当 $a\mid b$($a\mid b$ 即 $a$ 整除 $b$)时，即

$$R=\{\langle 2,2\rangle,\langle 2,4\rangle,\langle 2,6\rangle,\langle 3,3\rangle,\langle 3,6\rangle,\langle 4,4\rangle,\langle 5,5\rangle,\langle 6,6\rangle\}$$

【例 3-19】 设 $A=\{1,2,3,4\}$，定义 $A$ 上的关系 $R$ 为

$$R=\{\langle a,b\rangle\mid a,b\in A,(a-b)/2=k,k\in I\}$$

则

$$R=\{\langle 1,1\rangle,\langle 1,3\rangle,\langle 2,2\rangle,\langle 2,4\rangle,\langle 3,1\rangle,\langle 3,3\rangle,\langle 4,2\rangle,\langle 4,4\rangle\}$$

通常称 $R$ 为 $A$ 上的模 2 同余关系，也可等价地表示为

$$R=\{\langle a,b\rangle\mid a,b\in A,a\equiv b(\mathrm{mod}\ 2)\}$$

对于集合 $A$，今后常用到的三个特殊关系为：

(1)空关系(Empty Relation)：由于 $\varnothing\subseteq A\times A$，所以 $\varnothing$ 是 $A$ 上的关系，称其为 $A$ 上的空关系；

(2)全(域)关系(Total Relation)：由 $A\times A\subseteq A\times A$，所以 $A\times A$ 是 $A$ 上的关系，称其为 $A$ 上的全(域)关系，记作 $E_A$，即 $E_A=\{\langle a,b\rangle\mid a\in A,b\in A\}$；

(3)恒等关系(Identity Relation)：$I_A=\{\langle a,a\rangle\mid a\in A\}$，称其为 $A$ 上的恒等关系。

【例 3-20】 设 $A=\{x,y,z\}$，则

(1)$E_A=\{\langle x,x\rangle,\langle x,y\rangle,\langle x,z\rangle,\langle y,x\rangle,\langle y,y\rangle,\langle y,z\rangle,\langle z,x\rangle,\langle z,y\rangle,\langle z,z\rangle\}$ 是 $A$ 上的全关系，$|E_A|=|A\times A|=9$。

(2)$I_A=\{\langle x,x\rangle,\langle y,y\rangle,\langle z,z\rangle\}$ 是 $A$ 上的恒等关系，$|I_A|=|A|=3$。

**定义 3.5.2** 关系 $R$ 中所有有序对的第一元素的集合称为关系 $R$ 的定义域(Domain)，记作 $\mathrm{dom}R$，第二元素的集合称为关系 $R$ 的值域(Range)，记作 $\mathrm{ran}R$。称 $\mathrm{fld}R=\mathrm{dom}R\cup\mathrm{ran}R$ 为 $R$ 的域(Field)。即

$$\mathrm{dom}R=\{x\mid x\in A\wedge\exists y(y\in B\wedge\langle x,y\rangle\in R)\},\mathrm{ran}R=\{y\mid y\in B\wedge\exists x(x\in A\wedge\langle x,y\rangle\in R)\}$$

显然 $R$ 是从 $A$ 到 $B$ 的关系，有 $\mathrm{dom}R\subseteq A$，$\mathrm{ran}R\subseteq B$，$\mathrm{fld}R\subseteq A\cup B$。关系 $R$ 的定义域与值域可用图 3-5 表示。

如果 $|A|=n$，那么 $|A\times A|=n^2$，$A\times A$ 的子集有 $2^{n^2}$ 个，每一个子集代表一个 $A$ 上的关系，所以 $A$ 上有 $2^{n^2}$ 个不同的二元关系。例如，$A=\{0,1,2\}$，则 $A$ 上可以定义 $2^{3^2}=512$ 个不同的关系。

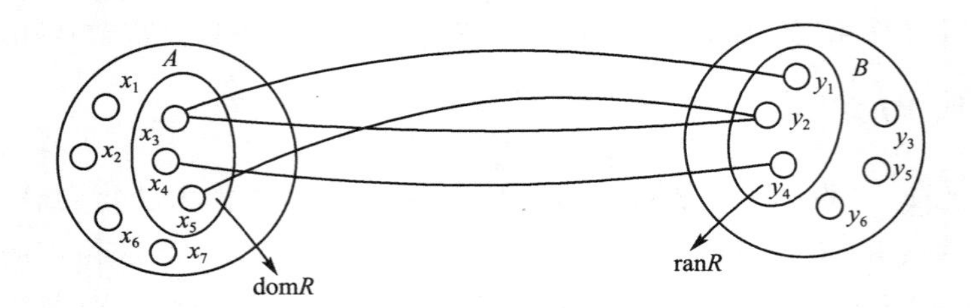


图 3-5 关系的定义域与值域

【例 3-21】 设 $R_1, R_2$ 都是从集合 $\{1,2,3,4,5\}$ 到集合 $\{2,4,6\}$ 的关系，若 $R_1=\{\langle 1,2\rangle,\langle 3,4\rangle,\langle 5,6\rangle\}$，$R_2=\{\langle 1,4\rangle,\langle 2,6\rangle\}$，则 $\mathrm{dom}R_1=\{1,3,5\}$，$\mathrm{ran}R_1=\{2,4,6\}$，$\mathrm{fld}R_1=\{1,2,3,4,5,6\}$；$\mathrm{dom}R_2=\{1,2\}$，$\mathrm{ran}R_2=\{4,6\}$，$\mathrm{fld}R_2=\{1,2,4,6\}$。

因为关系也是集合，所以在 3.4 节介绍的集合运算也适用于关系，并具有如下性质：

**定理 3.5.1** 设 $R$ 和 $S$ 是从集合 $X$ 到集合 $Y$ 的两个关系，则 $R\cap S, R\cup S, \overline{S}, R-S$ 仍是从 $X$ 到 $Y$ 的关系。

**证明** 因为 $R\subseteq X\times Y, S\subseteq X\times Y$，所以 $R\cap S\subseteq X\times Y, R\cup S\subseteq X\times Y$；

因为 $\overline{S}=X\times Y-S\subseteq X\times Y$，所以 $R-S=R\cap\overline{S}\subseteq X\times Y$。

故 $R\cap S, R\cup S, \overline{S}, R-S$ 是从 $X$ 到 $Y$ 的关系。

**推论** 设 $R$ 和 $S$ 是从集合 $X$ 到集合 $Y$ 的两个关系，则

(1) $x(R\cup S)y\Leftrightarrow xRy\vee xSy$； (2) $x(R\cap S)y\Leftrightarrow xRy\wedge xSy$；

(3) $x(\overline{S})y\Leftrightarrow x\not{S}\, y$； (4) $x(R-S)y\Leftrightarrow xRy\wedge x\not{S}y$。

【例 3-22】 设 $A=\{1,2,3,4\}$，若 $H=\left\{\langle x,y\rangle \,\middle|\, \frac{x-y}{2}\text{是整数}\right\}$，$S=\left\{\langle x,y\rangle \,\middle|\, \frac{x-y}{3}\text{是整数且 } x\neq y\right\}$，求 $H\cup S, H\cap S, \overline{H}, S-H, H-S, S\oplus H$。

**解** 由 $H=\{\langle 1,1\rangle,\langle 1,3\rangle,\langle 2,2\rangle,\langle 2,4\rangle,\langle 3,3\rangle,\langle 3,1\rangle,\langle 4,4\rangle,\langle 4,2\rangle\}$，$S=\{\langle 4,1\rangle,\langle 1,4\rangle\}$，得

$H\cup S=\{\langle 1,1\rangle,\langle 1,3\rangle,\langle 2,2\rangle,\langle 2,4\rangle,\langle 3,3\rangle,\langle 3,1\rangle,\langle 4,4\rangle,\langle 4,2\rangle,\langle 4,1\rangle,\langle 1,4\rangle\}$；

$H\cap S=\varnothing$；

$\overline{H}=A\times A-H=\{\langle 1,2\rangle,\langle 2,1\rangle,\langle 2,3\rangle,\langle 3,2\rangle,\langle 3,4\rangle,\langle 4,3\rangle,\langle 1,4\rangle,\langle 4,1\rangle\}$；

$S-H=S$；

$H-S=H$；

$S\oplus H=H\cup S$。

## 3.5.2 关系的表示

### 1. 集合表示法

关系是一种集合，因而集合的表示方法——列举法、描述法都能用于关系的表示，上面几例给出了这两种方法的应用。

关系又是一种特殊的集合，其表示方法区别于通常集合。对有限集合间的二元关系 $R$，除了可以用序偶集合的形式表示以外，还可用矩阵和图形表示，以便引入线性代数和图论的知识来讨论。

**2. 矩阵表示法**

设有限集合 $X=\{x_1,x_2,\cdots,x_n\}$，$Y=\{y_1,y_2,\cdots,y_m\}$，其中 $n\geqslant 1,m\geqslant 1$，$R$ 为集合 $X$ 到集合 $Y$ 的关系，则 $R$ 的关系矩阵为 $M_R=[r_{ij}]_{n\times m}$，其中

$$r_{ij}=\begin{cases}1, & 若\langle x_i,y_j\rangle\in R\\0, & 若\langle x_i,y_j\rangle\notin R\end{cases}\quad (i=1,2,\cdots,n;j=1,2,\cdots,m)$$

如果 $R$ 是有限集合 $X$ 上的二元关系且 $X$ 和 $Y$ 含有相同数量的有限个元素，则 $M_R$ 是方阵。

【例 3-23】 若 $A=\{a_1,a_2,a_3,a_4,a_5\}$，$B=\{b_1,b_2,b_3\}$，$R=\{\langle a_1,b_1\rangle,\langle a_1,b_3\rangle,\langle a_2,b_2\rangle,\langle a_2,b_3\rangle,\langle a_3,b_1\rangle,\langle a_4,b_2\rangle,\langle a_5,b_2\rangle\}$，写出关系矩阵 $M_R$。

**解** $M_R=\begin{pmatrix}1&0&1\\0&1&1\\1&0&0\\0&1&0\\0&1&0\end{pmatrix}$。

【例 3-24】 设 $A=\{1,2,3,4\}$，写出集合 $A$ 上大于关系“$>$”的关系矩阵。

**解** $>=\{\langle 2,1\rangle,\langle 3,1\rangle,\langle 3,2\rangle,\langle 4,1\rangle,\langle 4,2\rangle,\langle 4,3\rangle\}$，故

$$M_{>}=\begin{pmatrix}0&0&0&0\\1&0&0&0\\1&1&0&0\\1&1&1&0\end{pmatrix}$$

**3. 关系图表示法**

有限集合的二元关系也可用图形来表示。设集合 $X=\{x_1,x_2,\cdots,x_n\}$ 到集合 $Y=\{y_1,y_2,\cdots,y_m\}$ 的一个二元关系为 $R$，以两列结点(小圆圈“◦”)表示集合 $X,Y$ 中的元素，用一带箭头的有向边表示关系 $R$ 中的每一有序对。对任意 $\langle x,y\rangle\in R$，画一条从结点 $x$ 指向结点 $y$ 的有向边(注意 $x$ 是始点，$y$ 是终点，次序不能颠倒)，就得到一个全部由有向边构成的有向图，称为关系 $R$ 的关系图，记作 $G_R$。特别地，当集合 $X=Y$ 时，只用一列结点表示即可。当 $\langle x,x\rangle\in R$，有向边由结点 $x$ 指向自身。

【例 3-25】 画出例 3-23 的关系图。

**解** 本题的关系图如图 3-6 所示。

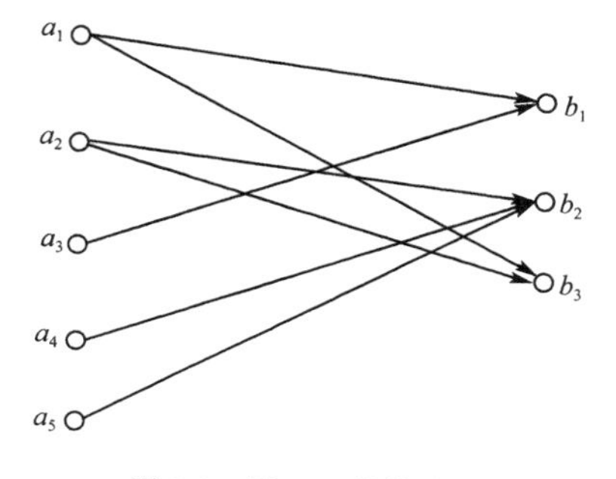


图 3-6 例 3-23 的关系图

【例 3-26】 设 $X=\{1,2,3,4\}$，$Y=\{2,4,6\}$，$R=\{\langle x,y\rangle \mid x$ 能整除 $y, x\in X, y\in Y\}$，则 $R=\{\langle 1,2\rangle,\langle 1,4\rangle,\langle 1,6\rangle,\langle 2,2\rangle,\langle 2,4\rangle,\langle 2,6\rangle,\langle 3,6\rangle,\langle 4,4\rangle\}$，对应的关系图如图 3-7 所示。

图 3-7 例 3-26 关系图

关系图主要表达结点与结点之间的邻接关系，故关系图与结点位置和线段的长短无关。

我们注意到：$R\subseteq A\times B\subseteq(A\cup B)\times(A\cup B)=Z\times Z$（这里 $Z=A\cup B$），因此任一关系总可以限定在某一集合上进行讨论，我们今后通常限于讨论同一集合上的关系。

# 3.6 复合关系和逆关系

## 3.6.1 复合关系

关系的复合运算

二元关系是以序偶为元素的集合，因此对它可以进行集合的运算，如并、交、补等，因而产生新的集合。对于关系还可以进行一种新的运算，即关系的复合。

**1. 复合关系的定义**

**定义 3.6.1** 设 $A,B,C$ 都是集合，$R$ 是 $A$ 到 $B$ 的关系，$S$ 是 $B$ 到 $C$ 的关系，则 $R$ 与 $S$ 的复合关系是一个 $A$ 到 $C$ 的关系，记作 $R\circ S$，表示为：

$$R\circ S=\{\langle x,z\rangle \mid x\in A\wedge z\in C\wedge(\exists y(y\in B\wedge\langle x,y\rangle\in R\wedge\langle y,z\rangle\in S))\}$$

从 $R$ 和 $S$ 求出 $R\circ S$，称为关系的复合运算。

复合运算是关系的二元运算，它能够由两个关系生成一个新的关系，以此类推。例如，$R$ 是从 $X$ 到 $Y$ 的关系，$S$ 是从 $Y$ 到 $Z$ 的关系，$P$ 是从 $Z$ 到 $W$ 的关系，则 $(R\circ S)\circ P$ 是从 $X$ 到 $W$ 的关系。

【例 3-27】 设 $A=\{1,2,3,4,5\}$，$B=\{3,4,5\}$，$C=\{1,2,3\}$，$A$ 到 $B$ 的关系 $R=\{\langle x,y\rangle \mid x+y=6\}$，$B$ 到 $C$ 的关系 $S=\{\langle y,z\rangle \mid y-z=2\}$，求 $R\circ S$，$S\circ R$。

**解法 1** 因 $\langle 1,5\rangle\in R$，$\langle 5,3\rangle\in S$，所以 $\langle 1,3\rangle\in R\circ S$；因 $\langle 2,4\rangle\in R$，$\langle 4,2\rangle\in S$，所以 $\langle 2,2\rangle\in R\circ S$；因 $\langle 3,3\rangle\in R$，$\langle 3,1\rangle\in S$，所以 $\langle 3,1\rangle\in R\circ S$；从而 $R\circ S=\{\langle 1,3\rangle,\langle 2,2\rangle,\langle 3,1\rangle\}$。

由复合关系的定义知：$S$ 与 $R$ 不能作复合运算，即 $S\circ R$ 无意义。

**解法 2** 由 $x+y=6$，$y-z=2$，消去 $y$ 得 $x+z=4$，从而可写出关系 $R\circ S=\{\langle 1,3\rangle,\langle 2,2\rangle,\langle 3,1\rangle\}$。

【例 3-28】 设 $R_1$ 和 $R_2$ 是集合 $X=\{0,1,2,3\}$ 上的关系，$R_1=\{\langle i,j\rangle \mid j=i+1$ 或 $j=i/2\}$，$R_2=\{\langle i,j\rangle \mid i=j+2\}$，求 $R_1\circ R_2$，$R_2\circ R_1$，$R_1\circ R_2\circ R_1$，$R_1\circ R_1$，$R_1\circ R_1\circ R_1$。

**解** $R_1=\{\langle 0,1\rangle,\langle 1,2\rangle,\langle 2,3\rangle,\langle 0,0\rangle,\langle 2,1\rangle\}$，

$R_2=\{\langle 2,0\rangle,\langle 3,1\rangle\}$，

$R_1\circ R_2=\{\langle 1,0\rangle,\langle 2,1\rangle\}$，

$R_2\circ R_1=\{\langle 2,1\rangle,\langle 2,0\rangle,\langle 3,2\rangle\}$，

$(R_1\circ R_2)\circ R_1=\{\langle 1,1\rangle,\langle 1,0\rangle,\langle 2,2\rangle\}$，

$R_1\circ R_1=\{\langle 0,2\rangle,\langle 1,3\rangle,\langle 1,1\rangle,\langle 0,1\rangle,\langle 0,0\rangle,\langle 2,2\rangle\}$，

$(R_1 \circ R_1) \circ R_1 = \{\langle 0,3\rangle, \langle 0,1\rangle, \langle 1,2\rangle, \langle 0,2\rangle, \langle 0,0\rangle, \langle 2,3\rangle, \langle 2,1\rangle\}$。

由以上例子可看出关系的复合运算一般不满足交换律，即 $R \neq S$ 时，$R \circ S \neq S \circ R$。另外，前面讨论过有限集合的关系矩阵，那么关系复合运算是否可以通过其关系矩阵运算来实现呢？给出下面结论。

**定理 3.6.1** 设有限集合 $A=\{a_1,\cdots,a_m\}$，$B=\{b_1,\cdots,b_n\}$，$C=\{c_1,\cdots,c_p\}$，$R$ 是 $A$ 到 $B$ 的关系，其关系矩阵 $M_R$ 是 $m\times n$ 阶矩阵，$S$ 是 $B$ 到 $C$ 的关系，其关系矩阵 $M_S$ 是 $n\times p$ 阶矩阵，则复合关系 $R\circ S$ 是 $A$ 到 $C$ 的关系，其关系矩阵 $M_{R\circ S}$ 是 $m\times p$ 阶矩阵，且 $M_{R\circ S}=M_R M_S=[w_{ij}]_{m\times p}$。其中，$M_R=[u_{ij}]_{m\times n}$，$M_S=[v_{ij}]_{n\times p}$。

$$w_{ij}=\bigvee_{k=1}^{n}(u_{ik}\wedge v_{kj})\ (i=1,2,\cdots,m;j=1,2,\cdots,p),$$

按布尔运算要求进行矩阵乘法。$\vee$ 是求逻辑和：$0\vee 0=0$，$0\vee 1=1\vee 0=1\vee 1=1$；$\wedge$ 是求逻辑积：$0\wedge 0=0\wedge 1=1\wedge 0=0$，$1\wedge 1=1$。

【例 3-29】 已知集合 $A=\{1,2,3,4,5\}$，$B=\{3,4,5\}$，$C=\{1,2,3\}$，$A$ 到 $B$ 的关系 $R=\{\langle 1,5\rangle,\langle 2,4\rangle,\langle 3,3\rangle,\langle 4,5\rangle\}$，$B$ 到 $C$ 的关系 $S=\{\langle 3,1\rangle,\langle 4,2\rangle,\langle 5,3\rangle\}$，利用关系矩阵求 $R\circ S$。

**解** $M_R=\begin{pmatrix}0&0&1\\0&1&0\\1&0&0\\0&0&1\\0&0&0\end{pmatrix}$，$M_S=\begin{pmatrix}1&0&0\\0&1&0\\0&0&1\end{pmatrix}$

$$M_{R\circ S}=M_R\circ M_S=\begin{pmatrix}0&0&1\\0&1&0\\1&0&0\\0&0&1\\0&0&0\end{pmatrix}\circ\begin{pmatrix}1&0&0\\0&1&0\\0&0&1\end{pmatrix}=\begin{pmatrix}0&0&1\\0&1&0\\1&0&0\\0&0&1\\0&0&0\end{pmatrix}$$

所以
$$R\circ S=\{\langle 1,3\rangle,\langle 2,2\rangle,\langle 3,1\rangle,\langle 4,3\rangle\}$$

2. 关系的复合运算的性质

**定理 3.6.2** 设 $R$ 是由集合 $X$ 到 $Y$ 的关系，则 $I_X\circ R=R\circ I_Y=R$。

**定理 3.6.3** 设 $R$ 是 $A$ 到 $B$ 的关系，$S,T$ 都是 $B$ 到 $C$ 的关系，$U$ 是 $C$ 到 $D$ 的关系，则

(1) $R\circ(S\cup T)=R\circ S\cup R\circ T$；

(2) $R\circ(S\cap T)\subseteq R\circ S\cap R\circ T$；

(3) $(S\cup T)\circ U=S\circ U\cup T\circ U$；

(4) $(S\cap T)\circ U\subseteq S\circ U\cap T\circ U$。

**证明** (2) 对任意的 $\langle x,z\rangle$，$\langle x,z\rangle\in R\circ(S\cap T)$

$\Leftrightarrow \exists y(\langle x,y\rangle\in R\wedge (y,z)\in S\cap T)$

$\Leftrightarrow \exists y(\langle x,y\rangle\in R\wedge(\langle y,z\rangle\in S\wedge\langle y,z\rangle\in T))$

$\Leftrightarrow \exists y((\langle x,y\rangle\in R\wedge\langle y,z\rangle\in S)\wedge(\langle x,y\rangle\in R\wedge\langle y,z\rangle\in T))$

$\Rightarrow \exists y(\langle x,y\rangle\in R\wedge\langle y,z\rangle\in S)\wedge(\exists y(\langle x,y\rangle\in R\wedge\langle y,z\rangle\in T))$

$\Leftrightarrow \langle x,z\rangle\in R\circ S\wedge\langle x,z\rangle\in R\circ T$

$\Leftrightarrow \langle x,z\rangle\in(R\circ S\cap R\circ T)$

故 $R\circ(S\cap T)\subseteq R\circ S\cap R\circ T$ 即(2)成立。

可类似证明(1),(3),(4)。

**定理 3.6.4** 设 $A,B,C$ 是集合,$R$ 是 $A$ 到 $B$ 的关系,$S$ 是 $B$ 到 $C$ 的关系,$T$ 是 $C$ 到 $D$ 的关系,则 $(R\circ S)\circ T=R\circ(S\circ T)$。

**证明** 先证 $(R\circ S)\circ T\subseteq R\circ(S\circ T)$。对任意的 $\langle x,w\rangle\in(R\circ S)\circ T$,则存在 $z\in C$ 使得 $\langle x,z\rangle\in R\circ S$ 且 $\langle z,w\rangle\in T$。因为 $\langle x,z\rangle\in R\circ S$,则存在 $y\in B$ 使得 $\langle x,y\rangle\in R$ 且 $\langle y,z\rangle\in S$。因为 $\langle y,z\rangle\in S$ 且 $\langle z,w\rangle\in T$,所以 $\langle y,w\rangle\in S\circ T$。而 $\langle x,y\rangle\in R$,因此,$\langle x,w\rangle\in R\circ(S\circ T)$。故 $(R\circ S)\circ T\subseteq R\circ(S\circ T)$。

同理可证 $R\circ(S\circ T)\subseteq(R\circ S)\circ T$。即有 $(R\circ S)\circ T=R\circ(S\circ T)$。

【例 3-30】 (1)设 $A=\{a,b,c\}$,$B=\{x,y,z\}$,$R_1$ 和 $R_2$ 都是从 $A$ 到 $B$ 的关系,$S$ 是从 $B$ 到 $A$ 的关系,$R_1=\{\langle a,x\rangle,\langle a,y\rangle\}$,$R_2=\{\langle a,x\rangle,\langle a,z\rangle\}$,$S=\{\langle x,b\rangle,\langle y,c\rangle,\langle z,c\rangle\}$,则

$$(R_1\cap R_2)\circ S=\{\langle a,b\rangle\},(R_1\circ S)\cap(R_2\circ S)=\{\langle a,b\rangle,\langle a,c\rangle\}$$

可见,$(R_1\cap R_2)\circ S\subseteq(R_1\circ S)\cap(R_2\circ S)$,但 $(R_1\cap R_2)\circ S\neq(R_1\circ S)\cap(R_2\circ S)$。

(2)设 $A=\{a,b,c\}$,$R_1$ 和 $R_2$ 都是 $A$ 上的关系,$R_1=\{\langle a,b\rangle\}$,$R_2=\{\langle b,a\rangle\}$,则 $R_1\circ R_2=\{\langle a,a\rangle\}$,$R_2\circ R_1=\{\langle b,b\rangle\}$,所以 $R_1\circ R_2\neq R_2\circ R_1$。

**定义 3.6.2** 设 $R$ 是集合 $A$ 上的二元关系,则关系 $R$ 的 $n$ 次幂 $R^n$ 定义为:

(1)$R^0=I_A=\{\langle x,x\rangle\mid x\in A\}$ 是 $A$ 上的恒等关系;

(2)$R^n=R^{n-1}\circ R(n\in N$ 且 $n\geqslant 1)$。

易知,$R^m\circ R^n=R^{m+n}$,$(R^m)^n=R^{mn}$。

【例 3-31】 设 $A=\{a,b,c,d\}$,$A$ 上的关系 $R=\{\langle a,a\rangle,\langle b,c\rangle,\langle c,d\rangle,\langle d,b\rangle\}$,则

$R^0=I_A=\{\langle a,a\rangle,\langle b,b\rangle,\langle c,c\rangle,\langle d,d\rangle\}$;

$R^1=R\circ R^0=R$;

$R^2=R^1\circ R=\{\langle a,a\rangle,\langle b,d\rangle,\langle c,b\rangle,\langle d,c\rangle\}$;

$R^3=R^2\circ R=\{\langle a,a\rangle,\langle b,b\rangle,\langle c,c\rangle,\langle d,d\rangle\}=I_A$;

$R^4=R^3\circ R=I_A\circ R=R$;$R^5=R^4\circ R=R\circ R=R^2$。

一般地,$R^{3k+i}=R^i$,$k,i\in\mathbf{N}$,且 $0\leqslant i<3$。

因为关系也可用图形表示,所以复合关系也可用图形表示。

【例 3-32】 对例 3-29 用关系图来求解 $R\circ S$,关系图如图 3-8 所示。

对于 $R\circ S$,长度为 2 的路有 4 条:1→5→3,2→4→2,3→3→1,4→5→3,这四条路中的第一条边均来自于 $R$,第二条边均来自于 $S$。所以 $R\circ S=\{\langle 1,3\rangle,\langle 2,2\rangle,\langle 3,1\rangle,\langle 4,3\rangle\}$。

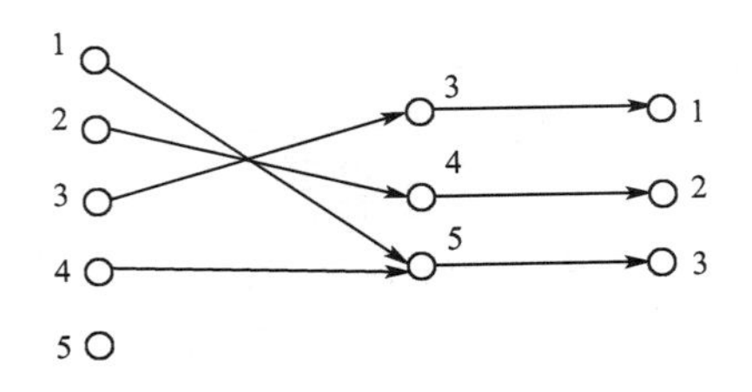


图 3-8 $R\circ S$ 的关系图

由该图立即可得 $R\circ S=\{\langle 1,3\rangle,\langle 2,2\rangle,\langle 3,1\rangle,\langle 4,3\rangle\}$。

### 3.6.2 逆关系

我们知道，关系是序偶的集合。由于序偶的有序性，关系还有一些特殊的运算。

**定义 3.6.3** 设 $R$ 是从 $X$ 到 $Y$ 的二元关系，若将 $R$ 中每一序偶的元素顺序互换，得到的集合称为 $R$ 的逆关系(Inverse Relation)，记为 $R^{-1}$。即

$$R^{-1}=\{\langle y,x\rangle \mid \langle x,y\rangle\in R\}$$

例如，在实数集上，关系"＜"的逆关系是"＞"。

**说明：**

(1)$R^{-1}$ 就是将 $R$ 中的所有序偶的两个元素交换次序后得到，故 $|R|=|R^{-1}|$；

(2)$R^{-1}$ 的关系矩阵是 $R$ 的关系矩阵的转置，即 $M_{R^{-1}}=M_R^{\mathrm{T}}$；

(3)$R^{-1}$ 的关系图就是将 $R$ 的关系图中的弧改变方向后得到的关系图；

(4)从逆关系的定义，我们容易看出 $(R^{-1})^{-1}=R$。

【例 3-33】 设集合 $A=\{a,b,c,d\}$，$A$ 上的关系 $R=\{\langle a,a\rangle,\langle a,d\rangle,\langle b,d\rangle,\langle c,a\rangle,\langle c,b\rangle,\langle d,c\rangle\}$，则 $R^{-1}=\{\langle a,a\rangle,\langle d,a\rangle,\langle d,b\rangle,\langle a,c\rangle,\langle b,c\rangle,\langle c,d\rangle\}$。

**定理 3.6.5** 设 $R$ 和 $S$ 均是 $A$ 到 $B$ 的关系，则

(1)$(R^{-1})^{-1}=R$；

(2)$(R\cup S)^{-1}=R^{-1}\cup S^{-1}$；

(3)$(R\cap S)^{-1}=R^{-1}\cap S^{-1}$；

(4)$(\bar{R})^{-1}=\overline{R^{-1}}$。

**证明** 下面只证(3)和(4)，其他留给读者自己证明。

(3)对任意的 $\langle x,y\rangle$，$\langle x,y\rangle\in(R\cap S)^{-1}\Leftrightarrow\langle y,x\rangle\in R\cap S$

$\Leftrightarrow\langle y,x\rangle\in R\wedge\langle y,x\rangle\in S\Leftrightarrow\langle x,y\rangle\in R^{-1}\wedge\langle x,y\rangle\in S^{-1}$

$\Leftrightarrow\langle x,y\rangle\in R^{-1}\cap S^{-1}$，故 $(R\cap S)^{-1}=R^{-1}\cap S^{-1}$。

(4)对任意的 $\langle x,y\rangle$，$\langle x,y\rangle\in(\bar{R})^{-1}\Leftrightarrow\langle y,x\rangle\in\bar{R}\Leftrightarrow\langle y,x\rangle\notin R$

$\Leftrightarrow\langle x,y\rangle\notin R^{-1}\Leftrightarrow\langle x,y\rangle\in\overline{R^{-1}}$，故 $(\bar{R})^{-1}=\overline{R^{-1}}$。

**定理 3.6.6** 设 $R$ 是 $A$ 到 $B$ 的关系，$S$ 是 $B$ 到 $C$ 的关系，则 $(R\circ S)^{-1}=S^{-1}\circ R^{-1}$。

**证明** 对任意的 $\langle x,z\rangle$，$\langle x,z\rangle\in(R\circ S)^{-1}\Leftrightarrow\langle z,x\rangle\in(R\circ S)$

$\Leftrightarrow\exists y(\langle y,x\rangle\in S\wedge\langle z,y\rangle\in R)\Leftrightarrow\exists y(\langle x,y\rangle\in S^{-1}\wedge\langle y,z\rangle\in R^{-1})$

$\Leftrightarrow\langle x,z\rangle\in S^{-1}\circ R^{-1}$，所以 $(R\circ S)^{-1}=S^{-1}\circ R^{-1}$。

【例 3-34】 集合 $A=\{a,b,c\}$，$B=\{1,2,3,4,5\}$，$R$ 是 $A$ 上的关系，$S$ 是 $A$ 到 $B$ 的关系。$R=\{\langle a,a\rangle,\langle a,c\rangle,\langle b,b\rangle,\langle c,b\rangle,\langle c,c\rangle\}$，$S=\{\langle a,1\rangle,\langle a,4\rangle,\langle b,2\rangle,\langle c,4\rangle,\langle c,5\rangle\}$，则

$R\circ S=\{\langle a,1\rangle,\langle a,4\rangle,\langle a,5\rangle,\langle b,2\rangle,\langle c,2\rangle,\langle c,4\rangle,\langle c,5\rangle\}$

$(R\circ S)^{-1}=\{\langle 1,a\rangle,\langle 4,a\rangle,\langle 5,a\rangle,\langle 2,b\rangle,\langle 2,c\rangle,\langle 4,c\rangle,\langle 5,c\rangle\}$

$R^{-1}=\{\langle a,a\rangle,\langle c,a\rangle,\langle b,b\rangle,\langle b,c\rangle,\langle c,c\rangle\}$

$S^{-1}=\{\langle 1,a\rangle,\langle 4,a\rangle,\langle 2,b\rangle,\langle 4,c\rangle,\langle 5,c\rangle\}$

$S^{-1}\circ R^{-1}=\{\langle 1,a\rangle,\langle 2,b\rangle,\langle 2,c\rangle,\langle 4,a\rangle,\langle 4,c\rangle,\langle 5,a\rangle,\langle 5,c\rangle\}$。

# 3.7 关系的性质与表示方法

## 3.7.1 关系的性质

微课8
关系性质的证明

**定义 3.7.1** 设 $R$ 是集合 $X$ 上的关系，若

(1)对任意的 $x \in X$，均有 $\langle x,x\rangle \in R$，则称 $R$ 为 $X$ 上的自反关系(Reflexive Relation)，或称 $R$ 具有自反性(Reflexivity)。

$R$ 在 $X$ 上是自反的 $\Leftrightarrow \forall x((x\in X)\rightarrow\langle x,x\rangle\in R)$。

(2)对任意的 $x \in X$，均有 $\langle x,x\rangle \notin R$，则称 $R$ 为 $X$ 上的反自反关系(Anti-reflexive Relation)，或称 $R$ 具有反自反性(Anti-reflexivity)。

$R$ 在 $X$ 上是反自反的 $\Leftrightarrow \forall x((x\in X)\rightarrow(\langle x,x\rangle\notin R))$。

(3)对任意的 $x,y \in X$，由 $\langle x,y\rangle \in R$，必有 $\langle y,x\rangle \in R$，则称 $R$ 为 $X$ 上的对称关系(Symmetric Relation)，或称 $R$ 具有对称性(Symmetry)。

$R$ 在 $X$ 上是对称的

$\Leftrightarrow \forall x \forall y((x\in X)\wedge(y\in X)\wedge(\langle x,y\rangle\in R)\rightarrow(\langle y,x\rangle\in R))$。

(4)对任意的 $x,y\in X$，由 $\langle x,y\rangle\in R$ 且 $\langle y,x\rangle\in R$，必有 $x=y$，则称 $R$ 是 $X$ 上的反对称关系(Antisymmetric Relation)，或称 $R$ 具有反对称性(Anti-symmetry)。

$R$ 在 $X$ 上是反对称的

$\Leftrightarrow \forall x \forall y((x\in X)\wedge(y\in X)\wedge(\langle x,y\rangle\in R)\wedge(\langle y,x\rangle\in R)\rightarrow(x=y))$

反对称的定义也可以表示为：

$\forall x \forall y((x\in X)\wedge(y\in X)\wedge(\langle x,y\rangle\in R)\wedge(x\neq y)\rightarrow(\langle y,x\rangle\notin R))$

事实上：

$(\langle x,y\rangle\in R)\wedge(\langle y,x\rangle\in R)\rightarrow(x=y)$

$\Leftrightarrow\neg(x=y)\rightarrow\neg((\langle x,y\rangle\in R)\wedge(\langle y,x\rangle\in R))$

$\Leftrightarrow(x=y)\vee\neg(\langle x,y\rangle\in R)\vee\neg(\langle y,x\rangle\in R)$

$\Leftrightarrow\neg((x\neq y)\wedge(\langle x,y\rangle\in R))\vee(\langle y,x\rangle\notin R)$

$\Leftrightarrow(\langle x,y\rangle\in R)\wedge(x\neq y)\rightarrow(\langle y,x\rangle\notin R)$

(5)设 $R$ 是集合 $X$ 上的关系，对任意的 $x,y,z\in X$，若 $\langle x,y\rangle\in R$ 且 $\langle y,z\rangle\in R$，则必有 $\langle x,z\rangle\in R$，则称 $R$ 为 $X$ 上的传递关系(Transitive Relation)，或称 $R$ 具有传递性(Transitivity)。

$R$ 在 $X$ 上是传递的 $\Leftrightarrow \forall x\forall y\forall z((x\in X)\wedge(y\in X)\wedge(z\in X)\wedge(\langle x,y\rangle\in R)\wedge(\langle y,z\rangle\in R)\rightarrow(\langle x,z\rangle\in R))$

【例 3-35】 设集合 $A=\{x,y,z\}$，判定下列 $A$ 上的关系是否有自反性和反自反性：

$R_1=\{\langle x,x\rangle,\langle x,y\rangle,\langle y,y\rangle,\langle z,z\rangle,\langle z,x\rangle\}$，

$R_2=\{\langle x,y\rangle,\langle y,x\rangle,\langle z,y\rangle\}$，$R_3=\{\langle x,x\rangle,\langle y,y\rangle,\langle y,x\rangle\}$。

**解** $R_1$ 是自反关系；$R_2$ 是反自反关系；$R_3$ 既不是自反关系，也不是反自反关系。

【例 3-36】 设集合 $A=\{1,2,3\}$，判定下列关系是否有对称性和反对称性：

$R_1=\{\langle 1,1\rangle,\langle 2,2\rangle,\langle 2,3\rangle,\langle 3,2\rangle\}$，$R_2=\{\langle 1,1\rangle,\langle 2,3\rangle,\langle 3,1\rangle\}$，

$R_3=\{\langle 1,1\rangle,\langle 3,3\rangle\}$，$R_4=\{\langle 1,1\rangle,\langle 2,3\rangle,\langle 3,2\rangle,\langle 3,1\rangle\}$。

**解** $R_1$ 是对称的；$R_2$ 是反对称的；$R_3$ 既是对称关系，又是反对称关系；$R_4$ 既不是对称关系，又不是反对称关系。

【例 3-37】 设 $A=\{a,b,c\}$，判定下列关系是否有传递性：

$R_1=\{\langle a,b\rangle,\langle b,c\rangle,\langle a,c\rangle\}$，$R_2=\{\langle a,b\rangle,\langle b,a\rangle,\langle a,a\rangle\}$，

$R_3=\{\langle a,b\rangle,\langle c,c\rangle\}$。

**解** $R_1$ 是传递的，$R_2$ 不是传递的，$R_3$ 是传递的。因为，若将传递性的定义符号化为：$\forall x\forall y\forall z(x\in A\wedge y\in A\wedge z\in A\wedge\langle x,y\rangle\in R\wedge\langle y,z\rangle\in R\rightarrow\langle x,z\rangle\in R)$此式永真。在 $R_3$ 中没有使得符号化定义的前件为真的情况，即前件永假，亦即符号化定义永真，因此，$R_3$ 具有传递性。

**注意：**

(1)不存在既自反又反自反的关系。

(2)判定 $A$ 上的关系 $R$ 是否具有某种性质时，一定要注意结合集合来判断。

(3)反对称不是对对称关系的否定，而是要求更多的限制。反对称性定义可等价表述为：对任意的 $x,y\in A$，若 $x\neq y$ 且$\langle x,y\rangle\in R$，则必有$\langle y,x\rangle\notin R$。即不相同的两个元素 $x$，$y$，可组成的两个有序对$\langle x,y\rangle$，$\langle y,x\rangle$，在反对称关系中，至多能出现一个。反对称性定义的否命题说法并不成立，例如，“$x\neq y$，$\langle x,y\rangle\notin R$，则$\langle y,x\rangle\in R$”并不成立。

(4)若 $R$ 不是对称关系，则 $R$ 未必一定是反对称关系。即一个关系可能既不是对称关系，也不是反对称关系。另一方面，一个关系可既有对称性，又有反对称性。

【例 3-38】 设整数集 $\mathbf{Z}$ 上的二元关系 $R$ 定义如下：

$$R=\{\langle x,y\rangle\mid x,y\in\mathbf{Z},(x-y)/2\text{ 是整数}\}$$

验证 $R$ 在 $\mathbf{Z}$ 上是自反和对称的。

**证明** $\forall x\in\mathbf{Z}$，$(x-x)/2=0$，即$\langle x,x\rangle\in R$，故 $R$ 是自反的。

$\forall x,y\in\mathbf{Z}$，如果 $xRy$，即$(x-y)/2$ 是整数，则$(y-x)/2$ 也必是整数，即 $yRx$，因此 $R$ 是对称的。

## 3.7.2 关系的表示方法

对于二元关系所具有的五种性质也反映在其关系矩阵和关系图中，如表 3-1 所示。

表 3-1 关系图、关系矩阵与关系的性质

| 关系特性 | 关系矩阵特征 | 关系图特征 |
| --- | --- | --- |
| 自反性 | 对角线元素全为 1 | 每个结点均有自回路 |
| 反自反性 | 对角线元素全为 0 | 每个结点均无自回路 |
| 对称性 | 矩阵对称 | 两个不同的结点间若有边，则成对出现 |
| 反对称性 | 若 $1\leqslant i,j\leqslant n$ 且 $i\neq j$，则 $a_{ij}\circ a_{ji}=0$ | 两个不同的结点之间，至多有一条边，但允许没有边 |
| 传递性 | 若有正整数 $k\leqslant n$ 使 $a_{ik}\circ a_{kj}=1$，则 $a_{ij}=1$（从关系矩阵较难看出） | 若结点 $x_i$ 到 $x_j$ 有路，则 $x_i$ 到 $x_j$ 必有直达边 |

【例 3-39】 集合 $A=\{1,2,3,4\}$，$A$ 上的关系 $R$ 的关系矩阵为：

$$M_R=\begin{pmatrix}1&0&1&0\\0&1&0&0\\1&0&1&1\\0&0&1&1\end{pmatrix}$$

$R$ 的关系图如图 3-9 所示。讨论 $R$ 的性质。

**解** 从 $R$ 的关系矩阵和关系图容易看出，$R$ 是自反的、对称的。

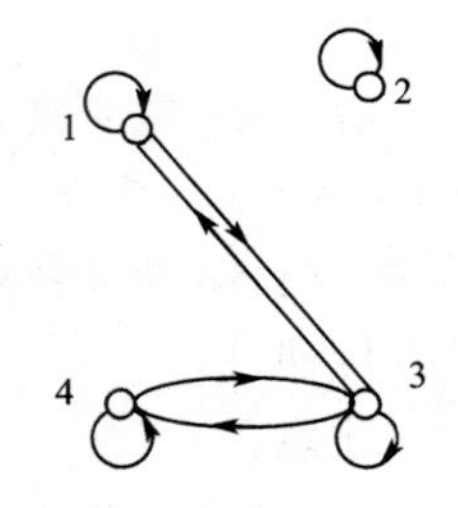

图 3-9 $R$ 的关系图

【例 3-40】 图 3-10 是 $A=\{a,b,c\}$上的 5 个二元关系的关系图。请判断它们的性质。

**解** （1）是反对称、传递但不是对称的关系，而且是既不自反也不反自反的关系；

（2）是自反、传递、反对称的关系，但不是对称也不是反自反的关系；

（3）是反自反但不是对称、不是反对称、不是自反也不是传递的关系；

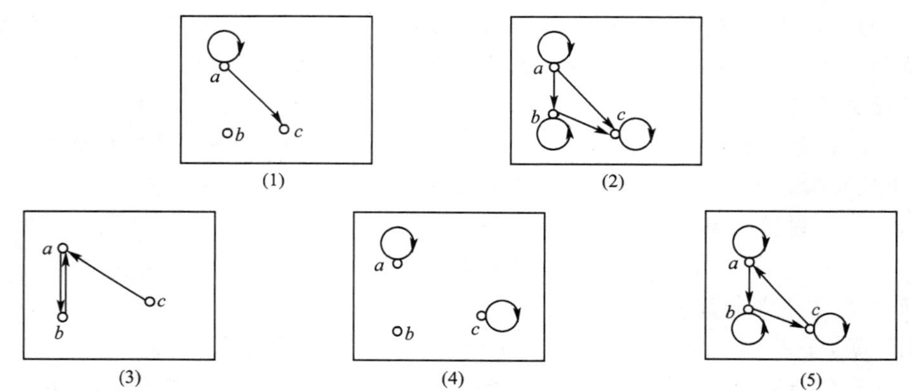

图 3-10 集合 $A$ 上的 5 个关系图

（4）是不自反、不反自反但是传递的关系，而且既是对称也是反对称的关系；

（5）是自反、反对称和传递的、但不是对称也不是反自反的关系。

【例 3-41】 非空集合 $A$ 上的常用特殊关系的特性如表 3-2 所示，表中“√”表示具有该性质，×表示不具有该性质。

表 3-2 非空集合 $A$ 上的常用特殊关系的特性

| 特殊关系 | 自反性 | 反自反性 | 对称性 | 反对称性 | 传递性 |
|---|---|---|---|---|---|
| 空关系∅ | × | √ | √ | √ | √ |
| 全域关系 $E_A$ | √ | × | √ | × | √ |
| 恒等关系 $I_A$ | √ | × | √ | √ | √ |
| $P(A)$上的包含关系 | √ | × | × | √ | √ |
| 三角形的相似关系 | √ | × | √ | × | √ |

**定理 3.7.1** 设 $R$ 是集合 $A$ 上的关系，

（1）$R$ 是自反关系的充要条件是 $I_A\subseteq R$；

(2)$R$ 是反自反关系的充要条件是 $I_A \cap R = \varnothing$；

(3)$R$ 是对称关系的充要条件是 $R^{-1} = R$；

结论可以减弱为 $R^{-1} \subseteq R$，因 $R^{-1} \subseteq R \Rightarrow R^{-1} = R$。

(4)$R$ 是 $A$ 上反对称关系的充要条件是 $R \cap R^{-1} \subseteq I_A$；

(5)$R$ 是传递关系的充要条件是 $R \circ R \subseteq R$。

**证明** (3)先证充分性：当 $R^{-1} = R$ 时，$R$ 是对称的。对任意的 $x, y \in A$，$\langle x, y\rangle \in R$，则 $\langle y, x\rangle \in R^{-1}$，因为 $R^{-1} = R$，所以 $\langle y, x\rangle \in R$，因此 $R$ 是对称的。

再证必要性：当 $R$ 是对称的，则 $R^{-1} = R$。对任意的 $\langle x, y\rangle \in R^{-1}$，则 $\langle y, x\rangle \in R$，因为 $R$ 是对称的，所以 $\langle x, y\rangle \in R$，因此 $R^{-1} \subseteq R$；另一方面，对任意的 $\langle x, y\rangle \in R$，因为 $R$ 是对称的，所以 $\langle y, x\rangle \in R$，因此 $\langle x, y\rangle \in R^{-1}$，故 $R \subseteq R^{-1}$。综上所述 $R = R^{-1}$。

(5)先证必要性：若 $R$ 是传递的，则 $R \circ R \subseteq R$。对任意的 $\langle x, y\rangle \in R \circ R$，则存在 $z$，$\langle x, z\rangle \in R$ 且 $\langle z, y\rangle \in R$，因为 $R$ 是传递的，所以 $\langle x, y\rangle \in R$，即 $R \circ R \subseteq R$。

再证充分性：若 $R \circ R \subseteq R$，则 $R$ 是传递的。设 $\langle x, y\rangle \in R$，$\langle y, z\rangle \in R$，则 $\langle x, z\rangle \in R \circ R$，因为 $R \circ R \subseteq R$，所以 $\langle x, z\rangle \in R$，即 $R$ 是传递关系。

定理的其余结论可以类似证明。

设 $R_1, R_2$ 是 $A$ 上的关系，它们具有某些性质。在经过并、交、相对补、求逆、合成等运算后所得到的新的关系是否还具有原来的性质呢？结果总结如表 3-3 所示，表中“√”表示经过某种运算后仍保持原来的性质，“×”表示经过某种运算后不保持原来的性质。

表 3-3 关系运算后的性质

| | 自反性 | 反自反性 | 对称性 | 反对称性 | 传递性 |
|---|---|---|---|---|---|
| $R^{-1}$ | √ | √ | √ | √ | √ |
| $R_1 \cap R_2$ | √ | √ | √ | √ | √ |
| $R_1 \cup R_2$ | √ | √ | √ | × | × |
| $R_1 - R_2$ | × | √ | √ | √ | × |
| $R_1 \circ R_2$ | √ | × | × | × | × |

对于保持原来性质的运算都可以经过命题演算的方法给出一般的证明，对于不保持原来性质的运算都可以举出反例。下面仅给出若干个证明的实例，其余留给读者思考。

(1)设 $R_1, R_2$ 为 $A$ 上的对称关系，证明 $R_1 \cap R_2$ 也是 $A$ 上的对称关系。

**证明** 对任意的 $\langle x, y\rangle$，$\langle x, y\rangle \in R_1 \cap R_2 \Leftrightarrow \langle x, y\rangle \in R_1 \wedge \langle x, y\rangle \in R_2$，因为 $R_1, R_2$ 是对称的，所以 $\langle y, x\rangle \in R_1 \wedge \langle y, x\rangle \in R_2 \Leftrightarrow \langle y, x\rangle \in R_1 \cap R_2$，所以 $R_1 \cap R_2$ 是对称的。

(2)设 $R_1, R_2$ 是 $A$ 上的传递关系，则 $R_1^{-1}$，$R_1 \cap R_2$ 也是 $A$ 上的传递关系。

**证明** 设 $\langle x, y\rangle \in R_1^{-1}$，$\langle y, z\rangle \in R_1^{-1}$，则 $\langle z, y\rangle \in R_1$，$\langle y, x\rangle \in R_1$，而 $R_1$ 具有传递性，所以 $\langle z, x\rangle \in R_1$，由逆的定义，$\langle x, z\rangle \in R_1^{-1}$，即 $R_1^{-1}$ 具有传递性。

设 $\langle x, y\rangle \in R_1 \cap R_2 \wedge \langle y, z\rangle \in R_1 \cap R_2 \Leftrightarrow \langle x, y\rangle \in R_1 \wedge \langle x, y\rangle \in R_2 \wedge \langle y, z\rangle \in R_1 \wedge \langle y, z\rangle \in R_2 \Leftrightarrow \langle x, y\rangle \in R_1 \wedge \langle y, z\rangle \in R_1 \wedge \langle x, y\rangle \in R_2 \wedge \langle y, z\rangle \in R_2$，因为 $R_1, R_2$ 是传递的，所以 $\langle x, z\rangle \in R_1 \wedge \langle x, z\rangle \in R_2 \Leftrightarrow \langle x, z\rangle \in R_1 \cap R_2$，即 $R_1 \cap R_2$ 具有传递性。

需要注意，当 $R_1, R_2$ 均是传递的，但 $R_1 \cup R_2$ 未必是传递的。例如，$R_1 = \{\langle y, z\rangle\}$，$R_2 = \{\langle x, y\rangle\}$，则 $R_1, R_2$ 均是传递的，但 $R_1 \cup R_2 = \{\langle x, y\rangle, \langle y, z\rangle\}$ 不是传递的。

(3)设 $R_1$ 和 $R_2$ 是 $A$ 上的反对称关系，则 $R_1^{-1}$，$R_1 \cap R_2$ 也是 $A$ 上的反对称关系。

**证明** ①对任意的 $x,y\in A$，设 $\langle x,y\rangle\in R_1^{-1}$ 且 $\langle y,x\rangle\in R_1^{-1}$。由逆的定义，有 $\langle y,x\rangle\in R_1$ 且 $\langle x,y\rangle\in R_1$，因为 $R_1$ 是反对称的，所以 $x=y$，即 $R_1^{-1}$ 具有反对称性。

②对任意的 $x,y\in A$，设 $\langle x,y\rangle\in R_1\cap R_2$ 且 $\langle y,x\rangle\in R_1\cap R_2$，则 $\langle x,y\rangle\in R_1$ 且 $\langle y,x\rangle\in R_1$，因为 $R_1$ 是反对称的，所以 $x=y$。因此，$R_1\cap R_2$ 也是反对称的。

需要注意，设 $R_1,R_2$ 是 $A$ 上的反对称关系，则 $R_1\cup R_2$ 不一定是 $A$ 上的反对称关系。例如，$A=\{x,y\}$，$R_1=\{\langle x,y\rangle\}$，$R_2=\{\langle y,x\rangle\}$ 都是 $A$ 上的反对称关系，但 $R_1\cup R_2=\{\langle x,y\rangle,\langle y,x\rangle\}$ 不是 $A$ 上反对称关系。

## 3.8 关系的闭包运算

关系作为集合，在其上已经定义了并、交、差、补、复合及逆运算。现在再来考虑一种新的关系运算——关系的闭包运算。它是由已知关系，通过增加最少的序偶生成满足某种指定性质的关系的运算。

**定义 3.8.1** $R$ 是非空集合 $A$ 上的关系，若有 $A$ 上的关系 $R'$ 满足如下三条：

(1)$R\subseteq R'$；

(2)$R'$ 是自反的(对称的，传递的)；

(3)对 $A$ 上任一个关系 $R''$，若 $R\subseteq R''$ 且 $R''$ 具有自反性(对称性，传递性)，则有 $R'\subseteq R''$，则称关系 $R'$ 为 $R$ 的自反(对称、传递)闭包(Closure)，记作 $r(R)$($s(R)$，$t(R)$)。

**注意**：由(1)知 $R'$ 是 $R$ 的扩张；由(2)知 $R$ 扩张的目的是使其具有自反性(对称性，传递性)；由(3)知，扩张后得到的新关系 $R'$ 是 $R$ 的具有自反性(对称性，传递性)的所有扩张中最小的一个，即要在保证其具有自反性(对称性，传递性)的前提下，尽量少添加元素。

换句话说，设 $R$ 是集合 $X$ 上的二元关系，所谓 $R$ 的自反、对称、传递闭包，就是包含 $R$，且满足自反、对称、传递性的元素最小的关系。

【例 3-42】 设集合 $A=\{a,b,c,d\}$，$A$ 上的关系 $R=\{\langle a,a\rangle,\langle a,b\rangle,\langle b,c\rangle\}$，则

自反闭包 $r(R)=\{\langle a,a\rangle,\langle a,b\rangle,\langle b,c\rangle,\langle b,b\rangle,\langle c,c\rangle\}$

对称闭包 $s(R)=\{\langle a,a\rangle,\langle a,b\rangle,\langle b,a\rangle,\langle b,c\rangle,\langle c,b\rangle\}$

传递闭包 $t(R)=\{\langle a,a\rangle,\langle a,b\rangle,\langle b,c\rangle,\langle a,c\rangle\}$

**定理 3.8.1** 设 $R$ 是非空集合 $A$ 上的关系，则

(1)$R$ 是自反的充要条件是 $R=r(R)$；

(2)$R$ 是对称的充要条件是 $R=s(R)$；

(3)$R$ 是传递的充要条件是 $R=t(R)$。

**证明** (2)必要性：由对称闭包的定义显然 $R\subseteq s(R)$，要证明 $R=s(R)$ 只须证明 $s(R)\subseteq R$。又因为 $R\subseteq R$ 且 $R$ 是对称的，则由对称闭包定义的第(3)条知 $s(R)\subseteq R$。综上所述得 $R=s(R)$。

充分性：因为 $s(R)$ 是对称的，所以 $R=s(R)$ 是对称的。

可以类似证明(1)，(3)。

**定理 3.8.2** 设 $R$ 是非空集合 $A$ 上的关系，则

(1)$r(R)=R\cup I_A$；

(2)$s(R)=R\cup R^{-1}$；

(3)$t(R)=\bigcup\limits_{i=1}^{\infty}R^i=R\cup R^2\cup\cdots$记 $t(R)$ 为 $R^+$。

**证明** (1)①因为 $\forall x\in A$，有 $\langle x,x\rangle\in I_A$，而 $I_A\subseteq R\cup I_A$，所以 $\langle x,x\rangle\in R\cup I_A$；故 $R\cup I_A$ 是自反的；②显然 $R\subseteq R\cup I_A$；③ 设 $R''$ 是自反的，且 $R\subseteq R''$，则显然 $I_A\subseteq R''$，所以 $R\cup I_A\subseteq R''$。由自反闭包的定义知，$r(R)=R\cup I_A$。

(2)设 $R'=R\cup R^{-1}$，①若 $\langle x,y\rangle\in R'$，则 $\langle x,y\rangle\in R$ 或 $\langle x,y\rangle\in R^{-1}$。由逆关系的定义，则有 $\langle y,x\rangle\in R^{-1}$ 或 $\langle y,x\rangle\in R$，所以 $\langle y,x\rangle\in R\cup R^{-1}=R'$；故 $R'$ 是对称的；②显然 $R\subseteq R\cup R^{-1}=R'$；③设 $R''$ 对称，且 $R\subseteq R''$。若 $\langle x,y\rangle\in R'$，即 $\langle x,y\rangle\in R$ 或 $\langle x,y\rangle\in R^{-1}$；当 $\langle x,y\rangle\in R$，则由于 $R\subseteq R''$，所以 $\langle x,y\rangle\in R''$；当 $\langle x,y\rangle\in R^{-1}$，则有 $\langle y,x\rangle\in R$，同理 $\langle y,x\rangle\in R''$。又因为 $R''$ 对称，所以 $\langle x,y\rangle\in R''$。因此 $R'\subseteq R''$。故 $s(R)=R\cup R^{-1}$。

(3)分两步证明：

第一步：证明 $\bigcup\limits_{i=1}^{\infty}R^i\subseteq t(R)$，用数学归纳法，对 $n>0$，证明 $R^n\subseteq t(R)$。

①(基础)根据传递闭包的定义知，$R\subseteq t(R)$。

②(假设)假设 $n\geqslant1$ 时，$R^n\subseteq t(R)$，下证 $R^{n+1}\subseteq t(R)$：

设 $\langle x,y\rangle\in R^{n+1}$，因为 $R^{n+1}=R^n\circ R$，所以必存在某个 $z\in A$，使 $\langle x,z\rangle\in R^n$，$\langle z,y\rangle\in R$，根据假设有 $\langle x,z\rangle\in t(R)$，$\langle z,y\rangle\in t(R)$，而 $t(R)$ 是 $R$ 的传递闭包，显然 $\langle x,y\rangle\in t(R)$。因此 $R^{n+1}\subseteq t(R)$。

故 $\bigcup\limits_{i=1}^{\infty}R^i\subseteq t(R)$(利用集合的性质 $A\subseteq C$，$B\subseteq C$，则 $A\cup B\subseteq C$)。

第二步：证明 $t(R)\subseteq\bigcup\limits_{i=1}^{\infty}R^i$，关键是证明 $\bigcup\limits_{i=1}^{\infty}R^i$ 能否具有传递性。

①设 $R''=\bigcup\limits_{i=1}^{\infty}R^i$，对于 $\langle x,y\rangle\in\bigcup\limits_{i=1}^{\infty}R^i$，$\langle y,z\rangle\in\bigcup\limits_{i=1}^{\infty}R^i$，则存在某个 $s\geqslant1,t\geqslant1$，有 $\langle x,y\rangle\in R^s$，$\langle y,z\rangle\in R^t$，于是有 $\langle x,z\rangle\in R^{s+t}$，所以 $\langle x,z\rangle\in\bigcup\limits_{i=1}^{\infty}R^i$，即 $\bigcup\limits_{i=1}^{\infty}R^i$ 是传递的；

②$R\subseteq\bigcup\limits_{i=1}^{\infty}R^i$；③根据传递闭包的定义有 $t(R)\subseteq\bigcup\limits_{i=1}^{\infty}R^i$。

综上所述，$t(R)=\bigcup\limits_{i=1}^{\infty}R^i=R^+$。

**推论** 设 $R$ 是有限集合 $A$ 上的关系，$|A|=n$，此时有 $t(R)=\bigcup\limits_{i=1}^{n}R^i=R\cup R^2\cup\cdots\cup R^n$。

【例 3-43】 设 $A=\{1,2,3,4,5\}$，$A$ 上的关系 $R=\{\langle1,2\rangle,\langle2,1\rangle,\langle2,4\rangle,\langle3,4\rangle,\langle3,5\rangle\}$，求 $R$ 的自反闭包，对称闭包和传递闭包。

**解** $r(R)=R\cup I_A=\{\langle1,1\rangle,\langle1,2\rangle,\langle2,1\rangle,\langle2,2\rangle,\langle2,4\rangle,\langle3,3\rangle,\langle3,4\rangle,\langle3,5\rangle,\langle4,4\rangle,\langle5,5\rangle\}$；

$s(R)=R\cup R^{-1}$
$=\{\langle1,2\rangle,\langle2,1\rangle,\langle2,4\rangle,\langle3,4\rangle,\langle4,2\rangle,\langle4,3\rangle,\langle3,5\rangle,\langle5,3\rangle\}$

$R^2=R\circ R$
$=\{\langle1,2\rangle,\langle2,1\rangle,\langle2,4\rangle,\langle3,4\rangle,\langle3,5\rangle\}\circ\{\langle1,2\rangle,\langle2,1\rangle,\langle2,4\rangle,\langle3,4\rangle,\langle3,5\rangle\}$
$=\{\langle1,1\rangle,\langle1,4\rangle,\langle2,2\rangle\}$

$R^3=R^2\circ R$

$=\{\langle 1,1\rangle,\langle 1,4\rangle,\langle 2,2\rangle\}\circ\{\langle 1,2\rangle,\langle 2,1\rangle,\langle 2,4\rangle,\langle 3,4\rangle,\langle 3,5\rangle\}$

$=\{\langle 1,2\rangle,\langle 2,1\rangle,\langle 2,4\rangle\}$

$R^4=R^3\circ R$

$=\{\langle 1,2\rangle,\langle 2,1\rangle,\langle 2,4\rangle\}\circ\{\langle 1,2\rangle,\langle 2,1\rangle,\langle 2,4\rangle,\langle 3,4\rangle,\langle 3,5\rangle\}$

$=\{\langle 1,1\rangle,\langle 1,4\rangle,\langle 2,2\rangle\}=R^2$

同理 $R^5=R^4\circ R=R^2\circ R=R^3$。

由定理 3.8.2 的推论，则得 $R$ 的传递闭包为

$$t(R)=R\cup R^2\cup R^3\cup R^4\cup R^5=R\cup R^2\cup R^3$$
$$=\{\langle 1,1\rangle,\langle 1,2\rangle,\langle 1,4\rangle,\langle 2,1\rangle,\langle 2,2\rangle,\langle 2,4\rangle,\langle 3,4\rangle,\langle 3,5\rangle\}$$

由例子看到按复合关系定义求 $R^+$ 是比较麻烦的，特别当有限集合元素比较多时，计算量很大。1962 年 Warshall 提出了一个求 $R^+$ 的有效计算方法：

设 $R$ 是 $n$ 个元素集合上的二元关系，$M_R$ 是 $R$ 的关系矩阵。

第一步：置新矩阵 $M$，$M\leftarrow M_R$；

第二步：置新 $i$，$i\leftarrow 1$；

第三步：对 $j(1\leqslant j\leqslant n)$，若 $M$ 的第 $j$ 行 $i$ 列对应元素为 1，则对 $k=1,2,\cdots,n$ 作如下计算：

将 $M$ 的第 $j$ 行第 $k$ 列元素与第 $i$ 行第 $k$ 列元素进行逻辑加，然后将结果送到第 $j$ 行 $k$ 列处，即 $M[j,k]\leftarrow M[j,k]\vee M[i,k]$；

第四步：$i\leftarrow i+1$；

第五步：若 $i\leqslant n$，转到第三步，否则停止。

Warshall 算法为计算机解决集合分类问题奠定了基础。

【例 3-44】 设 $A=\{1,2,3,4,5\}$，$R=\{\langle 1,1\rangle,\langle 1,2\rangle,\langle 2,4\rangle,\langle 3,5\rangle,\langle 4,2\rangle\}$，用 Warshall 方法求 $t(R)$。

**解** $M_R=\begin{pmatrix}1&1&0&0&0\\0&0&0&1&0\\0&0&0&0&1\\0&1&0&0&0\\0&0&0&0&0\end{pmatrix}$

$M\leftarrow M_R$，$i\leftarrow 1$。$i=1$ 时，$M$ 的第一列中只有 $M[1,1]=1$，将 $M$ 的第一行上元素与其本身作逻辑加，然后把结果送到第一行，得

$$M=\begin{pmatrix}1&1&0&0&0\\0&0&0&1&0\\0&0&0&0&1\\0&1&0&0&0\\0&0&0&0&0\end{pmatrix}$$

$i\leftarrow 1+1$。$i=2$ 时，$M$ 的第二列中有两个 1，即 $M[1,2]=M[4,2]=1$，分别将 $M$ 的第一行和第四行与第二行对应元素作逻辑加，将结果分别送到第一行和第四行，得

$$M=\begin{pmatrix}1&1&0&1&0\\0&0&0&1&0\\0&0&0&0&1\\0&1&0&1&0\\0&0&0&0&0\end{pmatrix}$$

$i\leftarrow 2+1$。$i=3$ 时，$M$ 的第三列全为 0，$M$ 不变。

$i\leftarrow 3+1$。$i=4$ 时，$M$ 的第四列中有三个 1，即 $M[1,4]=M[2,4]=M[4,4]=1$，分别将 $M$ 的第一行，第二行，第四行与第四行对应元素作逻辑加，将结果分别送到 $M$ 的第一、二、四行得

$$M=\begin{pmatrix}1&1&0&1&0\\0&1&0&1&0\\0&0&0&0&1\\0&1&0&1&0\\0&0&0&0&0\end{pmatrix}$$

$i\leftarrow 4+1$。$i=5$ 时，$M[3,5]=1$，将 $M$ 的第三行与第五行对应元素作逻辑加，将结果送到 $M$ 的第三行，由于这里第五行全为 0，故 $M$ 不变。

$i\leftarrow 5+1$，这时 $i=6>5$，停止。即得

$$M_{t(R)}=\begin{pmatrix}1&1&0&1&0\\0&1&0&1&0\\0&0&0&0&1\\0&1&0&1&0\\0&0&0&0&0\end{pmatrix}$$

故 $t(R)=\{\langle 1,1\rangle,\langle 1,2\rangle,\langle 1,4\rangle,\langle 2,2\rangle,\langle 2,4\rangle,\langle 3,5\rangle,\langle 4,2\rangle,\langle 4,4\rangle\}$。

**定理 3.8.3** 设 $R$ 为集合 $A$ 上的二元关系，若

(1) $R$ 是自反的，则 $s(R)$ 和 $t(R)$ 是自反的；

(2) $R$ 是对称的，则 $r(R)$ 和 $t(R)$ 是对称的；

(3) $R$ 是传递的，则 $r(R)$ 是传递的。

**证明** (1)是显然的。

(2)因为 $r(R)=R\cup I_A$，且 $R$，$I_A$ 均是对称的，所以 $r(R)=R\cup I_A$ 也是对称的。

又，①(基础) $i=1$ 时 $R$ 是对称的；②(归纳)设 $R^k$ 是对称的，对 $i=k+1$，对任意的 $\langle x,y\rangle\in R^{k+1}$，必存在某个 $z\in A$，使得 $\langle x,z\rangle\in R^k$，$\langle z,y\rangle\in R$，根据 $R^k$、$R$ 的对称性，可得 $\langle y,z\rangle\in R$，$\langle z,x\rangle\in R^k$，显然 $\langle y,x\rangle\in R\circ R^k=R^{k+1}$。所以 $R^{k+1}$ 是对称的。

因此，对任意的 $\langle x,y\rangle\in t(R)$，存在某个 $i$ 使 $\langle x,y\rangle\in R^i$。因为 $R^i$ 是对称的，显然 $\langle y,x\rangle\in R^i\subseteq t(R)$，所以 $t(R)$ 是对称的。

(3)对任意的 $\langle x,y\rangle$，$\langle y,z\rangle\in r(R)=R\cup I_A$，分以下两种情况考虑：

①若 $\langle x,y\rangle$，$\langle y,z\rangle$ 两者中有的属于 $I_A$，假设 $\langle x,y\rangle\in I_A$，显然 $x=y$，因此 $\langle x,z\rangle=\langle y,z\rangle\in r(R)$；

②若 $\langle x,y\rangle$，$\langle y,z\rangle$ 两者都不属于 $I_A$，即 $x,y,z$ 均不等，显然只有 $\langle x,y\rangle$，$\langle y,z\rangle\in R$，因 $R$ 是传递的，显然 $\langle x,z\rangle\in R\subseteq r(R)$，所以 $r(R)$ 也是传递的。

**定理 3.8.4** 设 $R$ 是集合 $A$ 上的二元关系，则

(1)$rs(R)=sr(R)$；

(2)$rt(R)=tr(R)$；

(3)$st(R)\subseteq ts(R)$。

**证明** 设 $I_A$ 表示集合 $A$ 上的恒等关系，显然 $I_A=I_A^{-1}$。

(1)$rs(R)=r(R\cup R^{-1})=R\cup R^{-1}\cup I_A=R\cup I_A\cup R^{-1}\cup I_A=(R\cup I_A)\cup(R\cup I_A)^{-1}=s(R\cup I_A)=sr(R)$。

(2)可参照(1)来证明。

(3)若 $R_1\subseteq R_2$，则必有 $s(R_1)\subseteq s(R_2)$，$t(R_1)\subseteq t(R_2)$。

因为，$R\subseteq s(R)$，所以 $t(R)\subseteq ts(R)$，因此 $st(R)\subseteq ts(R)$。

因为 $s(R)$是对称的，从而 $ts(R)$也是对称的，由定理 3.8.4 可得 $st(R)=ts(R)$。

故 $st(R)\subseteq ts(R)$。

习惯上记 $t(R)=R^+$，$rt(R)=R^*$。

# 3.9 集合的划分与等价关系

本节讨论两类特殊关系——等价关系与相容关系。在讨论之前，我们先引入两个概念——集合的划分与覆盖。

## 3.9.1 集合的划分和覆盖

**定义 3.9.1** 任意给定一个非空集合 $S$，若有集合族 $\pi=\{S_1,S_2,\cdots,S_n\}$，使得

(1)有 $S_i\neq\varnothing$ 且 $S_i\subseteq S(i=1,2,\cdots,n)$；

(2)$\bigcup_{i=1}^{n}S_i=S_1\cup S_2\cup S_3\cup\cdots\cup S_n=S$。

则称集合族 $\pi$ 是集合 $S$ 的一个覆盖(Covering)。

【例 3-45】 设集合 $S=\{a,b,c\}$，若

$\pi_1=\{\{a\},\{a,b\},\{b,c\}\}$；$\pi_2=\{\{a,c\},\{b,c\}\}$；

$\pi_3=\{\{a,b,c\}\}$；$\pi_4=\{\{a\},\{a,b\},\{b\}\}$。

则 $\pi_1,\pi_2,\pi_3$ 都是 $S$ 的覆盖，但 $\pi_4$ 不是。

**定义 3.9.2** 对于非空集合 $S$，若有集合族 $\pi=\{S_1,S_2,\cdots,S_n\}$，使得

(1)$\pi$ 是集合 $S$ 的一个覆盖；

(2)$S_i\cap S_j=\varnothing(i\neq j;1\leqslant i,j\leqslant n)$；

则称 $\pi$ 是集合 $S$ 的一个划分。$\pi$ 中的元素 $S_i$ 称为其划分块或分类。

直观地说，所谓集合 $A$ 的划分就是将集合 $A$ 中的元素划分成几块，使得 $A$ 的每一个元素必须在某一块中，也仅在这一块中。

【例 3-46】 设 $A=\{2,3,5,8,9,16,22,25,27,35\}$，按照 $A$ 中元素是奇数或者偶数来区分，可以将 $A$ 中元素划分为两块 $B_1=\{3,5,9,25,27,35\}$，$B_2=\{2,8,16,22\}$。

因此，$\pi_1=\{B_1,B_2\}$是集合 $A$ 的一个划分。

按 $A$ 中元素能被 2 整除，被 3 整除或者被 5 整除来区分，又可将 $A$ 中元素划分成三块 $A_2=\{2,8,16,22\}$，$A_3=\{3,9,27\}$，$A_5=\{5,25,35\}$。

因此，$\pi_2=\{A_2,A_3,A_5\}$也是集合 $A$ 的一个划分。

若按照 $A$ 中的元素能被 2 整除，被 3 整除或被 4 整除来区分，可以得到 $A$ 的如下几个非空子集：$A_2=\{2,8,16,22\}$，$A_3=\{3,9,27\}$，$A_4=\{8,16\}$。

可令 $S=\{A_2,A_3,A_4\}$，但是 $S$ 就不是 $A$ 的划分。

在非空集合 $S$ 的所有划分中，以 $S$ 中的每一个元素作为一个集合组成的集合族，是 $S$ 的一个划分，称为集合 $S$ 的最大划分；以集合 $S$ 作为某个集合中的所有元素得到的集合，是 $S$ 的一个划分，称为集合 $S$ 的最小划分。

**定义 3.9.3** 设 $\pi_1=\{A_1,A_2,\cdots,A_m\}$，$\pi_2=\{B_1,B_2,\cdots,B_n\}$是非空集合 $S$ 的两个划分，若：

(1)对任意 $B_i\in\pi_2$，存在一个 $A_j\in\pi_1$，使得 $B_i\subseteq A_j$，则称 $\pi_2$ 是 $\pi_1$ 的细分；

(2)$\pi_2$ 是 $\pi_1$ 的细分，并且 $\pi_1\neq\pi_2$，则称 $\pi_2$ 是 $\pi_1$ 的真细分。

例如，例 3-49 中 $\pi_2$ 是 $\pi_1$ 的真细分。

从上面的定义和例子可以看出，一个集合可以有多个不同的覆盖和多个不同的划分，但最大划分和最小划分只有一个。一个划分必定是一个覆盖，但一个覆盖未必是一个划分。

**定义 3.9.4** 设 $\pi_1=\{A_1,A_2,\cdots,A_m\}$，$\pi_2=\{B_1,B_2,\cdots,B_n\}$是同一个集合 $S$ 的两个划分，则称集合族 $\pi=\{A_i\cap B_j \mid A_i\cap B_j\neq\varnothing,1\leqslant i\leqslant m,1\leqslant j\leqslant n\}$为 $\pi_1$ 和 $\pi_2$ 的交叉划分。

例如，设 $X$ 表示所有生物的集合。$A=\{A_1,A_2\}$，其中 $A_1$ 表示所有植物的集合，$A_2$ 表示所有动物的集合，则 $A$ 是集合 $X$ 的一种划分；$B=\{B_1,B_2\}$，其中 $B_1$ 表示史前生物，$B_2$ 表示史后生物，则 $B$ 也是集合 $X$ 的一种划分。

$A,B$ 的交叉划分 $S=\{A_1\cap B_1,A_1\cap B_2,A_2\cap B_1,A_2\cap B_2\}$，其中 $A_1\cap B_1$ 表示史前植物，$A_1\cap B_2$ 表示史后植物，$A_2\cap B_1$ 表示史前动物，$A_2\cap B_2$ 表示史后动物。

**定理 3.9.1** 设 $A=\{A_1,A_2,\cdots,A_m\}$与 $B=\{B_1,B_2,\cdots,B_n\}$是集合 $X$ 的两个不同的划分，则 $A,B$ 的交叉划分是集合 $X$ 的一种划分。

**证明** $A,B$ 的交叉划分

$$\begin{aligned}S=\{&A_1\cap B_1,A_1\cap B_2,\cdots,A_1\cap B_n,\\&A_2\cap B_1,A_2\cap B_2,\cdots,A_2\cap B_n,\\&A_m\cap B_1,A_m\cap B_2,\cdots,A_m\cap B_n\}\end{aligned}$$

分两步进行：

(1)当 $S$ 中任意两个元素都不相交时，

任取 $S$ 中两个元素 $A_i\cap B_h$，$A_j\cap B_k$，$(A_i\cap B_h)\cap(A_j\cap B_k)$有三种情况：

①若 $i\neq j$，$h=k$，因为 $A_i\cap A_j=\varnothing$，所以

$$(A_i\cap B_h)\cap(A_j\cap B_k)=\varnothing\cap B_h\cap B_k=\varnothing$$

②若 $i=j$，$h\neq k$，因为 $B_h\cap B_k=\varnothing$，所以

$$(A_i\cap B_h)\cap(A_j\cap B_k)=\varnothing\cap A_i\cap A_j=\varnothing$$

③若 $i\neq j$，$h\neq k$，因为$A_i\cap A_j=\varnothing$，$B_h\cap B_k=\varnothing$，所以

$$(A_i \cap B_h) \cap (A_j \cap B_k) = \varnothing \cap \varnothing = \varnothing$$

综上所述，在交叉划分中，任取两元素，其交为

$$(A_i \cap B_h) \cap (A_j \cap B_k) = \varnothing$$

(2)交叉划分中所有元素的并等于 $X$

$$\begin{aligned}
&(A_1 \cap B_1) \cup (A_1 \cap B_2) \cup \cdots \cup (A_1 \cap B_n) \cup \\
&(A_2 \cap B_1) \cup (A_2 \cap B_2) \cup \cdots \cup (A_2 \cap B_n) \cup \cdots \cup \\
&(A_m \cap B_1) \cup (A_m \cap B_2) \cup \cdots \cup (A_m \cap B_n) \\
&= (A_1 \cap (B_1 \cup B_2 \cup \cdots \cup B_n)) \cup (A_2 \cap (B_1 \cup B_2 \cup \cdots \cup B_n)) \\
&\cup \cdots \cup (A_m \cap (B_1 \cup B_2 \cup \cdots \cup B_n)) \\
&= (A_1 \cap X) \cup (A_2 \cap X) \cup \cdots \cup (A_m \cap X) \\
&= (A_1 \cup A_2 \cup \cdots \cup A_m) \cap X = X \cap X = X
\end{aligned}$$

【例 3-47】 设集合 $S=\{1,2,3,4\}$，$\pi_1=\{\{1\},\{2,3,4\}\}$，$\pi_2=\{\{1,2\},\{3,4\}\}$，求 $\pi_1$ 和 $\pi_2$ 的交叉划分。

**解** $\pi_1$ 和 $\pi_2$ 的交叉划分为 $\pi=\{\{1\},\{2\},\{3,4\}\}$。

**定理 3.9.2** 任何两种划分的交叉划分都是原各划分的一种细分。

由交叉划分的定义和集合交的性质，容易证明定理成立。

## 3.9.2 等价关系与等价类

### 1. 等价关系

**定义 3.9.5** 设集合 $A$ 上的二元关系 $R$，同时具有自反性、对称性和传递性，则称 $R$ 是 $A$ 上的等价关系。若 $<x,y>\in R$，称 $x$ 等价于 $y$，记作 $x \sim y$。

【例 3-48】 (1)平面上三角形集合中，三角形的相似关系是等价关系。

(2)数的相等关系是任何数集上的等价关系。

(3)一群人的集合中姓氏相同的关系也是等价关系。

(4)设 $A$ 是任意非空集合，则 $A$ 上的恒等关系 $I_A$ 和全域关系 $E_A$ 均是 $A$ 上的等价关系。

【例 3-49】 设 $\mathbf{Z}$ 为整数集，$k$ 是 $\mathbf{Z}$ 中任意固定的正整数，定义 $\mathbf{Z}$ 上的二元关系 $R$ 为：任一 $a,b\in\mathbf{Z}$，$\langle a,b\rangle\in R$ 的充要条件是 $a,b$ 被 $k$ 除余数相同，即 $k$ 整除 $(a-b)$，亦即 $a-b=kq$，其中 $q\in\mathbf{Z}$。即 $R=\{\langle a,b\rangle \mid (a\in\mathbf{Z}) \wedge (c\in\mathbf{Z}) \wedge (q\in\mathbf{Z}) \wedge (a-b=kq)\}$，则 $R$ 是 $\mathbf{Z}$ 上的等价关系。

**证明** (1)$R$ 是 $\mathbf{Z}$ 上的自反关系。$\forall a\in\mathbf{Z}$，因为 $a-a=k\circ 0$，$0\in\mathbf{Z}$，所以 $\langle a,a\rangle\in R$。

(2)$R$ 是 $\mathbf{Z}$ 上的对称关系。如果 $\langle a,b\rangle\in R$，则 $a-b=kq\,(q\in\mathbf{Z})$，故 $b-a=k(-q)$ $(-q\in\mathbf{Z})$，于是 $\langle b,a\rangle\in R$。

(3)$R$ 是 $\mathbf{Z}$ 上的对称关系。如果 $\langle a,b\rangle\in R$ 且 $\langle b,c\rangle\in R$，则 $a-b=kq_1$，$b-c=kq_2$，(其中 $q_1$，$q_2\in\mathbf{Z}$)，故 $a-c=(a-b)+(b-c)=k(q_1+q_2)$，$(q_1+q_2\in\mathbf{Z})$，因此，$\langle a,c\rangle\in R$。

所以，$R$ 是 $\mathbf{Z}$ 上的等价关系，称为 $\mathbf{Z}$ 上的模 $k$ 同余关系。当 $<x,y>\in R$，常记作 $x\equiv y\pmod k$。

等价关系也反应在它的关系矩阵与关系图中。

【例 3-50】 设集合 $A=\{a,b,c,d,e\}$，$R=\{\langle a,a\rangle,\langle a,b\rangle,\langle b,a\rangle,\langle b,b\rangle,\langle c,c\rangle,\langle c,$

$d\rangle,\langle c,e\rangle,\langle d,c\rangle,\langle d,d\rangle,\langle d,e\rangle,\langle e,c\rangle,\langle e,d\rangle,\langle e,e\rangle\}$，验证 $R$ 是 $A$ 上的等价关系。

**证明** $R$ 的关系矩阵

$$M_R=\begin{pmatrix}1&1&0&0&0\\1&1&0&0&0\\0&0&1&1&1\\0&0&1&1&1\\0&0&1&1&1\end{pmatrix}$$

关系图如图 3-11 所示。

关系矩阵中，对角线上的所有元素都是 1，关系图上每个结点都有自环，说明 $R$ 是自反的。关系矩阵是对称的，关系图上任意两结点间或没有弧线连接，或有成对弧出现，故 $R$ 是对称的。从 $R$ 的序偶表示式中，可以看出 $R$ 是传递的。故 $R$ 是 $A$ 上的等价关系。

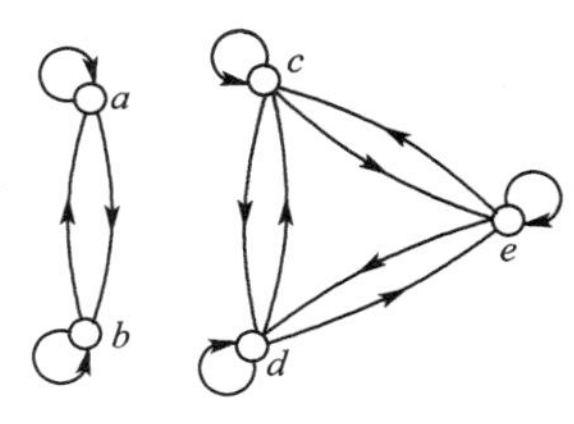

图 3-11 $R$ 的关系图

**2. 等价类**

**定义 3.9.6** 设 $R$ 是非空集合 $A$ 上的等价关系，对任意 $x\in A$，令 $[x]_R=\{y\mid y\in A\wedge xRy\}$，称 $[x]_R$ 为 $x$ 关于 $R$ 的等价类，简称为 $x$ 的等价类。在不引起混淆时，可以将 $[x]_R$ 简记为 $[x]$。

由等价类的定义可知 $[x]_R$ 是非空的，因为 $xRx$，$x\in[x]_R$。因此，任给集合 $A$ 及其上的等价关系 $R$，必可写出 $A$ 上各个元素的等价类。

【例 3-51】 若 $R$ 是 $\mathbf{I}$ 上的模 3 同余关系，则元素 0，1，2 关于 $R$ 的等价类分别为：

$[0]=\{\cdots,-6,-3,0,3,6,\cdots\}$；

$[1]=\{\cdots,-5,-2,1,4,7,\cdots\}$；

$[2]=\{\cdots,-4,-1,2,5,8,\cdots\}$。

还可以看出，两个有等价关系的元素，所产生的等价类相同，如

$[0]=[3]=[-3]=\{\cdots,-6,-3,0,3,6,\cdots\}$；

$[1]=[4]=[-2]=\{\cdots,-5,-2,1,4,7,\cdots\}$；

$[2]=[5]=[-1]=\{\cdots,-4,-1,2,5,8,\cdots\}$。

对于整数集 $\mathbf{I}$ 上的模 $k$ 同余关系 $R$，可将 $\mathbf{I}$ 中的所有整数按它们除以 $k$ 的余数分类如下：

余数为 0 的数，形式为 $nz$，$z\in\mathbf{I}$；余数为 1 的数，形式为 $nz+1$，$z\in\mathbf{I}$；余数为 2 的数，形式为 $nz+2$，$z\in\mathbf{I}$；余数为 $k-1$ 的数，形式为 $nz+k-1$，$z\in\mathbf{I}$。

以上构成了 $R$ 的等价类，即 $[i]=\{kz+i\mid 0\leqslant i\leqslant k-1,z\in\mathbf{I}\}$。

**定理 3.9.3** 设 $R$ 是非空集合 $A$ 上的等价关系，对任意的 $x,y\in A$，下面的结论成立。

(1) $[x]\neq\varnothing$，且 $[x]\subseteq A$；(2) 若 $xRy$，则 $[x]=[y]$；(3) 若 $x\not R y$，则 $[x]\cap[y]=\varnothing$；

(4) $\bigcup\limits_{x\in A}[x]=A$。

**证明** (1) 因为 $R$ 是等价关系，所以，对任意的 $x\in A$，$xRx$，由等价类的定义 $[x]_R=\{y\mid y\in A\wedge xRy\}$ 可知，有 $x\in[x]$，即 $[x]$ 非空，同时显见 $[x]\subseteq A$。

(2) 任取 $z$，设 $z\in[x]$，即 $\langle x,z\rangle\in R$，根据等价关系的对称性，可知 $\langle z,x\rangle\in R$，又因为

$\langle x,y\rangle\in R$ 且等价关系具有的传递性，则有 $\langle z,y\rangle\in R$，从而 $\langle y,z\rangle\in R$（因为 $R$ 是对称的）。所以 $z\in[y]$，因此 $[x]\subseteq[y]$。同理可证 $[y]\subseteq[x]$，这就得到了 $[x]=[y]$。

(3)假设 $[x]\cap[y]\neq\varnothing$，即必存在某个 $z\in[x]\cap[y]$，有 $\langle x,z\rangle\in R$ 且 $\langle y,z\rangle\in R$。根据 $R$ 的对称性和传递性必有 $\langle x,y\rangle\in R$，与 $x\not R y$ 矛盾，原命题成立。

(4)任取 $y$，$y\in\bigcup\limits_{x\in A}[x]$，则存在 $x\in A$ 且 $y\in[x]$（因为 $y$ 必在某一个等价类中），因此，$y\in A$（因为 $[x]\subseteq A$），从而有 $\bigcup\limits_{x\in A}[x]\subseteq A$。任取 $y$，$y\in A$，则 $y\in[y]\wedge y\in A$，所以 $y\in\bigcup\limits_{x\in A}[x]$，即有 $A\subseteq\bigcup\limits_{x\in A}[x]$ 成立。

综上所述得 $\bigcup\limits_{x\in A}[x]=A$。

**定义 3.9.7** 设 $R$ 为非空集合 $A$ 上的等价关系，以 $R$ 的不同等价类为元素的集合称为 $A$ 关于 $R$ 的商集，记作 $A/R$，即 $A/R=\{[x]_R\mid x\in A\}$。

【例 3-52】 (1)设 $A=\{0,1,2,\cdots,7\}$，$R=\{\langle x,y\rangle\mid x,y\in A$，且 $x\equiv y(\bmod 4)\}$，则 $A$ 在 $R$ 下的商集是 $A/R=\{\{0,4\},\{1,5\},\{2,6\},\{3,7\}\}$。

整数集 $\mathbf{I}$ 上的模 $k$ 同余关系 $R$ 的商集为 $\{\{kz+i\}\mid 0\leqslant i\leqslant k-1, z\in\mathbf{I}\}$，即 $\{\{kz\},\{kz+1\},\cdots,\{kz+k-1\}\}$，可以简写为 $\{[0],[1],[2],\cdots,[k-1]\}$。

(2)非空集合 $A$ 上的全域关系 $E$ 是等价关系，对任意 $x\in A$ 有 $[x]=A$，商集 $A/E=\{A\}$。

(3)非空集合 $A$ 上的恒等关系 $I_A$ 是等价关系，商集 $A/I_A=\{\{x\}\mid x\in A\}$。

**定理 3.9.4** 非空集合 $A$ 上的等价关系 $R$，其所有等价类的集合，即商集 $A/R$ 是 $A$ 的一个划分。

**证明** (1)由 $R$ 产生的等价类都是 $A$ 的非空子集；(2)不同的等价类相交为空；(3)所有等价类的并集就是 $A$。因此所有等价类的集合，即商集 $A/R$，就是 $A$ 的一个划分，称为由 $R$ 所诱导的划分。

【例 3-53】 设 $A=\{1,2,3,4,5\}$，$R=\{\langle 1,1\rangle,\langle 1,3\rangle,\langle 1,4\rangle,\langle 2,2\rangle,\langle 2,5\rangle,\langle 3,1\rangle,\langle 3,3\rangle,\langle 3,4\rangle,\langle 4,1\rangle,\langle 4,3\rangle,\langle 4,4\rangle,\langle 5,2\rangle,\langle 5,5\rangle\}$，则 $A/R=\{\{1,3,4\},\{2,5\}\}$，即 $R$ 所诱导的划分为 $\{\{1,3,4\},\{2,5\}\}$。

**定理 3.9.5** 在非空集合 $A$ 上给定一个划分，可确定 $A$ 的元素之间的一个等价关系。

**证明** 设 $A$ 有一个划分 $\pi=\{A_1,A_2,\cdots,A_n\}$，现定义关系 $R$，$\langle a,b\rangle\in R\Leftrightarrow\exists A_i(A_i\in\pi\wedge a\in A_i\wedge b\in A_i)$，即 $\langle a,b\rangle\in R$ 当且仅当 $a,b$ 在同一划分块中。可证明该关系 $R$ 为一个等价关系。

(1) $\forall a\in A$，$a$ 与 $a$ 在同一划分块中，因此必有 $\langle a,a\rangle\in R$，即 $R$ 具有自反性。

(2)若 $\langle a,b\rangle\in R$，则存在 $A_i$，使得 $a\in A_i\wedge b\in A_i$，所以 $b\in A_i\wedge a\in A_i$，故 $\langle b,a\rangle\in R$，即 $R$ 具有对称性。

(3)若 $\langle a,b\rangle\in R$，且 $\langle b,c\rangle\in R$，由 $R$ 的定义，则存在 $i,j$，使得 $a,b\in A_i$ 且 $b,c\in A_j$，由划分的定义，要么 $A_i=A_j$，要么 $A_i\cap A_j=\varnothing$，而这里 $b\in A_i\cap A_j$，所以 $A_i=A_j$，即 $a,c\in A_i$，因此 $\langle a,c\rangle\in R$，即 $R$ 具有传递性。综上所述，$R$ 为等价关系。

从定理的证明，可看出由集合 $A$ 上的一个划分 $\pi=\{A_1,A_2,\cdots,A_n\}$，可以确定一个与

其对应的 $A$ 上的等价关系 $R$，即 $A_1 \times A_1 \cup A_2 \times A_2 \cup \cdots \cup A_n \times A_n$。

【例 3-54】 设集合 $A=\{1,2,3,4,5\}$，有一个划分 $\pi=\{\{1,5\},\{2\},\{3,4\}\}$，试由划分 $\pi$ 确定 $A$ 上的一个等价关系 $R$。

**解** 依据定理可设：

$$\begin{aligned} R &= \{1,5\}\times\{1,5\}\cup\{2\}\times\{2\}\cup\{3,4\}\times\{3,4\} \\ &= \{\langle 1,1\rangle,\langle 1,5\rangle,\langle 5,1\rangle,\langle 5,5\rangle,\langle 2,2\rangle,\langle 3,3\rangle,\langle 3,4\rangle,\langle 4,3\rangle,\langle 4,4\rangle\} \end{aligned}$$

【例 3-55】 设 $A$ 是由 4 个元素组成的集合，试问在 $A$ 上可以定义多少个不同的等价关系？

**解** 如果直接考虑 $A$ 上可以定义多少个等价关系，计算过程比较繁琐，也容易出错。根据定理 3.9.5 可知集合 $A$ 上的等价关系与划分存在一一对应的关系，因此此题可转化为考虑 $A$ 上有多少个不同的划分。

将集合 $A$ 划分为一块：有 1 种分法；

将集合 $A$ 划分为两块：有 $C_4^2/2+C_4^1=7$ 种分法；

将集合 $A$ 划分为三块：有 $C_4^2=6$ 种分法；

将集合 $A$ 划分为四块：有 1 种分法。

因此，集合 $A$ 上不同等价关系的个数为 $1+7+6+1=15$。

**定理 3.9.6** 设 $R_1$ 和 $R_2$ 为非空集合 $A$ 上的等价关系，则 $R_1=R_2$，当且仅当 $A/R_1=A/R_2$。

**证明** $A/R_1=\{[x]_{R_1} \mid x\in A\}$，$X/R_2=\{[x]_{R_2} \mid x\in A\}$

必要性：若 $R_1=R_2$，对任意的 $a\in A$ 有

$$[a]_{R_1}=\{x \mid x\in A, aR_1x\}=\{x \mid x\in A, aR_2x\}=[a]_{R_2}$$

故，$\{[a]_{R_1} \mid a\in A\}=\{[a]_{R_2} \mid a\in A\}$，即 $A/R_1=A/R_2$。

充分性：假设 $A/R_1=A/R_2$，则对任意 $[a]_{R_1}\in A/R_1$，必存在 $[c]_{R_2}\in A/R_2$，使得 $[a]_{R_1}=[c]_{R_2}$，故：

$$\langle a,b\rangle\in R_1 \Leftrightarrow (a\in[a]_{R_1})\wedge(b\in[a]_{R_1}) \Leftrightarrow (a\in[a]_{R_2})\wedge(b\in[a]_{R_2}) \Rightarrow \langle a,b\rangle\in R_2$$

所以，$R_1\subseteq R_2$，同理有 $R_2\subseteq R_1$。因此，$R_1=R_2$。

## 3.9.3 相容关系

**定义 3.9.8** 非空集合 $A$ 上的二元关系 $R$ 若是自反的，对称的，则称 $R$ 是相容关系。

相容关系 $R$ 只要求满足自反性与对称性，因此，等价关系必定是相容关系但反之不真。

【例 3-56】 设 $X=\{\text{boy},\text{girl},\text{computer},\text{artificial},\text{intelligence}\}$，

$$R=\{\langle x,y\rangle \mid x,y\in X \text{ 且 } x,y \text{ 至少有一个相同的字母}\}$$

则 $R$ 是 $X$ 上的相容关系。

**证明** 简记 $X$ 中的元素依次为 1,2,3,4,5，则

$R=\{\langle 1,1\rangle,\langle 2,2\rangle,\langle 3,3\rangle,\langle 4,4\rangle,\langle 5,5\rangle,\langle 1,3\rangle,\langle 3,1\rangle,\langle 2,3\rangle,\langle 3,2\rangle,\langle 2,4\rangle,\langle 4,2\rangle,\langle 3,4\rangle,\langle 4,3\rangle,\langle 2,5\rangle,\langle 5,2\rangle,\langle 3,5\rangle,\langle 5,3\rangle,\langle 4,5\rangle,\langle 5,4\rangle\}$

$R$ 的关系矩阵如下：

$$M_R=\begin{pmatrix}1&0&1&0&0\\0&1&1&1&1\\1&1&1&1&1\\0&1&1&1&1\\0&1&1&1&1\end{pmatrix}$$

$M_R$ 的左主对角线上全是 1 并且关于主对角线是对称的，可见关系 $R$ 是相容关系。

根据相容关系矩阵的共同特征(图 3-12)，为了减少储存量，并使书写简化，可采用梯子形状标出左主对角线以下元素，也可以反映出相容关系的关系矩阵。

由于 $R$ 的关系图上每一结点都有指向自身的弧，可以略去不画，$R$ 又具有对称性，因此两结点之间如果有一结点指向另一结点的弧，必有方向相反的另一弧存在，此时就简化为一条无箭头的边，故相容关系的简化关系图就表现为无自身回路的无向图，如图 3-13 所示。

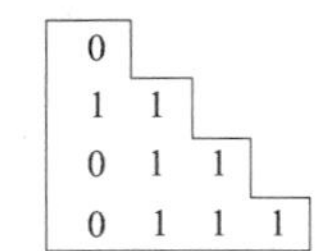


图 3-12 相容关系矩阵的共同特征

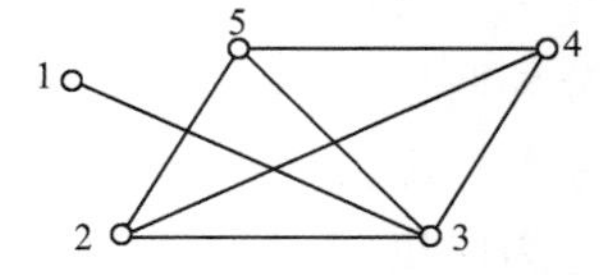


图 3-13 相容关系的简化关系图

**定义 3.9.9** 设 $R$ 是集合 $A$ 上的相容关系，$C\subseteq A$，如果对于 $C$ 中任意两个元素 $a_1,a_2$ 有 $a_1Ra_2$，称 $C$ 是由相容关系 $R$ 所产生的相容类(Compatible Class)。

如上例的相容关系可产生相容类{1,2}，{1,6}，{3,6}，{3,4}，{4,5}，{3,4,5}等。

对于有些相容类，能加进新的相容类组成新的相容类，例如{3,4}和{4,5}；而有些相容类，加入任一新元素，就不再组成相容类，我们称这样的相容类为最大相容类，例如{1,2}，{1,6}，{2,3}，{3,6}，{3,4,5}。

**定义 3.9.10** 设 $R$ 是集合 $A$ 上的相容关系，不能是任何其他相容类的真子集的相容类，称作最大相容类。记作 $C_R$。

**注意：**该定义可等价表述为，设 $S$ 为 $R$ 的相容类，若当 $y\notin S$ 时，都有 $x\in S$，使 $x \not R y$，则称 $S$ 为 $R$ 的一个最大相容类。

若 $C_R$ 为最大相容类，显然它是 $A$ 的子集，对于任意 $x\in C_R$，$x$ 必与 $C_R$ 中所有元素有相容关系。而在 $A-C_R$ 中没有任何元素与 $C_R$ 所有元素有相容关系。

设 $R$ 是非空有限集合 $A$ 上的相容关系，我们在实际中经常要遇到的问题就是求 $R$ 的最大相容类。一种方法是关系图法：先画出 $R$ 的简化关系图，则其中每个最大完全多边形的结点集合就是最大相容类。所谓完全多边形，就是其每个结点都与其他结点连接的多边形。换言之，若给该多边形再添加简化关系图中的另外结点，它就不是完全多边形了。例如，一个三角形是完全多边形，一个四边形加上两条对角线就是完全多边形。此外，在相容关系图中，一个孤立结点，以及两个结点的连线，也是最大相容类。

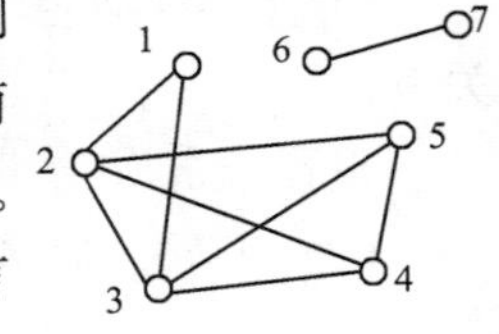


图 3-14 例 3-57 相容关系图

【例 3-57】 设给定相容关系图如图 3-14 所示，给出其最大相容类。

**解** 从简化关系图中可以看出最大完全多边形有三个：结点 1,2,3 构成的三角形，结点 2,3,4,5 构成的四边形，结点 6,7 间的连线。

此外还可以用关系矩阵的方法来求最大相容类。

## 3.10 偏序关系

在一个集合上，常常要考虑元素的次序关系，次序是元素群体的重要特征，是建立在元素间的关系基础上的。其中偏序关系就是一类很重要的次序关系。

### 3.10.1 偏序关系的定义

**定义 3.10.1** 设 $A$ 是一个集合，如果 $A$ 上的一个关系 $R$ 满足自反性、反对称性和传递性，则称 $R$ 是 $A$ 上的一个偏序关系。序偶 $\langle A, \leqslant \rangle$ 称作偏序集。但又常把 $R$ 记为"$\leqslant$"。于是，若 $a,b \in A$，$\langle a,b \rangle \in \leqslant$，则记作 $a \leqslant b$，读做"$a$ 小于等于 $b$"。这时偏序集记为 $\langle A, \leqslant \rangle$。

我们指出：这里的"小于或等于"不是指普通数的大小关系的 $\leqslant$，而是指偏序关系中的顺序性。$x$"小于或等于"$y$ 表示：$x$ 排在 $y$ 的前边，而非 $x<y$ 或 $x=y$。

【例 3-58】 在实数集 $\mathbf{R}$ 上，小于等于关系"$\leqslant$"是偏序关系。因为：

(1)对于任何实数 $a \in \mathbf{R}$，有 $a \leqslant a$ 成立，故"$\leqslant$"是自反的；

(2)对任何实数 $a,b \in \mathbf{R}$，如果 $a \leqslant b$ 且 $b \leqslant a$，则必有 $a=b$，故"$\leqslant$"是反对称的；

(3)对任何实数 $a,b,c \in \mathbf{R}$，如果 $a \leqslant b$，$b \leqslant c$，那么必有 $a \leqslant c$，故"$\leqslant$"是传递的。

【例 3-59】 设 $S$ 为任意非空集合，$P(S)$上的包含关系 $\subseteq = \{\langle A,B \rangle \mid A,B \in P(S), A \subseteq B\}$ 是偏序关系。因为：

(1)对于任意 $A \in P(S)$，有 $A \subseteq A$，所以"$\subseteq$"是自反的；

(2)对任意 $A,B \in P(S)$，若 $A \subseteq B$ 且 $B \subseteq A$，则 $A=B$，所以"$\subseteq$"是反对称的；

(3)对任意 $A,B,C \in P(S)$，若 $A \subseteq B$ 且 $B \subseteq C$，则 $A \subseteq C$，所以"$\subseteq$"是可传递的。

【例 3-60】 正整数集 $\mathbf{I}_+$ 上的整除关系 $| = \{\langle m,n \rangle \mid m,n \in \mathbf{I}_+, a \text{ 整除 } b\}$ 是偏序关系。因为：

(1)对于任何正整数 $m \in \mathbf{I}_+$，有 $m \mid m$ 成立，故"$\mid$"是自反的；

(2)对任何正整数 $m,n \in \mathbf{I}_+$，如果 $m \mid n$ 且 $n \mid m$，则必有 $m=n$，故"$\mid$"是反对称的；

(3)对任何正整数 $m,n,k \in \mathbf{I}_+$，如果 $m \mid n$ 且 $n \mid k$，那么必有 $m \mid k$，故"$\mid$"是传递的。

【例 3-61】 (1)实数集 $\mathbf{R}$ 上的小于关系"$<$"不是偏序关系。因为没有自反性。

(2)任意非空集合 $S$ 的幂集 $P(S)$上的真包含关系"$\subset$"不是偏序关系。因为没有自反性。

【例 3-62】 设 $A=\{1,2,3,4,6,12\}$，则 $\langle A, | \rangle$ 是偏序集。

**证明** $| = \{\langle 1,1 \rangle, \langle 1,2 \rangle, \langle 1,3 \rangle, \langle 1,4 \rangle, \langle 1,6 \rangle, \langle 1,12 \rangle, \langle 2,2 \rangle, \langle 2,4 \rangle, \langle 2,6 \rangle, \langle 2,12 \rangle, \langle 3,3 \rangle, \langle 3,6 \rangle, \langle 3,12 \rangle, \langle 4,4 \rangle, \langle 4,12 \rangle, \langle 6,6 \rangle, \langle 6,12 \rangle, \langle 12,12 \rangle\}$

关系矩阵为

$$\begin{pmatrix} 1 & 1 & 1 & 1 & 1 & 1 \\ 0 & 1 & 0 & 1 & 1 & 1 \\ 0 & 0 & 1 & 0 & 1 & 1 \\ 0 & 0 & 0 & 1 & 0 & 1 \\ 0 & 0 & 0 & 0 & 1 & 1 \\ 0 & 0 & 0 & 0 & 0 & 1 \end{pmatrix}$$

关系图为(图 3-15)

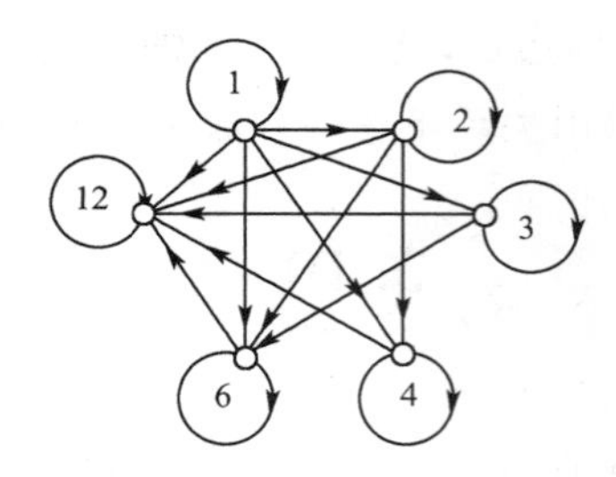


图 3-15 例 3-62 关系图

显然,偏序关系“|”具有自反、反对称和传递性,因此⟨A,|⟩是偏序集。

## 3.10.2 偏序关系的哈斯图

从例 3-62 可以看出画偏序关系的关系图比较繁琐,根据偏序关系的性质可对其关系图按如下规则进行简化:

(1)偏序关系具有自反性,所以所有结点的环均省略,只用一个结点表示 $A$。

(2)偏序关系具有反对称性,即两结点间的边为单向的,所以可以省略所有边上的箭头,适当排列 $A$ 中元素的位置,如 $x \leqslant y$,则 $x$ 画在 $y$ 的下方。即每条边都向上画,并略去箭头。

(3)偏序关系具有传递性,即若 $x \leqslant y$,$y \leqslant z$,则必有 $x \leqslant z$,因此 $x$ 到 $y$ 有边,$y$ 到 $z$ 有边,则 $x$ 到 $z$ 的无向边省略。

为了画偏序关系图更简便,哈斯(Hasse)根据“盖住”概念给出了一种画法——哈斯图。

**定义 3.10.2** 在偏序集⟨A,≤⟩中,若 $x, y \in A$,$x \leqslant y$,$x \neq y$,并且没有其他元素 $z$ 满足 $x \leqslant z$,$z \leqslant y$,则称元素 $y$ 盖住元素 $x$,并且记 COVA $=\{\langle x, y\rangle \mid x, y \in A, y$ 盖住 $x\}$。称 COVA 为偏序集⟨A,≤⟩中的盖住关系。显然 COVA⊆≤。

显然,对于给定的偏序集⟨A,≤⟩,元素之间的“盖住”关系是唯一的,可以利用这一特性画出偏序集的关系图,即哈斯图。画法步骤如下:

(1)用小圆圈表示元素;

(2)若 $y$ 盖住 $x$,则把表示 $y$ 的小圆圈画在表示 $x$ 的小圆圈之上,并在两个小圆圈之间连一条边,由于所有边的箭头向上,因此略去箭头。

根据盖住关系,画出的哈斯图把表示偏序关系“≤”传递性的连线都省略了。具体说,若 $\langle x, y\rangle \in$ COVA,$\langle y, z\rangle \in$ COVA,即 $x \leqslant y$,$y \leqslant z$,显然必有 $x \leqslant z$。

**【例 3-63】** 设 $A=\{1,2,3,4,6,12\}$,并设“|”为整除关系,求 COVA 并画出哈斯图。

**解** “|”$=\{\langle 1,1\rangle,\langle 1,2\rangle,\langle 1,3\rangle,\langle 1,4\rangle,\langle 1,6\rangle,\langle 1,12\rangle,\langle 2,2\rangle,\langle 2,4\rangle,\langle 2,6\rangle,\langle 2,12\rangle,\langle 3,3\rangle,\langle 3,6\rangle,\langle 3,12\rangle,\langle 4,4\rangle,\langle 4,12\rangle,\langle 6,6\rangle,\langle 6,12\rangle,\langle 12,12\rangle\}$

COVA $=\{\langle 1,2\rangle,\langle 1,3\rangle,\langle 2,4\rangle,\langle 2,6\rangle,\langle 3,6\rangle,\langle 4,12\rangle,\langle 6,12\rangle\}$。它的哈斯图如 3-16 所示。

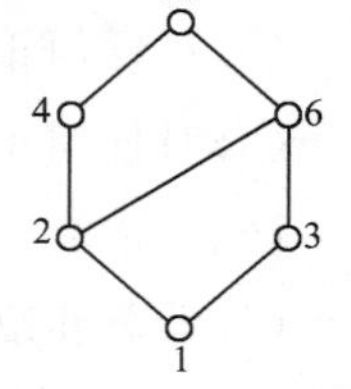


图 3-16 “|”的哈斯图

【例 3-64】 画出下列偏序集的哈斯图。

(1)设$\langle A,\leqslant\rangle$是偏序集，其中 $A=\{2,3,4,6,8\}$，$\leqslant=\{\langle 2,2\rangle,\langle 2,4\rangle,\langle 2,6\rangle,\langle 2,8\rangle,\langle 3,3\rangle,\langle 3,6\rangle,\langle 4,4\rangle,\langle 4,8\rangle,\langle 6,6\rangle,\langle 8,8\rangle\}$。

**解** 根据偏序关系$\leqslant$，画出关系图，根据 COVA，画出哈斯图，如图 3-17 所示。

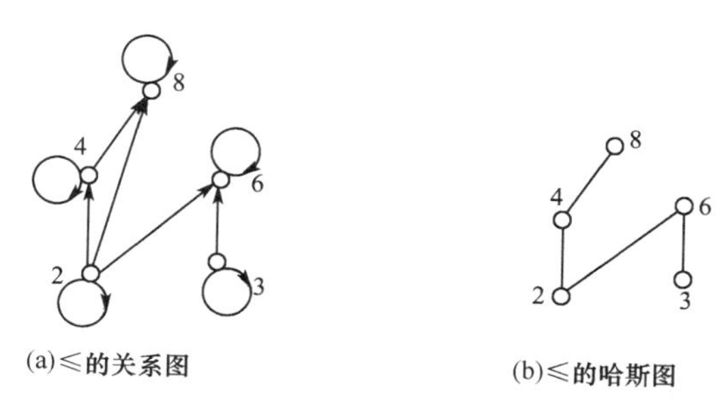


图 3-17 ≤关系图与哈斯图

$$\mathrm{COVA}=\{\langle 2,4\rangle,\langle 2,6\rangle,\langle 3,6\rangle,\langle 4,8\rangle\}。$$

(2)设$\langle A,\subseteq\rangle$是偏序集，$A=\{a,b,c\}$。

**解** $P(A)=\{\varnothing,\{a\},\{b\},\{c\},\{a,b\},\{a,c\},\{b,c\},\{a,b,c\}\}$

包含关系$\subseteq=\{\langle\varnothing,\varnothing\rangle,\langle\varnothing,\{a\}\rangle,\langle\varnothing,\{b\}\rangle,\langle\varnothing,\{c\}\rangle,\langle\varnothing,\{a,b\}\rangle,\langle\varnothing,\{a,c\}\rangle,\langle\varnothing,\{b,c\}\rangle,\langle\varnothing,\{a,b,c\}\rangle,\langle\{a\},\{a\}\rangle,\langle\{a\},\{a,b\}\rangle,\langle\{a\},\{a,c\}\rangle,\langle\{a\},\{a,b,c\}\rangle,\langle\{b\},\{b\}\rangle,\langle\{b\},\{a,b\}\rangle,\langle\{b\},\{b,c\}\rangle,\langle\{b\},\{a,b,c\}\rangle,\langle\{c\},\{c\}\rangle,\langle\{c\},\{a,c\}\rangle,\langle\{c\},\{b,c\}\rangle,\langle\{a,b\},\{a,b\}\rangle,\langle\{a,b\},\{a,b,c\}\rangle,\langle\{a,c\},\{a,c\}\rangle,\langle\{a,c\},\{a,b,c\}\rangle,\langle\{b,c\},\{a,b,c\}\rangle,\langle\{b,c\},\{b,c\}\rangle,\langle\{a,b,c\},\{a,b,c\}\rangle\}$

$\mathrm{COVA}=\langle\varnothing,\{a\}\rangle,\langle\varnothing,\{b\}\rangle,\langle\varnothing,\{c\}\rangle,\langle\{a\},\{a,b\}\rangle,\langle\{a\},\{a,c\}\rangle,\langle\{b\},\{a,b\}\rangle,\langle\{b\},\{b,c\}\rangle,\langle\{c\},\{a,c\}\rangle,\langle\{c\},\{b,c\}\rangle,\langle\{a,b\},\{a,b,c\}\rangle,\langle\{a,c\},\{a,b,c\}\rangle,\langle\{b,c\},\{a,b,c\}\rangle\}$，作出哈斯图如图 3-18 所示。

【例 3-65】 设 $A=\{2,3,6,12,24,36\}$，$|$ 是 $A$ 上的整除关系，求偏序集$\langle A,|\rangle$的哈斯图。

**解** $|=\{\langle 2,2\rangle,\langle 2,6\rangle,\langle 2,12\rangle,\langle 2,24\rangle,\langle 2,36\rangle,\langle 3,3\rangle,\langle 3,6\rangle,\langle 3,12\rangle,\langle 3,24\rangle,\langle 3,36\rangle,\langle 6,6\rangle,\langle 6,12\rangle,\langle 6,24\rangle,\langle 6,36\rangle,\langle 12,12\rangle,\langle 12,24\rangle,\langle 12,36\rangle,\langle 24,24\rangle,\langle 36,36\rangle\}$

偏序集$\langle A,|\rangle$的盖住关系为

$$\mathrm{COVA}=\{\langle 2,6\rangle,\langle 3,6\rangle,\langle 6,12\rangle,\langle 12,24\rangle,\langle 12,36\rangle\}$$

偏序集$\langle A,|\rangle$的哈斯图如图 3-19 所示。

【例 3-66】 设 **Z** 是整数集，"$\leqslant$"为数的大小相等关系，则$\langle \mathbf{Z},\leqslant\rangle$的哈斯图如图 3-20 所示。

应该指出，不同定义的偏序关系，可有相同的哈斯图，这将在代数结构中进一步研究。从哈斯图中，可以看到偏序集$\langle A,\leqslant\rangle$中各个元素，处于不同层次的位置，下面讨论偏序集中的特殊元素，它们是讨论次序关系所必需的，而且在代数系统中扮演着重要角色。

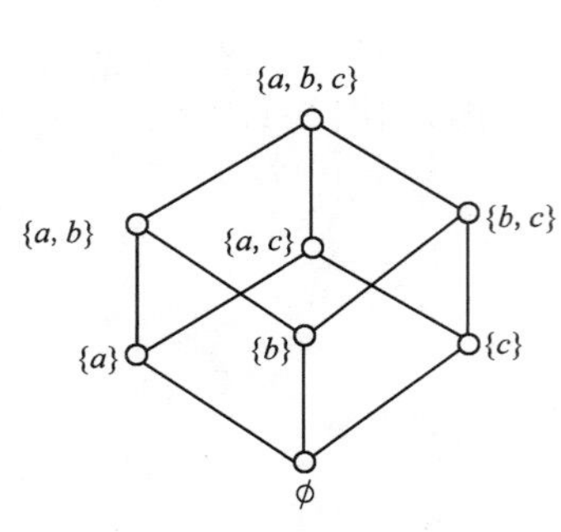

图 3-18 哈斯图

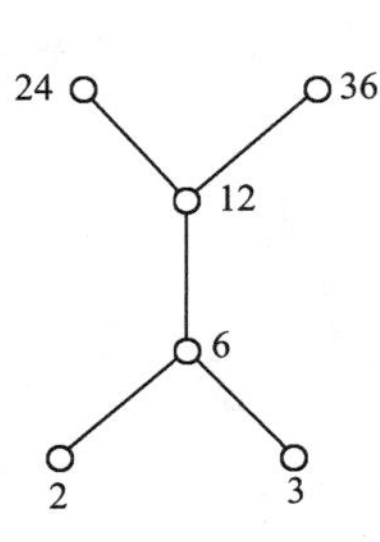

图 3-19 哈斯图

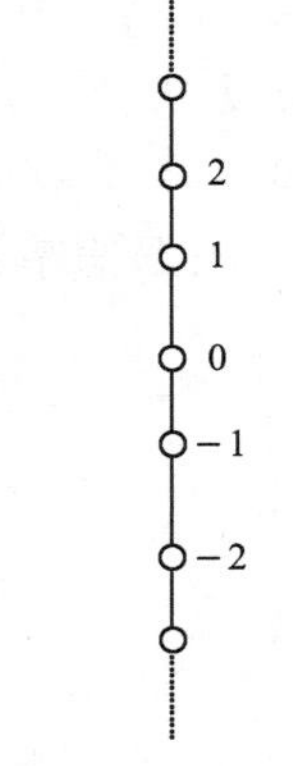

图 3-20 “≤”的哈斯图

## 3.10.3 偏序集中特殊的元素

偏序集中的特殊元

**定义 3.10.3** 设$\langle A, \leqslant \rangle$是偏序集，集合$B \subseteq A$。

(1)如果存在元素$b \in B$，使得对任意的$x \in B$，均有$x \leqslant b$，则称$b$为$B$的最大元(Greatest Element)。

(2)如果存在元素$a \in B$，使得对任意的$x \in B$，均有$a \leqslant x$，则称$a$为$B$的最小元(Smallest Element)。

(3)如果存在元素$b \in B$，使得对任意的$x \in B$，若$b \leqslant x$，则$x = b$，称$b$为$B$的极大元(Maximal Element)。

(4)如果存在元素$a \in B$，使得对任意的$x \in B$，若$x \leqslant a$，则$x = a$，称$a$为$B$的极小元(Minimal Element)。

(5)如果存在元素$b \in A$，使得对任意的$x \in B$，则$x \leqslant b$，那么称$b$为$B$的上界(Upper Bound)。

(6)如果存在元素$a \in A$，使得对任意的$x \in B$，则$a \leqslant x$，那么称$a$为$B$的下界(Lower Bound)。

(7)令$C = \{b \mid b$为$B$的上界$\}$，则称$C$的最小元为$B$的最小上界或上确界(Least Upper Bound)。

(8)令$D = \{a \mid a$为$B$的下界$\}$，则称$D$的最大元为$B$的最大下界或下确界(Greastest Lower Bound)。

**注意：**

(1)$B$的最大(或最小)元是$B$中的元素，它大于(或小于)$B$中其他每个元素，它与$B$中其他元素都可比较；最大(最小)元可能不存在。

(2)$B$的极大(极小)元是$B$中的元素，它不小于(不大于)$B$中其他每个元素，极大(极小)元不一定与$B$中元素都可比，只要不存在能与它进行比较且比它大(小)的元素，它就是极大(极小)元，极大(极小)元未必是唯一的，也不一定是最大(最小)元，但若极大(极小)元唯一，则必定是最大(最小)元。孤立点既是极大元，也是极小元。

(3)$B$的上(下)界是$B$中的元素，它大于(小于)$B$中每个元素。

(4)$B$的上(下)确界是$B$的上(下)界中的最小(大)者。

(5)最大(最小)元是$B$中极大(极小)的元素，最大(最小)元一定是$B$的上(下)界，同时也是$B$的最小上界(最大下界)，但反过来不一定正确。

【例 3-67】 设$\langle A,\leqslant\rangle$是偏序集，

(1)若 $A$ 的子集 $B$ 存在最大元 $y$，则最大元是唯一的。

(2)若 $A$ 的子集 $B$ 存在最小元 $y$，则最小元是唯一的。

**证明** 设 $y_1,y_2\in B$ 均是 $B$ 的最大元，若 $y_1$ 是最大元，则 $y_2\leqslant y_1$，而 $y_2$ 也是 $B$ 的最大元，显然 $y_1\leqslant y_2$，因此 $y_1=y_2$，故最大元是唯一的。

同理可证(2)。

【例 3-68】 $A=\{1,2,3,4,5,6\}$，$D$ 是整除关系，哈斯图如图 3-21 所示。1 是 $A$ 的最小元，没有最大元，1 是极小元，4，5，6 都是 $A$ 的极大元。

【例 3-69】 集合 $X=\{2,3,6,12,24,36\}$上的整除关系是偏序关系，

(1)找出 $X$ 的最大(小)元、极大(小)元、上(下)界、上(下)确界。

(2)找出集合 $Y=\{2,3,6,12\}$的最大(小)元、极大(小)元、上(下)界、上(下)确界。

(3)找出集合 $Z=\{3,6,12\}$的最大(小)元、极大(小)元、上(下)界、上(下)确界。

**解** (1)用枚举法给出集合 $X$ 上的整除关系如下：

$\leqslant=\{\langle 2,2\rangle,\langle 2,6\rangle,\langle 2,12\rangle,\langle 2,24\rangle,\langle 2,36\rangle,\langle 3,3\rangle,\langle 3,6\rangle,\langle 3,12\rangle,\langle 3,24\rangle,\langle 3,36\rangle,\langle 6,6\rangle,\langle 6,12\rangle,\langle 6,24\rangle,\langle 6,36\rangle,\langle 12,12\rangle,\langle 12,24\rangle,\langle 12,36\rangle,\langle 24,24\rangle,\langle 36,36\rangle\}$

根据关系$\leqslant$画出哈斯图，如图 3-22 所示。2，3 位于同一最下层，所以 2，3 为极小元；24，36 位于同一最上层，所以 24，36 为极大元；因为 2 和 3、24 和 36 无关系且极小(大)元不唯一，所以无最小(大)元。位于最下(上)层元素不唯一，所以无上界、下界、上确界、下确界。

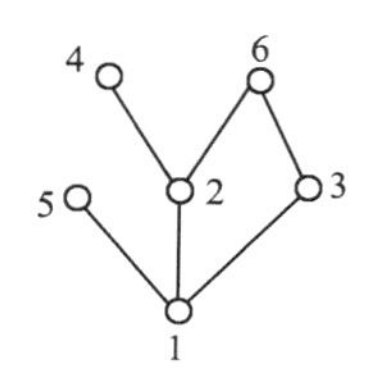

图 3-21 例 3-68 整除关系哈斯图

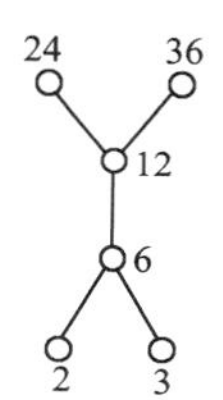

图 3-22 例 3-69 哈斯图

同理可求出 $Y,Z$ 的最大(小)元、极大(小)元、上(下)界、上(下)确界如表 3-4 所示。

表 3-4 例 3-69 各种子集的特殊元

| | 极大元 | 极小元 | 最大元 | 最小元 | 上 界 | 下 界 | 上确界 | 下确界 |
|---|---|---|---|---|---|---|---|---|
| $X$ | 24,36 | 2,3 | 无 | 无 | 无 | 无 | 无 | 无 |
| $Y$ | 12 | 2,3 | 12 | 无 | 12,24,36 | 无 | 12 | 无 |
| $Z$ | 12 | 3 | 12 | 3 | 12,24,36 | 3 | 12 | 3 |

## 3.10.4 两种特殊的偏序集

**定义 3.10.4** 设 $R$ 是 $A$ 上的偏序关系，若对 $\forall x,y\in A$，都有 $x\leqslant y$ 或 $y\leqslant x$，即两者必居其一，则称 $R$ 为 $A$ 上的全序关系(Totally Ordered Relation)，或称线序关系。

全序关系的实质是，$R$ 为非空集合 $A$ 上的偏序关系，$\forall x,y\in A$，$x$ 与 $y$ 都是可比的。可以将全序关系中的元素按次序排列，得 $x_1\leqslant x_2\leqslant\cdots\leqslant x_i\leqslant x_{i+1}\leqslant\cdots(i=1,2,\cdots)$。显然全序关系的哈斯图是一条线，故全序关系又称线序关系。

【例 3-70】 英文的 26 个字母有确定的先后次序，因而英汉词典中英文单词有一个次序。

例如,computer 在 count 的前面,而 computer 在 caw 的后面等。总之,任何两个英文单词均可确定哪个在前面,哪个在后面。一部英汉词典,是全序关系,称为词典次序。

**定义 3.10.5** 一个偏序集$\langle A,\leqslant\rangle$,若对于 $A$ 的每一个非空子集都存在最小元素,则称偏序集$\langle A,\leqslant\rangle$为良序集(Well Ordered Set)。

例如,自然数集 $\mathbf{N}$ 和 $\mathbf{N}$ 上的小于等于关系"$\leqslant$"组成的偏序集是良序集。

**定理 3.10.1** 每一个良序集,一定是全序集。

**证明** 设$\langle A,\leqslant\rangle$是良序集,则对任意 $x,y\in A$,可以构成子集$\{x,y\}$,必定存在最小元素,即必有 $x\leqslant y$ 或 $y\leqslant x$,因此$\langle A,\leqslant\rangle$是全序集。

**定理 3.10.2** 每一个有限全序集,一定是良序集。

**证明** 设有限集 $A=\{a_1,a_2,\cdots,a_n\}$,$\langle A,\leqslant\rangle$是全序集,假定它不是良序集,即存在一个非空子集 $B\subseteq A$,在 $B$ 中不存在最小元素。因为 $B$ 是有限集合,所以一定可以找出元素 $x$ 和 $y$ 是无关的,但$\langle A,\leqslant\rangle$是全序集,所以对 $\forall x,y\in A$,$x$ 与 $y$ 必有关系,因此产生矛盾。

故$\langle A,\leqslant\rangle$是良序集。

**注意:**对于无限的全序集,不一定是良序集。例如,整数集合 $\mathbf{I}$ 上的小于等于关系"$\leqslant$",$\langle I,\leqslant\rangle$是全序集,但不是良序集,因为无最小元素。

## 本章小结

集合是数学中的基本概念,也是计算机科学中经常应用的基本概念,特别是关系,在计算机的许多学科中有着直接的应用,如程序设计语言、数据结构等。本章的主要内容包括:集合的概念与表示、集合的运算、序偶与笛卡尔积、关系及表示、关系的性质、复合关系和逆关系、关系的闭包运算、等价关系与等价类、偏序关系等。其中,关系及关系的运算是重点。

## 习 题

1. 用枚举法表示下列集合。

(1)小于 20 的素数。

(2)构成词 enumeration(枚举)的英文字母的集合。

(3)$\{x\mid x^2+x-6=0\}$。

2. 用描述法表示下列集合。

(1)$\{1,2,3,\cdots,79\}$。

(2)正奇数的集合。

(3)能被 5 整除的整数集合。

3. 写出下列三个集合哪些是相等的。

(1)$\varnothing$ (2)$\{\varnothing\}$ (3)$\{0\}$

4. 对任意元素 $a,b,c,d$,证明:

$\{\{a\},\{a,b\}\}=\{\{c\},\{c,d\}\}$当且仅当 $a=c,b=d$。

5. 求下列集合的幂集。

(1)$\{\varnothing\}$ (2)$\{\varnothing,\{\varnothing\}\}$ (3)$\{\{\varnothing,a\},\{a\}\}$

(4)$\{\{a,b\},\{a,a,b\},\{b,a,b\}\}$

6. 设 $S$ 表示某人拥有的所有书的集合,$M,N,T,P\subseteq S$,且 $M$ 是珍贵的书的集合,$N$ 是数学书的集合，$T$ 是去年刚买的书的集合，$P$ 是存放在书柜中书的集合，试用集合表达式表示下列叙述。

(1)所有珍贵的书都是去年刚买的。

(2)所有的数学书都放在书柜中。

(3)放书柜中的书没有去年刚买的。

7. 给定自然数集合的下列子集：

$A=\{1,2,7,8\}$；$B=\{i \mid i^2<50\}$；$C=\{i \mid i$ 可以被 3 整除，$i\leqslant 30\}$；

$D=\{i \mid i=2^k$ 且 $k\in \mathbf{I}, 0\leqslant k\leqslant 6\}$。求下列集合：

(1)$A\cup(B\cup(C\cup D))$　(2)$A\cap(B\cap(C\cap D))$　(3)$B-(A\cup C)$　(4)$(\overline{A}\cap B)\cup D$

8. 证明下列集合等式。

(1)$(A\cup B)\cap(A\cup\overline{B})=A$　(2)$(A\cap B)\cup(A\cap\overline{B})=A$

(3)$A-(B\cap C)=(A-B)\cup(A-C)$

9. 证明下面的三个集合公式等价。

(1)$A\subseteq B$　(2)$\overline{A}\cup B=U$　(3)$A\cap\overline{B}=\varnothing$

10. 求 1～1000 之间(包含 1 和 1000)既不能被 5 和 6 整除，也不能被 8 整除的整数有多少个？

11. 在 1～300 的整数中(包括 1 和 300)，分别求满足以下条件的整数的个数：

(1)同时能被 3,5 和 7 整除。

(2)既不能被 3 和 5 整除，也不能被 7 整除。

(3)可以被 3 整除，但不能被 5 和 7 整除。

(4)可以被 3 或 5 整除，但不能被 7 整除。

(5)只能被 3,5 和 7 中的一个数整除。

12. 某班有 25 个学生，其中 14 人会打篮球，12 人会打排球，6 人会打篮球和排球，5 人会打篮球和网球，还有 2 人会打这三种球。已知 6 个会打网球的人都会打篮球或排球。求不会打球的人数。

13. 已知集合 $A=\{a,b,\{a,b\}\}$，$B=\{1,2\}$，求笛卡尔积 $A\times B$，$B\times A$，$B\times B$，$B^3$。

14. 设 $A=\{x,y\}$，求集合 $P(A)\times A$。

15. 设 $A,B,C,D$ 是任意集合，判断下列命题是否正确？

(1)$A\times B=A\times C\Rightarrow B=C$

(2)$(A-B)\times C=(A\times C-B\times C)$

(3)存在集合 $A$ 使得 $A\subseteq A\times A$

16. 设任意三个集合 $A,B,C$，求证：

(1)$A\times(B\cup C)=(A\times B)\cup(A\times C)$　(2)$(B\cup C)\times A=(B\times A)\cup(C\times A)$

17. 试证明下列两题。

(1)设 $A,B,C,D$ 为任意集合，证明$(A\cup C)\cup(B\cup D)\subseteq(A\cup B)\cup(C\cup D)$成立。

(2)证明：若 $A\times A=B\times B$，则 $A=B$ 成立。

18. 写出从集合 $A=\{1,2,3\}$到集合 $B=\{a\}$的所有关系。

19. 用 $L$ 和 $D$ 分别表示集合 $A=\{1,2,3,4,8,9\}$上普通的大于等于关系和整除关系，即 $L=\{\langle x,y\rangle \mid (x\geqslant y)\wedge(x,y\in A)\}$，$D=\{\langle x,y\rangle \mid (x$ 整除 $y)\wedge(x,y\in A)\}$，试列出 $L$，$D$ 和 $L\cap D$，$L\cup D$，$L-D$ 中的所有序偶。

20. 已知 $X=\{a,b,c\}$，$Y=\{a,d\}$，求 $X\cup Y$ 的全域关系和恒等关系。

21. 设 $P=\{\langle 1,2\rangle,\langle 1,4\rangle,\langle 2,3\rangle,\langle 4,4\rangle\}$ 和 $Q=\{\langle 2,3\rangle,\langle 1,2\rangle,\langle 4,2\rangle\}$，求 $P\cap Q$，$P\cup Q$，$\mathrm{dom}P$，$\mathrm{ran}P$，$\mathrm{dom}Q$，$\mathrm{ran}Q$，$\mathrm{dom}(P\cup Q)$，$\mathrm{ran}(P\cup Q)$。

22. 设 $R_1$ 和 $R_2$ 都是从集合 $A$ 到集合 $B$ 的二元关系，证明：

(1) $\mathrm{dom}(R_1\cup R_2)=\mathrm{dom}R_1\cup\mathrm{dom}R_2$　(2) $\mathrm{ran}(R_1\cap R_2)=\mathrm{ran}R_1\cap\mathrm{ran}R_2$

23. 设 $A=\{0,1,2,4,6,8\}$，$B=\{1,2,3\}$，用列举法表示下列关系，并给出关系图及关系矩阵：

(1) $R_1=\{\langle x,y\rangle \mid x\in A\cap B\wedge y\in A\cap B\}$；

(2) $R_2=\{\langle x,y\rangle \mid x\in A\wedge y\in A\wedge x+y=5\}$；

(3) $R_3=\{\langle x,y\rangle \mid x\in A\wedge y\in A\wedge \exists k((x=ky)\wedge k\in N\wedge k<2)\}$；

(4) $R_5=\{\langle x,y\rangle \mid x\in A\wedge y\in B\wedge x$ 和 $y$ 互质$\}$。

24. 设集合 $\{1,2,3,4\}$ 上的二元关系 $R_1$ 和 $R_2$ 为 $R_1=\{\langle 1,1\rangle,\langle 1,2\rangle,\langle 3,3\rangle,\langle 4,3\rangle\}$，$R_2=\{\langle 1,4\rangle,\langle 2,3\rangle,\langle 2,4\rangle,\langle 3,2\rangle\}$，试求 $R_1\circ R_2$，$R_2\circ R_1$，$R_1^2$ 和 $R_2^2$。

25. 设 $R_1$ 为从集合 $A$ 到集合 $B$ 的二元关系，$R_2$ 为从集合 $B$ 到集合 $C$ 的二元关系，试求 $\mathrm{dom}(R_1\circ R_2)$ 和 $\mathrm{ran}(R_1\circ R_2)$。

26. 设 $A=\{1,2,3\}$ 上的关系 $R_1=\{\langle i,j\rangle \mid i-j$ 是偶数或 $i=2j$ 或 $i=j-1\}$，$R_2=\{\langle i,j\rangle \mid i=j+2\}$，

(1) 利用定义求 $R_1$，$R_2$，$R_1\circ R_2$，$R_1\circ R_2\circ R_1$，$R_1^{-1}$。

(2) 利用关系矩阵求解 $R_1\circ R_2$，$R_1\circ R_2\circ R_1$，$R_1^{-1}$。

(3) 给出 $R_1$，$R_2$，$R_1\circ R_2$，$R_1\circ R_2\circ R_1$，$R_1^{-1}$ 的关系图。

27. 设 $A=\{1,2,3,4,5\}$，$R=\{\langle 1,2\rangle,\langle 2,3\rangle,\langle 3,1\rangle,\langle 4,5\rangle,\langle 5,4\rangle\}$，试找出最小的正整数 $m$ 和 $n$，使 $m<n$ 且 $R^m=R^n$。

28. 集合 $A=\{1,2,3,4,5\}$ 上的关系 $R=\{\langle 1,1\rangle,\langle 1,3\rangle,\langle 1,4\rangle,\langle 2,3\rangle,\langle 2,5\rangle,\langle 4,5\rangle,\langle 5,3\rangle,\langle 5,4\rangle\}$，求 $M_{R^n}$，$n\in\mathbf{N}$。

29. 设 $A$，$B$ 是集合，$R$，$S$ 是 $A$ 到 $B$ 的关系，证明下列各题：

(1) $(R-S)^{-1}=R^{-1}-S^{-1}$　(2) $(A\times B)^{-1}=B\times A$　(3) $\varnothing^{-1}=\varnothing$

(4) $R=S\Leftrightarrow R^{-1}=S^{-1}$

30. 设 $R_1$、$R_2$、$R_3$、$R_4$ 都是整数集上的关系，且 $xR_1y\Leftrightarrow xy>0$，$xR_2y\Leftrightarrow |x-y|=1$，$xR_3y\Leftrightarrow x-y=5$，用 Y(yes) 和 N(no) 填写表 3-5。

表 3-5　习题 30 的表

| 关系 | 自反的 | 反自反的 | 对称的 | 反对称的 | 传递的 |
|---|---|---|---|---|---|
| $R_1$ | | | | | |
| $R_2$ | | | | | |
| $R_3$ | | | | | |

31. 设整数集 $\mathbf{Z}$ 中，任意两个元素 $x$，$y$ 之间有关系 $R$，$xRy\Leftrightarrow x(x-1)=y(y-1)$，问 $R$ 是否具有自反性、反自反性、对称性、反对称性和传递性？

32. 设集合 $A=\{0,1,2,4\}$ 的关系 $R=\{\langle x,y\rangle \mid x*y\in A\}$ 完成下面两题。

(1) 画出 $R$ 的关系图；(2) $R$ 是否具有自反性、反自反性、对称性、反对称性和传递性？

33. 设 $R$ 为非空有限集合 $A$ 上的二元关系，如果 $R$ 是反对称的，则 $R\cap R^{-1}$ 的关系矩阵 $M_{R\cap R^{-1}}$ 中最多能有几个元素为 1？

34. 设集合 $A=\{1,2,3\}$，求(1)在其上定义一个既不是自反的也不是反自反的关系。(2)在其上定义一个既不是对称的也不是反对称的关系。(3)在其上定义一个既是对称的也

是反对称的关系。(4)在其上定义一个是传递的关系。

35. 设 $R_1, R_2$ 为集合 $A$ 上的自反关系,证明 $R_1 \circ R_2$ 也是 $A$ 上的自反关系。

36. 设 $R_1=\{\langle a,b\rangle,\langle b,c\rangle\}$, $R_2=\{\langle a,a\rangle,\langle a,b\rangle,\langle b,c\rangle,\langle c,a\rangle\}$都是集合 $A=\{a,b,c\}$ 上的二元关系,求出各自的自反闭包、对称闭包和传递闭包(用有序对形式给出),并给出各闭包的关系矩阵和关系图。

37. 已知集合$\{1,2,3\}$上的关系 $R$, $R=\{\langle 1,2\rangle,\langle 2,1\rangle,\langle 3,2\rangle,\langle 3,3\rangle\}$,求下列关系的关系矩阵:(1)$r(R)$;(2)$s(R)$;(3)$t(R)$;(4)$rs(R)$;(5)$sr(R)$。

38. $R_1, R_2$ 为 $A$ 上的关系, $R_1\subseteq R_2$,求证:(1)$r(R_1)\subseteq r(R_2)$;(2)$s(R_1)\subseteq s(R_2)$;(3)$t(R_1)\subseteq t(R_2)$。

39. 设 $R_1, R_2$ 为集合 $A$ 上的关系,证明:

(1)$r(R_1\cup R_2)=r(R_1)\cup r(R_2)$

(2)$s(R_1\cup R_2)=s(R_1)\cup s(R_2)$

(3)$t(R_1)\cup t(R_2)\subseteq t(R_1\cup R_2)$

40. 给出一个二元关系 $R$ 使 $st(R)\subseteq ts(R)$。

41. 证明定理 3.8.5 的(2),设 $R$ 为集合 $A$ 上的二元关系,则 $rt(R)=tr(R)$。

42. 设 $R$ 是集合 $A$ 中的对称关系和传递关系,求证:若对每一个元素 $a\in A$,存在一个元素 $b\in A$,使$\langle a,b\rangle\in R$,则 $R$ 是等价关系。

43. 集合 $A=\{a,b,c,d,e\}$上的划分为 $S$, $S=\{\{a,d,e\},\{b,c\}\}$,那么

(1)写出由划分 $S$ 导出的 $A$ 上的等价关系 $R$;(2)画出 $R$ 的关系图,并求 $M_R$。

44. $R_1$ 和 $R_2$ 都是集合 $A$ 上的等价关系,试判断下列 $A$ 上的二元关系是不是 $A$ 上的等价关系。若不是,请给出反例。

(1)$A^2-R_1$　(2)$R_1-R_2$　(3)$r(R_1-R_2)$　(4)$R_1\circ R_2$　(5)$R_1\cup R_2$

45. 设 $\pi_1$ 和 $\pi_2$ 都是集合 $A$ 的划分,试判断下列集合是不是 $A$ 的划分,为什么?

(1)$\pi_1\cup\pi_2$　(2)$\pi_1\cap\pi_2$　(3)$\pi_1-\pi_2$　(4)$(\pi_1\cap(\pi_2-\pi_1))\cup\pi_1$

46. $R$ 是整数集合 $\mathbf{I}$ 上的关系, $R=\{\langle x,y\rangle\mid x^2=y^2\}$

(1)证明 $R$ 是等价关系;　(2)确定 $R$ 的等价类。

47. 设 $R$ 是集合 $X$ 上的二元关系,对任意 $x_i,x_j,x_k\in X$,每当$\langle x_i,x_j\rangle\in R$, $\langle x_j,x_k\rangle\in R$ 时,必有$\langle x_k,x_i\rangle\in R$,则称 $R$ 是循环的。试证:$R$ 是等价关系,当且仅当 $R$ 是自反和循环的。

48. 假设给定了正整数的序偶集合 $A$,在 $A$ 上定义二元关系 $R$ 如下:$\langle\langle x,y\rangle,\langle u,v\rangle\rangle\in R$,当且仅当 $xv=yu$ 时,证明 $R$ 为等价关系。

49. 设 $R$ 为 $A$ 上二元关系,如果对每一 $a\in A$ 均有 $b\in A$ 使 $aRb$,则称 $R$ 为连续的。证明:当 $R$ 连续、对称、传递时,$R$ 为等价关系。

50. 设 $R$ 是集合 $A$ 上的一个自反关系,证明:$R$ 是等价关系当且仅当若$\langle a,b\rangle\in R\wedge\langle a,c\rangle\in R$ 时,$\langle b,c\rangle\in R$。

51. 设 $R$ 是 $X$ 上的二元关系,试证明 $R=I_X\cup R\cup R^{-1}$ 是 $X$ 上的相容关系。

52. 设集合 $A=\{1,2,3,4,5,6\}$, $R=\{\langle 1,1\rangle,\langle 1,2\rangle,\langle 1,3\rangle,\langle 2,1\rangle,\langle 2,2\rangle,\langle 2,3\rangle,\langle 2,4\rangle,\langle 2,5\rangle,\langle 3,1\rangle,\langle 3,2\rangle,\langle 3,3\rangle,\langle 3,4\rangle,\langle 4,2\rangle,\langle 4,3\rangle,\langle 4,4\rangle,\langle 4,5\rangle,\langle 5,2\rangle,\langle 5,4\rangle,\langle 5,5\rangle,\langle 6,6\rangle\}$,证明 $R$ 是 $A$ 上的相容关系,给出 $R$ 的关系矩阵和简化关系图,求 $R$ 的最大相容类。

53. 设集合 $X=\{1,2,3,4,5\}$上的二元关系为:$R=\{\langle 1,1\rangle,\langle 1,2\rangle,\langle 1,3\rangle,\langle 1,4\rangle,\langle 1,5\rangle,\langle 2,2\rangle,\langle 2,4\rangle,\langle 2,5\rangle,\langle 3,3\rangle,\langle 3,5\rangle,\langle 4,4\rangle,\langle 4,5\rangle,\langle 5,5\rangle\}$,验证$\langle A,R\rangle$是偏序集,并画出哈

斯图。

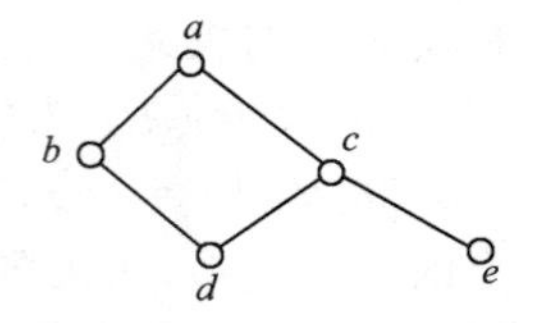

图 3-23 题 54 图

54. 如图 3-23 所示，为一偏序集 $\langle A,R\rangle$ 的哈斯图，

(1)下列命题哪些为真？

$aRb$，$dRa$，$cRd$，$cRb$，$bRc$，$aRa$，$eRa$。

(2)给出 $R$ 的关系图。

(3)指出 $A$ 的最大元，最小元(如果有的话)，极大元，极小元。

(4)求出集合 $A$ 的子集 $B_1=\{c,d,e\}$，$B_2=\{b,c,d\}$，$B_3=\{a,c,d,e\}$ 的上界、下界、上确界、下确界(如果有的话)。

55. 填写表 3-6，区分有序集 $\langle A,\leqslant\rangle$ 的子集 $B$ 上的最大(小)元、极大(小)元、上(下)界、上(下)确界。

表 3-6　习题 55 的表

| $b$ 是 $B$ 的… | 定义 | $b\in B$ 否 | 存在性 | 唯一性 |
| --- | --- | --- | --- | --- |
| 最大元素 | | | | |
| 最小元素 | | | | |
| 极大元素 | | | | |
| 极小元素 | | | | |
| 上界 | | | | |
| 下界 | | | | |
| 上确界 | | | | |
| 下确界 | | | | |

56. 设 $R$ 是非空集合 $A$ 上的关系，若 $R$ 具有反自反性、传递性，则称 $R$ 是 $A$ 上的拟序关系。证明：

(1)集合 $A$ 的幂集 $P(A)$ 上的关系“$\subset$”是拟序关系。

(2)设 $R$ 是集合 $A$ 上的拟序关系，则 $R$ 是反对称性。

57. 下列集合中哪些是偏序集、拟序集、全序集、良序集？

(1)$\langle\rho(N),\subseteq\rangle$　(2)$\langle\rho(N),\subset\rangle$　(3)$\langle\rho(\{a\}),\subseteq\rangle$

(4)$\langle\rho(\{\varnothing\}),\subseteq\rangle$

## 上机实践

1. 编程实现任意两个集合的并、交、差、对称差及笛卡尔积运算。

2. 编程实现任意两个二元关系的复合运算。

3. 编程实现判断任意一个二元关系的性质(自反性、反自反性、对称性、反对称性和传递性)。

4. 设计一个算法，用它求解包含一个给定关系的最小等价关系。

5. 编程实现 Warshall 算法来求关系的传递闭包。

## 阅读材料

### 集合论的历史及其在计算机中的应用

集合论是一门研究数学基础的学科。集合论是现代数学的基础，是数学不可或缺的基本描述工具。可以这样讲，现代数学与离散数学的“大厦”是建立在集合论的基础之上的。

21世纪数学中最为深刻的活动，就是关于数学基础的探讨。这不仅涉及数学的本性，也涉及演绎数学的正确性。数学中若干悖论的发现，引发了数学史上的第三次危机，而这种悖论在集合论中尤为突出。

**1. 集合论的历史**

集合论是德国著名数学家康托尔(G. Cantor)于19世纪末创立的。17世纪数学中出现了一门新的分支：微积分。在之后的一二百年中这一崭新学科获得了飞速发展并结出了丰硕成果。其推进速度之快使人来不及检查和巩固它的理论基础。19世纪初，许多迫切的问题得到解决后，出现了一场重建数学基础的运动。正是在这场运动中，康托尔开始探讨了前人从未碰过的实数点集，这是集合论研究的开端。1874年，康托尔在著名的《克雷尔数学杂志》上发表了关于无穷集合论的第一篇革命性文章。从1874年到1884年，康托尔的一系列关于集合的文章，奠定了集合论的基础。他对集合所下的定义是：把若干确定的、有区别的(不论是具体的或抽象的)事物合并起来，看作一个整体，其中各事物称为该集合的元素。

没想到集合论一诞生就遭到了许多数学家的强烈反对，当时的权威数学家克罗内克(Kronecker)非常敌视康托尔的集合论思想，时间长达整整十年之久。法国数学家庞加莱(Poincare)则预测后一代人将把集合论当作一种疾病。在猛烈的攻击下与过度的用脑思考中，康托尔本人一度成为这一激烈论争的牺牲品，他得了精神分裂症，几次陷于精神崩溃。

然而乌云遮不住太阳，二十余年后，集合论最终获得了世界公认。到20世纪初集合论已得到数学家们的赞同。数学家们乐观地认为从算术公理系统出发，只要借助集合论的概念，便可以建造起整个数学的大厦。在1900年第二次国际数学大会上，著名数学家庞加莱就曾兴高采烈地宣布“……数学已被算术化了。我们可以说，现在数学已经达到了绝对的严格，”然而这种自得的情绪并没能持续多久。英国哲学家罗素(Russell)就很怀疑数学的这种严密性，他经过三年的苦思冥想，于1902年找到了一个能证明自己观点的简单明确的“罗素悖论”。不久，集合论是有漏洞的消息迅速就传遍了数学界。

罗素构造了一个所有不属于自身(即不包含自身作为元素)的集合$R$。现在问$R$是否属于$R$？如果$R$属于$R$，则$R$满足$R$的定义，因此$R$不应属于自身，即$R$不属于$R$；另一方面，如果$R$不属于$R$，则$R$不满足$R$的定义，因此$R$应属于自身，即$R$属于$R$。这样，不论何种情况都存在着矛盾(为了使罗素悖论更加通俗易懂，罗素本人在1919年将其改写为“理发师悖论”)。这一个涉及“集合”与“属于”两个最基本概念的悖论如此简单明了以致根本留不下为集合论漏洞辩解的余地，号称“天衣无缝”、“绝对严密”的数学陷入了自相矛盾之中。从此整个数学的基础被动摇了，由此引发了数学史上的第三次数学危机。

危机产生后，众多数学家投入到解决危机的工作中去。1908年，德国数学家策梅罗(E. Zermelo)提出公理化集合论，试图用集合论公理化的方法来消除悖论。他认为悖论的出现是由于康托尔没有把集合的概念加以限制，康托尔对集合的定义是含混的。策梅罗希望简洁的公理能使集合的定义及其具有的性质更为显然。策梅罗的公理化集合论后来演变成ZF或ZFS公理系统。从此原本直观的集合概念被建立在严格的公理基础之上，从而避免了悖论的出现。这就是集合论发展的第二个阶段：公理化集合论。与此相对应，在1908年以前由康托尔创立的集合论被称为朴素集合论。公理化集合论是对朴素集合论的严格处理。它保留了朴素集合论的有价值的成果并消除了其可能存在的悖论，因而较圆满地解决了第三次数学危机。公理化集合论的建立，标志着著名数学家希耳伯特(Hibert)所表述的一种激情的胜利，他大声疾呼：“没有人能把我们从康托尔为我们创造的乐园中赶出去。”

**2. 集合论在计算机中的应用**

起初，集合论主要是对分析数学中的“数集”或几何学中的“点集”进行研究。但是随着科学的发展，集合论的概念已经深入到现代各个方面，成为表达各种严谨科学概念必不可少的数学语言。

随着计算机时代的到来，集合的元素已由传统的“数集”和“点集”拓展成包含文字、符号、图形、图表和声音等多媒体信息，构成了各种数据类型的集合。集合不仅可以用来表示数及其运算，更可以用来表示和处理非数值信息。数据的增加、删除、修改、排序以及数据间关系的描述等这些都很难用传统的数值计算操作，但可以很方便地用集合运算来处理。从而集合论在编译原理、开关理论、信息检索、形式语言、数据库和知识库、CAD、CAM、CAI及AI等各个领域得到了广泛的应用，而且还得到了发展，如扎德(Zadeh)的模糊集理论和保拉克(Pawlak)的粗糙集理论等。集合论的方法已经成为计算科学工作者不可缺少的数学基础知识。

关系这一概念对计算科学的理论和应用是非常重要的。像链表、树等复合的数据结构中的数据都是由元素之间的关系来联系的。另外由于关系是数学模型的一部分，故它常常在数据结构内隐含地体现出来。数值应用、信息检索、网络问题等也是关系的应用领域。在这些领域中关系作为问题描述的一部分出现，所以为了解决问题，关系的运算和处理是重要的。关系在程序结构和算法分析的计算理论方面也有重要的作用，如主程序和子程序的调用关系、高级语言编程中经常用到的函数(对应关系)、程序的输入与输出关系、计算机语言中的字符关系、OOP编程中的类继承关系等。

在日常生活或科学研究中，我们常常需要对一些事物按照某种方式进行分类。如将全体中国公民分成两类：男公民和女公民；将所有参赛的运动员分成不同的重量级别进行举重比赛；将所有的整数按模10同余关系分成10类：如果两个整数的差是10的倍数，则这两个整数属于同一个类。抽象地讲，就是需要对某个集合中的元素按照某种方式进行分类(集合的划分)。集合的划分与等价关系密切相关。

而对信息和数据进行分类正是计算机的重要处理之一。分类的目的在于研究每一类中对象的共性。

在信息检索系统中，根据一个主码进行检索，可把全体信息分成两个划分块(划分)。不同的主码对应的分类是不同的。指定一个主码，在对应的划分的每个划分块里按指定第二个主码进行分类，则可以得到全体信息的新的更细的划分(有4个划分块)，这相当于在检索中在两个主码之间使用了逻辑联结词AND，得到的4个划分块中的每个块类分别是两个主码对应的划分中划分块的交。若在两个主码之间使用了逻辑联结词OR，则得到的4个划分块中的每个块类分别是两个主码对应的划分中划分块的并(这4个划分块不是两两不相交的，故不构成全体信息的一个划分)。

集合元素间的序关系与元素间的等价关系一样也是一种重要的关系。根据等价关系可以将集合中的元素进行划分，而根据序关系则可以将集合中的元素进行排序。只有有了一定的序关系，才能对数据库中的“信息”与“数据”进行存储、加工和传输。序关系对于情报检索、数据处理、信息传输、程序运行等都是极为重要的。如计算机程序执行时往往是“串行”的，这就涉及序关系(程序执行的先后问题)；即使是“并行”处理，也不可避免地存在瞬间的先后问题。另外面向对象编程中的类继承关系、结构化程序设计中的函数或子程序调用关系都是序关系的应用实例。

# 第4章

# 函　数

函数是一个重要而基本的数学概念，在高等数学中，函数是在实数集合上进行讨论的。这里我们把函数概念予以推广，把函数作为一种特殊的关系进行研究，例如，计算机中把输入、输出间的关系看成是一种函数。在开关理论、自动机理论和可计算性理论等领域中函数都有着极其广泛的应用。

## 4.1 函数的基本概念

函数的判断

**定义 4.1.1** 设 $X$ 和 $Y$ 是集合，$f$ 是一个从 $X$ 到 $Y$ 的关系，如果对于任一 $x\in X$，都存在唯一的 $y\in Y$，使 $\langle x,y\rangle\in f$（或 $xfy$），则称 $f$ 是一个从 $X$ 到 $Y$ 的函数（Function），记作 $f:X\to Y$。

**注意：**

(1)$\operatorname{dom}f=X$ 叫做函数 $f$ 的定义域（Domain）。由此可知函数定义在整个前域 $X$ 上，而不是 $X$ 的某个真子集上；也就是说 $X$ 中的每个元素都必须作为 $f$ 的序偶的第一元素出现，进而可得 $|f|=|X|$。

(2)$\operatorname{ran}f$ 叫做函数 $f$ 的值域（Range），$Y$ 称为 $f$ 的陪域，$\operatorname{ran}f\subseteq Y$。

(3)由于对 $\forall x\in X$，都存在唯一的 $y\in Y$，使 $f(x)=y$，即如果有 $f(x)=y_1$，$f(x)=y_2$，那么必然有 $y_1=y_2$。

(4)$\langle x,y\rangle\in f$ 通常记做 $f(x)=y$，并称 $x$ 为函数的自变元，$y$ 叫做对应于自变元 $x$ 的函数值。

例如，设 $A=\{1,2,3,4\}$，$B=\{a,b,c\}$，则从 $A$ 到 $B$ 的关系 $R=\{\langle 1,2\rangle,\langle 2,a\rangle,\langle 3,b\rangle\}$，$S=\{\langle 1,a\rangle,\langle 2,b\rangle,\langle 3,c\rangle,\langle 4,d\rangle,\langle 1,d\rangle\}$ 都不是 $A$ 到 $B$ 的函数。但从 $A$ 到 $B$ 的关系 $f=\{\langle 1,a\rangle,\langle 2,b\rangle,\langle 3,a\rangle,\langle 4,d\rangle\}$ 则是从 $A$ 到 $B$ 的函数，且 $f$ 的定义域 $\operatorname{dom}f=A=\{1,2,3,4\}$，$f$ 的值域 $\operatorname{ranf}=\{a,b,d\}$。

由于对于 $\forall x\in X$，都存在唯一的 $y\in Y$，使 $\langle x,y\rangle\in f$，所以通常的多值函数的概念是不符合我们这里对于函数的定义的，如 $g=\{\langle x^2,x\rangle\mid x\text{ 是实数}\}$ 不是函数，而只是一种关系。

通常我们也把函数 $f$ 称为映射(Mapping)或变换(Transformation),它把 $X$ 的每一元素映射到(变换为)$Y$ 的一个元素,因此 $f(x)$ 也可称为 $x$ 的像(Image),而称 $x$ 为 $f(x)$ 的源像(Source Image)。

由函数的定义可知,从 $A$ 到 $B$ 的函数 $f$ 与一般从 $A$ 到 $B$ 的二元关系有如下区别:

(1)$A$ 的每一元素都必须是 $f$ 的序偶的第一元素,即 $\text{dom}(f)=A$,此条件称为函数的像的存在性。

(2)若 $f(x)=y$,则函数 $f$ 在 $x$ 处的值是唯一的,即 $(f(x)=y)\wedge(f(x)=z)\Rightarrow(y=z)$,此条件称为函数的像的唯一性。

【例 4-1】 设 $A=\{1,2,3,4,5\}$,$B=\{6,7,8,9,10\}$,分别确定下列各式中的 $f$ 是否为由 $A$ 到 $B$ 的函数。

(1)$f=\{\langle 1,8\rangle,\langle 3,9\rangle,\langle 4,10\rangle,\langle 2,6\rangle,\langle 5,9\rangle\}$。

(2)$f=\{\langle 1,9\rangle,\langle 3,10\rangle,\langle 2,6\rangle,\langle 4,9\rangle\}$。

(3)$f=\{\langle 1,7\rangle,\langle 2,6\rangle,\langle 4,5\rangle,\langle 1,9\rangle,\langle 5,10\rangle,\langle 3,9\rangle\}$。

**解** (1)能够成函数,因为符合函数的定义条件。

(2)不能构成函数,因为 $A$ 中的元素 5 没有像,不满足像的存在性。

(3)不能构成函数,因为 $A$ 中的元素 1 有两个像 7 和 9,不满足像的唯一性。

**定义 4.1.2** 设 $f:X\to Y$,$g:W\to Z$ 为函数,若 $X=W$,$Y=Z$,且对 $\forall x\in X$,有:$f(x)=g(x)$,则称函数 $f$ 与 $g$ 相等(Equation),记作 $f=g$。

由于函数是特殊的二元关系,所以函数相等的定义和关系相等的定义是一致的,它们必须有相同的定义域、陪域和序偶集合。如果两个函数 $f$ 和 $g$ 相等,一定满足下面两个条件:

(1)$\text{dom}f=\text{dom}g$

(2)$\forall x\in\text{dom}f=\text{dom}g$,都有 $f(x)=g(x)$

例如,函数 $F(x)=\dfrac{x^2-1}{x+1}$ 和 $G(x)=x-1$ 是不相等的。因为 $\text{dom}F=\{x\mid x\in R\wedge x\neq -1\}$ 而 $\text{dom}G=R$,显然 $\text{dom}F\neq\text{dom}G$。

**定义 4.1.3** 所有从 $A$ 到 $B$ 的函数的集合记作 $B^A$,读做“$B$ 上 $A$”。符号化表示为

$$B^A=\{f\mid f:A\to B\}$$

下面我们来讨论像这样从集合 $A$ 到集合 $B$ 可以定义多少个不同的函数。

设 $|A|=m$,$|B|=n$,由关系的定义,$A\times B$ 的子集都是 $A$ 到 $B$ 的关系,则集合 $A$ 到集合 $B$ 的二元关系个数是 $2^{mn}$。但根据函数定义,$A\times B$ 的子集不一定是 $A$ 到 $B$ 的函数。

因为对 $A$ 中 $m$ 个元素中的任一元素 $a$,可在 $B$ 的 $n$ 个元素中任取一个元素作为 $a$ 的像,因此 $A$ 到 $B$ 的函数有 $n^m$ 个,用 $B^A$ 表示 $A$ 到 $B$ 的函数全体所组成的集合,则 $|B^A|=n^m$。

【例 4-2】 设 $A=\{a,b\}$,$B=\{x,y,z\}$. 求 $B^A$。

**解** 因为 $|A|=2$,$|B|=3$,所以 $|B^A|=3^2=9$。实际上,从 $A$ 到 $B$ 的 9 个函数具体如下:

$f_1=\{\langle a,x\rangle,\langle b,x\rangle\}$, $f_2=\{\langle a,x\rangle,\langle b,y\rangle\}$, $f_3=\{\langle a,x\rangle,\langle b,z\rangle\}$,

$f_4=\{\langle a,y\rangle,\langle b,x\rangle\}$, $f_5=\{\langle a,y\rangle,\langle b,y\rangle\}$, $f_6=\{\langle a,y\rangle,\langle b,z\rangle\}$,

$f_7=\{\langle a,z\rangle,\langle b,x\rangle\}$, $f_8=\{\langle a,z\rangle,\langle b,y\rangle\}$, $f_9=\{\langle a,z\rangle,\langle b,z\rangle\}$。

亦即 $B^A=\{f_1,f_2,\cdots,f_9\}$。

**定义 4.1.4** 设函数 $f:X\to Y, X_1\subseteq X, Y_1\subseteq Y$。

(1)令 $f(X_1)=\{f(x)|x\in X_1\}$，称 $f(X_1)$ 为 $X_1$ 在 $f$ 下的像。特别的，当 $X_1=X$ 时称 $f(X)$ 为函数的源像。

(2)令 $f^{-1}(Y_1)=\{x|x\in X\wedge f(x)\in Y_1\}$，称 $f^{-1}(Y_1)$ 为 $Y_1$ 在 $f$ 下的完全源像。

在这里要注意元素的像和子集的像是两个不同的概念。元素 $x$ 的像 $f(x)\in Y$，而子集 $X_1$ 的像 $f(X_1)\subseteq Y$。设 $Y_1\subseteq Y$，显然 $Y_1$ 在 $f$ 下的完全源像 $f^{-1}(Y_1)$ 是 $X$ 的子集，考虑 $X_1\subseteq X$，那么 $f(X_1)\subseteq Y$。$f(X_1)$ 的完全源像就是 $f^{-1}(f(X_1))$。一般说来，$f^{-1}(f(X_1))\neq X_1$，但是 $X_1\subseteq f^{-1}(f(X_1))$。

例如，函数 $f:\{1,2,3\}\to\{0,1\}$，满足 $f(1)=f(2)=0,\ f(3)=1$。令 $X_1=\{1\}$，那么有 $f^{-1}(f(X_1))=f^{-1}(f(\{1\}))=f^{-1}(\{0\})=\{1,2\}$，这时 $X_1\subseteq f^{-1}(f(X_1))$。

【例 4-3】 设 $f:N\to N$，且 $f(x)=\begin{cases}x/2 & (若\ x\ 为偶数)\\ x+1 & (若\ x\ 为奇数)\end{cases}$，令 $X=\{0,1\}, Y=\{2\}$，求 $f(X)$ 和 $f^{-1}(Y)$。

**解** $f(X)=f(\{0,1\})=\{f(0),f(1)\}=\{0,2\}$ $f^{-1}(Y)=f^{-1}(\{2\})=\{1,4\}$ 。

【例 4-4】 设 $g=\{\langle 1,a\rangle,\langle 2,c\rangle,\langle 3,c\rangle\}$ 是从 $A=\{1,2,3\}$ 到 $B=\{a,b,c,d\}$ 的一个函数。设 $S=\{1\}, T=\{1,3\}, U=\{a\}, V=\{a,c\}$，求 $g(S), g(T), g^{-1}(U), g^{-1}(V)$。

**解** $g(S)=\{a\}, g(T)=\{a,c\}, g^{-1}(U)=\{1\}, g^{-1}(V)=\{1,2,3\}$。

# 4.2 特殊性质的函数及特征函数

## 4.2.1 特殊性质的函数

下面介绍具有一定性质的特殊函数，首先介绍在函数中常要讨论的几个特殊函数：满射、单射和双射。

**定义 4.2.1** (1)设函数 $f:A\to B$，若对于任意的 $y\in B$，都存在 $x\in A$，使得 $f(x)=y$，则称 $f$ 为满射(Surjection)。

(2)设函数 $f:A\to B$，若 $a_1,a_2\in A, a_1\neq a_2$，必有 $f(a_1)\neq f(a_2)$，则称 $f$ 为单射(Injection)(一对一函数(One to One Mapping)或入射)。

(3)设函数 $f:A\to B$，若 $f$ 既是满射，又是单射，则称 $f$ 为双射(Bijection)(一一对应的函数)。

具有这些性质的函数分别叫做满射函数(Surjection Function)、单射函数(Injection Function)和双射函数(Bijection Function)。

由以上定义不难看出，如果 $f:A\to B$ 是满射，则 $\mathrm{ran}\ f=B$。如果 $f:A\to B$ 是单射，对于 $x_1,x_2\in A$，如果有 $f(x_1)=f(x_2)$，则一定有 $x_1=x_2$。

【例 4-5】 判断下面函数是否为单射、满射、双射的，为什么？

(1) $f:R\to R, f(x)=-x^2+2x-1$。

(2) $f:\mathbf{I}_+\to R, f(x)=\ln x$，$\mathbf{I}_+$ 为正整数集。

(3) $f:R\to R, f(x)=2x+3$。

(4) $f:\mathbf{R}_+\to\mathbf{R}_+, f(x)=(x^2+1)/x$，其中 $\mathbf{R}_+$ 为正实数集。

**解** (1)$f:R\to R, f(x)=-x^2+2x-1$ 是开口向下的抛物线，不是单调函数，并且在 $x=1$ 时取得极大值 0。因此它既不是单射也不是满射。

(2)$f:I^+\to R, f(x)=\ln x$ 是单调上升的，因此是单射。但不是满射，因为 $\operatorname{ran} f=\{\ln 1,\ln 2,\cdots\}\subset R$。

(3)$f:R\to R, f(x)=11x+3$ 是满射、单射、双射，因为它是单调函数并且 $\operatorname{ran} f=R$。

(4)$f:R^+\to R^+, f(x)=(x^2+1)/x$ 不是单射，也不是满射。因为当 $x\to 0$ 时，$f(x)\to +\infty$；而当 $x\to +\infty$ 时，$f(x)\to +\infty$。在 $x=1$ 处函数 $f(x)$ 取得极小值 $f(1)=2$。所以该函数既不是单射也不是满射。

一般情况下，一个函数是满射和单射之间没有必然的联系，但当 $A$、$B$ 都是有限集时，则有如下的定理。

**定理 4.2.1** 设 $X$ 和 $Y$ 为有限集，若 $|X|=|Y|$，则 $f:X\to Y$ 是单射，当且仅当 $f$ 为满射。

**证明** 充分性：若 $f$ 为满射，根据定义必有 $Y=f(X)$，于是

$$|X|=|Y|=|f(X)| \qquad ①$$

所以，$f$ 是一个单射。若不然，则存在 $x_1,x_2\in A$，虽然 $x_1\neq x_2$，但 $f(x_1)=f(x_2)$，因此，$|f(X)|<|X|=|Y|$，这与①矛盾。因此，由 $f$ 是满射可推出 $f$ 是一个单射。

必要性：若 $f$ 是单射，则 $|X|=|f(X)|$，因为 $|f(X)|=|Y|$，从而

$$|f(X)|=|Y| \qquad ②$$

所以，$f(X)=Y$。若不然，则存在 $b\in Y\wedge b\notin f(X)$，又因为 $|Y|$ 是有限的，所以这时就有 $|f(X)|<|Y|=|X|$，这与②矛盾。因此由 $f$ 是一个单射可以推出 $f$ 为满射。

**定义 4.2.2** (1)称集合 $A$ 上的恒等关系 $I_A$ 为 $A$ 上的恒等函数(Identity Function)，对所有的 $x\in A$ 都有 $I_A(x)=x$。显然，任何集合 $A$ 上的恒等函数 $I_A:A\to A$，都是 $A$ 上的双射函数。

(2)若 $R$ 为集合 $A$ 上的等价关系，则 $\forall x\in A, \varphi(x)=[x]_R$ 是一个从 $A$ 到商集 $A/R$ 的满射，并称 $\varphi$ 为自然函数或正则函数。

## 4.2.2 特征函数

**定义 4.2.3** 设 $U$ 是全集，且 $A\subseteq U$，函数 $\psi_A:U\to\{0,1\}$ 定义为：

$$\psi_A(x)=\begin{cases}1 & 若\ x\in A\\ 0 & 若\ x\notin A\end{cases}$$

称 $\psi_A$ 为集合 $A$ 的特征函数(Eigenfunction)。

设 $A$ 为集合，不难证明，$A$ 的每一个子集 $A'$ 都对应于一个特征函数，不同的子集对应于不同的特征函数。由于 $A$ 的子集与特征函数存在这样的对应关系，可以用特征函数来标记 $A$ 的不同子集。特征函数建立了函数与集合间一一对应的关系，以后就可通过函数的计算去研究集合上的命题，这有利于用计算机处理集合中的问题。

【例 4-6】 设 $M$ 是某小区的全体居民组成的集合，$A$ 是未成年人组成的集合。于是特征函数 $\psi_A$ 的值为 1 对应于未成年人，0 对应于成年人。

【例 4-7】 设 $U=\{0,3\}$，$A=\{1,2\}\cup\{0,3\}$，那么 $\psi_A$ 如图 4-1 所示。

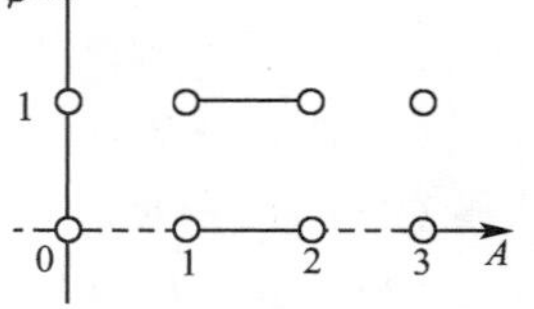

图 4-1 例 4-7 图示

下面给出特征函数的一些性质，它告诉我们如何利用集合的特征函数来确定集合之间的关系。

**定理 4.2.2** 设集合 $A$ 和 $B$ 是全集 $U$ 的子集，对于所有 $x\in U$，下列各式成立：

(1) $\psi_A=0$ 当且仅当 $A=\varnothing$；

(2) $\psi_A=1$ 当且仅当 $A=U$；

(3) $\psi_A(x)\leqslant\psi_B(x)$ 当且仅当 $A\subseteq B$；

(4) $\psi_A=\psi_B$ 当且仅当 $A=B$；

(5) $\psi_{A\cap B}(x)=\psi_A(x)\cdot\psi_B(x)$；

(6) $\psi_{A\cup B}(x)=\psi_A(x)+\psi_B(x)-\psi_{A\cap B}(x)$；

(7) $\psi_{\sim A}(x)=1-\psi_A(x)$；

(8) $\psi_{A-B}(x)=\psi_{A\cap\sim B}(x)=\psi_A(x)-\psi_{A\cap B}(x)$。

**说明**：这里与特征函数一起使用的符号“$\leqslant$，$=$，$+$，$-$，$\cdot$”，都是普通算术运算符号；与集合一起使用的符号“$=$”是普通集合相等符号；“$\cap$，$\cup$，$-$”是普通集合运算符号。

**证明** 这里仅对(5)进行证明，其他留作练习。

①若 $x\in A\cap B$ 即 $x\in A$ 且 $x\in B$，则 $\psi_A(x)=1$ 且 $\psi_B(x)=1$，于是有：$\psi_{A\cap B}(x)=1=1\cdot 1=\psi_A(x)\cdot\psi_B(x)$。

②若 $x\notin A\cap B$ 即 $x\notin A$ 或 $x\notin B$，则 $\psi_A(x)=0$ 或 $\psi_B(x)=0$，于是有：$\psi_{A\cap B}(x)=0=\psi_A(x)\cdot\psi_B(x)$。

综合①、②知，对于任意的 $x$ 都有 $\psi_{A\cap B}(x)=\psi_A(x)\cdot\psi_B(x)$。

利用集合的特征函数可以证明一些集合恒等式。

【例 4-8】 证明 $\overline{\overline{A}}=A$。

**证明** $\psi_{\overline{\overline{A}}}(x)=1-\psi_{\overline{A}}(x)=1-(1-\psi_A(x))=\psi_A(x)$。

# 4.3 逆函数与复合函数

我们已经知道函数是一种特殊的关系，关系有逆运算和复合运算，因此函数也有复合运算和逆运算。

## 4.3.1 逆函数

任何关系都存在逆关系，但每个函数的逆关系不一定是函数。例如，$X=\{1,2,3\}$，$Y=\{a,b,c\}$，$f=\{\langle 1,a\rangle,\langle 2,a\rangle,\langle 3,c\rangle\}$是函数。而 $f^{-1}=\{\langle a,1\rangle,\langle a,2\rangle,\langle c,3\rangle\}$不是从 $Y$ 到 $X$ 的函数。但如果 $f$ 是 $A$ 到 $B$ 的双射，那么 $f$ 的逆关系$\{\langle b,a\rangle\mid\langle a,b\rangle\in f\}$一定是 $B$ 到 $A$ 的函数。如在上例中，令 $f=\{\langle 1,a\rangle,\langle 2,b\rangle,\langle 3,c\rangle\}$，而 $f^{-1}=\{\langle a,1\rangle,\langle b,2\rangle,\langle c,3\rangle\}$是 $B$ 到 $A$ 的函数。

**定理 4.3.1** 若 $f:A\to B$ 是双射，则 $f$ 的逆关系 $f^{-1}$ 是 $B$ 到 $A$ 函数。

**证明** 对于任意的 $y\in B$，由于 $f:A\to B$ 是双射，即 $f:A\to B$ 是满射，则存在 $x\in A$，使得$\langle x,y\rangle\in f$，由逆关系的定义有$\langle y,x\rangle\in f^{-1}$；另一方面，若有$\langle y,x\rangle\in f^{-1}$ 且$\langle y,x'\rangle\in f^{-1}$，由逆关系的定义有$\langle x,y\rangle\in f$ 且$\langle x',y\rangle\in f$，而 $f:A\to B$ 是双射，即 $f:A\to B$ 是单射，所以 $x=x'$。综上所述可得，对于任意的 $y\in B$，存在唯一的 $x\in A$，使得 $x\langle y,x\rangle y\in f^{-1}$，

由函数的定义知，$f$ 的逆关系 $f^{-1}$ 是 $B$ 到 $A$ 函数。

于是逆函数可定义如下：

**定义 4.3.1** 设 $f:A\to B$ 是双射，则 $f$ 的逆关系称为 $f$ 的逆函数（Inverse Function），记为 $f^{-1}:B\to A$。即若 $f(a)=b$，则 $f^{-1}(b)=a$，此时又称 $f$ 为可逆函数。

【例 4-9】 考虑如下定义的函数 $f:I\to I$，$f=\{\langle i,i^2\rangle\mid i\in I\}$ 是否存在逆函数。

**解** $f^{-1}=\{\langle i^2,i\rangle\mid i\in I\}$，显然，$f^{-1}$ 不是从 $I$ 到 $I$ 的函数，这个例子说明，我们不能把逆关系直接定义为逆函数。

**定理 4.3.2** 若 $f:A\to B$ 是双射，则 $f^{-1}:B\to A$ 也是双射。

**证明** 若 $f:A\to B$ 是双射，则由定理 4.3.1 和定义 4.3.1 知 $f^{-1}:B\to A$ 是函数，要证 $f^{-1}:B\to A$ 是双射，只需先证 $f^{-1}:B\to A$ 是满射。因为 $f:A\to B$ 是函数，所以，对每一个 $a\in A$，必有 $b\in B$ 使 $b=f(a)$，从而有 $f^{-1}(b)=a$，所以 $f^{-1}:B\to A$ 是满射。

再证明 $f^{-1}:B\to A$ 是单射。若 $f^{-1}(b_1)=a$，$f^{-1}(b_2)=a$，则 $f(a)=b_1$，$f(a)=b_2$。因为 $f:A\to B$ 是函数，便有 $b_1=b_2$，所以 $f^{-1}:B\to A$ 是单射。

综上所述，若 $f:A\to B$ 是双射，那么 $f^{-1}:B\to A$ 也是双射。

**定理 4.3.3** 若 $f:A\to B$ 是双射，则 $(f^{-1})^{-1}=f$。

证明留作习题。

## 4.3.2 复合函数

由于函数是一种特殊的关系，下面我们考虑两个函数的复合关系。可以证明：设函数 $f:A\to B$，$g:B\to C$，则 $A$ 到 $C$ 的复合关系是一个函数，称为复合函数。定义如下：

**定义 4.3.2** 设函数 $f:A\to B$，$g:B\to C$，，$f$ 和 $g$ 的复合函数（Composition Function）是一个 $A$ 到 $C$ 的函数，记为 $g\circ f$。定义为：对于任一 $a\in A$，$c=g\circ f(a)=g(f(a))$，即存在 $b\in B$，使得 $b=f(a)$，$c=g(b)$。

**注意**：这里采用复合函数习惯记法，为了将变元放在函数符号的右侧，使 $g\circ f(a)=g\circ(f(a))$，使得靠近变元的函数先作用于变元，因此，采用记号 $g\circ f$，而不用与关系类似的记号 $f\circ g$。

例如，设 $A=\{a,b,c\}$，函数

$$f:A\to A,f=\{\langle a,a\rangle,\langle b,c\rangle,\langle c,b\rangle\}$$
$$g:A\to A,g=\{\langle a,c\rangle,\langle b,a\rangle,\langle c,b\rangle\}$$

则复合函数

$$g\circ f=\{\langle a,c\rangle,\langle b,b\rangle,\langle c,a\rangle\}$$
$$f\circ g=\{\langle a,b\rangle,\langle b,a\rangle,\langle c,c\rangle\}\neq g\circ f$$

由上例可以看出，函数的复合运算与关系的复合运算一样不满足交换律。事实上，因为复合函数也是复合关系，所以函数的复合运算实质上就是关系的复合运算。因此关系复合运算所具有的性质，函数的复合运算一样具有。下面定理给出函数的复合运算的结合律。

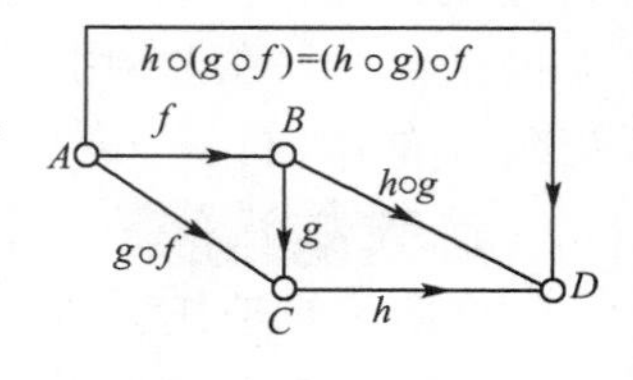

图 4-2 三个函数复合示意图

**定理 4.3.4** 设 $f:A\to B$，$g:B\to C$，$h:C\to D$，则 $(h\circ g)\circ f=h\circ(g\circ f)$。

图 4-2 是三个函数复合的示意图。

**证明**　由于 $g\circ f$ 和 $h\circ g$ 分别是 $A$ 到 $C$ 和 $B$ 到 $D$ 的函数，则 $(h\circ g)\circ f$ 和 $h\circ(g\circ f)$ 都是 $A$ 到 $D$ 的函数。下面证明，对于任意的 $x\in A$，都有 $((h\circ g)\circ f)(x)=(h\circ(g\circ f))(x)$。事实上，由复合函数的定义，有：

$$((h\circ g)\circ f)(x)=(h\circ g)(f(x))=h(g(f(x)))$$
$$(h\circ(g\circ f))(x)=h((g\circ f)(x))=h(g(f(x)))$$

即 $(h\circ g)\circ f=h\circ(g\circ f)$。

【例 4-10】　设 $\mathbf{R}$ 为实数集合，对任意 $x\in\mathbf{R}$ 有 $f(x)=x-1$，$g(x)=x^2$，$h(x)=2x$，求 $g\circ f$，$h\circ g$，$h\circ(g\circ f)$ 和 $(h\circ g)\circ f$。

**解**　对任意 $x\in\mathbf{R}$，$g\circ f(x)=g(f(x))=g(x-1)=(x-1)^2$

$$h\circ g(x)=h(g(x))=h(x^2)=2x^2$$
$$h\circ(g\circ f)(x)=h((g\circ f)(x))=h((x-1)^2)=2(x-1)^2$$
$$((h\circ g)\circ f)(x)=(h\circ g)(f(x))=(h\circ g)(x-1)=2(x-1)^2$$

**定理 4.3.5**　设函数 $f:A\to B$，$g:B\to C$，则

(1)若 $f$ 和 $g$ 都是满射，则 $g\circ f:A\to C$ 是满射；

(2)若 $f$ 和 $g$ 都是单射，则 $g\circ f:A\to C$ 是单射；

(3)若 $f$ 和 $g$ 都是双射，则 $g\circ f:A\to C$ 是双射。

**证明**　(1)对于 $c\in C$，因 $g$ 是满射，所以存在 $b\in B$，使 $g(b)=c$。对于 $b\in B$，因 $f$ 是满射，所以存在 $a\in A$，使 $f(a)=b$。于是 $g\circ f(a)=g\circ)(f(a))=g(b)=c$，因此 $g\circ f$ 是满射。

(2)对于 $a,b\in A$，若 $a\neq b$，因 $f$ 是单射，则 $f(a)\neq f(b)$。又因 $g$ 是单射，所以 $g(f(a))\neq g(f(b))$，于是 $g\circ f$ 是单射。

(3)因 $f$ 和 $g$ 是满射和单射，由(1)、(2)可知 $g\circ f$ 也是满射和单射，因此 $g\circ f$ 是双射。

至此，自然会有一个问题：定理 4.3.5(1)、(2)、(3)各自的逆定理成立吗？我们用下面定理来回答这个问题。

**定理 4.3.6**　设函数 $f:A\to B$，$g:B\to C$，则

(1)若 $g\circ f:A\to C$ 是满射，则 $g$ 是满射；

(2)若 $g\circ f:A\to C$ 是单射，则 $f$ 是单射；

(3)若 $g\circ f:A\to C$ 双射，则 $g$ 是满射、且 $f$ 是单射。

**证明**　(1)因为 $g\circ f:A\to C$ 是满射，所以，对 $\forall c\in C$，一定存在 $a\in A$，使得 $g\circ f(a)=c$，即 $g(f(a))=c$。又因为 $f:A\to B$ 是函数，则有 $b=f(a)\in B$，而 $g(b)=c$，因此，$g$ 是满射。

(2)用反证法。设 $f$ 不是单射，即存在 $a,b\in A$ 且 $a\neq b$，但 $f(a)=f(b)$。而由于 $g:B\to C$ 是函数，所以有 $g\circ f(a)=g\circ f(b)$，这与 $g\circ f:A\to C$ 是单射矛盾。故 $f$ 是单射。

(3)因为 $g\circ f:A\to C$ 是双射，所以，$g\circ f$ 既是满射，又是单射，因此，$g$ 是满射且 $f$ 是单射。

**定理 4.3.7**　设 $f:A\to B$ 是任意一个函数，$I_A$，$I_B$ 分别为 $A$，$B$ 上的恒等函数，则

$$I_B\circ f=f\circ I_A=f$$

**证明**　因为 $f:A\to B$ 是函数，所以对任意 $a\in A$，存在 $b\in B$，使 $b=f(a)$，而

$$I_B\circ f(a)=I_B(f(a))=I_B(b)=b,\ f\circ I_A(a)=f(a)=b,$$

于是 $I_B\circ f=f\circ I_A=f$。

**定理 4.3.8** 若函数 $f:A\to B$ 存在逆函数 $f^{-1}$，则 $f^{-1}\circ f=I_A$，$f\circ f^{-1}=I_B$。

**证明** ①$f^{-1}\circ f$ 与 $I_A$ 的定义域相同，都是 $A$。

(2)因为 $f$ 为双射，所以 $f^{-1}$ 也是双射。若 $f:x\to f(x)$，则 $f^{-1}(f(x))=x$。由①、②得 $f^{-1}\circ f=I_A$，同理可证 $f\circ f^{-1}=I_B$。

【例 4-11】 设 $f:\{0,1,2,3\}\to\{a,b,c,d\}$是双射。求 $f^{-1}\circ f$ 和 $f\circ f^{-1}$。

**解** 由定理 4.3.8 $f^{-1}\circ f=I_A=\{\langle 0,0\rangle,\langle 1,1\rangle,\langle 2,2\rangle,\langle 3,3\rangle\}$；

$f\circ f^{-1}=I_B=\{\langle a,a\rangle,\langle b,b\rangle,\langle c,c\rangle,\langle d,d\rangle\}$。

**定理 4.3.9** 设函数 $f:A\to B$，$g:B\to C$ 都是双射，则$(g\circ f)^{-1}=f^{-1}\circ g^{-1}$。

**证明** 由假设和定理 4.3.5 可知，$g\circ f$ 是 $A$ 到 $C$ 的双射，所以由定理 4.3.2 可知，$(g\circ f)^{-1}$ 是 $C$ 到 $A$ 的双射，因此，又可知 $g^{-1}$ 是 $C$ 到 $B$ 的双射，$f^{-1}$ 是 $B$ 到 $A$ 的双射，所以 $f^{-1}\circ g^{-1}$ 也是 $C$ 到 $A$ 的双射。

下面证明，对于任何的 $c\in C$ 都有$(g\circ f)^{-1}(x)=f^{-1}\circ g^{-1}(x)$。事实上，对 $\forall c\in C$，存在唯一 $b\in B$，使得 $g(b)=c$；而对于 $b$ 存在唯一 $a\in A$，使得 $f(a)=b$，故有$(f^{-1}\circ g^{-1})(c)=f^{-1}(g^{-1}(c))=f^{-1}(b)=a$。但$(g\circ f)(a)=g(f(a))=g(b)=c$，故$(g\circ f)^{-1}(c)=a$。由函数相等的定义知，$(g\circ f)^{-1}=f^{-1}\circ g^{-1}$。

【例 4-12】 设 $f:R\to R$，$g:R\to R$，$f(x)=\begin{cases}x^2, & x\geqslant 3\\ -2, & x<3\end{cases}$，$g(x)=x+2$。求 $g\circ f$ 和 $f\circ g$，如果 $f$ 和 $g$ 存在逆函数，求出它们的逆函数。

**解** $g\circ f:R\to R$，

$$g\circ f(x)=\begin{cases}x^2+2 & x\geqslant 3\\ 0 & x\leqslant 3\end{cases}$$

$f\circ g:R\to R$，

$$f\circ g(x)=\begin{cases}(x+2)^2 & x\geqslant 1\\ -2 & x\leqslant 1\end{cases}$$

因为 $f:R\to R$ 不是双射的，所以不存在逆函数，而 $g:R\to R$ 是双射，它的逆函数 $g^{-1}:R\to R$，$g^{-1}(x)=x-2$。

## 4.4 集合的势与可数集

### 4.4.1 集合的势

第 3 章中我们曾经定义过集合的基数，它是指集合中的不同元素的个数。由基数的概念，有限集合可以确切地数出元素的个数，但对于无限集合，元素的个数是没有意义的或者说不能用它来区分不同的无限集。另一方面，对于有限集来说，如果存在一个双射 $f:A\to B$，则$|A|=|B|$；若不存在 $A$ 到 $B$ 的双射，则$|A|\neq|B|$，也就是说，根据两个有限集合是否存在双射，就可以判断两个集合基数是否相同。这个特性可以推广到无限集合。

**定义 4.4.1** 设 $A$，$B$ 是集合，如果存在从 $A$ 到 $B$ 的双射函数，则称集合 $A$ 和 $B$ 等势(Equipotent)(或称有相同基数)，记做 $A\approx B$。如果 $A$ 不与 $B$ 等势，则记做 $A\not\approx B$。

通俗的说，集合的势是量度集合所含元素多少的量，集合的势越大，所含元素越多。等势具有下面的性质：自反性、对称性和传递性，所以在集合上等势是一种等价关系。

**定理 4.4.1**　设 $A,B,C$ 是任意集合，都有

(1)对于任意集合 $A$，有 $A\approx A$；

(2)若 $A\approx B$，则 $B\approx A$；

(3)若 $A\approx B$，$B\approx C$，则 $A\approx C$。

证明很简单，留做课后练习。

由等势的定义，我们知道两个有限集等势，当且仅当这两个集合有相同的元素个数，也就是根据有限集的元素个数就能够判断两个有限集是否等势。同样由于这个原因，一个有限集决不与其真子集等势。但对于无限集合有下面一些等势集合的例子。

【例 4-13】　设 $N_e=\{0,2,4,\cdots\}$，定义函数 $f:N\to N_e$，$f(n)=2n$。显然，$f$ 是 $N$ 到 $N_e$ 的双射，所以 $N\approx N_e$。

【例 4-14】　求证 $(0,1)\approx R$，其中 $(0,1)=\{x\mid x\in R\wedge 0<x<1\}$。

**解**　令 $f:(0,1)\to R$，$f(x)=\tan\dfrac{(2x-1)\pi}{2}$。

易见 $f$ 是单调递增的，即 $f$ 是单射，且 $\operatorname{ran} f=R$，即 $f$ 是满射，从而证明了 $(0,1)\approx R$。

从这两个例子可以看出，无限集合可与其真子集等势，这是无限集的一个重要特征。

**定理 4.4.2**　一个集合 $A$ 是无限集的充分必要条件是集合 $A$ 与它的一个真子集等势。

## 4.4.2 可数集

**定义 4.4.2**　凡与自然数集合 $\mathbf{N}$ 等势的集合称为可数集(Countable Set)。

由例 4-13 知 $N_e=\{0,2,4,\cdots\}$ 是可数集，通常也把有限集和可数集通称为至多可数集。

【例 4-15】　求证整数集 $\mathbf{I}$ 是可数集。

**证明**　令 $f:I\to N$，$f(x)=\begin{cases}2x, & x\geqslant 0\\ -2x-1, & x<0\end{cases}$，这个函数可用下表表示：

| $I$： | 0 | −1 | 1 | −2 | 2 | −3 | 3 |
| --- | --- | --- | --- | --- | --- | --- | --- |
| $N$： | 0 | 1 | 2 | 3 | 4 | 5 | 6 |

显然 $f$ 是 $\mathbf{I}$ 到 $\mathbf{N}$ 的双射函数，从而证明了 $\mathbf{I}$ 是可数集。这事实上是将 $\mathbf{I}$ 的元素排成一个序列。类似地，以后要证明一个集合 $A$ 是可数集，只需将集合 $A$ 的元素排成一个序列即可。

**定理 4.4.3**　集合 $A$ 为可数集的充要条件是 $A$ 的元素可以排列成一个序列的形式：

$$A=\{a_1,a_2,a_3,\cdots,a_n,\cdots\}$$

**证明**　如果 $A$ 可以排列成上述序列的形式，那么将 $A$ 的元素 $a_n$ 与 $n$ 对应，显然这是一个由 $A$ 到自然数集 $N$ 的双射，故 $A$ 是可数集。

反之，若 $A$ 是可数集，那么在 $A$ 和 $N$ 之间存在着一个双射 $f$，由 $f$ 得到 $N$ 的对应元素 $a_n$，即 $A$ 可写为 $\{a_1,a_2,a_3,\cdots,a_n,\cdots\}$ 的形式。

【例 4-16】　求证 $N\times N$ 是可数集。

**证明**　为证明 $N\times N$ 是可数集合，只需把 $N\times N$ 中的所有的元素排成一个序列，如图 4-3 所示。$N\times N$ 中的元素恰好是坐标平面上第一象限(含坐标轴在内)中所有具有整数

坐标的结点。按下图的次序可将平面上第一象限所有具有整数坐标的结点排成一个序列。

从⟨0,0⟩开始，按照图中箭头所标明的顺序，依次得到下面的序列：

⟨0,0⟩ ⟨0,1⟩ ⟨1,0⟩ ⟨0,2⟩ ⟨1,1⟩ ⟨2,0⟩ …

0 1 2 3 4 5 …

这个记数过程就是建立 $N\times N$ 到 $N$ 的双射的过程。

为了给出这个函数的解析表达式：$f(\langle m,n\rangle)=k$。首先对⟨$m$,$n$⟩点所在斜线下方的平面上的点进行计数，得 $1+2+\cdots\cdots+(m+n)=\dfrac{(m+n+1)(m+n)}{2}$。

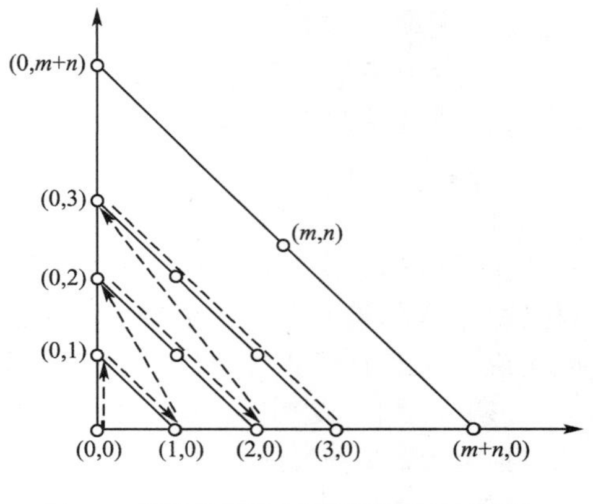

图 4-3 平面坐标第一象限整数坐标结点图

然后对⟨$m$,$n$⟩所在的斜线上按照箭头标明的顺序对位于该点之前的点进行计数，计个数是 $m$，因此⟨$m$,$n$⟩点是第 $\dfrac{(m+n+1)(m+n)}{2}+m+1$ 个点，于是得到 $k=\dfrac{(m+n+1)(m+n)}{2}+m$。

根据上面的分析，不难给出 $N\times N$ 到 $N$ 的双射函数 $f$，即 $f:N\times N\to N$，$f(\langle m,n\rangle)=\dfrac{(m+n+1)(m+n)}{2}+m$，所以 $N\times N$ 是可数集。

**定理 4.4.4** 任何无限集合都含有可数子集。

**证明** 设 $A$ 为无限集合，从 $A$ 中取出一个元素 $a_1$，因为 $A$ 是无限的，不会因为取出 $a_1$ 而变为有限集，所以可以从 $A-\{a_1\}$ 中取元素 $a_2$，则 $A-\{a_1,a_2\}$ 也是无限集，所以又可以从 $A-\{a_1,a_2\}$ 中取元素 $a_3$，……如此继续下去必然可以得到 $A$ 的可数子集。

**定理 4.4.5** 可数集的任何无限子集也是可数集。

**证明** 设 $A$ 为可数集合，$B$ 为 $A$ 的一个无限子集，如果把 $A$ 的元素排列为 $a_1,a_2,a_3,a_4,a_5,\cdots,a_n,\cdots$，从 $a_1$ 开始检查序列中的元素，不断地删去不属于集合 $B$ 的元素，并将剩下的元素下标重新标号，则得到新的一列 $a_{i_1},a_{i_2},a_{i_3},\cdots,a_{i_n},\cdots$，它也与自然数一一对应，所以 $B$ 也是可数的。

【例 4-17】 求证：有理数集合 **Q** 是可数集。

**证明** 由例 4-16 知可数集的任何无限关系是可数的，在集合中删除所有 $m$ 和 $n$ 不是互质的序偶⟨$m$,$n$⟩，得到集合 $N\times N$ 的子集 $S$，$S$ 显然是无限集合而且和有理数集合 **Q** 等势，由定理 4.4.5 知 $S$ 是可数的，所以有理数集合 **Q** 是可数集。

## 本章小结

函数是数学中重要的基本概念，本章从关系的角度研究函数的性质。本章的主要内容包括：函数的概念、特殊性质的函数与特征函数、逆函数与复合函数、集合的基数与无限集。其中，重点在于函数和复合函数。

## 习 题

1. 设 $X=\{1,2,3\}$，$Y=\{a,b,c\}$，确定下列关系是否为从 $X$ 到 $Y$ 的函数。如果是，找出其定义域和值域。

(1) $\{\langle 1,a\rangle,\langle 2,a\rangle,\langle 3,c\rangle\}$　　(2) $\{\langle 1,c\rangle,\langle 2,a\rangle,\langle 3,b\rangle\}$

(3) $\{\langle 1,c\rangle,\langle 1,b\rangle,\langle 3,a\rangle\}$　　(4) $\{\langle 1,b\rangle,\langle 2,b\rangle,\langle 3,b\rangle\}$

2. 设 **I** 是整数集，$\mathbf{I}_+$ 是正整数集，函数 $f:I\to\mathbf{I}_+$，由 $f(x)=|x|+2$ 给出，求它的值域。

3. 给定函数 $f$ 和集合 $A,B$ 如下，对每一组 $f$ 和 $A,B$，求 $A$ 在 $f$ 下的像 $f(A)$ 和 $B$ 在 $f$ 下的完全源像 $f^{-1}(B)$。

(1) $f:N\to N\times N$，$f(x)=\langle x,x+1\rangle$，$A=\{5\}$，$B=\{\langle 2,3\rangle\}$。

(2) $f:N\to N$，$f(x)=2x+1$，$A=\{2,3\}$，$B=\{1,3\}$。

(3) $f:S\to S$，$S=[0,1]$，$f(x)=x/2+1/4$，$A=(0,1)$，$B=[1/4,1/2]$。

(4) $f:S\to R$，$S=[0,+\infty)$，$f(x)=1/(x+1)$，$A=\{0,1/2\}$，$B=\{1/2\}$。

4. 设 $A=\{x,y,z\}$，$B=\{a,b\}$，求 $B^A$。

5. 设 **N** 是自然数集，确定下列函数中哪些是双射，哪些是满射，哪些是单射。

(1) $f:\mathbf{N}\to\mathbf{N}$，$f(n)=n+1$。

(2) $f:\mathbf{N}\to\mathbf{N}$，$f(n)=\begin{cases}1, & \text{当 } n \text{ 是奇数}\\ 0, & \text{当 } n \text{ 是偶数}\end{cases}$。

(3) $f:\mathbf{N}\to\{0,1\}$，$f(n)=\begin{cases}1, & \text{当 } n \text{ 是奇数}\\ 0, & \text{当 } n \text{ 是偶数}\end{cases}$。

(4) $f:R\to R$，$f(x)=x^3+1$。

6. 举出分别满足下列(1)、(2)、(3)、(4)的例子。

(1)单射但非满射。

(2)满射但非单射。

(3)既非单射也非满射。

(4)既是单射也是满射。

7. (1)设 $A=\{0,1,2,3,4\}$，$f$ 是从 $A$ 到 $A$ 的函数：$f(x)=4x(\text{mod}5)$。试将 $f$ 写成序偶组成的集合，判定 $f$ 是单射还是满射。

(2)设 $A=\{0,1,2,3,4,5\}$，$f$ 从是 $A$ 到 $A$ 的函数：$f(x)=4x(\text{mod}6)$。试将 $f$ 写成序偶组成的集合，并判定 $f$ 是单射还是满射。

8. 设 $A=\{a,b\}$，$B=\{1,0\}$。构造从 $A$ 到 $B$ 的一切可能的函数，并回答其中哪些是满射，哪些是单射，哪些是双射。

9. 设 **N** 是自然数集，$f$ 和 $g$ 都是从 $\mathbf{N}\times\mathbf{N}$ 到 **N** 的函数，且 $f(x,y)=x+y$，$g(x,y)=xy$，试证明：$f$ 和 $g$ 是满射，但不是单射。

10. 设 $f:R\times R\to R\times R$，$f(\langle x,y\rangle)=\langle (x+y)/2,(x-y)/2\rangle$，证明 $f$ 是双射。

11. 设 $M=\{1,2,3,4\}$ 为全集，$A=\{1,2\}$，$B=\{1\}$，$C=\varnothing$，求 $A,B,C$ 和 $M$ 的特征函数 $\psi_A,\psi_B,\psi_C$ 和 $\psi_M$。

12. 设 $U$ 为全集，证明：

(1) $\psi_{A\cup B}(x)=\psi_A(x)+\psi_B(x)-\psi_A(x)\psi_B(x)$，对所有 $x\in U$。

(2) $\psi_{\overline{A}}(x)=1-\psi_A(x)$，对所有 $x\in U$。

(3)$\psi_{A-B}(x)=\psi_A(x)[1-\psi_B(x)]$，对所有 $x\in U$。

13. 设函数 $f:A\to B$ 是双射。证明 $f$ 的逆关系$\{\langle b,a\rangle \mid \langle a,b\rangle\in f\}$是 $B$ 到 $A$ 的一个函数。

14. 设 $f:R\to R$ 由 $f(x)=\cos x$ 来定义，试问 $f$ 有没有逆函数，为什么？如果没有将如何修改 $f$ 的定义域或值域使 $f$ 有逆函数。

15. 考虑下述从 $R$ 到 $R$ 的函数：$f(x)=2x+5$，$g(x)=x+7$，$h(x)=x/3$，$k(x)=x-4$，试构造 $g\circ f$，$f\circ g$，$f\circ f$，$g\circ g$，$f\circ k$，$g\circ h$。

16. 设 $A=\{a,b,c\}$，$f=\{\langle a,b\rangle,\langle b,a\rangle,\langle c,a\rangle\}$是从 $A$ 到 $A$ 的函数。写出由序偶组成的集合 $f(f)$和 $f(f(f))$。

17. 设 $f:R\to R$，$f(x)=x^2-2$，$g:R\to R$，$g(x)=x+4$，$h:R\to R$，$h(x)=x^3-1$，求下列各题：

(1)求 $g\circ f$，$f\circ g$。

(2)问 $g\circ f$ 和 $f\circ g$ 是否为单射，满射，双射的？

(3)$f$，$g$，$h$ 中哪些函数有逆函数？如果有，求出这些逆函数。

18. 设 $f:A\to B$，$g:B\to C$，且 $f\circ g:A\to C$ 是双射的。证明下列各题：

(1)$f:A\to B$ 是单射的。

(2)$g:B\to C$ 是满射的。

19. 证明定理 4.3.3。

20. 设 $A=\{11x+3 \mid x\in N\}$，证明 $A\approx N$。

21. 找出三个不同的 $N$ 的真子集，使得它们都与 $N$ 等势。

22. 已知[2,3]和[0,1]是实数区间，求证：$[2,3]\approx[0,1]$。

23. 证明定理 4.4.1 的(1)、(2)、(3)。

24. 设 $A,B,C,D$ 是集合，且 $A\approx C$，$B\approx D$，证明 $A\times B\approx C\times D$。

## 阅读材料

### 模糊集与粗糙集

美国加利福尼亚大学控制论专家扎德(L. A. Zadeh)在 1965 年创立了模糊集理论，波兰华沙理工大学教授 Z. Pawlak 在 1982 年又给出了粗糙集的概念，模糊集理论和粗糙集理论都是研究信息系统中知识不完全、不确定问题的两种方法，是经典集合论的推广，它们各自具有优点和特点，并且分别在许多领域都有成功的应用，如模式识别、机器学习、决策分析、决策支持、知识获取、知识发现等。

1. 模糊集及其性质

根据经典集合论的要求，一个对象对应于一个集合来说，要么属于，要么不属于，二者必居其一；而模糊集则通常用隶属函数表示模糊概念。

**定义 1** 设 $U$ 是给定论域，$\mu_F(u)$是把任意 $u\in U$ 映射为[0, 1]上某个实值的函数，即

$$\mu_F(u):U\to[0,1],\ u\to\mu_F(u)$$

称 $\mu_F(u)$为定义在 $U$ 上的一个隶属函数，由 $\mu_F(u)$ 对所有 $u\in U$ 所构成的集合

$$F=\{\mu_F(u) \mid u\in U\}$$

则称 $F$ 为 $U$ 上的一个模糊集，$\mu_F(u)$称为 $u$ 对 $F$ 的隶属度。

【例1】 设论域$U=\{20, 30, 40, 50, 60\}$给出的是年龄，请确定一个刻画模糊概念"年轻"的模糊集$F$。

**解** 由于模糊集是用其隶属函数来刻画的，因此需要先求出描述模糊概念"年轻"的隶属函数。假设对论域$U$中的元素，其隶属函数值分别为：

$$\mu_F(20)=1, \mu_F(30)=0.8, \mu_F(40)=0.4, \mu_F(50)=0.1, \mu_F(60)=0$$

则可得到刻画模糊概念"年轻"的模糊集

$$F=\{1, 0.8, 0.4, 0.1, 0\}$$

模糊集的表示方法与论域性质有关，对离散且为有限论域

$$U=\{u_1, u_2, \cdots, u_n\}$$

其模糊集可表示为：

$$F=\{\mu_F(u_1), \mu_F(u_2), \cdots, \mu_F(u_n)\}$$

为了能够表示论域中的元素与其隶属度之间的对应关系，扎德引入了一种模糊集的表示方式：先为论域中的每个元素都标上其隶属度，然后再用"+"号把它们连接起来，即

$$F=\mu_F(u_1)/u_1+\mu_F(u_2)/u_2+\cdots+\mu_F(u_n)/u_n$$

在上述表示方法中，当某个$u_i$对$F$的隶属度为0时，可省略不写。例如，前面例1的模糊集$F$可表示为：

$$F=1/20+0.8/30+0.4/40+0.1/50$$

**定义2** $F$、$G$分别是$U$上的两个模糊集，则$F\cup G$、$F\cap G$、$\neg F$分别称为$F$与$G$的并集、交集与补集，它们的隶属函数分别为：

$$F\cup G: \mu_{F\cup G}(u)=\max_{u\in U}\{\mu_F(u), \mu_G(u)\}$$

$$F\cap G: \mu_{F\cap G}(u)=\min_{u\in U}\{\mu_F(u), \mu_G(u)\}$$

$$\neg F: \mu_{\neg F}(u)=1-\mu_F(u)$$

【例2】 设$U=\{1,2,3\}$，$F$和$G$分别是$U$上的两个模糊集，即

$$F=小=1/1+0.6/2+0.1/3$$

$$G=大=0.1/1+0.6/2+1/3$$

则

$$F\cup G=(1\vee 0.1)/1+(0.6\vee 0.6)/2+(0.1\vee 1)/3=1/1+0.6/2+1/3$$

$$F\cap G=(1\wedge 0.1)/1+(0.6\wedge 0.6)/2+(0.1\wedge 1)/3=0.1/1+0.6/2+0.1/3$$

$$\neg F=(1-1)/1+(1-0.6)/2+(1-0.1)/3=0.4/2+0.9/3$$

从这个例子可以看出，两个模糊集之间的运算实际上就是逐点对隶属函数做相应的运算。

2. 粗糙集及其性质

粗糙集理论特点是不需要预先给定默写特征或属性的数量描述，直接从给定问题的描述集合出发，通过不可分辨关系和不可分辨类确定给定问题的近似域，找出问题的内在规律。

**定义3** 设$K=(X, A, V, f)$是一个知识库，其中$X$是一个非空集合，称为论域。$A=C\cup D$的属性是非空有限集合，$C$为$D$的决策属性，$C\cap D=\Phi$，$V_a$属性是$a\in A$的值域，$f: X\times A\rightarrow V$是一个信息函数，它为每个对象赋予一个信息值。

**定义4** 设$X$是一个有限的非空论域，$R$为$X$上的等价关系，等价关系$R$把集合$X$划分为多个互不相交的子集，每个子集称为一个等价类，用$[x]_R$来表示，$[x]_R=\{y\in X \mid xRy\}$，其中$x\in X$，称$x$、$y$为关于$R$的等价关系或者不可分辨关系。论域$X$上的所有等价类的集合用$X/R$来表示。

**定义 5** 对于任意的 $Y\subseteq X$，$Y$ 的 $R$ 上、下近似集分别定义为

$$\overline{R}(Y)=\bigcup\{Z\in X/R\mid Z\cap Y\neq\Phi\}$$
$$\overline{R}(Y)=\bigcup\{Z\in X/R\mid Z\subseteq Y\}$$

集合 $posR(Y)$ 称为集合 $Y$ 的正域，$posR(Y)=\overline{R}(Y)$；集合 $negR(Y)=X-\overline{R}(X)$ 称为集合 $Y$ 的负域；集合 $bnR(Y)=\overline{R}(Y)-\overline{R}(Y)$ 称为 $Y$ 的 $R$ 边界域。

集合的不确定性是由于边界域的存在，集合的边界域越大，精确性越低，粗糙度越大。

当 $\overline{R}(Y)=\overline{R}(Y)$ 时，称 $Y$ 为 $R$ 的精确集；当 $\overline{R}(Y)\neq\overline{R}(Y)$ 时，称 $Y$ 为 $R$ 的粗糙集，粗糙集可以近似使用精确集的两个上、下近似集来描述。

**定义 6** 粗糙度是表示知识的不完全程度，由等价关系 $R$ 定义的集合 $X$ 的粗糙度为：

$$\rho_R(X)=1-\frac{|\overline{R}X|}{|\overline{R}X|}$$

其中 $X\neq\Phi$，$|X|$ 表示集合 $X$ 的基数

3. 模糊集的研究对象、应用领域及研究方法

(1)模糊集的研究对象

模糊集研究不确定性问题，主要着眼于知识的模糊性，强调的是集合边界的不分明性。

(2)模糊集的应用领域

模糊集理论广泛应用于现代社会与生活中，主要有以下几个方面：消费电子产品、工业控制器、语音辨识、影像处理、机器人、决策分析、数据探勘、数学规划以及软件工程等。

(3)研究方法

模糊集理论的计算方法是知识的表达和简化。从知识的“粒度”描述上来看，模糊集是通过计算对象关于集合的隶属程度来近似描述不确定性；从集合的关系来看，模糊集强调的是集合边界上的病态定义，即集合边界的不分明性；从研究的对象来看，模糊集研究属于同一类的不同对象间的隶属关系，强调隶属程度；从隶属函数来看，模糊集的隶属函数反映了概念的模糊性，而且模糊集的隶属函数大多是专家凭经验给出的，带有强烈的主观意志。

4. 粗糙集的研究对象、应用领域及研究方法

(1)粗糙集的研究对象

粗糙集理论研究不确定性问题是基于集合中对象间的不可分辨性思想，建立集合的子集边缘的病态定义模型。

(2)粗糙集的应用领域

粗糙集理论在近些年得到飞速发展，在数据挖掘、模式识别、粗糙逻辑方面取得较大进展。与粗糙集理论相关的学科主要有以下几方面：人工智能、离散数学、概率论、模糊集理论、神经网络、计算机控制、专家系统等。

(3)粗糙集的研究方法

粗糙集理论的研究方法就是对知识含糊度的一个刻画，其计算方法主要是连续特征函数的产生。粗糙集理论研究认知能力产生的集合对象之间的不可分辨性，通过引入一对上下近似集合，用它们的差集来描述不确定的对象。从集合的关系来看，粗糙集强调的是对象间的不可分辨性，与集合上的等价关系相联系；从研究的对象来看，粗糙集研究的是不同类对象组成的集合关系，强调分类；从隶属函数来看，粗糙集的粗糙隶属函数的计算是从被分析的数据中直接获得，是客观的。

# 第3篇
# 代数系统

人们研究和考察现实世界中的各种现象或过程，往往要借助某些数学工具。例如，在微积分学中，可以用导数来描述质点运动的速度，可以用定积分来计算面积、体积等；在代数学中，可以用正整数集合上的加法运算来描述工厂产品的累计数，可以用集合之间的“并”、“交”运算来描述单位与单位之间的关系等。针对某个具体问题选用适宜的数学结构去进行较为确切的描述，这就是所谓的“数学模型”。可见，数学结构在数学模型中占有极为重要的位置。我们这里所要研究的是一类特殊的数学结构——由集合上定义若干个运算而组成的系统，通常称它为代数系统。代数系统是数学的一个重要分支，在计算机科学中有着广泛的应用，而计算机科学的发展，也促进了代数学的进一步发展。

格是伯克霍夫(Birkhoff)(1884年～1944年)在20世纪30年代提出的，格的提出以子集为背景。英国数学家乔治·布尔(George Boole)于1854年将格进一步完善，由此便出现了布尔格或布尔代数。格和布尔代数的理论成为计算机硬件设计和通讯系统设计中的重要工具。格论是计算机语言支撑语义的理论基础。格是一种特殊的偏序集，也可以看作是有两个二元运算的代数系统。

布尔代数是19世纪中叶由英国数学家乔治·布尔提出的一种代数系统，也是一种特殊的代数格。布尔代数在保密学、开关理论、计算机理论和逻辑设计以及其他一些科学和工程领域中有着重要的作用。

本篇将讨论代数系统的一些基本概念与性质以及格的基本知识。

# 第5章

# 代数系统概述

研究代数系统的学科称为“近世代数”或“抽象代数”，是近代数学的一个重要分支，它的结论和方法也是研究计算机科学的重要数学工具。如描述机器可计算的函数、计算的复杂性、刻画抽象的数据结构、程序设计语言的语义学基础、逻辑电路设计和编码理论等，都需要近世代数的知识。

本章将介绍代数系统的概念、二元运算的性质、两个代数系统间的同态与同构以及几种常见的代数系统：具有一个二元运算的代数系统——半群、独异点和群以及具有两个二元运算的代数系统——环和域。

## 5.1 运算与代数系统的概念

### 5.1.1 运算的概念

**定义 5.1.1** 设 $A$ 是一个非空集合，$f$ 是从 $A^n(n\in\mathbf{N}_+)$ 到 $A$ 的一个映射，则称 $f$ 为 $A$ 上的一个 $n$ 元代数运算，简称为 $n$ 元运算。即对任意的 $\langle x_1,x_2,\cdots,x_n\rangle\in A^n$，都存在唯一的 $x\in A$，使得 $f(\langle x_1,x_2,\cdots,x_n\rangle)=x$。

若 $f$ 是 $A$ 上的一个代数运算，也称 $A$ 在运算 $f$ 下是封闭的。

【例 5-1】 设 $\mathbf{N}_+,\mathbf{Z},\mathbf{Q},\mathbf{R}$ 分别表示正整数集，整数集，有理数集和实数集，

(1)求一个数的相反数是 $\mathbf{Z},\mathbf{Q},\mathbf{R}$ 上的一元运算。

(2)普通加法和乘法都是 $\mathbf{N}_+$ 上的二元运算，而减法和除法不是。因为 $1,2\in\mathbf{N}_+$，但 $1-2,1\div 2\notin\mathbf{N}_+$。

(3)普通加法、减法和乘法都是 $\mathbf{R}$ 上的二元运算，而除法不是。因为 $0\in\mathbf{R}$，但 0 不能做除数。

(4)求平方根是 $\mathbf{R}_+$ 上的一元运算，但不是 $\mathbf{R}$ 上的一元运算。因为 $-4\in\mathbf{R}$，但 $-4$ 没有平方根。此外，$9\in\mathbf{R}$，但 9 有两个平方根 $\pm 3$。

(5)集合的并、交、相对补和对称差运算是 $A$ 的幂集 $P(A)$ 上的二元运算，而绝对补运算是 $P(A)$ 上的一元运算。

(6)设 $M_n(R)$ 表示 $n$ 阶实矩阵集合($n\geqslant 2$),则矩阵的加法和乘法是 $M_n(R)$ 上的二元运算。

(7)设对任意 $\langle x,y,z\rangle\in R^3$,有 $f(\langle x,y,z\rangle)=x$,则 $f$ 为 $R$ 上的三元运算。

通常用~,∘,*,·,+,-等符号来表示 $n$ 元运算,称为算符。

如例5-1(1)中 $\mathbf{N}_+$ 上的取相反数运算可表示 $\sim x=-x$,(2)中 $\mathbf{N}_+$ 上的加法运算可记为 $\circ(x,y)=x+y$ 或者 $x\circ y=x+y$,(7)中 $R^3$ 上的运算 $f$ 可记为 $\circ(x,y,z)=x$。

有限集上的一元或二元运算有时也用运算表来表示。设 $A=\{a_1,a_2,\cdots,a_n\}$,~为 $A$ 上的一元运算,∘为 $A$ 上的二元运算,则~和∘的运算表分别如表5-1和表5-2所示。

表5-1 A上的一元运算

| $a_i$ | $\sim(a_i)$ |
|---|---|
| $a_1$ | $\sim(a_1)$ |
| $a_2$ | $\sim(a_2)$ |
| ⋮ | ⋮ |
| $a_n$ | $\sim(a_n)$ |

表5-2 A上的二元运算

| ∘ | $a_1$ | $a_2$ | … | $a_n$ |
|---|---|---|---|---|
| $a_1$ | $a_1\circ a_1$ | $a_1\circ a_2$ | … | $a_1\circ a_n$ |
| $a_2$ | $a_2\circ a_1$ | $a_2\circ a_2$ | … | $a_2\circ a_n$ |
| ⋮ | ⋮ | ⋮ | ⋮ | |
| $a_n$ | $a_n\circ a_1$ | $a_n\circ a_2$ | … | $a_n\circ a_n$ |

【例5-2】 设 $A=\{0,1\}$,可写出 $P(A)=\{\varnothing,\{0\},\{1\},\{0,1\}\}$ 上的并运算∪和绝对补运算~的运算表分别如表5-3和表5-4所示。

表5-3 P(A)上的并运算

| ∪ | $\varnothing$ | {0} | {1} | {0,1} |
|---|---|---|---|---|
| $\varnothing$ | $\varnothing$ | {0} | {1} | {0,1} |
| {0} | {0} | {0} | {0,1} | {0,1} |
| {1} | {1} | {0,1} | {1} | {0,1} |
| {0,1} | {0,1} | {0,1} | {0,1} | {0,1} |

表5-4 P(A)上的绝对补运算

| $a_i$ | $\sim(a_i)$ |
|---|---|
| $\varnothing$ | {0,1} |
| {0} | {1} |
| {1} | {0} |
| {0,1} | $\varnothing$ |

## 5.1.2 代数系统的概念

**定义5.1.2** 设 $A$ 是一个非空集合,$f_1,f_2,\cdots,f_k$ 是定义在 $A$ 上的 $k$ 个运算,由 $A$ 和 $f_1,f_2,\cdots,f_k$ 所组成的系统称为一个代数系统或代数结构,记作 $\langle A,f_1,f_2,\cdots,f_k\rangle$。

【例5-3】 (1)整数集合 **Z** 连同该集合上的普通加法运算、减法运算和乘法运算组成一个代数系统 $\langle \mathbf{Z},+,-,\times\rangle$。

(2)有限集合 $A$ 的幂集 $P(A)$ 以及该幂集上的并、交和绝对补运算组成一个代数系统 $\langle P(A),\cup,\cap,\sim\rangle$,称为集合代数。

(3)$n$ 阶($n\geqslant 2$)实矩阵集合 $M_n(R)$,以及该集合上矩阵的加法"⊕"和乘法"⊗"组成一个代数系统 $\langle M_n(R),\oplus,\otimes\rangle$。

(4)所有命题公式的集合记为 $S$,$S$ 连同其上的合取、析取和否定运算组成一个代数系统 $\langle S,\wedge,\vee,\neg\rangle$,称为命题代数。

**定义5.1.3** 设 $\langle A,f_1,f_2,\cdots,f_k\rangle$ 和 $\langle B,g_1,g_2,\cdots,g_k\rangle$ 是两个具有 $k$ 个运算的代数系统,若运算 $f_i$ 与 $g_i$ 具有相同的元数($i=1,2,\cdots,k$),则称 $\langle A,f_1,f_2,\cdots,f_k\rangle$ 与 $\langle B,g_1,g_2,\cdots,g_k\rangle$ 是同类型的代数系统。

【例5-4】 $\langle R,+\rangle$ 与 $\langle R,\times\rangle$ 是同类型的代数系统,集合代数 $\langle P(A),\cup,\cap,\sim\rangle$ 与命题代数 $\langle S,\wedge,\vee,\neg\rangle$ 是同类型的代数系统。

**定义 5.1.4** 设$\langle A,f_1,f_2,\cdots,f_k\rangle$是一个代数系统，$B$ 是 $A$ 的一个非空子集，且 $B$ 在运算 $f_1,f_2,\cdots,f_k$ 下都是封闭的，则称$\langle B,f_1,f_2,\cdots,f_k\rangle$是$\langle A,f_1,f_2,\cdots,f_k\rangle$的子代数系统，简称子代数。

显然，任何代数系统都是自身的子代数。

【例 5-5】 设 $E$ 表示偶数集合，$O$ 表示奇数集合，则$\langle E,+\rangle$是$\langle Z,+\rangle$的子代数，而$\langle O,+\rangle$不是$\langle Z,+\rangle$的子代数，因为两个奇数之和不一定为奇数。

现代科学在研究各种不同现象时，为了探索它们之间的共同特点，常常利用代数系统这个框架进行研究，得出深刻的结果。目前代数系统的理论已在理论物理、生物学、计算机科学以及社会科学中广泛地应用。

## 5.2 二元运算

本节讨论一般二元运算的性质及关于二元运算的一些特异元素。

### 5.2.1 二元运算的性质

**定义 5.2.1** 设$\circ$是集合 $A$ 上的二元运算。

(1)如果对任意的 $x,y\in A$，都有 $x\circ y=y\circ x$，则称运算$\circ$在 $A$ 上是可交换的，或称运算$\circ$在 $A$ 上满足交换律。

(2)如果对任意的 $x,y,z\in A$，都有$(x\circ y)\circ z=x\circ(y\circ z)$，则称运算$\circ$在 $A$ 上是可结合的，或称运算$\circ$在 $A$ 上满足结合律。

(3)如果对任意的 $x\in A$，都有 $x\circ x=x$，则称运算$\circ$在 $A$ 上是幂等的，或称运算$\circ$在 $A$ 上满足幂等律。

【例 5-6】 (1)实数集 $\mathbf{R}$ 上的普通加法和乘法都满足交换律和结合律，但不满足幂等律，而这三个运算律对减法都不成立。

(2)$P(A)$上的集合的并、交和对称差满足交换律、结合律和幂等律。

(3)$M_n(R)$上的矩阵加法满足交换律和结合律，矩阵乘法满足结合律，但不满足交换律。

【例 5-7】 设$\circ$是 $R$ 上的二元运算，对任意的 $x,y\in R$，有 $x\circ y=x+y-xy$，问运算$\circ$是否满足交换律和结合律？

**解** 由 $x\circ y=x+y-xy=y+x-yx=y\circ x$ 可知，运算$\circ$满足交换律。

因为

$$\begin{aligned}(x\circ y)\circ z&=(x+y-xy)\circ z=x+y-xy+z-(x+y-xy)z\\&=x+y+z-xy-xz-yz+xyz,\\x\circ(y\circ z)&=x\circ(y+z-yz)=x+y+z-yz-x(y+z-yz)\\&=x+y+z-xy-xz-yz+xyz,\end{aligned}$$

所以$(x\circ y)\circ z=x\circ(y\circ z)$，因而运算$\circ$满足结合律。

运用数学归纳法可证：若集合 $A$ 上的二元运算$\circ$满足结合律，则对 $A$ 中任意 $n$ 个元素 $x_1,x_2,\cdots,x_n(n\geqslant 3)$进行该运算时，在 $x_1\circ x_2\circ\cdots\circ x_n$ 中任意加括号，其结果都相等。

**定义 5.2.2** 设$\circ$是集合 $A$ 上的二元运算，若存在 $x\in A$，使得 $x\circ x=x$，则称 $x$ 为 $A$ 中关于运算$\circ$的幂等元。

如例 5-6(1)中 $R$ 上的加法、乘法和减法都不满足幂等律，但都有幂等元。关于加法的幂等元是 0，关于乘法的幂等元是 0 和 1，关于减法的幂等元是 0。

显然，运算$\circ$在 $A$ 上满足幂等律的充要条件是 $A$ 中的所有元素关于运算$\circ$都是幂等元。

以上三个性质都是对一个二元运算来说的，下面的分配律和吸收律是对两个二元运算来说的。

**定义 5.2.3** 设$\circ$和$*$是集合 $A$ 上的两个二元运算，

(1)若对任意的 $x,y,z\in A$，都有

$$x\circ(y*z)=(x\circ y)*(x\circ z)\text{（左分配律）}$$

$$(y*z)\circ x=(y\circ x)*(z\circ x)\text{（右分配律）}$$

则称运算$\circ$对$*$在 $A$ 上是可分配的，也称运算$\circ$对$*$在 $A$ 上满足分配律。

(2)若$\circ$和$*$都满足交换律，且对任意的 $x,y\in A$，都有 $x*(x\circ y)=x$ 和 $x\circ(x*y)=x$ 成立，则称运算$\circ$和$*$是可吸收的，或称运算$\circ$和$*$满足吸收律。

【例 5-8】 (1)实数集 **R** 上的乘法对加法和减法都满足分配律；

(2)幂集 $P(A)$上的集合的并对交、交对并都满足分配律，且并和交满足吸收律；

(3)$n$ 阶($n\geqslant 2$)实矩阵集合 $M_n(R)$上的矩阵乘法对矩阵加法在 $M_n(R)$上满足分配律。

【例 5-9】 设$\circ$和$*$是 $Z$ 上的两个二元运算，对任意的 $x,y\in Z$，有

$$x\circ y=\max(x,y)$$

$$x*y=\min(x,y)$$

问运算$\circ$和$*$是否满足吸收律？

**解** 因为

$$x*(x\circ y)=x*\max(x,y)=\min(x,\max(x,y))=x$$

$$x\circ(x*y)=x\circ\min(x,y)=\max(x,\min(x,y))=x$$

所以运算$\circ$和$*$满足吸收律。

## 5.2.2 集合上关于二元运算的特异元素

运算的特殊元

**定义 5.2.4** 设$\circ$是集合 $A$ 上的二元运算。

(1)若存在 $e_l$(或 $e_r$)$\in A$，使得对任意的 $x\in A$，都有 $e_l\circ x=x$(或 $x\circ e_r=x$)，则称 $e_l$(或 $e_r$)为 $A$ 中关于运算$\circ$的左(或右)单位元。若存在 $e\in A$ 关于运算$\circ$既是左单位元又是右单位元，则称 $e$ 为 $A$ 中关于运算$\circ$的单位元或幺元。

(2)若存在 $\theta_l$(或 $\theta_r$)$\in A$，使得对任意的 $x\in A$，都有 $\theta_l\circ x=\theta_l$(或 $x\circ\theta_r=\theta_r$)，则称 $\theta_l$(或 $\theta_r$)为 $A$ 中关于运算$\circ$的左(或右)零元。若存在 $\theta\in A$ 关于运算$\circ$既是左零元又是右零元，则称 $\theta$ 为 $A$ 中关于运算$\circ$的零元。

【例 5-10】 (1)$R$ 中关于加法运算的单位元是 0，没有零元；关于乘法运算的单位元是 1，零元是 0。

(2)$P(A)$中关于并运算的单位元是$\varnothing$，零元是 $A$；关于交运算的单位元是 $A$，零

元是$\varnothing$。

(3)$M_n(R)(n\geqslant 2)$上关于矩阵加法运算的单位元是零矩阵,没有零元;关于矩阵乘法运算的单位元是单位矩阵,零元是零矩阵。

【例 5-11】 在实数集 **R** 上定义运算 $*$,对任意的 $x,y\in\mathbf{R}$,有 $x*y=x$。则在 **R** 中关于运算 $*$ 不存在左单位元,但任意实数 $x$ 都是右单位元,因为任取 $x\in\mathbf{R}$,对任意的实数 $y$,都有 $y*x=y$。同理,不存在右零元,但任意实数都是左零元。

下面定理说明若左、右单位元都存在,则它们必相等,且是唯一的单位元。对零元也有类似的结论。

**定理 5.2.1** 设$\circ$为定义在集合 $A$ 上的一个二元运算。

(1)若 $A$ 中有关于运算$\circ$的左单位元 $e_l$ 和右单位元 $e_r$,则 $e_l=e_r=e$,且 $e$ 就是 $A$ 中关于运算$\circ$的唯一的单位元。

(2)若 $A$ 中有关于运算$\circ$的左零元 $\theta_l$ 和右零元 $\theta_r$,则 $\theta_l=\theta_r=\theta$,且 $\theta$ 就是 $A$ 中关于运算$\circ$的唯一的零元。

**证明** 只证(1),因为 $e_l$ 是左单位元,所以 $e_l\circ e_r=e_r$。又因为 $e_r$ 是右单位元,所以 $e_l\circ e_r=e_l$。

故 $e_l=e_r$,记为 $e$,则 $e$ 是单位元。

假设存在另一单位元 $e'$,则有 $e'=e\circ e'=e$。

所以,$e$ 是唯一的单位元。

同理可证(2)

**定理 5.2.2** 设$\circ$为集合 $A$ 上的一个二元运算,且 $A$ 中元素个数大于 1,若在 $A$ 中存在关于运算$\circ$的单位元 $e$ 和零元 $\theta$,则 $e\neq\theta$。

**证明** (反证法):假设 $e=\theta$,则 $\forall x\in A$,有

$$x=e\circ x=\theta\circ x=\theta$$

于是 $A$ 中所有元素都是相同的,即 $A$ 中只有一个元素,这与 $A$ 中元素个数大于 1 矛盾。所以 $e\neq\theta$。

**定义 5.2.5** 设$\circ$是集合 $A$ 上的一个二元运算,$e$ 是 $A$ 中关于运算$\circ$的单位元。对于 $x\in A$,若存在 $y_l$(或 $y_r$)$\in A$,使得 $y_l\circ x=e$(或 $x\circ y_r=e$),则称 $y_l$(或 $y_r$)为 $x$ 在$A$ 中关于运算$\circ$的左(或右)逆元;若存在 $y\in A$,它既是 $x$ 的左逆元,又是 $x$ 的右逆元,则称 $y$ 是 $x$ 的逆元。

【例 5-12】 (1)在实数集 **R** 中,任何实数 $x$ 关于加法的逆元是$-x$;任何非零实数 $y$ 关于乘法的逆元是$\dfrac{1}{y}$。

(2)在幂集 $P(A)$中,关于并运算只有$\varnothing$有逆元,就是$\varnothing$本身;关于交运算只有集合 $A$ 有逆元,就是 $A$ 本身。

(3)在 $n$ 阶$(n\geqslant 2)$实矩阵集合 $M_n(\mathbf{R})$中,任何矩阵 $M$ 关于矩阵加法的逆元是$-M$;关于矩阵乘法只有可逆矩阵 $M$ 存在逆元$M^{-1}$。

**定理 5.2.3** 设$\circ$是集合 $A$ 上的一个可结合的二元运算,$e$ 是 $A$ 中关于该运算的单位元。对于 $x\in A$,若它的左逆元 $y_l$ 和右逆元 $y_r$ 都存在,则有 $y_l=y_r=y$,且 $y$ 就是 $x$

的唯一的逆元。

**证明** 由 $y_l, y_r$ 分别是 $x$ 的左逆元和右逆元，$e$ 是单位元且运算∘满足结合律可得：

$$y_l = y_l \circ e = y_l \circ (x \circ y_r) = (y_l \circ x) \circ y_r = e \circ y_r = y_r,$$

将 $y_l = y_r$ 记为 $y$，则 $y$ 是 $x$ 的逆元。

假设 $y' \in A$ 也是 $x$ 的逆元，则有 $y' = y' \circ e = y' \circ (x \circ y) = (y' \circ x) \circ y = e \circ y = y$，所以，$y$ 是 $x$ 的唯一的逆元。

由定理 5.2.3 可知，若元素 $x$ 关于可结合的二元运算∘的逆元存在，则其逆元一定是唯一的，可记为 $x^{-1}$。

**定义 5.2.6** 设∘为集合 $A$ 上的一个二元运算，对任意的 $x, y, z \in A$，若由 $x \circ y = x \circ z$（或 $y \circ x = z \circ x$）且 $x \neq \theta$（$\theta$ 为零元）能推出 $y = z$，则称运算∘满足左（或右）消去律。如果运算∘既满足左消去律，又满足右消去律，则称运算∘满足消去律。

【例 5-13】 普通加法和乘法在整数集 **Z**，有理数集 **Q** 和实数集 **R** 上都满足消去律；$P(A)$ 上的并运算、交运算一般不满足消去律；$M_n(R)$ 上的矩阵加法满足消去律，但矩阵乘法一般不满足消去律。

## 5.2.3 利用运算表判断代数运算的性质

设∘是有限集 $A$ 上的一个二元运算，那么可以从运算表中看出该运算的某些性质和特异元素。

(1) 运算∘是可交换的，当且仅当运算表关于主对角线对称。

(2) 运算∘是幂等的，当且仅当运算表的主对角线上的每一个元素与它所在行和所在列的表头元素相同。

(3) $A$ 中关于运算∘有单位元，当且仅当该元素所对应的行（列）中的元素都依次与表头行（列）元素相同。

(4) $A$ 中关于运算∘有零元，当且仅当该元素所对应的行和列的元素都与该元素相同。

(5) 设 $A$ 中关于运算∘有单位元，$a$ 与 $b$ 互逆，当且仅当位于 $a$ 所在行与 $b$ 所在列交叉点上的元素以及 $b$ 所在行与 $a$ 所在列交叉点上的元素都是单位元。

此外，一个元素是否有左、右逆元也可从运算表中判断出来，但运算是否满足结合律一般不易直接看出。

【例 5-14】 设 $A$ 上的二元运算∘由如图 5-1 所示运算表给出，判断运算∘是否满足交换律、幂等律；在 $A$ 中关于运算∘是否有单位元、零元；如果有单位元，那么是否每个元素都有逆元。

| ∘ | a | b | c |
|---|---|---|---|
| a | a | b | c |
| b | b | c | a |
| c | c | a | b |

(a)

| ∘ | a | b | c |
|---|---|---|---|
| a | a | b | c |
| b | a | b | c |
| c | a | b | c |

(b)

图 5-1 例 5-14 运算表

**解** 图 5-1(a) 中运算表关于主对角线对称，所以运算满足交换律，但不满足幂等律，因为主对角线的第 2,3 个元素 $c$ 和 $b$ 与它们所在行和列的表头元素不同。$a$ 是单位元，没有零元,显然,单位元 $a$ 的逆元是其本身。元素 $b$ 的逆元是 $c$,元素 $c$ 的逆元是 $b$,即 $b$,$c$ 互逆。

图 5-1(b)中运算不满足交换律,但满足幂等律,$a$,$b$,$c$ 都是左单位元,但没有右单位元,$a$,$b$,$c$ 都是右零元,但没有左零元。

## 5.3 半群与含幺半群

半群是只含一个可结合二元运算的代数系统,独异点是含有单位元的半群,它们在形式语言、自动机等领域都有广泛的应用。

### 5.3.1 半群及其性质

**定义 5.3.1** 设 $\langle A,\circ\rangle$ 是一个代数系统,$\circ$ 是 $A$ 上的一个二元运算,如果该运算是可结合的,则称 $\langle A,\circ\rangle$ 是半群。又若 $\circ$ 满足交换律,则称 $\langle A,\circ\rangle$ 为交换半群。

【例 5-15】 (1)代数系统 $\langle R,+\rangle$,$\langle R,\times\rangle$,$\langle R,\max\rangle$ 都是半群,且是交换半群。代数系统 $\langle Z,-\rangle$,$\langle R^+,\div\rangle$ 不是半群,因为减法和除法都不满足结合律。

(2)代数系统 $\langle M_n(R),\oplus\rangle$ 和 $\langle M_n(R),\otimes\rangle$ 都是半群。其中 $\oplus$ 和 $\otimes$ 表示矩阵加法和矩阵乘法。

(3)代数系统 $\langle P(A),\cup\rangle$ 和 $\langle P(A),\cap\rangle$ 都是半群。其中 $\cup$ 和 $\cap$ 表示并运算和交运算。

由于半群 $\langle A,\circ\rangle$ 中的运算 $\circ$ 满足结合律,所以可定义元素的 $n$ 次幂。

**定义 5.3.2** 半群 $\langle A,\circ\rangle$ 中元素 $x$ 的 $n$ 次幂定义为:

$$x^1=x$$

$$x^{n+1}=x^n\circ x,n\in\mathbf{N}_+$$

容易证明,$\forall x\in A$ 和 $m,n\in\mathbf{N}_+$,有:

$$x^m\circ x^n=x^n\circ x^m=x^{m+n}$$

$$(x^m)^n=(x^n)^m=x^{mn}$$

**定理 5.3.1** 设 $\langle A,\circ\rangle$ 是一个半群,若 $A$ 是有限集,则 $A$ 中必有幂等元。

**证明** 对任意 $x\in A$,由运算的封闭性可知 $x^1,x^2,\cdots,x^n,\cdots\in A$,因为 $A$ 是有限集,所以必存在 $x^i=x^j(i<j,i,j\in\mathbf{N}_+)$。

令 $p=j-i$,有: $$x^i=x^j=x^p\circ x^i$$

故对任意的 $q\geqslant i$,有:

$$x^q=x^i\circ x^{q-i}=x^p\circ x^i\circ x^{q-i}=x^p\circ x^q$$

因为 $p\geqslant 1$,所以总可以找到 $k\geqslant 1$,使得 $kp\geqslant i$,可有:

$$\begin{aligned}x^{kp}&=x^p\circ x^{kp}=x^p\circ(x^p\circ x^{kp})\\&=x^{2p}\circ x^{kp}=x^{2p}\circ(x^p\circ x^{kp})\\&=x^{3p}\circ x^{kp}\\&=\cdots\\&=x^{kp}\circ x^{kp},\end{aligned}$$

所以 $x^{kp}$ 是 $A$ 中幂等元。

**定理 5.3.2** 设$\langle A,\circ\rangle$是一个半群，$B\subseteq A$，$B\neq\varnothing$，若运算$\circ$在 $B$ 上是封闭的，则$\langle B,\circ\rangle$也是一个半群，通常称$\langle B,\circ\rangle$是半群$\langle A,\circ\rangle$的子半群。

事实上，首先运算$\circ$是 $B$ 上的一个二元运算，又由于运算$\circ$在 $A$ 上满足结合律，所以运算在 $B$ 上也满足结合律。故$\langle B,\circ\rangle$也是一个半群。

如代数系统$\langle Z,+\rangle$，$\langle Q,+\rangle$都是半群$\langle R,+\rangle$的子半群。

## 5.3.2 含幺半群及其性质

**定义 5.3.3** 含有单位元 $e$ 的半群$\langle A,\circ\rangle$称为含幺半群或独异点。为了强调独异点中的特异元素，含幺半群也常记作$\langle A,\circ,e\rangle$。

独异点是一种特殊的半群，可把半群中的元素的幂推广到独异点中。由于独异点中含有幺元 $e$，令 $x^0=e$，则 $x$ 的幂可扩充到自然数集 $\mathbf{N}$ 上。

【例 5-16】 例 5-15 中的几个半群都是独异点。$\langle \mathbf{N}_+,+\rangle$是半群，但不是独异点，因为没有单位元。

【例 5-17】 设 $\mathbf{Z}_m=\{[0],[1],[2],\cdots,[m-1]\}$是整数集合 $\mathbf{Z}$ 上模 $m$ 同余等价类的集合，定义 $\mathbf{Z}_m$ 上的二元运算$+_m$ 和$\times_m$ 如下：

对任意的$[i]$，$[j]\in\mathbf{Z}_m$，有

$$[i]+_m[j]=[(i+j)(\mathrm{mod}m)],$$
$$[i]\times_m[j]=[(i\times j)(\mathrm{mod}m)],$$

则$\langle\mathbf{Z}_m,+_m\rangle$，$\langle\mathbf{Z}_m,\times_m\rangle$都是独异点。

**证明** 只证$\langle\mathbf{Z}_m,+_m\rangle$是独异点，类似可证$\langle\mathbf{Z}_m,\times_m\rangle$也是独异点。

显然运算$+_m$ 在 $\mathbf{Z}_m$ 上是封闭和可结合的，所以$\langle\mathbf{Z}_m,\times_m\rangle$是一个半群。

对任意的$[i]\in\mathbf{Z}_m$，有$[0]+_m[i]=[i]+_m[0]=[i]$，所以$[0]$是 $\mathbf{Z}_m$ 中关于运算$+_m$ 的单位元。

故$\langle\mathbf{Z}_m,+_m\rangle$是一个独异点。

在有限自动机理论中，输出的是字母表上的字符串，下面的例题说明所有字符串在连接运算下构成半群。

【例 5-18】 设 $A=\{a,b,c,\cdots,z\}$是由字母组成的集合，由 $A$ 中有限个字母组成的有序序列称为 $A$ 上的字符串，不包含任何字母的字符串称为空串，用 $\varepsilon$ 表示。令 $A^*$ 表示 $A$ 上的所有字符串的集合，在 $A^*$ 上定义一个连接运算$\circ$，对任意的 $x,y\in A^*$，$x\circ y=xy$，即将字符串 $x$ 写在字符串 $y$ 的左边而得到的字符串。

(1)证明$\langle A^*,\circ\rangle$是独异点。

(2)令 $A^+=A^*-\{\varepsilon\}$，证明$\langle A^+,\circ\rangle$是半群，而不是独异点。

**证明** (1)显然，连接运算$\circ$在 $A^*$ 上是封闭的。

对任意的 $x,y,z\in A^*$，有$(x\circ y)\circ z=xyz=x\circ(y\circ z)$，故结合律成立。

对任意的 $x\in A^*$，有 $x\circ\varepsilon=\varepsilon\circ x=x$，所以 $\varepsilon$ 是 $A^*$ 中关于运算$\circ$的单位元。

因此，$\langle A^*,\circ\rangle$是独异点。

同理可证(2)。

**定理 5.3.3** 设$\langle A,\circ\rangle$是一个独异点，幺元为 $e$，$B\subseteq A$，$B\neq\varnothing$，若运算$\circ$在 $B$ 上是封闭的，且 $e\in B$，则$\langle B,\circ\rangle$也是一个独异点，通常称$\langle B,\circ\rangle$是$\langle A,\circ\rangle$的子独异点。

**定理 5.3.4** 设$\langle A,\circ,e\rangle$是一个独异点，则运算$\circ$的运算表中任何两行或两列都不相同。

**证明** 对任意 $x,y\in A$，且 $x\neq y$，有：

$$e\circ x=x\neq y=e\circ y$$

$$x\circ e=x\neq y=y\circ e$$

所以在运算$\circ$的运算表(图 5-2)中任何两行或两列都是不相同的。

【例 5-19】 在含幺半群$\langle Z_4,+_4\rangle$中，$+_4$ 的运算表中没有两行或两列是相同的。

| $+_4$ | [0] | [1] | [2] | [3] | [4] |
|---|---|---|---|---|---|
| [0] | [0] | [1] | [2] | [3] | [4] |
| [1] | [1] | [2] | [3] | [4] | [0] |
| [2] | [2] | [3] | [4] | [0] | [1] |
| [3] | [3] | [4] | [0] | [1] | [2] |
| [4] | [4] | [0] | [1] | [2] | [3] |

图 5-2 $+_4$ 运算表

**定理 5.3.5** 设$\langle A,\circ,e\rangle$是一个独异点，对任意的 $x,y\in A$，若 $x,y$ 均有逆元，则 $x^{-1}$ 和 $x\circ y$ 也均有逆元，且$(x^{-1})^{-1}=x$，$(x\circ y)^{-1}=y^{-1}\circ x^{-1}$。

**证明** 由 $x\circ x^{-1}=x^{-1}\circ x=e$，可知$(x^{-1})^{-1}=x$。

因为

$$(x\circ y)\circ(y^{-1}\circ x^{-1})=x\circ(y\circ y^{-1})\circ x^{-1}=x\circ e\circ x^{-1}=x\circ x^{-1}=e$$

$$(y^{-1}\circ x^{-1})\circ(x\circ y)=y^{-1}\circ(x^{-1}\circ x)\circ y=y^{-1}\circ e\circ y=y^{-1}\circ y=e$$

所以$(x\circ y)^{-1}=y^{-1}\circ x^{-1}$。

## 5.4 群与子群

群是最早被研究的代数系统，也是抽象代数中的一个重要分支。它在自动机理论、编码理论和快速加法器的设计等方面都有广泛的应用。

### 5.4.1 群的基本概念

**定义 5.4.1** 设$\langle G,\circ\rangle$是一个代数系统，$\circ$是 $G$ 上的二元运算，如果满足以下条件：

(1)运算$\circ$满足结合律；

(2)$G$ 中有单位元，即 $\exists e\in G$，$\forall a\in G$，有 $e\circ a=a\circ e=a$；

(3)$G$ 中每个元素都有逆元，即 $\forall a\in G$，$\exists a^{-1}\in G$，使得 $a\circ a^{-1}=a^{-1}\circ a=e$；则称$\langle G,\circ\rangle$是一个群。

从定义可以看出，群是每个元素都有逆元的独异点，而独异点是含有单位元的半群，所以它们之间的关系为：{群}$\subseteq${独异点}$\subseteq${半群}。

【例 5-20】 (1)代数系统$\langle Z,+\rangle$,$\langle Q,+\rangle$,$\langle R,+\rangle$都是群,其中单位元均为 0,对任意元素 $a$,其逆元是$-a$。$\langle Z,\times\rangle$,$\langle Q,\times\rangle$,$\langle R,\times\rangle$都是半群,但不是群,因为虽然均有单位元 1,但 0 均没有逆元。$\langle Q-\{0\},\times\rangle$,$\langle R-\{0\},\times\rangle$都是群,其单位元均为 1,对任意元素 $a$,其逆元是 $1/a$。

(2)代数系统$\langle M_n(R),\oplus\rangle$是群,其单位元是"$n$ 阶全 0 矩阵",对任意矩阵 $A$,其逆元是$-A$。$\langle M_n(R),\otimes\rangle$不是群,虽然存在单位元"$n$ 阶单位矩阵",但有些矩阵不存在逆矩阵。所有 $n$ 阶非奇异矩阵的全体对矩阵乘法构成群。

(3)代数系统$\langle P(A),\cup\rangle$和$\langle P(A),\cap\rangle$都不能构成群,因为它们虽然分别有单位元$\varnothing$和 $A$,但对任意的 $x\neq\varnothing$ 和 $x\neq A$,都没有逆元。$\langle P(A),\oplus\rangle$是群,关于对称差运算的单位元是$\varnothing$,每个元素的逆元是其本身。

**定义 5.4.2** 设$\langle G,\circ\rangle$是一个群。如果 $G$ 是有限集,那么称$\langle G,\circ\rangle$为有限群,$G$ 中元素的个数称为该有限群的阶数,记为$|G|$。如果 $G$ 是无限集,则称$\langle G,\circ\rangle$为无限群。

【例 5-21】 设 $R=\{0°,90°,180°,270°\}$表示在平面上的一个正方形绕它的中心顺时针旋转角度的四种可能情况,设 $*$ 是 $R$ 上的二元运算,对于 $R$ 中任意两个元素 $a$ 和 $b$,$a*b$ 表示正方形连续旋转 $a$ 和 $b$ 后得到的总旋转角度,并规定旋转 360°看作没有经过旋转。验证$\langle R,*\rangle$是一个群。

**证明** 由定义知,二元运算 $*$ 在 $R$ 上是可结合的。

由题意,$R$ 上的二元运算 $*$ 的运算表如图 5-3 所示。

| * | 0° | 90° | 180° | 270° |
|---|---|---|---|---|
| 0° | 0° | 90° | 180° | 270° |
| 90° | 90° | 180° | 270° | 0° |
| 180° | 180° | 270° | 0° | 90° |
| 270° | 270° | 0° | 90° | 180° |

图 5-3 二元运算 * 的运算表

由运算表知,单位元为 0°,每个元素都有逆元,即

$$(0°)^{-1}=0°,(90°)^{-1}=270°,(180°)^{-1}=180°,(270°)^{-1}=90°$$

所以代数系统$\langle R,*\rangle$是一个群。

## 5.4.2 群的基本性质

由于群中每个元素都有逆元,所以元素的幂在群中可以推广到全体整数 $\mathbf{Z}$。

设$\langle G,\circ\rangle$是一个群,$n\in\mathbf{N}_+$,任取 $a\in G$,规定 $a^0=e$,$a^n=a^{n-1}\circ a$,$a^{-n}=(a^{-1})^n$。

**定理 5.4.1** 设$\langle G,\circ\rangle$是一个群,则

(1) $\forall a\in G,(a^{-1})^{-1}=a$;

(2) $\forall a,b\in G,(a\circ b)^{-1}=b^{-1}\circ a^{-1}$;

(3) $\forall a\in G,a^m\circ a^n=a^{m+n},m,n\in\mathbf{Z}$;

(4) $\forall a\in G,(a^m)^n=a^{mn},m,n\in\mathbf{Z}$。

**定理 5.4.2** (消去律)设$\langle G,\circ\rangle$是一个群,对 $\forall a,b,c\in G$

(1)若 $a\circ b=a\circ c$,则 $b=c$,

(2)若 $b\circ a=c\circ a$,则 $b=c$。

**证明** 只证(1),类似可证(2)。

(1)因为$\langle G,\circ\rangle$是一个群,$a\in G$,所以存在 $a$ 的逆元$a^{-1}\in G$:若 $a\circ b=a\circ c$,则

$$a^{-1}\circ(a\circ b)=a^{-1}\circ(a\circ c)$$
$$(a^{-1}\circ a)\circ b=(a^{-1}\circ a)\circ c$$
$$e\circ b=e\circ c$$
$$b=c$$

由定理 5.4.2 可知,有限群的运算表中没有两行(或两列)是相同的;另外,因为群是一种特殊的独异点,由定理 5.4.1 也可得出该结论。

**定理 5.4.3** 群$\langle G,\circ\rangle$中除单位元外无其他幂等元。

**证明** 显然,$e$ 是群$\langle G,\circ\rangle$中的幂等元。

设 $a$ 也是群$\langle G,\circ\rangle$中的幂等元,$a\circ a=a=a\circ e$。由消去律,得 $a=e$。

**定理 5.4.4** 设$\langle G,\circ\rangle$是一个群,若$|G|>1$,则该群无零元。

**证明** (反证法):假设群$\langle G,\circ\rangle$有零元 $\theta$,则根据单位元与零元的定义知 $\theta\neq e$,对任意 $x\in G$,都有 $x\circ\theta=\theta\circ x=\theta\neq e$,这表明零元 $\theta$ 不存在逆元,这与群的定义矛盾,所以群$\langle G,\circ\rangle$无零元。

**定理 5.4.5** 设$\langle G,\circ\rangle$是一个群,则对任意 $a,b\in G$,方程 $a\circ x=b$ 和 $y\circ a=b$ 都有解且仅有唯一解。

**证明** $\forall a,b\in G$,取 $x=a^{-1}\circ b\in G$,有

$$a\circ(a^{-1}\circ b)=(a\circ a^{-1})\circ b=e\circ b=b$$

所以 $x=a^{-1}\circ b$ 是方程 $a\circ x=b$ 的一个解。

若方程 $a\circ x=b$ 存在另一解 $x_1$,则 $a\circ x=a\circ x_1$。

由消去律,得 $x=x_1$。

所以方程 $a\circ x=b$ 只有唯一解 $x=a^{-1}\circ b$。

同理可证方程 $y\circ a=b$ 有且仅有唯一解。

**定义 5.4.3** 设 $S$ 是一个非空集合,从 $S$ 到 $S$ 的一个双射称为集合 $S$ 的一个置换。

【例 5-22】 设集合 $S=\{1,2,3,4,5,6\}$,$\sigma$ 是 $S$ 到 $S$ 的一个映射,使得 $\sigma(1)=3$,$\sigma(2)=2$,$\sigma(3)=5$,$\sigma(4)=1$,$\sigma(5)=6$,$\sigma(6)=4$,则 $\sigma$ 是 $S$ 到 $S$ 的一个双射,从而 $\sigma$ 是 $S$ 的一个置换。置换也可以表示如下:

$$\begin{pmatrix}1 & 2 & 3 & 4 & 5 & 6\\ 3 & 2 & 5 & 1 & 6 & 4\end{pmatrix},$$

即表中上一行为按任何次序写出集合 $S$ 中的全部元素,而在下一行写出上一行相应元素的像。

**定理 5.4.6** 有限群$\langle G,\circ\rangle$的运算表中每一行(或每一列)都是 $G$ 的一个置换。

**证明** (1)首先证明 $G$ 中任何元素在运算表的每一行(或每一列)中至多出现一次。

(反证法)如果对应于某元素 $a\in G$ 的那一行中有两个相同元素,设 $b_1,b_2\in G$,且 $b_1\neq b_2$,$a\circ b_1=a\circ b_2$,由消去律得 $b_1=b_2$,矛盾。

(2)其次证明 $G$ 中每一个元素都在运算表的每一行(或每一列)中出现。

考察运算表中对应于某元素 $a\in G$ 的那一行，对 $\forall b\in G$，有 $a^{-1}\circ b\in G$，且 $a\circ(a^{-1}\circ b)\in G$，所以 $b$ 必定出现在 $a$ 所在行中。

综合(1)，(2)可知，$G$ 中每一元素在运算表中的每一行(或每一列)中都恰好出现一次，即每一行(或每一列)都是 $G$ 的一个置换。

另外，因为群一定是独异点，所以运算表中没有两行或两列是相同的。从而每一行都是 $G$ 的不同的置换，每一列也都是 $G$ 的不同的置换。

## 5.4.3 群的元素的阶

**定义 5.4.4** 设 $\langle G,\circ\rangle$ 是一个群，若 $a\in G$，使得 $a^k=e$ 成立的最小正整数 $k$ 称为 $a$ 的阶或周期，记作 $|a|$。若不存在这样的正整数 $k$，则称 $a$ 的阶为无限。

由定义可知，群中单位元的阶是 1，其他元素的阶都大于 1。

【例 5-23】 整数加群 $\langle \mathbf{Z},+\rangle$ 中单位元 0 的阶为 1，其余元素的阶均为无限。

群 $\langle \mathbf{Z}_4,+_4\rangle$ 中单位元[0]的阶是 1，[1]的阶是 4，[2]的阶是 2，[3]的阶是 4。

**定理 5.4.7** 设 $\langle G,\circ\rangle$ 是一个群，若 $a\in G$，且 $|a|=r$，则：

(1) $a^k=e$ 当且仅当 $r|k$，其中 $k\in \mathbf{Z}$；

(2) $|a|=|a^{-1}|$；

(3) $r\leqslant|G|$。

**证明** (1)充分性：设 $r|k$，即存在正整数 $l$，使得 $k=lr$。

这时，$a^k=a^{lr}=(a^r)^l=e^l=e$。

必要性：设 $k=lr+s$，其中 $l,s\in\mathbf{Z}$，且 $0\leqslant s\leqslant r-1$。

所以 $a^k=a^{lr+s}=(a^r)^l\circ a^s=e\circ a^s=a^s=e$。

因为 $|a|=r$，所以 $s=0$，即 $r|k$。

(2)因为 $(a^{-1})^r=a^{-r}=(a^r)^{-1}=e^{-1}=e$，所以 $a^{-1}$ 的阶存在，设 $|a^{-1}|=t$。由(1)可知，$t|r$。反过来看，$(a^{-1})^{-1}=a$，$|a|=r$，所以 $r|t$。因而 $r=t$。

(3)(反证法)设 $r>|G|$，则 $a,a^2,\cdots,a^{r-1},a^r=e$，这 $r$ 个元素必两两互不相同，否则，若有 $a^i=a^j(1\leqslant i<j\leqslant r)$，由消去律得，$a^{j-i}=e(1\leqslant j-i\leqslant r-1)$ 与 $|a|=r$ 矛盾。所以 $r\leqslant|G|$。

**推论** 有限群的每个元素都是有限阶。

## 5.4.4 子群及其判定定理

子群的判定

**定义 5.4.5** 设 $\langle G,\circ\rangle$ 是群，$H$ 是 $G$ 群的一个非空子集，如果 $\langle H,\circ\rangle$ 也构成群，则称 $\langle H,\circ\rangle$ 是 $\langle G,\circ\rangle$ 的一个子群，记作 $H\leqslant G$。

显然，对任意群 $\langle G,\circ\rangle$ 都存在两个子群 $\langle\{e\},\circ\rangle$ 和 $\langle G,\circ\rangle$，称它们为平凡子群。

【例 5-24】 $\langle Z,+\rangle$ 是 $\langle Q,+\rangle$ 和 $\langle R,+\rangle$ 的子群。

对任意的整数 $n$，$nZ=\{nk\,|\,k\in Z\}$ 都是 $\langle Z,+\rangle$ 的子群。

【例 5-25】 $\langle Z_6,+_6\rangle$ 是一个群，其中 $Z_6=\{0,1,2,3,4,5\}$，对任意的 $x,y\in Z$，$x+_6y=(x+y)(\mathrm{mod}6)$，设 $H_1=\{0,2,4\}$，$H_2=\{0,3\}$，证明 $\langle H_1,+_6\rangle$ 和 $\langle H_2,+_6\rangle$ 是 $\langle Z_6,+_6\rangle$ 的

子群。

**证明** (1)容易验证，运算$+_6$关于集合$H_1$和$H_2$是封闭的；

(2)结合律显然成立；

(3)$H_1$和$H_2$中的单位元均为0；

(4)对集合$H_1$有：$0^{-1}=0,2^{-1}=4,4^{-1}=2$；对集合$H_2$有：$0^{-1}=0,3^{-1}=3$。

所以$\langle H_1,+_6\rangle$和$\langle H_2,+_6\rangle$都是群，故它们是$\langle Z_6,+_6\rangle$的子群。

**定理 5.4.8** 设$\langle H,\circ\rangle$是群$\langle G,\circ\rangle$的一个子群，则$G$中的单位元必定也是$H$中的单位元，子群$H$中元素的逆元也是$G$中的逆元。

**证明** 设$G$和$H$中的单位元分别为$e$和$e_H$，任取$a\in H\subseteq G$，有$a\circ e=a=a\circ e_H$，由群$G$中的消去律，$e=e_H$。

任取$a\in H$，设其在$H$中的逆元为$a_H^{-1}$，有$aa_H^{-1}=e$。

在$G$中的逆元为$a^{-1}$，有$aa^{-1}=e$。

所以$a^{-1}=a^{-1}e=a^{-1}aa_H^{-1}=ea_H^{-1}=a_H^{-1}$。

**定理 5.4.9** 设$\langle G,\circ\rangle$是一个群，$H$是$G$的非空子集，则$\langle H,\circ\rangle$是$\langle G,\circ\rangle$的一个子群的充分必要条件是：

(1)$\forall a,b\in H$，都有$a\circ b\in H$；

(2)$\forall a\in H$，都有$a^{-1}\in H$。

**证明** 必要性显然成立。下证充分性，只要证明$e\in H$即可。

由(2)知$\forall a\in H$，有$a^{-1}\in H$。由(1)得$a\circ a^{-1}=a^{-1}\circ a=e\in H$，故$e$也是$H$中的单位元。从而$\langle H,\circ\rangle$是$\langle G,\circ\rangle$的一个子群。

【例 5-26】 对任意的整数$n$，$nZ=\{nk\mid k\in Z\}$都是$\langle Z,+\rangle$的子群。

因为对任意的$nk_1,nk_2\in nZ$，都有$nk_1+nk_2=n(k_1+k_2)\in nZ$；对任意的$nk\in nZ$，有$(nk)^{-1}=-nk=n(-k)\in nZ$，由定理可证。

**定理 5.4.10** 设$\langle G,\circ\rangle$是一个群，$H$是$G$的非空子集，则$\langle H,\circ\rangle$是$\langle G,\circ\rangle$的一个子群的充分必要条件是$\forall a,b\in H$，都有$a\circ b^{-1}\in H$。

**证明** 必要性显然成立。下证充分性。

因为$H$非空，取$a\in H$。有$a\circ a^{-1}\in H$，即$e\in H$。

$\forall a\in H$，因为$e\in H$，所以$a^{-1}=e\circ a^{-1}\in H$。

$\forall a,b\in H$，由上面结论$b^{-1}\in H$，所以$a\circ b=a\circ(b^{-1})^{-1}\in H$。

所以$\langle H,\circ\rangle$是$\langle G,\circ\rangle$的子群。

**定理 5.4.11** 设$\langle G,\circ\rangle$是一个群，$H$是$G$的有限非空子集，则$H$是$G$的子群的充分必要条件是$\forall a,b\in H$，都有$a\circ b\in H$，即$H$在运算$\circ$下封闭。

**证明** 必要性显然成立。下证充分性。根据定理5.4.9，只需证明$\forall a\in H$，都有$a^{-1}\in H$即可。

$\forall a\in H$，若$a=e$，则$e=a^{-1}\in H$；若$a\neq e$，则$a^2,a^3,\cdots\in H$。因为$H$是有限集，所以必存在$a^i=a^j(1\leqslant i<j)$，因而$a^i=a^i\circ a^{j-i}$。由消去律得$a^{j-i}=e$，因为$a\neq e$，所以$j-i\geqslant 2$，所以$a\circ a^{j-i-1}=e$，$a^{j-i-1}\in H$。

## 5.5 同态与同构

有些代数系统具有不同的形式,但是它们可能具有共同的运算性质。我们通过建立与运算有联系的映射,即同态映射与同构映射,来研究两个代数系统之间的关系。

**定义 5.5.1** 设$\langle A,\circ\rangle$和$\langle B,*\rangle$是两个代数系统,$\circ$和$*$分别是$A$和$B$上的二元运算,设$f$是从$A$到$B$的一个映射,若对$\forall x,y\in A$,都有$f(x\circ y)=f(x)*f(y)$,则称$f$是$\langle A,\circ\rangle$到$\langle B,*\rangle$的一个同态映射,简称同态。

【例 5-27】 设$\langle R,+\rangle$,$\langle R,\times\rangle$是两个代数系统,$+$和$\times$表示普通加法和乘法,定义映射$f:R\to R$,$f(x)=e^x$,则$f$是$\langle R,+\rangle$到$\langle R,\times\rangle$的一个同态映射。因为对任意的$x,y\in R$,有$f(x+y)=\mathrm{e}^{x+y}=\mathrm{e}^x\times\mathrm{e}^y=f(x)\times f(y)$。

**定理 5.5.1** 设$f$是$\langle A,\circ\rangle$到$\langle B,*\rangle$的一个同态,$f(A)=\{f(x)\mid x\in A\}$,则$\langle f(A),*\rangle$是$\langle B,*\rangle$的子代数,称$\langle f(A),*\rangle$为$\langle A,\circ\rangle$在$f$下的一个同态像。

**证明** 显然$f(A)$是$B$的一个非空子集,只要证$f(A)$在运算$*$下封闭即可。

$\forall x,y\in f(A)$,必存在$a,b\in A$,使得$f(a)=x$,$f(b)=y$。

因为$f$是同态映射,所以$x*y=f(a)*f(b)=f(a\circ b)$。

又$a\circ b\in A$,所以$x*y\in f(A)$,故$f(A)$在运算$*$下封闭。

例 5-27 中,$f(R)=R^+\subset R$,$\langle R^+,\times\rangle$为$\langle R,+\rangle$在$f$下的同态像。

由定理 5.5.1 可知,$f$是代数系统$\langle A,\circ\rangle$到$\langle f(A),*\rangle$的一个满同态。

**定义 5.5.2** 设$f$是代数系统$\langle A,\circ\rangle$到$\langle f(A),*\rangle$的一个同态,

(1)若$f$是满射,则称$f$是满同态,并称$\langle A,\circ\rangle$与$\langle B,*\rangle$同态,记作$A\sim B$。

(2)若$f$是单射,则称$f$是单同态。

(3)若$f$是双射,则称$f$是同构映射,简称同构。并称$\langle A,\circ\rangle$与$\langle B,*\rangle$同构,记作$A\cong B$。

例 5-27 中的$f$是$\langle R,+\rangle$到$\langle R,\times\rangle$单同态,但不是满同态。若把$\langle R,\times\rangle$换为$\langle R^+,x\rangle$,其他不变,则$f$是$R\to R^+$的双射,所以$f$是$\langle R,+\rangle$到$\langle R^+,\times\rangle$的同构映射,从而$\langle R,+\rangle\cong\langle R^+,\times\rangle$。

【例 5-28】 设$\langle Z,+\rangle$,$\langle Z_n,+_n\rangle$是两个代数系统,其中$+$为普通的加法,$+_n$为模$n$加法,即$\forall x,y\in Z_n$,$Z_n=\{0,1,2,\cdots,n-1\}$,有$x+_ny=(x+y)(\mathrm{mod}\ n)$。令映射$f:Z\to Z_n$,$f(x)=(x)(\mathrm{mod}n)$,则$f$是$\langle Z,+\rangle$到$\langle Z_n,+_n\rangle$的同态映射。因为$\forall x,y\in Z$,有

$$\begin{aligned}f(x+y)&=(x+y)(\mathrm{mod}n)=(x)(\mathrm{mod}\ n)+_n(y)(\mathrm{mod}\ n)\\&=f(x)+_nf(y),\end{aligned}$$

显然,$f$是满射,不是单射,所以$\langle Z,+\rangle$与$\langle Z_n,+_n\rangle$同态。

**定义 5.5.3** 若$f$是代数系统$\langle A,\circ\rangle$到自身的一个同态(或同构),则称$f$为自同态(或自同构)。

【例 5-29】 在代数系统$\langle \mathbf{Z},+\rangle$中,$+$是整数集$\mathbf{Z}$上的普通加法,设$a\in\mathbf{Z}$,$f:\mathbf{Z}\to\mathbf{Z}$,$f(x)=ax$,则$f$是自同态。因为对$\forall x,y\in\mathbf{Z}$,有

$$f(x+y)=a(x+y)=ax+ay=f(x)+f(y)$$

当 $a=0$ 时，$\forall x\in\mathbf{Z}, f(x)=0$，称 $f$ 为零同态，它不是单同态，也不是满同态。

当 $a=1$(或 $-1$)时，$\forall x\in\mathbf{Z}, f(x)=x$(或 $-x$)，显然 $f$ 是双射，这时 $f$ 是自同构。

当 $a\neq 0,\pm 1$ 时，$f$ 是单射，但不是满射，称 $f$ 是单自同态。

**定理 5.5.2** 设 $f$ 是代数系统 $\langle A,\circ\rangle$ 到 $\langle B,*\rangle$ 的一个满同态，则

(1)若运算$\circ$满足结合律，则运算 $*$ 也满足结合律；

(2)若运算$\circ$满足交换律，则运算 $*$ 也满足交换律；

(3)若 $e$ 是 $A$ 中关于运算$\circ$的单位元，则 $f(e)$是 $B$ 中关于运算 $*$ 的单位元；

(4)若 $\theta$ 是 $A$ 中关于运算$\circ$的零元，则 $f(e)$是 $B$ 中关于运算 $*$ 的零元；

(5)若 $x$ 是 $A$ 中关于运算$\circ$的等幂元，则 $f(x)$是 $B$ 中关于运算 $*$ 的等幂元；

(6)若 $x^{-1}$ 是 $A$ 中元素 $x$ 关于运算$\circ$的逆元，则 $f(x^{-1})$是 $B$ 中元素 $f(x)$关于运算 $*$ 的逆元。

**证明** (1)对任意的 $a,b,c\in B$，由于 $f$ 是满射，所以存在 $x,y,z\in A$，使得

$$f(x)=a, f(y)=b, f(z)=c$$

又由于 $f$ 是同态映射，有

$$(a*b)*c=(f(x)*f(y))*f(z)=f(x\circ y)*f(z)=f((x\circ y)\circ z)$$
$$a*(b*c)=f(x)*(f(y)*f(z))=f(x)*f(y\circ z)=f(x\circ(y\circ z))$$

若运算$\circ$满足结合律，则有

$$(x\circ y)\circ z=x\circ(y\circ z)$$

从而

$$(a*b)*c=a*(b*c)$$

即运算 $*$ 也满足结合律。

同理可证(2)。

(3)设 $e$ 是 $A$ 中关于运算$\circ$的单位元，即 $\forall x\in A$，有 $x\circ e=e\circ x=x$。

显然 $f(e)\in B$，对任意 $a\in B$，必存在 $y\in A$，使得 $f(y)=a$。

故：

$$a*f(e)=f(y)*f(e)=f(y\circ e)=f(y)=a$$
$$f(e)*a=f(e)*f(y)=f(e\circ y)=f(y)=a$$

所以 $f(e)$是 $B$ 中关于运算 $*$ 的单位元。

其他结论可类似证明。

**注意**：定理中要求 $f$ 是满同态，即$\langle A,\circ\rangle$与$\langle B,*\rangle$同态，则由$\langle A,\circ\rangle$的一些性质可以推得$\langle B,*\rangle$的性质。若两代数系统同构，则它们的性质完全相同，可以看成同一个代数系统，不同的只是元素和运算的表示方法。

**定理 5.5.3** 设 $G$ 是只有一个二元运算的代数系统的集合，则 $G$ 中代数系统之间的同构关系是等价关系。

任何一个代数系统$\langle A,\circ\rangle$可以通过恒等映射与它自身同构。

对称性设$\langle A,\circ\rangle\cong\langle B,*\rangle$，同构映射为 $f$，因为 $f$ 的逆映射 $f^{-1}$ 是$\langle B,*\rangle$到$\langle A,\circ\rangle$的同构映射，所以$\langle B,*\rangle\cong\langle A,\circ\rangle$。

传递性：如果 $f$ 是由$\langle A,\circ\rangle$到$\langle B,*\rangle$的同构映射，$g$ 是由$\langle B,*\rangle$到$\langle C,\Delta\rangle$的同构映射，

那么 $g\circ f$ 就是 $\langle A,\circ\rangle$ 到 $\langle C,\Delta\rangle$ 的同构映射。

因此，同构关系是等价关系。

由同构关系所形成的等价类是代数系统集合的一个划分，同一划分中的代数系统，只需研究一个即可。

**定理 5.5.4** 设 $f$ 是群 $\langle G,\circ\rangle$ 到群 $\langle H,*\rangle$ 的同态，则

(1)若 $e$ 是群 $G$ 的单位元，则 $f(e)$ 是群 $H$ 的单位元；

(2)对任意的 $a\in G$，有 $f(a^{-1})=(f(a))^{-1}$。

**证明** (1)由于 $e\circ e=e$，$f$ 是同态映射，故

$$f(e)=f(e\circ e)=f(e)*f(e)$$

所以 $f(e)$ 是群 $H$ 的幂等元，由群中幂等元的唯一性，可知 $f(e)$ 是群 $H$ 的单位元。

(3)由于群中每一元素均有逆元，又由定理 5.2.2(6)，故对任意的 $a\in G$，有

$$f(a^{-1})=(f(a))^{-1}。$$

**定理 5.5.5** 设 $f$ 是代数系统 $\langle A,\circ\rangle$ 到 $\langle B,*\rangle$ 的一个同态，则：

(1)若 $\langle A,\circ\rangle$ 是半群，那么 $\langle A,\circ\rangle$ 在 $f$ 下的同态像 $\langle f(A),*\rangle$ 也是半群；

(2)若 $\langle A,\circ\rangle$ 是独异点，那么 $\langle A,\circ\rangle$ 在 $f$ 下的同态像 $\langle f(A),*\rangle$ 也是独异点；

(3)若 $\langle A,\circ\rangle$ 是群，那么 $\langle A,\circ\rangle$ 在 $f$ 下的同态像 $\langle f(A),*\rangle$ 也是群。

因为 $f$ 是代数系统 $\langle A,\circ\rangle$ 到 $\langle f(A),*\rangle$ 的一个满同态，由定理 5.5.2，易证该定理。

**推论 1** 设 $f$ 是群 $\langle G,\circ\rangle$ 到群 $\langle H,*\rangle$ 的同态，则 $\langle A,\circ\rangle$ 在 $f$ 下的同态像 $\langle f(A),*\rangle$ 是 $\langle H,*\rangle$ 的子群。

**推论 2** 设 $\langle G,\circ\rangle$ 是一个群，$\langle H,*\rangle$ 是一个代数系统，若存在从 $\langle G,\circ\rangle$ 到 $\langle H,*\rangle$ 的满同态 $f$，则 $\langle H,*\rangle$ 也是一个群。

## 5.6 特殊群

本节主要介绍三种特殊群：阿贝尔群、循环群和置换群。循环群是结构简单，并且被研究得较透彻的一种群。置换群在实际和工程中有广泛的应用。

### 5.6.1 阿贝尔群

**定义 5.6.1** 设 $\langle G,\circ\rangle$ 是一个群，若运算 $\circ$ 是可交换的，则称群 $\langle G,\circ\rangle$ 为阿贝尔群或交换群。

【例 5-30】 (1) $\langle Z,+\rangle$，$\langle Q,+\rangle$，$\langle R,+\rangle$，$\langle R-\{0\},\times\rangle$ 都是阿贝尔群。

(2)设 $G=\{n$ 阶实可逆矩阵的全体$\}$，$\circ$ 表示矩阵乘法运算，则 $\langle G,\circ\rangle$ 是一个群，但不是阿贝尔群。

**定理 5.6.1** 设 $\langle G,\circ\rangle$ 是一个群，则该群是阿贝尔群的充要条件是对 $\forall a,b\in G$，都有 $(a\circ b)^2=a^2\circ b^2$。

**证明** 必要性：若 $\langle G,\circ\rangle$ 是一个阿贝尔群，则对 $\forall a,b\in G$，有 $a\circ b=b\circ a$，所以：

$$(a\circ b)^2=(a\circ b)\circ(a\circ b)=a\circ(b\circ a)\circ b=a\circ(a\circ b)\circ b=a^2\circ b^2。$$

充分性：若对 $\forall a,b\in G$，有 $(a\circ b)^2=a^2\circ b^2$。

则
$$a\circ(a\circ b)\circ b=a^2\circ b^2=(a\circ b)\circ(a\circ b)=a\circ(b\circ a)\circ b。$$

由消去律，可得 $a\circ b=b\circ a$。

## 5.6.2 循环群

**定义 5.6.2** 设 $\langle G,\circ\rangle$ 是一个群，若存在 $a\in G$，使得 $G$ 中任意元素都是 $a$ 的幂，则称该群为循环群，记作 $G=\langle a\rangle$，元素 $a$ 称为该循环群的生成元。

【例 5-31】 群 $\langle Z,+\rangle$ 是由 1 生成的无限阶循环群。

事实上，
$$1^0=0$$
$$1^n=1+1+\cdots+1=n,n\in\mathbf{N}^+$$
$$1^{-n}=(1^{-1})^n=(-1)+(-1)+\cdots+(-1)=-n,n\in\mathbf{N}^+$$

可见，群 $\langle Z,+\rangle$ 是由 1 生成的无限阶循环群。另外 $-1$ 也是它的一个生成元。

【例 5-32】 群 $\langle Z_4,+_4\rangle$ 是循环群，[1]和[3]都是该群的生成元。

**定理 5.6.2** 设 $\langle G,\circ\rangle$ 是由元素 $a\in G$ 生成的循环群，

(1)若 $|a|=n$，则 $|G|=n$，且 $G=\{a^0=e,a^1,a^2,\cdots,a^{n-1}\}$；

(2)若 $|a|=\infty$，则 $G=\{\cdots,a^{-2},a^{-1},a^0=e,a^1,a^2,\cdots\}$ 为无限循环群，其中 $a^i\neq a^j(i\neq j)$。

**证明** (1)设 $|a|=n$，对任意的 $a^k\in G$，设 $k=nq+r$，其中 $q,r\in Z$，$0\leqslant r<n$，所以 $a^k=a^{nq+r}=(a^n)^q\circ a^r=a^r$，即 $G$ 中每一元素都能表示成 $a^r$，所以 $G$ 中至多有 $n$ 个不同的元素。显然 $a^0=e,a^1,a^2,\cdots,a^{n-1}\in G$。下证它们都不相同。

若 $a^i=a^j(1\leqslant i<j\leqslant n)$，则 $a^{j-i}=e$，$1\leqslant j-i<n$，与 $|a|=n$ 矛盾，所以 $a,a^2,\cdots,a^n$ 都不相同。

(2)设 $|a|=\infty$，则 $a^i\neq a^j(i\neq j)$，否则与 $a$ 的阶为无限矛盾，所以 $G=\{\cdots,a^{-2},a^{-1},a^0=e,a^1,a^2,\cdots\}$ 为无限阶循环群。

**推论** 设 $|G|=n$，则群 $G$ 是循环群当且仅当 $G$ 中有 $n$ 阶元素。

**证明** 设 $G=\langle a\rangle$ 是 $n$ 阶循环群，则由定理 5.6.2(1)可知，生成元 $a$ 的阶是 $n$。

反之，设 $G$ 中有 $n$ 阶元素 $a$，则 $H=\{e,a,a^2,\cdots,a^{n-1}\}$ 是 $G$ 的一个 $n$ 阶子群，但 $|G|=n$，所以 $G=H=\langle a\rangle$。

由推论可知，判断 $n$ 阶循环群的一个元素是不是生成元，只要看这个元素的阶是否为 $n$。

**定理 5.6.3** 设群 $G=\langle a\rangle$，运算为$\circ$，则

(1)若 $G$ 是无限阶的，则 $G$ 有两个生成元 $a$ 和 $a^{-1}$；

(2)若 $|G|=n$，则 $G$ 有 $\varphi(n)$ 个生成元。其中 $\varphi(n)$ 是小于等于 $n$ 且与 $n$ 互质的正整数的个数，称为欧拉函数。

**证明** (1)显然 $a^{-1}$ 也是 $G$ 的生成元，因为对任意的 $a^k\in G,k\in Z$，有 $a^k=(a^{-1})^{-k}$。

设 $b$ 也是 $G$ 的生成元，则一定存在 $s,t\in Z$，使得 $a=b^s,b=a^t$。所以 $a=b^s=(a^t)^s=a^{st}$，由消去律得，$a^{st-1}=e$。因为 $G$ 是无限阶的，所以 $st-1=0$，故 $s=t=1$ 或 $s=t=-1$，因此 $b=a$ 或 $b=a^{-1}$。

(2)若 $|G|=n$，则 $a$ 的阶为 $n$，下证 $a^k$ 是 $G$ 的生成元当且仅当 $k$ 与 $n$ 互质。

设元素 $a^k(1\leqslant k\leqslant n)$ 是群 $G$ 的生成元，则 $a^k$ 的阶为 $n$。设 $(k,n)=d$，$k=\mathrm{d}t$，$n=\mathrm{d}s$，

$s,t\in\mathbf{Z}$。

那么 $$(a^k)^s=a^{ks}=a^{nt}=(a^n)^t=e$$

由定理 5.4.7(1)知，$n|s$，又 $s|n$，所以 $s=n$，即 $d=1$，$k$ 与 $n$ 互质。

反之，若 $k$ 与 $n$ 互质，则存在 $u,v\in\mathbf{Z}$，使得 $uk+vn=1$。

于是 $a=a^{uk+vn}=a^{uk}\circ a^{vn}=(a^k)^u\circ(a^n)^v=(a^k)^u$，所以 $a^k$ 是 $G$ 的生成元。

【例 5-33】 整数加群 $\langle\mathbf{Z},+\rangle$ 是无限阶的，它有两个生成元 1 和 $-1$；群 $\langle\mathbf{Z}_4,+_4\rangle$ 是 4 阶循环群，由于 $\varphi(4)=2$，因而它有两个生成元 $[1]$ 和 $[3]$。因为 $\varphi(5)=4$，所以 5 阶循环群 $\langle\mathbf{Z}_5,+_5\rangle$ 有 4 个生成元，分别为 $[1]$，$[2]$，$[3]$ 和 $[4]$。

**定理 5.6.4** 循环群一定是阿贝尔群。

**证明** 设 $\langle G,\circ\rangle$ 是一个循环群，$a$ 是它的生成元，那么对于任意的 $x,y\in G$，都存在 $r,s\in\mathbf{Z}$，使得 $x=a^r$，$y=a^s$，所以

$$x\circ y=a^r\circ a^s=a^{r+s}=a^s\circ a^r=y\circ x$$

因而 $\langle G,\circ\rangle$ 是一个阿贝尔群。

**定理 5.6.5** 循环群的子群都是循环群。

**证明** (1)平凡子群 $\langle\{e\},\circ\rangle$ 和 $\langle G,\circ\rangle$ 显然都是循环群。

(2)设 $\langle H,\circ\rangle$ 是循环群 $\langle G,\circ\rangle$ 的任意一个非平凡子群，则 $H$ 中存在元素 $a^k(k>0)$，不妨设 $k$ 是 $H$ 中元素的最小正整数幂。对任意的 $a^m\in H$，令 $m=kq+r$，其中 $q,r\in\mathbf{Z}$，且 $0\leqslant r<k$。

所以 $a^m=a^{kq+r}=a^{kq}\circ a^r$，$a^r=a^{-kq}\circ a^m=a^{m-kq}$，因为 $a^m,a^{-kq}\in H$，所以 $a^r\in H$，因而 $r=0$。

所以 $a^m=a^{kq}=(a^k)^q$，即 $\langle H,\circ\rangle$ 为循环群。

**定理 5.6.6** 设 $G=\langle a,+\rangle$，则

(1)若 $G$ 是无限阶的，则 $G$ 与整数加群 $\langle\mathbf{Z},+\rangle$ 同构；

(2)若 $|G|=n$，则 $G$ 与 $n$ 阶剩余类加群 $\langle\mathbf{Z}_n,+_n\rangle$ 同构。

**证明** (1)若 $G$ 是无限阶的，则当 $i\neq j$ 时，$a^i\neq a^j$，于是，令

$$f:a^m\rightarrow m,m\in\mathbf{Z}$$

显然，$f$ 是从集合 $G$ 到 $\mathbf{Z}$ 的一个双射，且对任意的 $a^i,a^j\in G$，有

$$f(a^i\circ a^j)=f(a^{i+j})=i+j=f(a^i)+f(a^j)$$

因此，$f$ 是从群 $G$ 到 $\langle\mathbf{Z},+\rangle$ 的一个同构映射，即 $G\cong\langle\mathbf{Z},+\rangle$。

(2)若 $|G|=n$，则 $G=\{a^0=e,a^1,a^2,\cdots,a^{n-1}\}$，令

$$f:a^m\rightarrow[m],m=0,1,2,\cdots,n-1$$

显然，$f$ 是从集合 $G$ 到 $\mathbf{Z}_n$ 的一个双射，且对任意的 $a^i,a^j\in G$，有

$$f(a^i\circ a^j)=f(a^{i+j})=[(i+j)\mathrm{mod}(n)]=[i]+_n[j]=f(a^i)+_nf(a^j)$$

因此，$G\cong\langle\mathbf{Z}_n,+_n\rangle$。

由于同构关系是一个等价关系，所以循环群在同构意义下只有整数加群和 $n$ 阶剩余类加群这两个群。

## 5.6.3 置换群

设 $S$ 是一个非空有限集，$|S|=n$，将 $S$ 上所有 $n!$ 个不同的置换组成的集合记为 $S_n$。

置换是一种特殊的映射，可以定义置换的复合运算。

**定义 5.6.3** 设 $\pi_1, \pi_2 \in S_n$，对 $S$ 中的元素先应用置换 $\pi_1$，再应用置换 $\pi_2$ 后得到的置换，称为置换的复合运算或乘法运算，记为 $\pi_2 \circ \pi_1$，简记为 $\pi_2\pi_1$。

在研究有限集合的置换时，这个集合中的元素是什么是无关紧要的，因此，我们常用数码 $1,2,\cdots,n$ 来表示集合中的 $n$ 个元素，一般假设 $n>1$。

【例 5-34】 设 $\pi_1=\begin{pmatrix}1 & 2 & 3 & 4\\ 2 & 3 & 1 & 4\end{pmatrix}$，$\pi_2=\begin{pmatrix}1 & 2 & 3 & 4\\ 3 & 1 & 4 & 2\end{pmatrix}$，则 $\pi_2 \circ \pi_1=\begin{pmatrix}1 & 2 & 3 & 4\\ 1 & 4 & 3 & 2\end{pmatrix}$，$\pi_1 \circ \pi_2=\begin{pmatrix}1 & 2 & 3 & 4\\ 1 & 2 & 4 & 3\end{pmatrix}$，$\pi_1 \circ \pi_2 \neq \pi_2 \circ \pi_1$，置换乘法一般是不可交换的。

为了表示简便，下面介绍置换的另一种表示方法。

设 $\pi \in S_n$，如果 $\pi$ 将 $S$ 中的 $k$ 个元素轮换($k>1$)，即 $\pi(i_1)=i_2, \pi(i_2)=i_3, \cdots, \pi(i_{k-1})=i_k, \pi(i_k)=i_1$，而其他元素保持不变，则可称 $\pi$ 为一个轮换，记为 $\pi=(i_1 i_2 \cdots i_k)$。当 $k=2$ 时，也称为对换。

如上例中的 $\pi_1, \pi_2$，分别记为 $\pi_1=(123)$，$\pi_2=(1342)$。

【例 5-35】 设 $S=\{1,2,3\}$，$S$ 上所有 6 个不同的置换可表示为

$$\pi_1=\begin{pmatrix}1 & 2 & 3\\ 1 & 2 & 3\end{pmatrix}=(1)=(2)=(3) \quad \pi_2=\begin{pmatrix}1 & 2 & 3\\ 2 & 3 & 1\end{pmatrix}=(123)$$

$$\pi_3=\begin{pmatrix}1 & 2 & 3\\ 3 & 1 & 2\end{pmatrix}=(132) \quad \pi_4=\begin{pmatrix}1 & 2 & 3\\ 1 & 3 & 2\end{pmatrix}=(23)$$

$$\pi_5=\begin{pmatrix}1 & 2 & 3\\ 2 & 1 & 3\end{pmatrix}=(12) \quad \pi_6=\begin{pmatrix}1 & 2 & 3\\ 3 & 2 & 1\end{pmatrix}=(13)$$

**注意**：轮换中的元素可“轮换”，仍是同一个轮换，如 $\pi_2$ 也可表示为 $\pi_2=(123)=(312)=(231)$。

无公共数码的轮换称为不相连轮换。显然，不相连轮换相乘时可以交换。

**定理 5.6.7** (1)任意一个置换都可表示为不相连轮换的乘积；

(2)每个轮换都可表示为对换之积。

**证明** 任何一个置换都可以把构成一个轮换的所有数码按连贯顺序放在一起，而把不动的数码放在最后。如

$$\begin{pmatrix}1 & 2 & 3 & 4 & 5 & 6 & 7\\ 4 & 1 & 3 & 2 & 5 & 7 & 6\end{pmatrix}=\begin{pmatrix}1 & 4 & 2 & 6 & 7 & 3 & 5\\ 4 & 2 & 1 & 7 & 6 & 3 & 5\end{pmatrix}$$
$$=(142)(67)$$

一般地，对任意的置换 $\pi$，都可写成如下形式

$$\pi=\begin{pmatrix}i_1 & i_2 & \cdots & i_k & \cdots & j_1 & j_2 & \cdots & j_l & a & \cdots & b\\ i_2 & i_3 & \cdots & i_1 & \cdots & j_2 & j_3 & \cdots & j_1 & a & \cdots & b\end{pmatrix}$$
$$=(i_1 i_2 \cdots i_k)\cdots(j_1 j_2 \cdots j_l)$$

因此，任意一个置换都可表示为不相连轮换的乘积，且表示方法是唯一的。

(2)由置换乘法可知，轮换 $(i_1 i_2 \cdots i_k)=(i_1 i_k)(i_1 i_{k-1})\cdots(i_1 i_3)(i_1 i_2)$，或者 $(i_1 i_2 \cdots i_k)=(i_1 i_2)(i_2 i_3)\cdots(i_{k-1} i_k)$，所以任意一个轮换都能表示为对换之积，且表示方法不唯一。

如(14523)=(14)(45)(52)(23)=(13)(12)(15)(14)。

**推论** 任意一个置换都可表示为对换之积。

**定理 5.6.8** $\langle S_n,\circ\rangle$是一个群，称为集合 $S$ 的对称群。

**证明** 首先证置换的复合运算$\circ$在 $S_n$ 上是可结合的。

对任意的 $\pi_1,\pi_2,\pi_3\in S_n$，设对任意 $x\in S$，有 $\pi_1(z)=\omega,\pi_2(y)=z,\pi_3(x)=y$，则

$$(\pi_2\circ\pi_3)(x)=\pi_2(y)=z,(\pi_1\circ(\pi_2\circ\pi_3))(x)=\pi_1(z)=\omega,$$

$$((\pi_1\circ\pi_2)\circ\pi_3)(x)=(\pi_1\circ\pi_2)(y)=\pi_1(z)=\omega,$$

因而

$$(\pi_1\circ\pi_2)\circ\pi_3=\pi_1\circ(\pi_2\circ\pi_3)。$$

设对任意 $x\in S$，有 $\pi_e(x)=x$。显然对任意的 $\pi\in S_n$，有 $\pi\circ\pi_e=\pi_e\circ\pi=\pi$。所以 $S_n$ 中存在关于运算$\circ$的单位元 $\pi_e$。

对任意的 $\pi\in S_n$，对任意的 $x\in S$，设 $\pi(x)=y$，则必存在 $\pi^{-1}\in S_n$，使得 $\pi^{-1}(y)=x$。所以 $\pi\circ\pi^{-1}=\pi^{-1}\circ\pi=\pi_e$。

故$\langle S_n,\circ\rangle$是一个群。

**定义 5.6.4** 对称群$\langle S_n,\circ\rangle$的任何一个子群，称为集合 $S$ 上的一个置换群。

【例 5-36】 设 $S=\{1,2,3\}$，$S$ 上所有 6 个不同的置换为

$$\pi_1=(1),\pi_2=(123),\pi_3=(132),$$

$$\pi_4=(23),\pi_5=(12),\pi_6=(13)。$$

集合 $S$ 的对称群为$\langle\{\pi_1,\pi_2,\pi_3,\pi_4,\pi_5,\pi_6\},\circ\rangle$。容易验证，除对称群外，集合 $S$ 上置换群还有$\langle\{\pi_1\},\circ\rangle$，$\langle\{\pi_1,\pi_4\},\circ\rangle$，$\langle\{\pi_1,\pi_5\},\circ\rangle$，$\langle\{\pi_1,\pi_6\},\circ\rangle$，$\langle\{\pi_1,\pi_2,\pi_3\},\circ\rangle$。

**定理 5.6.9** 任一有限群都同构于一个置换群。

**证明** 设有限群$\langle G,*\rangle$，$G=\{a_1,a_2,\cdots,a_n\}$，$*$ 为 $G$ 上的二元运算。对任意的 $a_i\in G$，定义置换 $\pi_i$ 为

$$\pi_i=\begin{pmatrix} a_1 & a_2 & \cdots & a_n \\ a_i*a_1 & a_i*a_2 & \cdots & a_i*a_n \end{pmatrix}$$

设 $F=\{\pi_1,\pi_2,\cdots,\pi_n\}$，任取 $\pi_k,\pi_l\in F$，对任意的 $a\in G$，由置换乘法有 $\pi_k\circ\pi_l(a)=\pi_k(\pi_l(a))=\pi_k(a_l*a)=a_k*(a_l*a)=(a_k*a_l)*a$，所以 $\pi_k\circ\pi_l\in F$。根据子群的判别定理知$\langle F,\circ\rangle$是对称群的子群，即为置换群。

定义映射 $f:G\to F$，$f(a_i)=\pi_i$，显然 $f$ 是一个满射。另一方面，若 $\pi_k=\pi_i$，则 $a_i*a_l=a_k*a_l$，由消去律得 $a_k=a_l$，所以 $f$ 又是单射，因而 $f$ 是双射。

又对任意的 $a_i,a_j\in G$，

$$f(a_i*a_j)=\begin{pmatrix} a_1 & a_2 & \cdots & a_n \\ a_i*a_j*a_1 & a_i*a_j*a_2 & \cdots & a_i*a_j*a_n \end{pmatrix}$$

$$=\pi_i\circ\pi_j=f(a_i)\circ f(a_j)$$

所以 $f$ 是从群$\langle G,*\rangle$到置换群$\langle F,\circ\rangle$的一个同构映射，故$\langle G,*\rangle\cong\langle F,\circ\rangle$。

# 5.7 Lagrange 定理与正规子群

本节将用子群对群做一个划分,从而得到关于群和子群的一个重要定理:Lagrange 定理。

## 5.7.1 陪集与 Lagrange 定理

**定义 5.7.1** 设 $\langle H,\circ\rangle$ 是群 $\langle G,\circ\rangle$ 的一个子群,$a\in G$,令

$$aH=\{a\circ x\mid x\in H\},Ha=\{x\circ a\mid x\in H\}$$

称 $G$ 的子集 $aH$ 和 $Ha$ 分别为子群 $\langle H,\circ\rangle$ 在 $\langle G,\circ\rangle$ 中的左陪集和右陪集,称元素 $a$ 为陪集的代表元素。

【例 5-37】 设 $H=\{(1),(12)\}$,则 $\langle H,\circ\rangle$ 是对称群 $\langle S_3,\circ\rangle$ 的一个子群。试求 $\langle H,\circ\rangle$ 在 $\langle S_3,\circ\rangle$ 中所有的左陪集和右陪集。

**解** $S_3=\{(1),(12),(13),(23),(123),(132)\}$,容易求得:

$$(1)H=H=(12)H$$

$$(123)H=\{(123),(13)\}=(13)H$$

$$(132)H=\{(132),(23)\}=(23)H$$

所以共有 3 个不同的左陪集 $\{(1),(12)\}$,$\{(123),(13)\}$ 和 $\{(132),(23)\}$。

同理,可求得 3 个不同的右陪集:$H(1)=H=H(12)$,$H(13)=\{(13),(132)\}=H(132)$ 和 $H(23)=\{(23),(123)\}=H(123)$。

从该例可看出:左陪集与右陪集一般并不相等。左陪集(或右陪集)的全体都是 $S_3$ 的一个划分。

下面讨论左陪集的一些性质。

**定理 5.7.1** 设 $\langle H,\circ\rangle$ 是群 $\langle G,\circ\rangle$ 的一个子群,对 $\forall a,b\in G$,有

(1) $eH=H$; (2) $a\in aH$; (3) $a\in H\Leftrightarrow aH=H$;

(4) $b\in aH\Leftrightarrow a^{-1}\circ b\in H\Leftrightarrow aH=bH$。

**证明** (1) $eH=\{e\circ x\mid x\in H\}=\{x\mid x\in H\}=H$。

(2) 因为 $\langle H,\circ\rangle$ 是群 $\langle G,\circ\rangle$ 的一个子群,所以 $e\in H$,故 $a=a\circ e\in aH$。

(3) 充分性:若 $aH=H$,则由(2)可知,$a\in aH$,所以 $a\in H$。

必要性:若 $a\in H$,因为 $\langle H,\circ\rangle$ 是一个群,所以 $aH\subseteq H$。另一方面,由于 $a^{-1}\in H$,对任意的 $x\in H$,有 $a^{-1}\circ x\in H$,故 $x=a\circ(a^{-1}\circ x)\in aH$,从而 $H\subseteq aH$。

因而 $aH=H$。

(4) 先证 $b\in aH\Leftrightarrow aH=bH$。

设 $b\in aH$,令 $b=ax(x\in H)$,则由结合律和(3)可知,$bH=(ax)H=a(xH)=aH$。

反之,设 $aH=bH$,由(2)可知,$b\in bH$,故 $b\in aH$。

再证 $a^{-1}\circ b\in H\Leftrightarrow aH=bH$。

设 $aH=bH$，则 $H=a^{-1}(aH)=a^{-1}(bH)=(a^{-1}b)H$，由(3)可知，$a^{-1}b\in H$。

反之，设 $a^{-1}b\in H$，则 $a^{-1}bH=H$，于是 $aH=a(a^{-1}bH)=bH$。

**定理 5.7.2** 设 $\langle H,\circ\rangle$ 是群 $\langle G,\circ\rangle$ 的一个子群，在 $G$ 上定义二元关系 $R$：$\forall a,b\in G$，$\langle a,b\rangle\in R\Leftrightarrow ab^{-1}\in H$，则 $R$ 是 $G$ 上的等价关系，且 $[a]_R=aH$。其中 $[a]_R=\{x\mid x\in G$ 且 $\langle a,x\rangle\in R\}$。

**证明** 先证明 $R$ 是 $G$ 上的等价关系。

(1) $\forall a\in G$，有 $aa^{-1}=e\in H$，故 $\langle a,a\rangle\in R$，即 $R$ 是自反的。

(2) $\forall a,b\in G$，若 $\langle a,b\rangle\in R$，则 $ab^{-1}\in H$。因为 $H$ 是 $G$ 的子群，所以 $ba^{-1}=(ab^{-1})^{-1}\in H$，即 $\langle b,a\rangle\in R$。即 $R$ 是对称的。

(3) $\forall a,b,c\in G$，若 $\langle a,b\rangle\in R$，$\langle b,c\rangle\in R$，则 $ab^{-1}\in H$，$bc^{-1}\in H$，故 $ac^{-1}=ab^{-1}bc^{-1}\in H$，即 $\langle a,c\rangle\in R$。即 $R$ 是传递的。

对任意的 $b\in G$，有 $b\in[a]_R\Leftrightarrow\langle a,b\rangle\in R\Leftrightarrow ab^{-1}\in H\Leftrightarrow aH=bH\Leftrightarrow b\in aH$。

所以 $[a]_R=aH$。

**定理 5.7.3** 设 $\langle H,\circ\rangle$ 是群 $\langle G,\circ\rangle$ 的一个子群，则 $\forall a,b\in G$，要么 $aH\cap bH=\varnothing$，要么 $aH=bH$。

**证明** 如果 $aH\cap bH\neq\varnothing$，设 $c\in aH\cap bH$，于是 $c\in aH$ 且 $c\in bH$，由定理 5.7.1(4)可知 $aH=cH=bH$。

因为 $R$ 是 $G$ 上的等价关系，$[a]_R=aH$ 是元素 $a$ 形成的 $R$ 等价类，等价类 $G$ 的集合决定了 $G$ 的一个划分，故 $\bigcup_{a\in G}aH=G$。

**定理 5.7.4** 设 $\langle H,\circ\rangle$ 是群 $\langle G,\circ\rangle$ 的一个子群，则对 $\forall a\in G$，有 $H\sim aH$(等势)。

**证明** 设 $f:H\to aH$，$\forall x\in H$，$f(x)=ax$，则可证 $f$ 是一个双射。

显然 $f$ 是满射。若 $f(x_1)=f(x_2)$，即 $ax_1=ax_2$，由消去律可知 $x_1=x_2$，所以 $f$ 也是单射，因而 $H\sim aH$。

关于右陪集也有类似的结论。

由以上定理可知：左右陪集的个数或者都有限且个数相等，或者都无限。

**定义 5.7.2** 设 $\langle H,\circ\rangle$ 是群 $\langle G,\circ\rangle$ 的一个子群，则子群 $H$ 在 $G$ 中的互异的左(或右)陪集的个数称为 $H$ 在 $G$ 中的指数，记为 $[G:H]$。

子群 $H$ 的全体左陪集构成 $G$ 的划分，不妨设为 $a_1H,a_2H,\cdots,a_kH$，若 $G$ 是一个有限群，设 $|G|=n$，$|H|=m$，则 $|a_iH|=m(i=1,\cdots,k)$，所以 $n=km$，即得下面重要的拉格朗日定理。

**定理 5.7.5** (**Lagrange 定理**)设 $H$ 是有限群 $G$ 的一个子群，则 $|G|=|H|\cdot[G:H]$。

【例 5-38】 三次对称群 $\langle S_3,\circ\rangle$ 中，$|S_3|=6$，其子群的阶必为 6 的因子(1,2,3,6)，它的全部子群有：两个平凡子群，$H=\{(1),(12)\}$，$H=\{(1),(23)\}$，$H=\{(1),(13)\}$，$H=\{(1),(123),(132)\}$，它们的阶都是 6 的因子。

**注意**：定理的逆定理不成立。如 $H=\{(12),(13)\}$，它的阶是 6 的因子，但 $\langle H,\circ\rangle$ 不是群。

**推论 1** 有限群中任何元素的阶都整除群的阶。

**证明** 设 $a\in G$，$|G|=n$，$|a|=r$，则 $H=\{e,a,a^2,\cdots,a^{r-1}\}$ 为 $G$ 的一个 $r$ 阶子群。由 Lagrange 定理，$r|n$。

如在群 $\langle Z_4,+_4\rangle$ 中，[0]的阶是 1，[1]的阶 4，[2]的阶是 2，[3]的阶是 4。

**推论 2** 任何质数阶的群不可能有非平凡子群。

**证明** 反证法：如果有非平凡子群 $H$，则 $2\leqslant|H|\leqslant|G|-1$，而该子群的阶整除群 $G$ 的阶，与质数阶矛盾。

**推论 3** 质数阶的群都是循环群。

对任意 $a\in G$，$|a|=r$，由 $a$ 生成的循环群 $H=\{e,a,a^2,\cdots,a^{r-1}\}$ 一定是 $G$ 的子群，因为质数阶的群只有平凡子群，所以 $r=n$，即 $G$ 为循环群。

## 5.7.2 正规子群、商群

**定义 5.7.3** 设 $N$ 是群 $G$ 的一个子群，如果对 $\forall a\in G$，都有 $aN=Na$，则称 $N$ 是群 $G$ 的一个正规子群(或不变子群)。

【例 5-39】 群 $G$ 的平凡子群 $\{e\}$ 和 $G$ 显然都是 $G$ 的正规子群。

因为循环群是阿贝尔群，所以循环群的所有子群都是正规子群。

**定理 5.7.6** 设 $H$ 是群 $G$ 的一个子群，则以下命题是等价的。

(1) $H$ 是群 $G$ 的正规子群；

(2) $\forall a\in G$，有 $aHa^{-1}=H$；

(3) $\forall a\in G$，有 $aHa^{-1}\subseteq H$；

(4) $\forall a\in G$，$\forall x\in H$，有 $axa^{-1}\in H$。

**证明** (1)→(2)若 $H$ 是群 $G$ 的正规子群，则对 $\forall a\in G$，有 $aH=Ha$，因而 $aHa^{-1}=Haa^{-1}=H$。

(2)→(3)显然成立。

(3)→(4) $\forall a\in G$，有 $aHa^{-1}\subseteq H$，所以对 $\forall x\in H$，$axa^{-1}\in H$。

(4)→(1)若 $\forall a\in G$，$\forall x\in H$，有 $axa^{-1}\in H$，令 $x_1=axa^{-1}\in H$，则 $x_1a=ax$。从而对任意的 $ax\in aH$，都有 $xa\in aH$，故 $Ha\subseteq Ha$。

类似地，对 $\forall a^{-1}\in G$，$\forall x\in H$，有 $a^{-1}xa\in H$，令 $x_2=a^{-1}xa\in H$，则 $ax_2=xa$。从而对任意的 $xa\in Ha$，都有 $xa\in aH$，故 $Ha\subseteq aH$。

所以 $\forall a\in G$，有 $aH=Ha$，即 $H$ 是群 $G$ 的正规子群。

【例 5-40】 证明 $N=\{(1),(123),(32)\}$ 是三次对称群 $S_3$ 的一个正规子群，而 $H_1=\{(1),(12)\}$，$H_2=\{(1),(3)\}$，$H_3=\{(1),(23)\}$ 都不是 $S_3$ 的正规子群。

**证明** 容易验证对任意 $\pi\in S_3$，有 $\pi N\pi^{-1}=\{(1),\pi(123)\pi^{-1},\pi(132)\pi^{-1}\}=N$。

所以 $N$ 是 $S$ 的一个正规子群。

取 $(13)\in S_3$，则 $(13)^{-1}=(31)$，$(13)H_1(31)=\{(1),(23)\}\neq H_1$，取 $(12)\in S_3$，则 $(12)^{-1}=(21)$，$(12)H_2(21)=\{(1),(23)\}\neq H_2$，取 $(13)\in H_3$，则 $(13)H_3(31)=\{(1),(12)\}\neq H_3$，所以 $H_1,H_2,H_3$ 都不是 $S_3$ 的正规子群。

**定义 5.7.4** 设 $f$ 是群 $\langle G,\circ\rangle$ 到群 $\langle G',*\rangle$ 的同态映射，$e'$ 是 $G'$ 中的单位元，令

$$\mathrm{Ker}(f)=\{x\mid f(x)=e',x\in G\},$$

称 $\mathrm{Ker}(f)$ 为同态映射 $f$ 的核，简称 $f$ 的同态核。

**定理 5.7.7** 设 $f$ 是群 $\langle G,\circ\rangle$ 到群 $\langle G',*\rangle$ 的同态映射，则 $f$ 的同态核是 $G$ 的正规子群。

**证明** 首先证明 $\langle \mathrm{Ker}(f),\circ\rangle$ 是 $\langle G,\circ\rangle$ 的子群。

设 $e,e'$ 分别为 $\langle G,\circ\rangle$ 和 $\langle G',*\rangle$ 的单位元，因为 $f(e)=e'$，所以 $e\in \mathrm{Ker}(f)$，故 $\mathrm{Ker}(f)$ 是 $G$ 的非空子集。

对任意 $a,b\in \mathrm{Ker}(f)$，即 $f(a)=e',f(b)=e'$，有

$$f(a\circ b^{-1})=f(a)*f(b^{-1})=f(a)*(f(b))^{-1}=e'*(e')=e',$$

即 $a\circ b^{-1}\in \mathrm{Ker}(f)$，所以 $\langle \mathrm{Ker}(f),\circ\rangle$ 是 $\langle G,\circ\rangle$ 的子群。

下证 $\mathrm{Ker}(f)$ 是正规子群。

对 $\forall x\in G,\forall a\in \mathrm{Ker}(f)$，有

$$\begin{aligned}f(x\circ a\circ x^{-1})&=f(x)*f(a)*f(x^{-1})=f(x)*e'*(f(x))^{-1}\\&=f(x)*f(x))^{-1}=e'\end{aligned}$$

所以 $x\circ a\circ x^{-1}\in Ker(f)$。

由定义 5.7.3 可知，$\langle Ker(f),\circ\rangle$ 是 $\langle G,\circ\rangle$ 的正规子群。

**定义 5.7.5** 设 $N$ 是群 $G$ 的正规子群，令 $G/N=\{aN\mid a\in G\}$，在 $G/N$ 上定义运算$\circ$：对 $\forall aN,bN\in G/N$，有 $(aN)\circ(bN)=(ab)N$，则 $\langle G/N,\circ\rangle$ 是一个群，称为 $G$ 关于 $N$ 的商群。

**说明**：定义中运算$\circ$与陪集中代表元素的选取无关。即 $\forall x,y\in G$，若 $xH=aH,yH=bH$，则 $(xy)H=(ab)H$。

事实上，我们有 $x\in aH,y\in bH$，所以必存在 $x_1,y_1\in H$，使得 $x=ax_1,y=by_1$。因而 $(xy)H=(ax_1by_1)H=(ab)H$。

如果群 $G$ 是有限群，则 $|G/N|=[G:N]$，根据拉格朗日定理，$|G/N|=|G|/|N|$。

# 5.8 环与域

前面我们讨论的群和半群是具有一个二元运算的代数系统，但是很多代数系统具有两个二元运算，且运算之间是有联系的。如实数域连同定义在其上的两个二元运算（数的加法和乘法）构成一个代数系统，其中乘法对加法可分配。在有两个二元运算的代数系统中，最基本最重要的就是环和域，环和域的概念在计算机密码学中有着重要的应用。

## 5.8.1 环

**定义 5.8.1** 设 $\langle A,+,\cdot\rangle$ 是一个代数系统，$+$ 和 $\cdot$ 都是 $A$ 上的二元运算，如果满足以下条件：

(1) $\langle A,+\rangle$ 是阿贝尔群；

(2) $\langle A,\cdot\rangle$ 是半群；

(3) 运算 $\cdot$ 对 $+$ 可分配。

则称 $\langle A,+,\cdot\rangle$ 是一个环。

通常把第一个运算"+"称为加法，第二个运算"·"称为乘法。元素 $X$ 关于加法运算的

单位元称为零元，记为 0；元素 $x$ 关于加法运算的逆元称为负元，记为 $-x$，$x+(-y)$ 可写作 $x-y$，称为减法。

由阿贝尔群和半群的定义可得环的另一等价定义。

对于具有两个二元运算的代数系统 $\langle A,+,\cdot\rangle$，如果对 $\forall x,y,z\in A$，满足以下条件，那么称 $\langle A,+,\cdot\rangle$ 为环。

(1) $(x+y)+z=x+(y+z)$　　加法结合律

(2) $x+0=0+x=x$　　加法零元 0

(3) $x+(-x)=-x+x=0$　　加法负元

(4) $x+y=y+x$　　加法交换律

(5) $(x\cdot y)\cdot z=x\cdot(y\cdot z)$　　乘法结合律

(6) $x\cdot(y+z)=x\cdot y+x\cdot z$，$(y+z)\cdot x=y\cdot x+z\cdot x$　　乘法对加法可分配

【例 5-41】 (1) $\langle E,+,\cdot\rangle$，$\langle Z,+,\times\rangle$，$\langle Q,+,\times\rangle$，$\langle R,+,\times\rangle$ 都是环，分别称为偶数环，整数环，有理数环和实数环，其中 + 和 × 表示数的加法和乘法，$E$ 表示偶数集。

(2) $\langle M_n(R),\oplus,\otimes\rangle$ 是一个环，称为 $n$ 阶实矩阵环，其中 $\oplus$ 和 $\otimes$ 表示矩阵的加法和乘法。

(3) $\langle Z_m,+_m,\times_m\rangle$ 是一个环，其中 $Z_m=\{[0],[1],[2],\cdots,[m-1]\}$，对任意 $[x]$，$[y]\in Z_m$，有 $[x]+_m[y]=[(x+y)(\bmod n)]$，$[x]\times_m[y]=[(xy)(\bmod n)]$。

除了环的定义中的性质外，我们还可以推出环的其他性质：

**定理 5.8.1**　设 $\langle A,+,\cdot\rangle$ 是一个环，则

(1) $x\cdot 0=0\cdot x=0$；

(2) $x\cdot(-y)=(-x)\cdot y=-(x\cdot y)$；

(3) $(-x)\cdot(-y)=x\cdot y$；

(4) $x\cdot(y-z)=x\cdot y-x\cdot z$；

(5) $(y-z)\cdot x=y\cdot x-z\cdot x$。

**证明**　(1) 显然 $0+x\cdot 0=x\cdot 0=x\cdot(0+0)=x\cdot 0+x\cdot 0$，由加法消去律得，$x\cdot 0=0$。同理可证 $0\cdot x=0$。

(2) 因为 $x\cdot(-y)+x\cdot y=x\cdot[(-y)+y]=x\cdot 0=0$，所以 $x\cdot(-y)=-(x\cdot y)$。同理可证 $(-x)\cdot y=-(x\cdot y)$。

(3) $(-x)\cdot(-y)=-[x\cdot(-y)]=-[-(x\cdot y)]=x\cdot y$。

(4) $x\cdot(y-z)=x\cdot[y+(-z)]=x\cdot y+x\cdot(-z)=x\cdot y-x\cdot z$。

(5) 的证明与 (4) 的证明类似。

**定义 5.8.2**　设 $\langle A,+,\cdot\rangle$ 是一个环，若 $A$ 上的乘法是可交换的，则称 $\langle A,+,\cdot\rangle$ 为交换环。若 $A$ 中关于乘法运算有单位元，则称 $\langle A,+,\cdot\rangle$ 为含幺环。

【例 5-42】 (1) 整数环，有理数环和实数环都是交换环，也都是含幺环，单位元为 1，偶数环是交换环，但不是含幺环。

(2) $n$ 阶实矩阵环是含幺环，单位元是 $n$ 阶单位矩阵，但不是交换环。

(3) 环 $\langle Z_m,+_m,\times_m\rangle$ 是交换环和含幺环，单位元为 $[1]$。

**定义 5.8.3**　设 $\langle A,+,\cdot\rangle$ 是一个环，$x,y\in A$，若 $x\neq 0$，$y\neq 0$，但 $x\cdot y=0$，则称 $x,y$ 为 $A$ 中的零因子。若 $A$ 中没有这样的零因子，则称 $\langle A,+,\cdot\rangle$ 为无零因子环。

【例 5-43】 (1) 在模 6 的整数环中，$2,3\neq 0$，$2\cdot 3=0$，所以 2 和 3 是零因子。

(2)在2阶实矩阵环中，$A=\begin{pmatrix}1 & 0\\0 & 0\end{pmatrix}$，$B=\begin{pmatrix}0 & 0\\1 & 2\end{pmatrix}$，$A,B\neq 0$，但 $A\cdot B=0$，矩阵 $A,B$ 是零因子。

(3)整数环是无零因子环。

**定理 5.8.2** 设 $\langle A,+,\cdot\rangle$ 是一个环，则 $\langle A,+,\cdot\rangle$ 为无零因子环的充要条件是 $A$ 上的乘法满足消去律。即对 $\forall x,y,z\in A$，若 $x\cdot y=x\cdot z$ 且 $x\neq 0$，则 $y=z$。

**证明** 充分性：对 $\forall x,y\in A$，若 $x\cdot y=0$ 且 $x\neq 0$，则 $x\cdot y=0=x\cdot 0$，由消去律得 $y=0$，所以 $\langle A,+,\cdot\rangle$ 是无零因子环。

必要性：对 $\forall x,y,z\in A$，若 $x\cdot y=x\cdot z$ 且 $x\neq 0$，则 $0=x\cdot y-x\cdot z=x\cdot(y-z)$。因为 $\langle A,+,\cdot\rangle$ 为无零因子环，所以 $y-z=0$，故 $y=z$。

**定义 5.8.4** 无零因子的含幺交换环称为整环。

【例 5-44】 整数环，有理数环，实数环都是整环。由定理 5.8.2 可知整数环中乘法满足消去律。

## 5.8.2 域

**定义 5.8.5** 设 $\langle A,+,\cdot\rangle$ 是一个代数系统，$+$ 和 $\cdot$ 都是 $A$ 上的二元运算，如果满足

(1) $\langle A,+\rangle$ 是阿贝尔群；

(2) $\langle A-\{0\},\cdot\rangle$ 是阿贝尔群；

(3)运算 $\cdot$ 对 $+$ 可分配。

则称 $\langle A,+,\cdot\rangle$ 是一个域。

【例 5-45】 (1)有理数环，实数环都是域，但整数环不是域。因为 $2\in Z$，但 2 没有逆元，所以 $\langle Z,\cdot\rangle$ 不是群。

(2) $\langle Z_5,+_5,\times_5\rangle$ 是域，但 $\langle Z_6,+_6,\times_6\rangle$ 不是域，因为 $2\in Z_6$，但 2 没有逆元，故 $\langle Z_6,\times_6\rangle$ 不是群。

从定义 5.8.5 可知，域是一种特殊的环。下面定理说明域一定是整环。

**定理 5.8.3** 域 $\langle A,+,\cdot\rangle$ 一定是整环。

**证明** 只要证环 $\langle A,+,\cdot\rangle$ 中无零因子即可。

对 $\forall x,y,z\in A$，$x\neq 0$，若 $x\cdot y=x\cdot z$，设 1 是乘法幺元，则

$$\begin{aligned}y&=1\cdot y=(x^{-1}\cdot x)\cdot y=x^{-1}\cdot(x\cdot y)\\&=x^{-1}\cdot(x\cdot z)=(x^{-1}\cdot x)\cdot z=1\cdot z=z\end{aligned}$$

故 $A$ 上的乘法满足消去律。由定理 5.8.2 可知，环 $\langle A,+,\cdot\rangle$ 中无零因子，所以域 $\langle A,+,\cdot\rangle$ 一定是整环。

**定义 5.8.6** 元素个数有限的域称为有限域或伽罗瓦域。

同态与同构的概念可以推广到有多个运算的同类型的代数系统。具有两个二元运算的代数系统的同态可定义如下：

**定义 5.8.7** 设 $\langle A,+,\cdot\rangle$ 和 $\langle B,\oplus,\otimes\rangle$ 是两个代数系统，设 $f$ 是从 $A$ 到 $B$ 的一个映射，若对任意 $x,y\in A$ 都有：

(1) $f(x+y)=f(x)\oplus f(y)$；

(2) $f(x\cdot y)=f(x)\otimes f(y)$。

则称 $f$ 为从 $\langle A,+,\cdot\rangle$ 到 $\langle B,\oplus,\otimes\rangle$ 的一个同态映射，简称同态。并称 $\langle f(A),\oplus,\otimes\rangle$ 是 $\langle A,+,\cdot\rangle$ 在映射 $f$ 下的同态像。

【例 5-46】 设 $\langle Z,+,\times\rangle$ 是一个环，$\langle Z_m,\oplus,\otimes\rangle$ 也是一个环，映射 $f:Z\to Z_m$，$f(x)=(x)\mathrm{mod}(m)$，则 $f(Z)=Z_m$，$\langle Z_m,\oplus,\otimes\rangle$ 是 $\langle Z,+,\times\rangle$ 在映射 $f$ 下的同态像。

**定理 5.8.4** 设 $f$ 为从 $\langle A,+,\cdot\rangle$ 到 $\langle B,\oplus,\otimes\rangle$ 的一个满同态，那么

(1) 若运算 $\cdot$ 对 $+$ 在 $A$ 上可分配，则 $\otimes$ 对 $\oplus$ 在 $B$ 上也可分配；

(2) 若 $+$，$\cdot$ 在 $A$ 中可吸收，则 $\oplus$，$\otimes$ 在 $B$ 中也可吸收。

证明与前面定理类似。

上例中的 $f$ 是 $\langle Z,+,\times\rangle$ 到 $\langle Z_m,\oplus,\otimes\rangle$ 的一个满同态。我们知道普通乘法对加法可分配，所以模 $n$ 乘法对模 $n$ 加法也可分配。

**定理 5.8.5** 环的同态像仍是一个环。

**证明** 设 $\langle A,+,\cdot\rangle$ 是一个环，$\langle B,\oplus,\otimes\rangle$ 是 $\langle A,+,\cdot\rangle$ 在映射 $f$ 下的同态像。显然，$\langle B,\oplus,\otimes\rangle$ 仍是一个代数系统。

对任意的 $b_1,b_2,b_3\in B$，必存在 $a_1,a_2,a_3\in A$，使得 $b_1=f(a_1)$，$b_2=f(a_2)$，$b_3=f(a_3)$。于是

$$\begin{aligned}(b_1\oplus b_2)\oplus b_3&=(f(a_1)\oplus f(a))\oplus f(a_3)=f(a_1+a_2)\oplus f(a_3)\\&=f(a_1+a_2+a_3)=f(a_1+(a_2+a_3))\\&=f(a_1)\oplus f(a_2+a_3)=f(a_1)\oplus(f(a_2)\oplus f(a_3))\end{aligned}$$

所以 $B$ 上的运算 $\oplus$ 满足结合律。类似可证运算 $\oplus$ 满足交换律。

$A$ 中零元 0 的像 $f(0)\in B$，易知 $f(0)$ 是 $B$ 中关于运算 $\oplus$ 的单位元。同理，对任意的 $a\in A$，$a$ 的负元 $-a$ 的像 $f(-a)$ 就是 $B$ 中元素 $f(a)$ 关于运算 $\oplus$ 的逆元。

因而 $\langle A,\otimes\rangle$ 也是阿贝尔群。

由 $\langle A,\otimes\rangle$ 是一个半群，易证 $\langle B,\otimes\rangle$ 也是一个半群。

类似可证运算 $\otimes$ 对 $\oplus$ 在 $B$ 中可分配，所以 $\langle B,\oplus,\otimes\rangle$ 是一个环。

## *5.9 群在编码理论中的应用

作为群的一种应用，本节介绍群码。

编码问题就是用给定的字母表里的字母组成不同的序列来表示不同信息的问题。

**定义 5.9.1** (1) 由字母表中的字母组成的一个序列通常称为字(Word)；

(2) 由表示不同信息的字组成的集合称为码(集)(Code)；

(3) 码中的字也称为码字(Code Word)；

(4) 字母表中的每一个字母称为码元(Code Element)；

(5) 码字中所含码元的个数称为码长(Code Length)。

最简单又常用的字母表是二进制数字表 $B=\{0,1\}$，由数字 0 和 1 组成的序列(即二进制序列)就是字，如 0,1,10,01011,1001101 等都是字，集 $=\{0,1,10,01011,1001101\}$ 是一个码，其中 0,1 是两个长度为 1 的码字，10 是长度为 2 的码字，01011 的长度为 5，1001101 的长度为 7。

由例 5-22 知,$B$ 在表 5-5 给出的二元运算+下构成一个群。如果把 $B$ 看成群 $Z_2$,则+恰是模 2 加法。而$\langle B^n, \oplus \rangle$也是一个群,其中 $B^n$ 是所有长度为 $n$ 的二进制序列组成的集合,其上的运算$\oplus$(称为逻辑加)定义为:

$$(x_1, x_2, \cdots, x_n) \oplus (y_1, y_2, \cdots, y_n) = (x_1 + y_1, x_2 + y_2, \cdots, x_n + y_n)$$

且 $B^n$ 的幺元为$(0,0,\cdots,0)$,每个元素的逆元是它自身。

表 5-5　二元运算+

| + | 0 | 1 |
| --- | --- | --- |
| 0 | 0 | 1 |
| 1 | 1 | 0 |

简单而又常用的码是分组码,分组码是由长度相同的字组成,如{0000,0011,0101,0110,1001,1010,1100,1111}是一个分组码。设计一个分组码的准则之一是它的纠错能力。假设一个码字从发送点传输到接收点,在传输过程中,由于各种干扰可能引起码字中的某些位在接收时发生变化,1 变为 0(或 0 变为 1),所以收到的字可能不再是被传送的字,我们要求尽一切可能来恢复被传送的那个字,这就是码的纠错问题。

下面给出字的重量、字之间的距离和分组码的距离等概念。

**定义 5.9.2**　设 $a$ 是 $B^n$ 中的一个元素,$a$ 中所含 1 的个数,称为 $a$ 的重量或权(Weight),并记为 $w(a)$。

例如,$a=10011, w(a)=3; b=001001, w(b)=2$。

**定义 5.9.3**　设 $a$ 和 $b$ 是 $B^n$ 中任意两个元素,$a \oplus b$ 的重量 $w(a \oplus b)$称为 $a,b$ 间的距离,并记为 $d(a,b)$。

例如,$a=101101, b=011011, a \oplus b=110110, w(a \oplus b)=4$,所以 $d(a,b)=4$。

由$\oplus$的定义可知,两个字之间的距离恰好是两个字在对应位置上数字不同的位置数目。

**定理 5.9.1**　**(距离的性质)**设 $x,y,z$ 是 $B^n$ 中任意元素,则

(1)$d(x,y)=d(y,x)$;

(2)$d(x,y) \geqslant 0$;

(3)$d(x,y)=0$ 当且仅当 $x=y$;

(4)$d(x,y) \leqslant d(x,z)+d(z,y)$。

**证明**　(1),(2)和(3)是显然的,下面我们证明(4)。

对于 $B^n$ 中的 $a,b$,因为 $a$ 与 $b$ 的任意位置上相异,则一定有一个该位置是 1,所以

$$\omega(a \oplus b) \leqslant \omega(a) + \omega(b)$$

由此可见

$$\begin{aligned} d(x,y) &= \omega(x \oplus y) \\ &= \omega(x \oplus e \oplus y) \\ &= \omega(x \oplus z \oplus z \oplus y) \quad (e \text{ 是幺元}) \\ &\leqslant \omega(x \oplus z) + \omega(z \oplus y) \end{aligned}$$

所以,字的距离满足三角不等式。

设 $G$ 是分组码,其中码字为 $n$ 位二进制序列。显然,$G$ 是 $B^n$ 的子集。下面给出分组码的距离的定义。

**定义 5.9.4**　设 $G$ 是分组码,$G$ 中任意两个不同码字距离的最小值称为 $G$ 的距

离，记为 $d_{\min}(G)$。

【例 5-47】 设 $G=\{00000000, 10111000, 00101101, 10010101, 10100100, 10001001, 00011100, 00110001\}$，由于 $G$ 中任意两个不同码字距离最小的是 3（这需要通过计算 $C_8^2=28$ 对不同码字之间的距离来得到），所以 $G$ 的距离 $d_{\min}(G)=3$。

分组码的距离与其纠错能力有着密切联系。

假设对应于分组码 $G$ 中的一个发送字，在接收点收到的字为 $x$，问题是由 $x$ 如何来确定被传输的发送字。

下面介绍两种确定发送字的准则。

**1. 最大概率译码准则**

设分组码 $G=\{a_1, a_2, \cdots, a_m\}$ 对于接收字 $x$，求出条件概率 $P(a_1|x), P(a_2|x), \cdots, P(a_m|x)$，其中 $P(a_i|x)$ 表示在接到的字是 $x$ 的条件下，传送字是 $a_i$ 的概率。如果 $P(a_k|x)$ 是所有条件概率中的最大者，那么就认为 $a_k$ 是发送字，这就是最大概率译码准则。

由于在通信系统中，概率依赖于很多因素，所以计算条件概率 $P(a_i|x)$ 是相当麻烦的。下面介绍另一种确定发送字的准则。

**2. 最小距离译码准则**

对于分组码 $G$ 中的所有码字，计算它们与接收字 $x$ 的距离 $d(a_1, x), d(a_2, x), \cdots, d(a_m, x)$，如果其中最小的是 $d(a_k, x)$，那么就认为 $a_k$ 是发送字。

可以证明，最小距离译码准则与最大概率译码准则是等价的。

如果假设在码字（$n$ 位二进制序列）的各位上出现误差的事件是独立的，且各位出现误差的概率都是相同的，那么条件概率

$$P(a_i|x)=p^k(1-p)^{n-k}$$

其中 $k$ 表示发送字中发生误差的位数，也即 $a_i$ 和 $x$ 的距离，因此如果设 $p<\frac{1}{2}$（一般情况下，这样假设是合乎情理的），那么距离 $d(a_i, x)=k$ 越小，$P(a_i|x)$ 就越大。由此可见，最小距离译码准则与最大概率译码准则是等价的。

由最小距离译码准则，可得下列定理：

**定理 5.9.2** 设 $G$ 是分组码，则 $G$ 能检测出 $k$ 个或不超过 $k$ 个传输错误的充要条件是 $d_{\min}(G)\geqslant k+1$。

**证明** 先证必要性，用反证法。

假设 $d_{\min}(G)\leqslant k$，并设 $x$ 和 $y$ 是满足 $d(x, y)=k$ 的码字。如果发送字为 $x$ 而接收字为 $y$，则会出现 $k$ 个或不超过 $k$ 个传输错误，并且它们没有被检测到。因此 $G$ 能检测出 $k$ 个或不超过 $k$ 个传输错误是不成立的。

下面证充分性：

设 $d_{\min}(G)\geqslant k+1$，$a$ 是一个发送字，$x$ 是接收字。如果 $x$ 是与 $a$ 不同的码字，则有 $d(a, x)\geqslant k+1$，所以在传输 $a$ 的过程中出现 $k+1$ 个或更多的错误。因此，如果传输 $a$ 的过程中只出现 $k$ 个或更少的错误，那么 $x$ 不可能是码字。这就说明 $G$ 能检测出 $k$ 个或不超过 $k$ 个传输错误。

**定理 5.9.3** 设 $G$ 是分组码，则 $G$ 能纠正 $k$ 个或小于 $k$ 个传输错误的充要条件是 $d_{\min}(G)\geqslant 2k+1$。

**证明** 先证充分性。

设 $a$ 是一个发送字，$x$ 是接收字。如果在传输过程中出现的错误不超过 $k$，则

$$d(a,x)\leqslant k$$

设 $b$ 是 $G$ 中任意一个异于 $a$ 的码字，由距离的三角不等式可知

$$d(a,b)\leqslant d(a,x)+d(x,b)$$

$$d(b,x)\geqslant d(a,b)-d(a,x)$$

于是有：

$$d_{\min}(G)\geqslant(2k+1)-k=k+1$$

由此可知，除码字 $a$ 和 $x$ 的距离小于或等于 $k$ 外，其他码字与 $x$ 的距离都大于或等于 $k+1$，所以由最小距离译码准则可知，应选取 $a$ 作为发送字。

该充分性也可以用图 5-4(a)来说明。图 5-4(a)中 $a$ 和 $b$ 分别表示任意两个码字，当各自错码不超过 $k$ 个时，发生错码后两个码字的位置移动将不会超出以 $a$ 和 $b$ 为圆心，以 $k$ 为半径的圆。由于 $d_{\min}(G)\geqslant 2k+1$，所以这两个圆不相交，当错码个数小于或等于 $k$ 时，可以根据它们落在哪个圆内来判断为 $a$ 或 $b$ 码字，即可以纠正错误。

再证必要性。用反证法。

假设 $d_{\min}(G)\leqslant 2k$，并设 $a$ 和 $b$ 是满足 $d(a,b)=d_{\min}(G)$ 的码字，则以 $a$ 和 $b$ 为圆心，以 $k$ 为半径的两个圆相交(图 5-4(b))。如果发送字为 $a$ 而接收字为 $x$，则会出现 $k$ 个错误，并且由于 $d(x,b)<k$，则会错将 $b$ 作为发送字。因此 $G$ 不能纠正 $k$ 个错误。与前提矛盾。故必有 $d_{\min}(G)\geqslant 2k+1$。

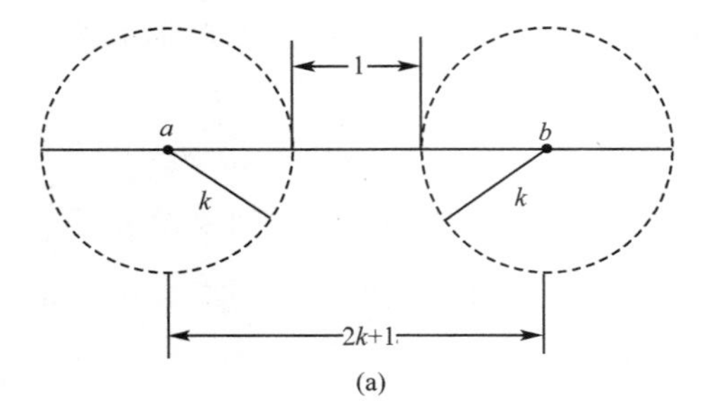


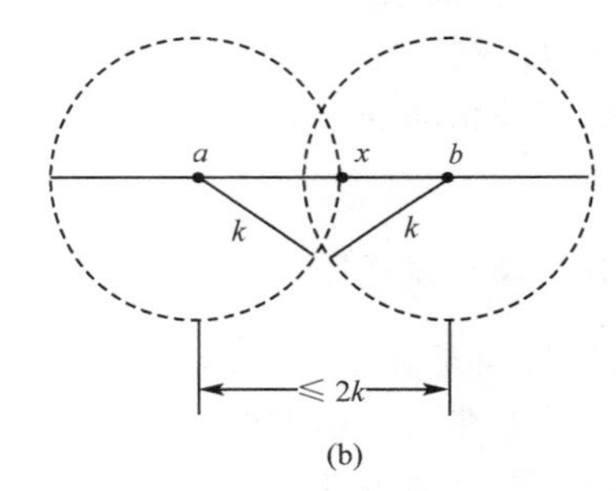


图 5-4 错码个数判断图示

【例 5-48】 设 $G=\{00000,11100,00111,11011\}$，易知 $G$ 的距离为 3，所以 $G$ 能纠正码字中的 1 位的传输误差。如当接收字为 $x=11101$ 时，计算 $x$ 与 $G$ 中各个码字的距离 $d(00000,x)=4$，$d(11100,x)=1$，$d(00111,x)=3$，$d(11011,x)=2$。由此可知，$x$ 的发送字是 11100。

由此可知，一个分组码的距离与其纠错能力密切相关。分组码的距离越大，其纠错能力越强。但求出一个分组码的距离并不简单，需要把两两不同的码字距离都计算出来，再取其最小值。下面介绍一类特殊的分组码——群码，它使求分组码的距离变得比较简单，且还有其他一些优点。

**定义 5.9.5** 如果 $G$ 是分组码，且 $\langle G,\oplus\rangle$ 是群，则称 $G$ 为群码(Group Code)。易知 $\langle G,\oplus\rangle$ 是 $\langle B^n,\oplus\rangle$ 的子群。$G$ 的幺元 $e=00\cdots0$，常称幺元为 0 字。

**定理 5.9.4** 设 $G$ 是群码，则 $G$ 的距离为 $G$ 中非 0 字的最小重量。

**证明** 设 $G=\{a_1,a_2,\cdots,a_m\}$，其中 $a_1$ 是幺元，即 0 字。对于 $G$ 中任意两个不同的非 0 字 $a_i$ 和 $a_j$，其距离为：

$$d(a_i,a_j)=w(a_i\oplus a_j)$$

由于群的运算是封闭的，所以 $a_i\oplus a_j=a_k\in G$，于是有

$$d(a_i,a_j)=w(a_k)$$

即非 0 字 $a_i$ 和 $a_j$ 的距离为 $G$ 中某一个元素 $a_k$ 的重量。

对于 $G$ 中任意非 0 字 $a_k$，都有：

$$\begin{aligned}a_k&=a_k\oplus e\\&=a_k\oplus a_i^2\cdot(a_i\in G)\\&=(a_k\oplus a_i)\oplus a_i\end{aligned}$$

又由群中运算的封闭性可知，$a_k\oplus a_i=a_p\in G$，于是有

$$a_k=a_p\oplus a_i$$

由此可知，$G$ 中任意非 0 字，都可表示为另外两个非 0 字的逻辑加，所以计算了每个非 0 字的重量，也即计算了 $G$ 中任意两个不同非 0 字的距离。

**【例 5-49】** 设 $G=\{000000,001100,010011,011111,100101,101001,110110,111010\}$，容易验证 $\langle G,\oplus\rangle$ 是 $\langle B^n,\oplus\rangle$ 的子群，$G$ 中非 0 字的最小重量为 2，所以 $G$ 的距离为 2。

对于群码，还可以方便地构造译码表。

设群码 $G=\{a_1,a_2,\cdots,a_m\}$，当接收字为 $x$ 时，要求其发送字，需计算 $x$ 与 $G$ 中各个码字的距离 $d(a_1,x),d(a_2,x),\cdots,d(a_m,x)$，并取其最小者，即求 $w(a_1\oplus x),w(a_2\oplus x),\cdots,w(a_m\oplus x)$ 的最小者。

由于 $\langle G,\oplus\rangle$ 是 $\langle B^n,\oplus\rangle$ 的子群，所以求 $G$ 中各个码字与 $x$ 的距离的最小者，也就是求陪集 $G\oplus x$ 中各个字的重量最小者。如果陪集 $G\oplus x$ 中的字 $a_k\oplus x$ 的重量 $w(a_k\oplus x)$ 为最小，这表明 $x$ 的发送字为 $a_k$。而求 $a_k$ 是简单的，由于 $(a_k\oplus x)\oplus x=a_k$，所以只要把陪集 $G\oplus x$ 中的重量最小的字 $a_k\oplus x$ 与 $x$ 运算后即得 $a_k$。

**【例 5-50】** 设群码 $G=\{00000,11100,00111,11011\}$，当接收字为 11000 时，求发送字。

**解** 令 $x=11000$，陪集

$$\begin{aligned}G\oplus x&=\{00000\oplus 11000,11100\oplus 11000,00111\oplus 1000,11011\oplus 11000\}\\&=\{11000,00100,11111,00011\}\end{aligned}$$

易见，陪集 $G\oplus x$ 中重量最小的字为 00100。

计算 $00100\oplus x=00100\oplus 11000=11100$，于是求得 $x$ 的发送字为 11100。

对于陪集 $G\oplus x$ 中的其他字 $z=a_i\oplus x$，同样可把 $z$ 与陪集中重量最小的字 $a_k\oplus x$ 运算，运算后的结果就是 $z$ 的发送字。这是因为

$$\begin{aligned}z\oplus(a_k\oplus x)&=(a_i\oplus x)\oplus(a_k\oplus x)\\&=(a_i\oplus a_k)\oplus(x\oplus x)\\&=a_i\oplus a_k\end{aligned}$$

而 $a_i\oplus a_k$ 与 $z$ 的距离：

$$\begin{aligned}d(a_i\oplus a_k,z)&=\omega(a_i\oplus a_k\oplus z)\\&=\omega(a_i\oplus a_k\oplus a_i\oplus x)\\&=\omega(a_k\oplus x)\end{aligned}$$

由于 $a_k\oplus x$ 是重量最小的字，所以 $a_i\oplus a_k$ 与 $z$ 的距离最小，$a_i\oplus a_k$ 是 $z$ 的发送字。

## 本章小结

代数系统又称代数结构，它建立在初等代数和线性代数的基础上，是许多近代科学（包括计算机科学）的重要数学工具。本章的主要内容包括：代数系统的引入、运算及性质、半群、群与子群、阿贝尔群和循环群、陪集与拉格朗日定理、同态与同构、环和域。其中，群、环、域的概念及运算、同态与同构是重点。本章最大的特点是抽象化和公理化，主要体现为代数运算及运算对象均为抽象的，因此，学习本章要特别侧重于一些基本概念和基本方法的理解和掌握，要特别注重培养抽象思维和逻辑推理的能力。

## 习　题

1. 设 $\mathbf{N}_+$ 是正整数集，问下面定义的二元运算 $*$ 在 $\mathbf{N}_+$ 上是否封闭。

(1) $x*y=x+y$　　(2) $x*y=x-y$

(3) $x*y=|x-y|$　　(4) $x*y=\min\{x,y\}$

(5) $x*y=\max\{x,y\}$

2. 试给出若干个代数系统。

3. 设 $A=\{a,b,c,d\}$，$A$ 上的两个二元运算 $*$ 和 $\circ$ 的运算表如表 5-6、表 5-7 所示，$S_1=\{b,d\}$，$S_2=\{b,c\}$，$S_3=\{a,c,d\}$，问 $\langle S_i,*,\circ\rangle(i=1,2,3)$ 是否是代数系统 $\langle A,*,\circ\rangle$ 的子代数。

表 5-6　元二法算 $*$ 的运算表

| $*$ | $a$ | $b$ | $c$ | $d$ |
|---|---|---|---|---|
| $a$ | $a$ | $b$ | $c$ | $d$ |
| $b$ | $b$ | $b$ | $d$ | $d$ |
| $c$ | $c$ | $d$ | $c$ | $d$ |
| $d$ | $d$ | $d$ | $d$ | $d$ |

表 5-7　二元运算 $\circ$ 的运算表

| $\circ$ | $a$ | $b$ | $c$ | $d$ |
|---|---|---|---|---|
| $a$ | $a$ | $a$ | $b$ | $a$ |
| $b$ | $a$ | $b$ | $a$ | $b$ |
| $c$ | $a$ | $a$ | $c$ | $c$ |
| $d$ | $a$ | $b$ | $d$ | $d$ |

4. 设 $\langle \mathbf{R}^*,\circ\rangle$ 是代数系统，其中 $\mathbf{R}^*$ 是非零实数的集合，分别对下述三种情况讨论：运算是否可交换、可结合，是否有左幺元、右幺元、幺元。

(1) $a,b\in\mathbf{R}^*$，$a\circ b=\dfrac{1}{2}(a+b)$

(2) $a,b\in\mathbf{R}^*$，$a\circ b=\dfrac{a}{b}$

(3) $a,b\in\mathbf{R}^*$，$a\circ b=ab$

5. 设 $A=\{1,2\}$，$A^A=\{f\mid f$ 是 $A$ 到 $A$ 的函数$\}$，$\circ$ 是函数的复合，试给出 $A^A$ 上的运算 $\circ$ 的运算表，并求代数系统 $\langle A^A,\circ\rangle$ 的幺元和可逆元的逆元。

6. 设代数系统 $\langle Z_k,+_k\rangle$，其中 $Z_k=\{0,1,2,\cdots,k-1\}$，二元运算 $+_k$ 定义为：对任意的 $x,y\in Z_k$，有

$$x+_k y=\begin{cases}x+y & (x+y<k)\\ x+y-k & (x+y\geqslant k)\end{cases}$$

讨论：(1) 运算 $+_k$ 是否满足结合律？

(2)$Z_k$ 关于运算$+_k$ 有没有单位元？若有，单位元是什么？

(3)$Z_k$ 中每个元素是否都有逆元？若有，逆元是什么？

7. 整数集 **Z** 上的二元运算 * 定义为：对任意 $x,y\in Z$，有 $x*y=x+y-xy$。证明该运算满足交换律和结合律，求单位元，并指出哪些元素有逆元，逆元是什么？

8. 定义在正整数集 **N**＋上的两个二元运算为：对任意 $x,y\in \mathbf{N}+$，有 $x\circ y=x^y$，$x*y=xy$，证明∘对 * 不可分配，* 对∘也不可分配。

9. 设 $M$ 是所有形如$\begin{pmatrix} a_{11} & a_{12} \\ 0 & 0 \end{pmatrix}$的矩阵的集合，$a_{11}$，$a_{12}$ 都是实数。* 表示矩阵的乘法，问$\langle M,*\rangle$是半群吗？是含幺半群吗？

10. 证明$\langle \mathbf{N},*\rangle$构成一个半群，其中自然数集 **N** 上的运算 * 定义为：对任意 $x,y\in\mathbf{N}$，$x*y=\max\{x,y\}$。问$\langle \mathbf{N},*\rangle$是独异点吗？

11. 设代数系统$\langle S,*\rangle$，其中 $S=\{a,0,1\}$，二元运算 * 的运算表如图 5-5 所示。

(1)证明$\langle S,*\rangle$是独异点。

(2)考虑子代数$\langle\{a,0\},*\rangle$和$\langle\{0,1\},*\rangle$，它们是独异点吗？它们是$\langle S,*\rangle$的子独异点吗？

| * | a | 0 | 1 |
|---|---|---|---|
| a | a | 0 | 1 |
| 0 | 0 | 0 | 0 |
| 1 | 1 | 0 | 1 |

图 5-5　二元运算 * 的运算表

12. 若$\langle S,\circ\rangle$是半群，$a\in S$，$M=\{a^n\mid n\in N\}$，证明$\langle M,\circ\rangle$是$\langle S,\circ\rangle$的子半群。

13. 设$\langle A,\circ\rangle$是一个半群，且任意 $a,b\in A$，如果 $a\neq b$ 必有 $a\circ b\neq b\circ a$，试证明：

(1)运算∘是幂等的

(2)对 $\forall a,b\in A$，有 $a\circ b\circ a=a$

(3)对 $\forall a,b,c\in A$，有 $a\circ b\circ c=a\circ c$

14. 设$\langle A,\circ\rangle$为交换半群，如果 $A$ 中有元素 $x,y$，使得 $x\circ x=x$ 和 $y\circ y=y$，则$(x\circ y)\circ(x\circ y)=(x\circ y)$

15. 设 $G=\mathbf{R}\times\mathbf{R}$，其中 **R** 是实数集，在 $G$ 上定义二元运算∘为：对任意$(x_1,y_1)$，$(x_2,y_2)\in G$，有

$$(x_1,y_1)\circ(x_2,y_2)=(x_1+x_2,y_1+y_2)$$

证明$\langle G,\circ\rangle$是一个群。

16. 设$\langle G,\circ\rangle$是群，对任一 $a\in G$，令 $H=\{y\mid y\circ a=a\circ y,y\in G\}$，证明$\langle H,\circ\rangle$是$\langle G,\circ\rangle$的子群。

17. 设$\langle H,*\rangle$和$\langle K,*\rangle$是$\langle G,*\rangle$的两个子群，令

$$HK=\{h*k\mid h\in H,k\in K\}$$

证明$\langle HK,*\rangle$是$\langle G,*\rangle$的子群的充要条件是 $HK=KH$。

18. 设 $f$ 和 $g$ 都是从群$\langle A,\circ\rangle$到群$\langle B,*\rangle$的同态映射，设

$$C=\{x\mid f(x)=g(x),x\in A\}$$

证明$\langle C,\circ\rangle$是$\langle A,\circ\rangle$的子群。

19. 设$\langle G,\circ\rangle$是一个独异点，单位元是 $e$，若对 $\forall x\in G$，都有 $x\circ x=e$，证明：$\langle G,\circ\rangle$是一个阿贝尔群。

20. 证明任何阶数分别是 1,2,3,4 的群都是阿贝尔群。并举一个 6 阶群,它不是阿贝尔群。

21. 设$\langle H,\circ\rangle$是$\langle G,\circ\rangle$的子群,$A=\{x\mid x\circ H\circ x^{-1}=H,x\in G\}$,证明$\langle A,\circ\rangle$也是$\langle G,\circ\rangle$的一个子群。

22. 设集合$\{1,2,3,4,5\}$上的置换如下:

$$\alpha=\begin{pmatrix}1&2&3&4&5\\2&3&1&4&5\end{pmatrix}\quad \beta=\begin{pmatrix}1&2&3&4&5\\2&1&3&5&4\end{pmatrix}$$

$$\gamma=\begin{pmatrix}1&2&3&4&5\\5&4&3&2&1\end{pmatrix}\quad \sigma=\begin{pmatrix}1&2&3&4&5\\3&2&1&5&4\end{pmatrix}$$

求$\alpha\circ\beta,\beta\circ\alpha,\alpha\circ\alpha,\gamma\circ\beta,\sigma^{-1},\alpha\circ\beta\circ\lambda^{-1}$,并解方程$\alpha\circ x=\beta,y\circ\gamma=\sigma$。

23. 求群$\langle Z_6,+_6\rangle$的所有子群,及每个子群的左陪集,其中$Z_6=\{[0],[1],[2],[3],[4],[5]\}$,$+_6$是模 6 加法。

24. 设$G=\{\varphi\mid\varphi:x\to ax+b$,其中$a,b\in R$且$a\neq 0,x\in R\}$,二元运算$\circ$是映射的复合。

(1)证明$\langle G,\circ\rangle$是群;

(2)若$S$和$T$分别是由$G$中$a=1$和$b=0$的所有映射构成的集合,证明$\langle S,\circ\rangle$和$\langle T,\circ\rangle$都是$\langle G,\circ\rangle$子群;

(3)写出$S$和$T$在$G$中所有的左陪集。

25. 设$p$是质数,$m$是正整数,证明$p^m$阶群中一定包含着一个$p$阶子群。

26. 设$f$是$\langle A,\Delta\rangle$到$\langle B,*\rangle$的同态映射,$g$是$\langle B,*\rangle$到$\langle C,\cdot\rangle$的同态映射,证明$g\circ f$是$\langle A,\Delta\rangle$到$\langle C,\cdot\rangle$的同态映射。

27. 设$M=\left\{\begin{pmatrix}1&x\\0&1\end{pmatrix}\middle| x\in R\right\}$,求证$\langle M,\cdot\rangle$与$\langle R,+\rangle$同构。其中$\cdot$是矩阵的乘法运算,$+$是通常的加法运算。

28. 设$f$是从群$\langle G_1,\circ\rangle$到$\langle G_2,*\rangle$的同态映射,证明$f$是单射当且仅当$\mathrm{Ker}(f)=\{e\}$,其中$e$是$G_1$的幺元。

29. 证明循环群的同态像是循环群。

30. 设$\langle A,+,\cdot\rangle$是一个代数系统,其中$+,\cdot$为普通的加法和乘法运算,$A$为下列集合:

(1)$A=\{x\mid x=3n,n\in Z\}$;

(2)$A=\{x\mid x=2n+1,n\in Z\}$;

(3)$A=\{x\mid x\geqslant 0$且$x\in Z\}$;

(4)$A=\{x\mid x=a+b\sqrt[4]{3},a,b\in R\}$;

(5)$A=\{x\mid x=a+b\sqrt{2},a,b\in R\}$。

问$\langle A,+,\cdot\rangle$是整环吗,为什么?

31. 证明$\langle\{0,1\},\circ,*\rangle$是一个整环,其中二元运算$\circ$和$*$的运算表如图 5-6 所示。

| ∘ | 0 | 1 |
|---|---|---|
| 0 | 0 | 1 |
| 1 | 1 | 0 |

| * | 0 | 1 |
|---|---|---|
| 0 | 0 | 0 |
| 1 | 0 | 1 |

图 5-6 二元运算$\circ$和$*$的运算表

32. 设$\langle A,+,\rangle$是一个环,且运算$\cdot$满足幂等律,证明:

(1)对任意$x\in A$,都有$x+x=\theta$,其中$\theta$是加法单位元;

(2)$\langle A,+,\cdot\rangle$是可交换的。

33. 设$\langle A,+,\cdot\rangle$是一个代数系统，其中+和·为普通的加法和乘法运算，$A$ 为下列集合：

(1)$A=\{x\mid x\geqslant 0\}$且 $x\in\mathbf{Q}\}$；

(2)$A=\{x\mid x=a+b\sqrt{2},a,b$ 为有理数$\}$；

(3)$A=\{x\mid x=a+b\sqrt[3]{3},a,b$ 为有理数$\}$；

(4)$A=\{x\mid x=a+b\sqrt{3},a,b$ 为有理数$\}$；

(5)$A=\{x\mid x=\dfrac{a}{b},a,b\in\mathbf{N}_+$，且对$\forall k\in Z,a\neq kb\}$。

问$\langle A,+,\cdot\rangle$是否是域，为什么？

34. 设$\langle A,+,\cdot\rangle$是无零因子环，证明对任意$a,b,c\in A$，且$a\neq 0$，如果$a\cdot b=a\cdot c$，则一定有$b=c$。

35. 设$\langle A,+,\cdot\rangle$是整环，其中 $A$ 是有限集合，证明$\langle A,+,\cdot\rangle$是域。

## 上机实践

1. 给定有限集合上的一个二元运算(给定运算表)，编程判断这个运算是否满足交换律、结合律、等幂律。

2. 给定有限集合上的一个二元运算，编程求出它的单位元和零元。

3. 给定一个有限群以及这个有限群集合的一个子集，编程判断这个子集是否构成子群。

4. 给定一个有限环，编程判断它是否是交换环，是否是有幺环，是否是无零因子环，是否是整环。

## 阅读材料

### 代数系统及其在计算机中的应用

代数是专门研究离散对象的数学，是对符号的操作。它是现代数学的三大支柱之一(另两个为分析与几何)。代数自 19 世纪以来以惊人的发展，带动了整个数学的现代化。随着信息时代的到来，计算机、信息都是数字(离散化)的，甚至电视机、摄像机、照相机都在数字化。知识经济有人也称为数字经济。这一切的背后的科学基础，就是数学，尤其是专门研究离散对象的代数。代数发端于“用符号代替数”，后来发展到以符号代替各种事物。

在一个非空集合上，确定了某些运算以及这些运算满足的规律，于是该非空集合中的元素就说是有了一种代数结构。现实世界中可以有许多具体的不相同的代数系统。但事实上，不同的代数系统可以有一些共同的性质。正因如此，我们要研究抽象的代数系统，并假设它具有某一类具体代数系统共同拥有的性质。任何在这个抽象系统中成立的结论，均可适用于那一类代数系统中的任何一个。

一百多年来，随着科学的发展，抽象代数越来越显示出它在数学的各个分支、物理学、化学、力学、生物学等科学领域的重要作用。抽象代数的概念和方法也是研究计算科学的重要数学工具。有经验和成熟的计算科学家都知道，除了数理逻辑外，对计算科学最有用的数学分支就是代数，特别是抽象代数。抽象代数是关于运算的学问，是关于计算规则的学问。

在许多实际问题的研究中都离不开数学模型，而构造数学模型就要用到某种数学结构，而抽象代数研究的中心问题就是一种很重要的数学结构——代数系统：半群、群、格与布尔代数等。计算科学的研究也离不开抽象代数的应用：半群理论在自动机理论和形式语言中发挥了重要作用；有限域理论是编码理论的数学基础，在通讯中起着重要的作用；至于格和布尔代数则更不用说了，是电子线路设计、电子计算机硬件设计和通讯系统设计的重要工具。另外描述机器可计算的函数、研究算术计算的复杂性、刻画抽象数据结构、描述作为程序设计基础的形式语义学，都需要抽象代数知识。

# 第6章

# 格与布尔代数

格与布尔代数是代数系统中的又一类重要的代数系统。它们与群、环、域的不同之处是：格与布尔代数的基集都是一个偏序集。1847年，乔治·布尔（George Boole）在他的"逻辑的数学分析"一文中建立了布尔代数，用来分析逻辑中的命题演算，之后布尔代数成为综合分析开关电路的有力工具，并在代数学（代数结构）、逻辑演算、集合论、拓扑空间理论、测度论、概率论、泛函分析等数学分支中均有应用。近几十年来，布尔代数在自动化技术、密码学、电子计算机的逻辑设计等工程技术领域中都有重要的应用。比布尔代数更一般的概念是格，它是由狄得京（Dedeking）在研究交换环及理想时引入的。

## 6.1 格的概念及性质

### 6.1.1 格的概念

**1. 格的定义**

对偏序集的任意一个子集可引入上确界（最小上界）和下确界（最大下界）的概念，但并非每个子集都有上确界或下确界，例如在图6-1所示的偏序集中，$\{e,f\}$没有上确界，$\{d,b\}$没有下确界。然而有一些偏序集却有这样一个共同特征，即任意两个元素都有上、下确界。例如，图6-2所示的哈斯图偏序集。把具有这种性质的偏序集称为格（Lattices）。

格的判定

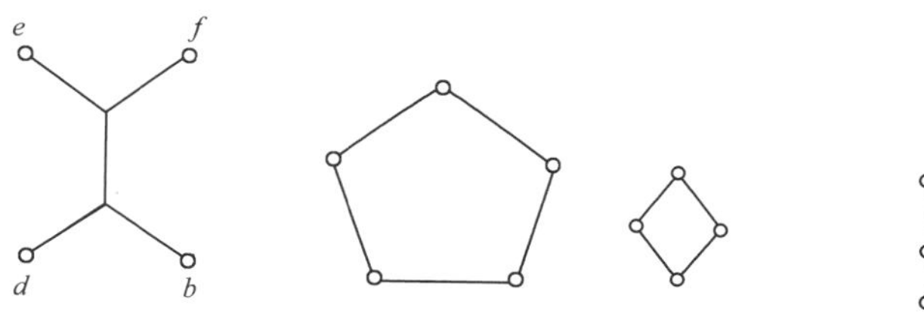


图6-1　非格的示例　　　图6-2　格的示例

**定义6.1.1**　（**格的偏序定义**）设$\langle S,\leqslant\rangle$是偏序集，如果对$\forall x,y\in S$，$\{x,y\}$都有

最小上界和最大下界，则称 $S$ 关于偏序 $\leqslant$ 构成一个格。

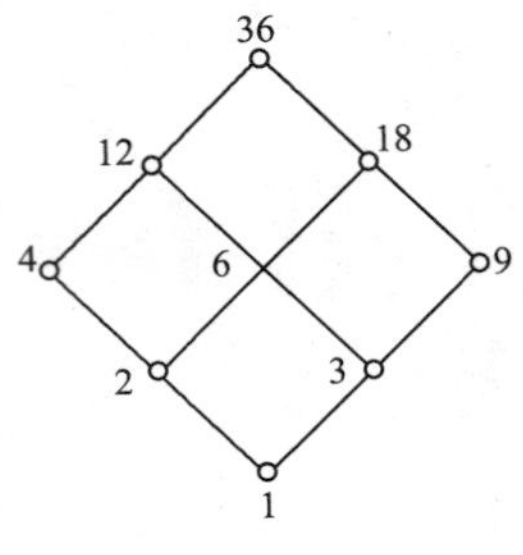

图 6-3 格 $\langle D_{36},|\rangle$

【例 6-1】 设 $D_{36}$ 是 36 的全部正因子的集合，$D_{36}=\{1,2,3,4,6,9,12,36\}$，"|"表示数的整除关系，则 $\langle D_{36},|\rangle$ 是格，如图 6-3 所示，对 $m,n\in D_{36}$，$\{m,n\}$ 的最小上界是 $m$ 和 $n$ 的最小公倍数，$\{m,n\}$ 的最大下界是 $m$ 和 $n$ 的最大公约数。

【例 6-2】 信息流的格模型。在许多设置中从一个人或计算机到另一个人或计算机的信息流要受到限制，这可以通过使用格模型定义的安全权限来实现。例如，一个通用的信息流策略是用于政府或军事系统中的多级安全策略，它为每个人或计算机分配一个安全级别 $(A,C)$，其中 $A$ 是权限级别，$C$ 是种类。权限级别 $A$ 通常是一个整数，最典型的一种方式是 0（不保密），1（秘密），2（机密），3（绝密）。种类是某个集合的子集，如集合{间谍，鼹谍，双重间谍}有 8 个子集，每个子集就是一个种类，所以存在 8 个种类。

设由所有安全级别 $(A,C)$ 构成的集合为 $X$，在 $X$ 上定义一个关系 $\leqslant$：$(A_1,C_1)\leqslant(A_2,C_2)$ 当且仅当 $A_1\leqslant A_2$ 且 $C_1\subseteq C_2$，显然这样定义的关系 $\leqslant$ 是集合 $X$ 上的偏序关系，而且任给 $X$ 中的两个元素 $(A_1,C_1)$ 和 $(A_2,C_2)$，都有上确界 $(\max(A_1,A_2),C_1\cup C_2)$ 和下确界 $(\min(A_1,A_2),C_1\cap C_2)$。所以 $\langle X,\leqslant\rangle$ 不仅是偏序集，而且是格。

通过格模型表示信息流向策略，从而来定义安全权限，就是当且仅当 $(A_1,C_1)\leqslant(A_2,C_2)$ 时允许信息从安全类 $(A_1,C_1)$（即安全级别为 $(A_1,C_1)$ 的人或计算机，下同）流向安全类 $(A_2,C_2)$。例如，信息允许从安全类（机密，{间谍，鼹谍}）流向安全类（绝密，{间谍，鼹谍，双重间谍}），反之，信息不允许从安全类（绝密，{间谍，鼹谍}）流向安全类（机密，{间谍，鼹谍，双重间谍}）或安全类（绝密，{间谍}）。

由于对任何 $a,b\in L$，$a\vee b$ 及 $a\wedge b$ 都是 $L$ 中确定的成员，因此从代数的意义上说，$\vee$ 和 $\wedge$ 都是格 $\langle L,\leqslant\rangle$ 中的二元运算，分别称为并（Join）和交（Meet）运算。这样便有如下定义：

**定义 6.1.2** 设 $\langle L,\leqslant\rangle$ 是一个格，$\vee$ 和 $\wedge$ 分别为 $L$ 上的并和交运算，则称代数系统 $\langle L,\vee,\wedge\rangle$ 为由格 $\langle L,\leqslant\rangle$ 所诱导的代数系统。

【例 6-3】 (1)对任意集合 $S$，偏序集为格 $\langle P(S),\subseteq\rangle$，其中并、交运算即为集合的并、交运算，即对 $\forall B,C\in P(S)$，

$$B\vee C=B\cup C,B\wedge C=B\cap C,$$

$\vee$ 和 $\wedge$ 在 $P(S)$ 上封闭，$\langle P(S),\subseteq\rangle$ 所诱导的代数系统为 $\langle P(S),\cup,\cap\rangle$。

(2)设 $L$ 为所有命题公式的集合，逻辑蕴涵关系"$\Rightarrow$"为 $L$ 上的偏序关系（指定逻辑等价关系"$\Leftrightarrow$"为相等关系），那么，$\langle L,\Rightarrow\rangle$ 为格，对任何命题公式 $B$、$C$，

$$LUB\{B,C\}=B\vee C,GLB\{B,C\}=B\wedge C$$

（等式右边的 $\vee$ 和 $\wedge$ 分别为析取与合取逻辑运算符），因此由 $\langle L,\Rightarrow\rangle$ 所诱导的代数系统为 $\langle L,\vee,\wedge\rangle$。

(3)设 $\mathbf{Z}_+$ 表示正整数集，"|"表示 $\mathbf{Z}_+$ 上整除关系，那么 $\langle\mathbf{Z}_+,|\rangle$ 为格，其中并、交运算即为求两正整数的最小公倍数和最大公约数的运算，即

$$m\vee n=LCM(m,n),m\wedge n=GCD(m,n)$$

所以由 $\langle\mathbf{Z}_+,|\rangle$ 所诱导的代数系统为 $\langle\mathbf{Z}_+,\vee,\wedge\rangle$。

(4)任一全序集$\langle A,\leqslant\rangle$是一个格。因为$\forall a,b\in A$,

$$a\vee b=\begin{cases}b & \text{当 } a\leqslant b \text{ 时}\\ a & \text{当 } b\leqslant a \text{ 时}\end{cases},a\wedge b=\begin{cases}a & \text{当 } a\leqslant b \text{ 时}\\ b & \text{当 } b\leqslant a \text{ 时}\end{cases}$$

所以由$\langle A,\leqslant\rangle$所诱导的代数系统为$\langle A,\vee,\wedge\rangle$。

2. 子格(Sublattice)

**定义 6.1.3** 设$\langle X,\leqslant\rangle$是一格,由$\langle X,\leqslant\rangle$诱导的代数系统为$\langle X,\vee,\wedge\rangle$,设$Y\subseteq Z$且$Y\neq\Phi$,如果$Y$关于$X$中的运算$\vee$和$\wedge$都是封闭的,则称$\langle Y,\leqslant\rangle$为$\langle X,\leqslant\rangle$的子格。

容易证明,若$\langle Y,\leqslant\rangle$是格$\langle X,\leqslant\rangle$的子格,则$\langle Y,\leqslant\rangle$也是格。

【例 6-4】 设$\langle L,\leqslant\rangle$是格,其中$L=\{a,b,c,d,e,f,g,h\}$如图 6-4 所示。取

$L_1=\{a,b,d,f\}$

$L_2=\{c,e,g,h\}$

$L_3=\{a,b,c,d,e,g,h\}$

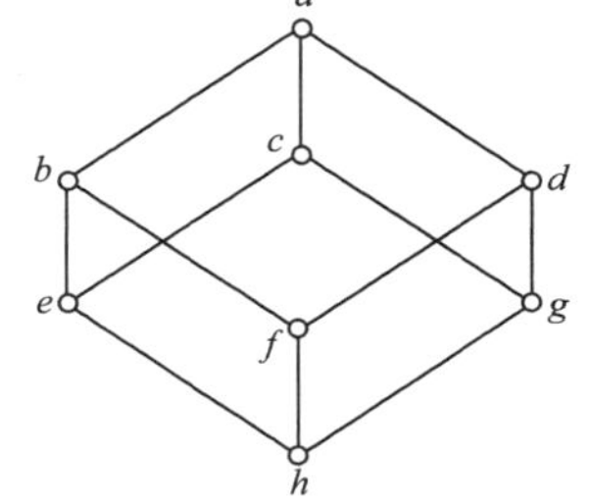


图 6-4 格$\langle L,\leqslant\rangle$

从图 6-4 可以看出,$\langle L_1,\leqslant\rangle$和$\langle L_2,\leqslant\rangle$都是$\langle L,\leqslant\rangle$的子格,而偏序集$\langle L_3,\leqslant\rangle$虽然是格,但它不是$\langle L,\leqslant\rangle$的子格,这是因为在格$\langle L,\leqslant\rangle$诱导的代数系统$\langle L,\vee,\wedge\rangle$中,$b\wedge b=f\notin L_3$。

## 6.1.2 格的性质

1. 格对偶原理

给定一个偏序集合$\langle L,\leqslant\rangle$,若将$\langle L,\leqslant\rangle$中的小于等于关系$\leqslant$换成大于等于关系$\geqslant$,即对于$L$中任意两个元素$a,b$,定义$a\geqslant b$的充分必要条件是$b\leqslant a$($\geqslant$恰是$\leqslant$的逆关系),则$\langle L,\geqslant\rangle$也是偏序集。把偏序集$\langle L,\leqslant\rangle$和$\langle L,\geqslant\rangle$称为是相互对偶的。并且它们所对应的哈斯图是互为颠倒的。可以证明,若$\langle L,\leqslant\rangle$是格,则$\langle L,\geqslant\rangle$也是一个格,称这两个格互为对偶。且$\langle L,\geqslant\rangle$的并、交运算$\vee_r$,$\wedge_r$对任意$a,b\in L$满足

$$a\vee_r b=a\wedge b,a\wedge_r b=a\vee b$$

若将格$\langle L,\vee,\wedge\rangle$中一个命题$P$中的符号$\leqslant,\vee,\wedge$分别用$\geqslant,\wedge,\vee$代替,则得到一个新的命题$P^*$,将这个新的命题$P^*$称为原命题$P$的对偶。显然这两个命题互为对偶,即$(P^*)^*=P$。于是,有下列对偶原理:

**定理 6.1.1** 如果命题$P$对任意格都为真,则其对偶命题$P^*$对任意格也为真。

有了格的对偶原理,在证明格的性质时,只要其中的一个命题成立,则该命题的对偶命题也成立,这样就有事半功倍之效。例如,对任意格有

$$a\leqslant a\vee b$$

根据对偶原理,有$a\geqslant a\wedge b$(即$a\wedge b\leqslant a$)。

2. 格的性质

现在深入地讨论格的性质。

**定理 6.1.2** 设$\langle L,\leqslant\rangle$是一个格,那么对$L$中任何元素$a,b,c,d$,有

(1) $a\leqslant a\vee b,b\leqslant a\vee b,a\wedge b\leqslant a,a\wedge b\leqslant b$;

(2)若 $a\leqslant b,c\leqslant d$,则 $a\vee c\leqslant b\vee d, a\wedge c\leqslant b\wedge d$;

特别地,若 $c\leqslant a, c\leqslant b$,则 $c\leqslant a\wedge b$,若 $a\leqslant c, b\leqslant c$,则 $a\vee b\leqslant c$。

(3)若 $a\leqslant b$,则 $a\vee c\leqslant b\vee c, a\wedge c\leqslant b\wedge c$;

性质(2),(3)称为格的保序性。

(4) $a\vee a=a, a\wedge a=a$; (幂等律)

(5) $a\vee b=b\vee a, a\wedge b=b\wedge a$; (交换律)

(6) $a\vee(b\vee c)=(a\vee b)\vee c, a\wedge(b\wedge c)=(a\wedge b)\wedge c$; (结合律)

(7) $a\wedge(a\vee b)=a, a\vee(a\wedge b)=a$; (吸收律)

(8) $a\leqslant b\Leftrightarrow a\wedge b=a\Leftrightarrow a\vee b=b$。

**证明**

(1)因为 $a\vee b$ 是 $a$ 的一个上界,所以 $a\leqslant a\vee b$;同理有 $b\leqslant a\vee b$。由对偶原理可得 $a\wedge b\leqslant a, a\wedge b\leqslant b$。

(2)由题设知 $a\leqslant b, c\leqslant d$,由(1)有 $b\leqslant b\vee d, d\leqslant b\vee d$,于是由≤的传递性有

$$a\leqslant b\vee d, c\leqslant b\vee d$$

这说明 $b\vee d$ 是 $a$ 和 $c$ 的一个上界,而 $a\vee c$ 是 $a$ 和 $c$ 的最小上界,所以,必有

$$a\vee c\leqslant b\vee d$$

同理可证 $a\wedge c\leqslant b\wedge d$。

(3)将(2)中的 $d$ 换成 $c$ 即可得证。

(4)由≤的自反性可得 $a\leqslant a$,所以 $a$ 是 $a$ 的一个上界,因为 $a\vee a$ 是 $a$ 与 $a$ 的最小上界,因此 $a\vee a\leqslant a$。

又由(1)可知 $a\leqslant a\vee a$。再由≤的反对称性,得 $a\vee a=a$。利用对偶原理可得 $a\wedge a=a$。

(5)由(1)可知 $a\leqslant a\vee b, b\leqslant a\vee b$,即 $a\vee b$ 是 $b$ 和 $a$ 的上界,所以 $b\vee a\leqslant a\vee b$,同理可证 $a\vee b\leqslant b\vee a$,故 $a\vee b=b\vee a$。

同理可证 $a\wedge b=b\wedge a$。

(6)由(1)可知

$$a\wedge(b\wedge c)\leqslant a \tag{6-1}$$

$$a\wedge(b\wedge c)\leqslant b\wedge c\leqslant b \tag{6-2}$$

$$a\wedge(b\wedge c)\leqslant b\wedge c\leqslant c \tag{6-3}$$

由式 6-1,式 6-2 及(2)得

$$a\wedge(b\wedge c)\leqslant a\wedge b \tag{6-4}$$

由式 6-3,式 6-4 及(2)得

$$a\wedge(b\wedge c)\leqslant(a\wedge b)\wedge c \tag{6-5}$$

同理可证

$$(a\wedge b)\wedge c\leqslant a\wedge(b\wedge c) \tag{6-6}$$

由≤的反对称性和式 6-5,式 6-6 可得

$$a\wedge(b\wedge c)=(a\wedge b)\wedge c$$

利用对偶原理可得

$$a\vee(b\vee c)=(a\vee b)\vee c$$

(7)由(1)可知 $a\wedge(a\vee b)\leqslant a$；另一方面，由于 $a\leqslant a$，$a\leqslant a\vee b$，所以 $a\leqslant a\wedge(a\vee b)$，因此有

$$a\wedge(a\vee b)=a$$

利用对偶原理可得

$$a\vee(a\wedge b)=a$$

(8)首先证 $a\leqslant b\Rightarrow a\wedge b=a$

设 $a\leqslant b$，因为 $a\leqslant a$，所以 $a\leqslant a\wedge b$，而由(1)可知 $a\wedge b\leqslant a$，因此有

$$a\wedge b=a$$

再证 $a\wedge b=a\Rightarrow a\vee b=b$

设 $a\wedge b=a$，则由(7)得 $a\vee b=(a\wedge b)\vee b=b$，即 $a\vee b=b$。

最后证 $a\vee b=b\Rightarrow a\leqslant b$。

设 $a\vee b=b$，则由 $a\leqslant a\vee b$ 可得 $a\leqslant b$。

因此，(8)中 3 个命题的等价性得证。

【例 6-5】 对任意非空集合 $S$，格 $\langle P(S),\subseteq\rangle$ 所诱导的代数系统为 $\langle P(S),\cup,\cap\rangle$，其中 $\cup$，$\cap$ 都是可交换的、可结合的、幂等的、吸收的。

由定理 6.1.2 可知，格是带有两个二元运算的代数系统，它的两个运算有上述(4)～(7)四个性质，那么具有上述四条性质的代数系统 $\langle L,\vee,\wedge\rangle$ 是否构成格？回答是肯定的。为了解决这个问题，先给出下述引理。

**引理 6.1.1** 设 $\langle L,\vee,\wedge\rangle$ 是一个代数系统，其中 $\vee$，$\wedge$ 都是 $L$ 上的二元运算，且满足吸收律，则 $\vee$ 和 $\wedge$ 都满足幂等律。

**证明** 对任意 $a,b\in L$，由吸收律知：

$$a\vee(a\wedge b)=a \tag{6-7}$$

$$a\wedge(a\vee b)=a \tag{6-8}$$

将式 6-7 中的 $b$ 取为 $a\vee b$，则有

$$a\vee(a\wedge(a\vee b))=a$$

再由式 6-8 得 $a\vee a=a$。

同理可证 $a\wedge a=a$。

### 3. 作为代数系统的格

**定理 6.1.3** 设 $\langle L,\vee,\wedge\rangle$ 为一个代数系统，其中 $\vee$，$\wedge$ 都是满足交换律、结合律和吸收律(幂等律)的二元运算，则 $L$ 上存在一种偏序关系 $\leqslant$，使 $\langle L,\leqslant\rangle$ 为格，且 $\langle L,\leqslant\rangle$ 诱导的代数系统就是 $\langle L,\vee,\wedge\rangle$。即对任意 $a,b\in L$：

$$a\vee b=LUB\{a,b\}$$

$$a\wedge b=GLB\{a,b\}$$

**证明** 首先定义 $L$ 上的二元关系 $\leqslant$ 如下：对任意 $a,b\in L$，$a\leqslant b$ 当且仅当 $a\vee b=b$。

(1)先证"$\leqslant$"为 $L$ 上的偏序关系。

对任意 $a\in L$，由幂等律知，$a\vee a=a$，故 $a\leqslant a$，自反性得证。

对任意 $a,b\in L$，若 $a\leqslant b$ 且 $b\leqslant a$，则 $a\vee b=b$，且 $b\vee a=a$，由于 $a\vee b=b\vee a$，故 $a=b$。反对称性得证。

对任意 $a,b,c\in L$，若 $a\leqslant b$，$b\leqslant c$，则 $a\vee b=b$，$b\vee c=c$，于是

$$a \vee c = a \vee (b \vee c) = (a \vee b) \vee c = b \vee c = c$$

故 $a \leqslant c$。传递性得证。

综合以上 3 点知："$\leqslant$"为 $L$ 上的偏序关系。

(2)证明对任意 $a,b \in L$，$a \leqslant b$ 当且仅当 $a \wedge b = a$。

若 $a \leqslant b$，那么 $a \vee b = b$，从而 $a \wedge (a \vee b) = a \wedge b$，由吸收律即得 $a \wedge b = a$。反之，若 $a \wedge b = a$，那么 $(a \wedge b) \vee b = a \vee b$，由吸收律可知 $a \vee b = b$，即 $a \leqslant b$。

(3)下证在关系"$\leqslant$"下，对任意 $a,b \in L$，$a \vee b = LUB\{a,b\}$。

事实上，由吸收律 $a \wedge (a \vee b) = a$ 可知，$a \leqslant (a \vee b)$；又因为 $b \wedge (a \vee b) = b$，所以 $b \leqslant a \vee b$，故 $a \vee b$ 为 $\{a,b\}$ 的一个上界。

设 $c$ 为 $\{a,b\}$ 的任意一个上界，即 $a \leqslant c$，$b \leqslant c$，那么，$a \vee c = c$，$b \vee c = c$，于是：

$$(a \vee b) \vee c = a \vee (b \vee c) = a \vee c = c$$

即 $a \vee b \leqslant c$，这表明 $a \vee b$ 为 $\{a,b\}$ 的上确界，即：

$$a \vee b = LUB\{a,b\}$$

(4)下证在关系"$\leqslant$"下，对任意 $a,b \in L$，$a \wedge b = GLB\{a,b\}$。

由交换律、结合律和幂等律得，$(a \wedge b) \wedge a = (a \wedge a) \wedge b = a \wedge b$，所以 $a \wedge b \leqslant a$。又因为 $(a \wedge b) \wedge b = a \wedge (b \wedge b) = a \wedge b$，所以 $a \wedge b \leqslant b$，故 $a \wedge b$ 为 $\{a,b\}$ 的一个下界。

设 $c$ 为 $\{a,b\}$ 任意一个下界，即 $c \leqslant a$，$c \leqslant b$，则 $a \wedge c = c$，$b \wedge c = c$，于是

$$c \wedge (a \wedge b) = (c \wedge a) \wedge b = c \wedge b = c$$

所以 $c \leqslant a \wedge b$，即 $a \wedge b$ 为 $\{a,b\}$ 的下确界，即：

$$a \wedge b = GLB\{a,b\}$$

因此 $\langle L, \leqslant \rangle$ 是格。

**定义 6.1.4** **(格的代数定义)**　设 $\langle L, \vee, \wedge \rangle$ 为一代数系统，$\vee$，$\wedge$ 都是 $L$ 上的二元运算，如果 $\vee$，$\wedge$ 满足交换律、结合律和吸收律，则称 $\langle L, \vee, \wedge \rangle$ 为一个格。

格的偏序定义 6.1.1 是说，格是任意两个元都有上确界和下确界的偏序集。格的代数定义 6.1.4 又说，格是具有两个满足交换律、结合律和吸收律的二元代数运算的代数系统。定理 6.1.3 表明格的两种定义是等价的。代数定义中的两个运算 $\vee$ 和 $\wedge$ 正是偏序定义中的上确界和下确界。反过来，通过这两个被记为 $\vee$ 和 $\wedge$ 的运算还可定义偏序关系 $\leqslant$ 和偏序格 $\langle L, \leqslant \rangle$，偏序格 $\langle L, \leqslant \rangle$ 和它的代数格 $\langle L, \vee, \wedge \rangle$ 亦称互相诱导的格。以后可以对 $\langle L, \leqslant \rangle$ 和 $\langle L, \vee, \wedge \rangle$ 不加区分。

#### 4. 格的同态与同构

把格定义为代数系统的好处是，诸如同态、同构等许多代数概念可以直接被应用于格的讨论。

**定义 6.1.5**　设 $\langle L, \leqslant_L \rangle$ 和 $\langle S, \leqslant_S \rangle$ 是两个格，由它们诱导的代数系统分别为 $\langle L, \vee, \wedge \rangle$ 和 $\langle S, \oplus, * \rangle$，如果存在映射 $f: L \to S$，使得对任意的 $a,b \in L$ 满足：

$$f(a \vee b) = f(a) \oplus f(b), f(a \wedge b) = f(a) * f(b)$$

则称 $f$ 是从 $\langle L, \leqslant_L \rangle$（$\langle L, \vee, \wedge \rangle$）到 $\langle S, \leqslant_S \rangle$（$\langle S, \oplus, * \rangle$）的同态，并称 $\langle L, \vee, \wedge \rangle$ 与 $\langle S, \oplus, * \rangle$ 同态，简记为 $L \backsim S$，亦称 $\langle f(L), \oplus, * \rangle$ 是 $\langle L, \vee, \wedge \rangle$ 的格同态像；若 $f$ 是双射，则称 $f$ 为 $\langle L, \leqslant_L \rangle$（$\langle L, \vee, \wedge \rangle$）到 $\langle S, \leqslant_S \rangle$（$\langle S, \oplus, * \rangle$）的同构，亦称 $\langle L, \vee, \wedge \rangle$ 与 $\langle S, \oplus, * \rangle$ 同构，简记为 $L \cong S$。

**定理 6.1.4** 设$\langle L,\leqslant_L\rangle$和$\langle S,\leqslant_S\rangle$是两个格,由它们诱导的代数系统分别为$\langle L,\vee,\wedge\rangle$和$\langle S,\oplus,*\rangle$,且 $f$ 是格$\langle L,\leqslant_L\rangle$到格$\langle S,\leqslant_S\rangle$的同态,则对任意 $a,b\in L$,如果 $a\leqslant_L b$,则 $f(a)\leqslant_S f(b)$。称该性质为格同态的保序性。

**证明** 因为 $a\leqslant_L b$,所以 $a\wedge b=a$,从而 $f(a\wedge b)=f(a)$。另一方面,

$$f(a\wedge b)=f(a)*f(b)$$

故 $f(a)*f(b)=f(a)$,因此,$f(a)\leqslant_S f(b)$。

**注意**:定理 6.1.4 说明格同态是保序的,但定理 6.1.4 的逆不一定成立。下面举一个反例。

【例 6-6】 设$\langle L,\vee,\wedge\rangle$和$\langle S,\oplus,*\rangle$是两个格,其中 $L=\{a,b,c,d\}$,$S=\{e,g,h\}$,如图 6-5(a),图 6-5(b)所示。作映射 $f:L\to S$,$f(b)=f(c)=g$,$f(a)=e$,$f(d)=h$,显然 $f$ 是保序的,但 $f(b\wedge c)=f(a)=e$,$f(b)*f(c)=g\neq e$,因此 $f$ 不是格同态。

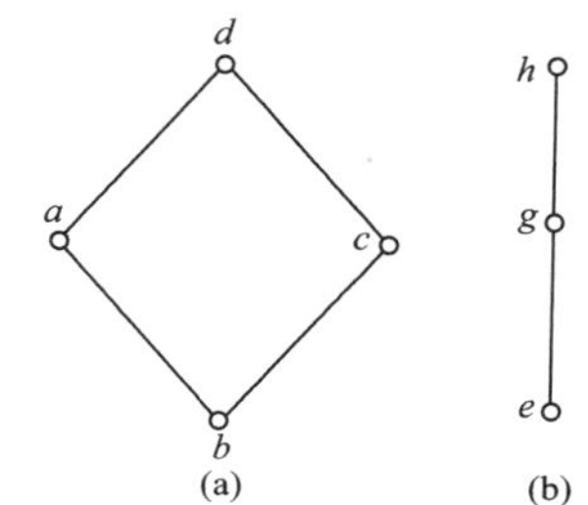

图 6-5 $\langle L,\vee,\wedge\rangle$和$\langle S,\oplus,*\rangle$

**定理 6.1.5** 设$\langle L,\leqslant_L\rangle$和$\langle S,\leqslant_S\rangle$为两个格,由它们诱导的代数系统分别为$\langle L,\vee,\wedge\rangle$和$\langle S,\oplus,*\rangle$,$f$ 是 $L$ 到 $S$ 的双射,则 $f$ 是$\langle L,\leqslant_L\rangle$到$\langle S,\leqslant_S\rangle$的格同构的充分必要条件是对任意 $a,b\in L$,有 $a\leqslant_L b\Leftrightarrow f(a)\leqslant_S f(b)$。

**证明** (1)先证必要性。

设映射 $f$ 是格$\langle L,\leqslant_L\rangle$到$\langle S,\leqslant_S\rangle$的同构。由定理 6.1.4 可知对$\forall a,b\in L$,有

$$a\leqslant_L b\Rightarrow f(a)\leqslant_S f(b)$$

反之,若 $f(a)\leqslant_S f(b)$,则:

$$f(a)*f(b)=f(a)$$

即

$$f(a\wedge b)=f(a)$$

由于 $f$ 是双射,所以有 $a\wedge b=a$,从而有 $a\leqslant_L b$。

因此,$a\leqslant_L b\Leftrightarrow f(a)\leqslant_S f(b)$。

(2)再证充分性。

设对$\forall a,b\in L$,有 $a\leqslant_L b\Leftrightarrow f(a)\leqslant_S f(b)$。设 $a\wedge b=c$(需证 $f(c)=f(a)*f(b)$),则有:

$$c\leqslant_L a\Rightarrow f(c)\leqslant_S f(a)$$
$$c\leqslant_L b\Rightarrow f(c)\leqslant_S f(b)$$

所以 $f(c)$是 $f(a)$,$f(b)$的一个下界。再设 $x$ 是 $f(a)$,$f(b)$的任意一个下界,因为 $f$ 是满射,所以有 $d\in L$,使 $x=f(d)$且

$$f(d)\leqslant_S f(a)\Rightarrow d\leqslant_L a,$$
$$f(d)\leqslant_S f(b)\Rightarrow d\leqslant_L b,$$

所以 $d\leqslant_L a\wedge b$,即 $d\leqslant_L c$,从而 $f(d)\leqslant_S f(c)$。因此,$f(c)$是 $f(a)$,$f(b)$的最大下界,即 $f(c)=f(a\wedge b)=f(a)*f(b)$。

同理可证 $f(a\vee b)=f(a)\oplus f(b)$。

所以 $f$ 是 $\langle L,\leqslant_L\rangle$ 到 $\langle S,\leqslant_S\rangle$ 的同构。

该定理说明:同构的格有相同的 Hasse 图、相同的性质。例如,例 6-1 中的格 $\langle D_{36},|\rangle$(图 6-2(c))与例 6-3 的(1)中的 $\langle P(\{a,b,c\}),\subseteq\rangle$(图 6-6) 同构,它们具有相同的 Hasse 图。

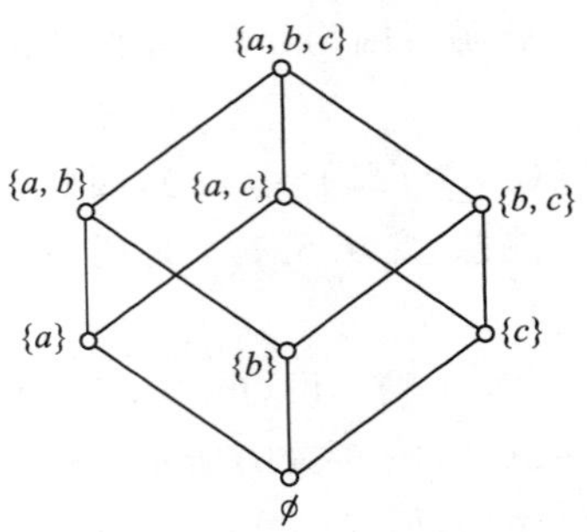

图 6-6 $\langle P(\{a,b,c\}),\subseteq\rangle$

【例 6-7】 在同构意义下,具有 1 个、2 个、3 个元素的格分别同构于元素个数相同的链(图 6-7(a)～图 6-7(c))。4 个元素的格必同构于图 6-7 中给出的含 4 个元素的格(图 6-7(d)和图 6-7(e))之一;5 个元素的格必同构于图 6-7 中的含 5 个元素的格(图 6-7(f)～图 6-7(j))之一。其中图 6-7(g)称作五角格,图 6-7(h)称作钻石格,这两个格在讨论特殊格时会很有用。

由于同构映射 $f$ 是双射,所以 $f$ 必有逆映射 $f^{-1}:S\to L$,并且对 $\forall x\in L$, $\forall y\in S$,都有 $f^{-1}(f(x))=x$, $f(f^{-1}(y))=y$。因此,关于同构有如下定理:

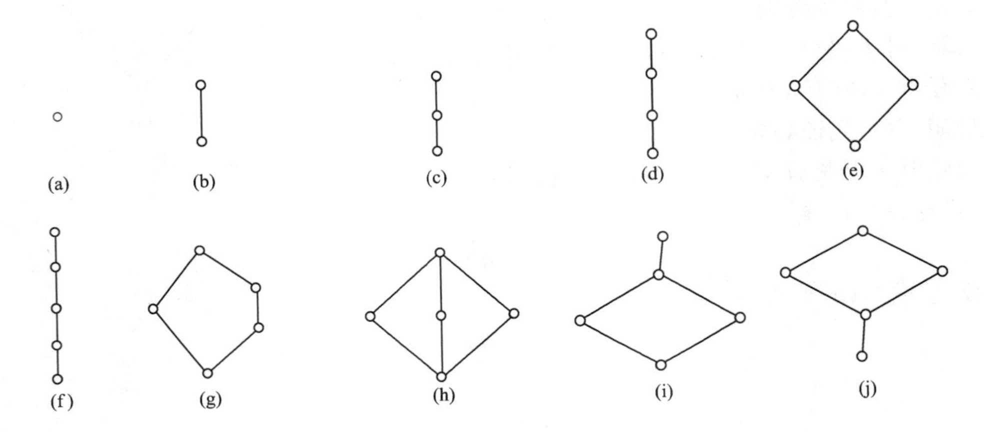

图 6-7 1～5 个元素的全部互不同构的格

**定理 6.1.6** 设 $\langle L,\leqslant_L\rangle$ 和 $\langle S,\leqslant_S\rangle$ 为两个格,由它们诱导的代数系统分别为 $\langle L,\vee,\wedge\rangle$ 和 $\langle S,\oplus,*\rangle$。若 $f$ 是 $\langle L,\leqslant_L\rangle$ 到 $\langle S,\leqslant_S\rangle$ 的同构映射,则 $f$ 的逆映射 $f^{-1}$ 是 $\langle S,\leqslant_S\rangle$ 到 $\langle L,\leqslant_L\rangle$ 的同构映射。

**证明** 由 $f$ 是 $L$ 到 $S$ 的双射,知 $f^{-1}$ 是 $S$ 到 $L$ 的双射,任取 $a',b'\in S$,记 $f^{-1}(a')=a$, $f^{-1}(b')=b$,则 $f(a)=a'$, $f(b)=b'$,并且

$$\begin{aligned}f^{-1}(a'*b')&=f^{-1}(f(a)*f(b))=f^{-1}(f(a\wedge b))\\&=a\wedge b=f^{-1}(a')\wedge f^{-1}(b')\\f^{-1}(a'\oplus b')&=f^{-1}(f(a)\oplus f(b))=f^{-1}(f(a\vee b))\\&=a\vee b=f^{-1}(a')\vee f^{-1}(b')\end{aligned}$$

所以 $f^{-1}$ 是 $\langle S,\leqslant_S\rangle$ 到 $\langle L,\leqslant_L\rangle$ 的同构映射。

# 6.2 分配格与模格

## 6.2.1 分配格

在上一节中，我们证明了格中的运算$\vee$，$\wedge$满足交换律、结合律、吸收律和幂等律，没有提到它是否满足分配律，一般来说，格中的运算$\vee$，$\wedge$不满足分配律，但我们有下面定理：

**定理 6.2.1** 设$\langle L,\leqslant\rangle$是一个格。那么对$\forall a,b,c\in L$，有

(1) $a\vee(b\wedge c)\leqslant(a\vee b)\wedge(a\vee c)$；

(2) $(a\wedge b)\vee(a\wedge c)\leqslant a\wedge(b\vee c)$。

**证明** (1)因为$a\leqslant a\vee b$，$a\leqslant a\vee c$，故

$$a\leqslant(a\vee b)\wedge(a\vee c)$$

又因为

$$b\wedge c\leqslant b\leqslant a\vee b,\ b\wedge c\leqslant c\leqslant a\vee c \tag{6-9}$$

所以有

$$b\wedge c\leqslant(a\vee b)\wedge(a\vee c)。\tag{6-10}$$

由式 6-9 和式 6-10 可得

$$a\vee(b\wedge c)\leqslant(a\vee b)\wedge(a\vee c)$$

由对偶原理可得$(a\wedge b)\vee(a\wedge c)\leqslant a\wedge(b\vee c)$。

当定理 6.2.1 中的两个不等式中的“$\leqslant$”换成“$=$”后仍成立，我们就得到一种特殊的格—分配格。

**定义 6.2.1** 格$\langle L,\vee,\wedge\rangle$如果满足分配律，即对$\forall a,b,c\in L$，有

$$a\vee(b\wedge c)=(a\vee b)\wedge(a\vee c) \tag{6-11}$$

$$a\wedge(b\vee c)=(a\wedge b)\vee(a\wedge c) \tag{6-12}$$

则称$\langle L,\vee,\wedge\rangle$为分配格(Distributive Lattice)。

在分配格的定义中，两个分配等式是等价的。

**定理 6.2.2** 设$\langle L,\leqslant\rangle$是一个格，对$\forall a,b,c\in L$，有

$$a\vee(b\wedge c)=(a\vee b)\wedge(a\vee c)\Leftrightarrow a\wedge(b\vee c)=(a\wedge b)\vee(a\wedge c)$$

**证明** 设对$\forall a,b,c\in L$，有

$$a\wedge(b\vee c)=(a\wedge b)\vee(a\wedge c)$$

则

$$\begin{aligned}(a\vee b)\wedge(a\vee c)&=\underbrace{((a\vee b)\wedge a)}_{\text{吸收律}}\vee((a\vee b)\wedge c)\\&=a\vee((a\vee b)\wedge c)\\&=a\vee((a\wedge c)\vee(b\wedge c))\\&=(a\vee(a\wedge c))\vee(b\wedge c)\\&=a\vee(b\wedge c)\end{aligned}$$

同理可证，若式 6-11 成立，则式 6-12 也成立。

【例 6-8】 设 $S=\{a,b,c\}$，则 $\langle P(S),\cup,\cap\rangle$ 构成格，而其中 $\cup$ 对 $\cap$ 及 $\cap$ 对 $\cup$ 都满足分配律，所以 $\langle P(S),\cup,\cap\rangle$ 是分配格。

一般地，对任意非空集合 $S$，$\langle P(S),\cup,\cap\rangle$ 都是分配格。

【例 6-9】 图 6-8 所示的格是分配格。

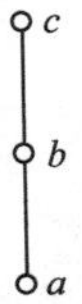

图 6-8 分配格举例

一般地，有：

**定理 6.2.3** 若 $\langle L,\leqslant\rangle$ 是全序集，则 $\langle L,\leqslant\rangle$ 是分配格。

**证明** 设 $\langle L,\leqslant\rangle$ 是全序集，对于集合 $L$ 中的任意三个元素 $a,b,c$，分情况讨论如下：

(1)若 $b\leqslant a,c\leqslant a$，此时 $a\wedge(b\vee c)=b\vee c$，同时 $(a\wedge b)\vee(a\wedge c)=b\vee c$，所以

$$a\wedge(b\vee c)=(a\wedge b)\vee(a\wedge c)$$

(2)若 $a\leqslant b,a\leqslant c$，此时 $a\wedge(b\vee c)=a$，同时 $(a\wedge b)\vee(a\wedge c)=a\vee a=a$，所以

$$a\wedge(b\vee c)=(a\wedge b)\vee(a\wedge c)$$

(3)若 $b\leqslant a\leqslant c$，此时 $a\wedge(b\vee c)=a\wedge c=a$，同时 $(a\wedge b)\vee(a\wedge c)=b\vee a=a$，所以

$$a\wedge(b\vee c)=(a\wedge b)\vee(a\wedge c)$$

因此，无论任何情况，皆有

$$a\wedge(b\vee c)=(a\wedge b)\vee(a\wedge c)$$

所以 $\langle L,\leqslant\rangle$ 是分配格。

**注意**：并不是所有的格都是分配格。下面举两个非分配格的例子。

【例 6-10】 图 6-9 所示的两个格均不是分配格。

在图 6-9(a)中，有

$$c\wedge(b\vee d)=c\wedge a=c,(c\wedge b)\vee(c\wedge d)=e\vee d=d$$

所以图 6-9($a$)不是分配格。

在图 6-9(b)中，有

$$b\wedge(c\vee d)=b\wedge a=b,(b\wedge c)\vee(b\wedge d)=e\vee e=e$$

所以图 6-9(b)不是分配格。

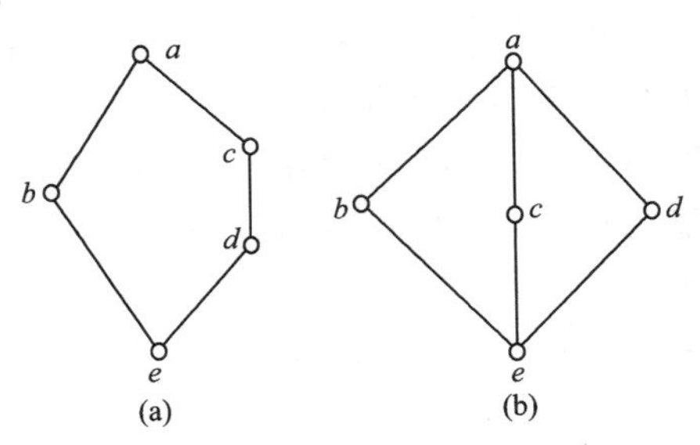


图 6-9 非分配格举例

例 6-10 中的两个五元格在格的理论中占有十分重要的地位。下述定理说明了这一点。

**定理 6.2.4** 一个格是分配格的充分必要条件是在该格中没有任何子格与两个五元格中的任何一个同构。

此定理给出了非分配格的判别方法。

【例 6-11】 在图 6-10 所示的格 $\langle L,\leqslant\rangle$ 中，因为 $\langle\{a,b,c,d,g\},\leqslant\rangle$ 是格 $\langle L,\leqslant\rangle$ 的子格，而这个子格与例 6-10 中的图 6-9(a)同构。所以此格不是分配格。

分配格有以下性质：

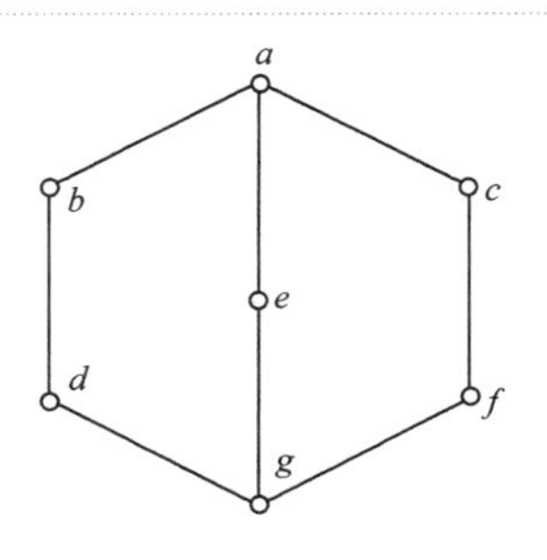

图 6-10 格$\langle L,\leqslant\rangle$

**定理 6.2.5** 设$\langle L,\vee,\wedge\rangle$为分配格，那么对 $L$ 中任意元素 $a,b,c$，若 $a\wedge b=a\wedge c$，并且 $a\vee b=a\vee c$，则 $b=c$。

**证明** 因为

$$(a\wedge b)\vee c=(a\wedge c)\vee c=c$$

而

$$(a\wedge b)\vee c=(a\vee c)\wedge(b\vee c)=(a\vee b)\wedge(b\vee c)$$
$$=b\vee(a\wedge c)=b\vee(a\wedge b)=b$$

所以

$$b=c$$

## 6.2.2 模 格

分配格中，要求交和并两种运算有较强的联系，这使得许多重要的格不是分配格。为此提出一类条件较弱的格，使其概括一些常见的格。

**定义 6.2.2** 设$\langle L,\leqslant\rangle$是一个格，由它诱导的代数系统为$\langle L,\vee,\wedge\rangle$，如果对任意 $a,b,c\in L$，当 $b\leqslant a$ 时，有

$$(b\vee c)\wedge a=b\vee(c\wedge a)$$

则称$\langle L,\leqslant\rangle$为模格(Moduler Lattice)。

**定理 6.2.6** 设$\langle L,\vee,\wedge\rangle$为分配格，则$\langle L,\vee,\wedge\rangle$是模格。

**证明** 对于任意 $a,b,c\in L$，若 $b\leqslant a$，则 $a\wedge b=b$，并有

$$(b\vee c)\wedge a=(b\wedge a)\vee(c\wedge a)=b\vee(c\wedge a)$$

因此，$\langle L,\vee,\wedge\rangle$是模格。

**注意**：定理 6.2.6 的逆不成立。例如，图 6-9(b)所示的格是模格，但不是分配格。

事实上，对图 6-9(b)所示的格(记为$\langle L,\leqslant\rangle$)中的任意 3 个元素，不外乎有以下几种情况：(1)3 个元素相同；(2)3 个元素中有 2 个相同；(3)3 个元素互不相同，每一层各有 1 个元素；(4)3 个元素互不相同，第一层有 1 个，第二层有 2 个；(5)3 个元素互不相同，第二层有 2 个，第三层有 1 个。下面说明这几种情况下，模格的条件均成立。

(1)当 3 个元素相同时，由幂等律可得，对$\forall x\in L$，

$$(x\vee x)\wedge x=x\vee(x\wedge x)=x$$

(2)当 3 个元素中有 2 个相同时，对于 $y\leqslant x$，

若 $x=y$，则有

$$(y\vee z)\wedge x=(x\vee z)\wedge x=x,\ y\vee(z\wedge x)=x\vee(z\wedge x)=x$$

若 $x=z$，则有

$$(y\vee z)\wedge x=(y\vee x)\wedge x=x,\ y\vee(z\wedge x)=y\vee(x\wedge x)=y\vee x=x$$

若 $y=z$，则有

$$(y\vee z)\wedge x=(y\vee y)\wedge x=y\wedge x=y,\ y\vee(z\wedge x)=y\vee(y\wedge x)=y$$

故无论哪两个元素相同，模格的条件均成立。

(3)当 3 个元素互不相同，每一层各有 1 个元素时，

对于 $a,b,e$，有 $b\leqslant a,e\leqslant b$，且

$$(b\vee e)\wedge a=b\wedge a=b,b\vee(e\wedge a)=b\vee e=b$$

$$(e\vee a)\wedge b=a\wedge b=b,e\vee(a\wedge b)=e\vee b=b$$

所以对 $a,b,e$ 模格的条件成立。由于在图 6-9(b)所示的格中 $b,c,d$ 地位相同，所以对 $a,c,e$ 和 $a,d,e$ 模格的条件均成立。

(4)当 3 个元素互不相同，第一层有 1 个，第二层有 2 个时，

对于 $a,b,c$，有 $b\leqslant a,c\leqslant a$，且

$$(b\vee c)\wedge a=a\wedge a=a,b\vee(c\wedge a)=b\vee c=a$$

$$(c\vee b)\wedge a=a\wedge a=a,c\vee(b\wedge a)=c\vee b=a$$

所以对 $a,b,c$ 模格的条件成立。同理对 $a,c,d$ 和 $a,b,d$ 模格的条件也均成立。

(5)当 3 个元素互不相同，第二层有 2 个，第三层有 1 个时，

对于 $b,c,e$，有 $e\leqslant b,e\leqslant c$，且

$$(e\vee c)\wedge b=c\wedge b=e$$

$$e\vee(c\wedge b)=e\vee e=e(e\vee b)\wedge c=b\wedge c=e$$

$$e\vee(b\wedge c)=e\vee e=e$$

所以对 $b,c,e$ 模格的条件成立。同理对 $b,d,e$ 和 $c,d,e$ 模格的条件也均成立。

综合(1)～(5)知，图 6-9(b)所示的格是模格。

【例 6-12】 图 6-9(a)所示的五角格不是模格。因为 $d\vee(b\wedge c)=d\vee e=d$，而 $(d\vee b)\wedge c=a\wedge c=c$。

**定理 6.2.7** 格 $\langle L,\vee,\wedge\rangle$ 是模格的充分必要条件是它不含有同构于五角格的子格。

## 6.3 有界格与有补格

### 6.3.1 有界格

**定义 6.3.1** 设 $\langle L,\leqslant\rangle$ 是一个格，如果 $L$ 中有最大元和最小元，则称格 $\langle L,\leqslant\rangle$ 为有界格(Bounded Lattice)。

通常格中最大元又称为格 $\langle L,\leqslant\rangle$ 的全上界(Universal Upper Bound)，记为 1，格中最小元又称为格 $\langle L,\leqslant\rangle$ 的全下界(Universal Lower Bound)，记为 0。有界格 $\langle L,\leqslant\rangle$ 记作 $\langle L,\vee,\wedge,0,1\rangle$。

由最大元和最小元性质可知，全下(上)界如果存在，则必唯一。

【例 6-13】 设 $S$ 为一个非空集合，则格 $\langle P(S),\cup,\cap\rangle$ 为有界格，其全上界是 $S$，全下界是 $\varnothing$，故该有界格记作 $\langle P(S),\cup,\cap,\varnothing,S\rangle$。

【例 6-14】 图 6-11 所示的格均为有界格。

【例 6-15】 (1)格 $\langle Z^+,|\rangle$ 不是有界格，因为它有最小元 1，但没有最大元。

(2)格 $\langle Z,\leqslant\rangle$ 不是有界格，因为它既无最大元也无最小元。

**定理 6.3.1** 任何有限格必是有界格。

**证明** 设 $\langle L,\leqslant\rangle$ 为一有限格，$L=\{a_1,a_2,\cdots,a_n\}$，则 $L$ 的全上界为 $a_1\vee a_2\vee\cdots\vee a_n$，

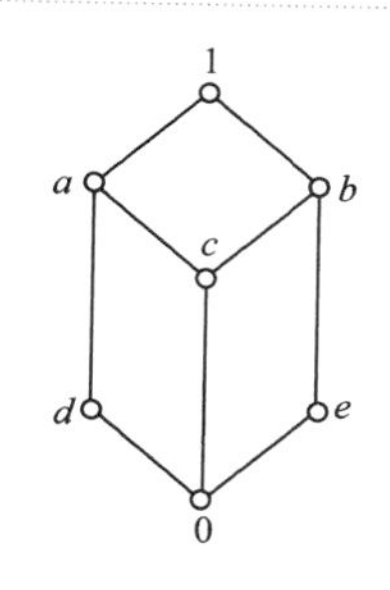


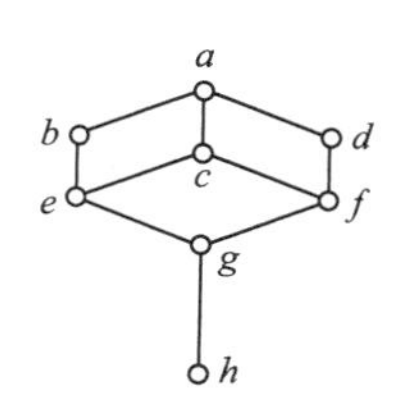


图 6-11 有界格举例

$L$ 的全下界为 $a_1 \wedge a_2 \wedge \cdots \wedge a_n$。

而对于无限格，有的是有界格，有的不是有界格。例如，$\langle P(Z), \cup, \cap \rangle$ 为一无限格，但它是有界格，其全上界是 $Z$，全下界是 $\varnothing$。例 6-15 中的格都是无限格，都不是无界格。

有界格有如下性质：

**定理 6.3.2** 设 $\langle L, \leqslant \rangle$ 是有界格，则对任意 $a \in L$，有

$$0 \leqslant a \leqslant 1$$

$$a \wedge 0 = 0, a \vee 0 = a$$

$$a \wedge 1 = a, a \vee 1 = 1$$

**证明** 首先由全上界和全下界的定义立即可得 $0 \leqslant a \leqslant 1$。

因为 $a \wedge 0 \in L$ 且 0 是全下界，所以 $0 \leqslant a \wedge 0$，又因为 $a \wedge 0 \leqslant 0$，因此，$a \wedge 0 = 0$。

因为 $a \leqslant a$，$0 \leqslant a$，所以 $a \vee 0 \leqslant a$，又因为 $a \leqslant a \vee 0$，因此，$a \vee 0 = a$。

类似地可以证明 $a \wedge 1 = a$，$a \vee 1 = 1$。

定理 6.3.2 说明：0 是关于运算 ∨ 的幺元，1 是关于运算 ∨ 的零元；1 是关于运算 ∧ 的幺元，0 是关于运算 ∧ 的零元。

## 6.3.2 有补格

**定义 6.3.2** 设 $\langle L, \vee, \wedge \rangle$ 为有界格，$a$ 为 $L$ 中任意元素，如果存在元素 $b \in L$，使 $a \vee b = 1$，$a \wedge b = 0$，则称 $b$ 是 $a$ 的补元(Complement)。

补元有下列性质：

(1)补元是相互的，即若 $b$ 是 $a$ 的补元，那么 $a$ 也是 $b$ 的补元。

(2)并非有界格中每个元素都有补元，而一个元素有补元时，其补元也不一定唯一。

(3)全下界 0 与全上界 1 互为唯一的补元。

例如，在图 6-12 所示的格中，$c$ 没有补元，$d$ 有两个补元 $b$ 和 $e$，$e$ 有两个补元 $a$ 和 $d$，0 与 1 互为唯一的补元。

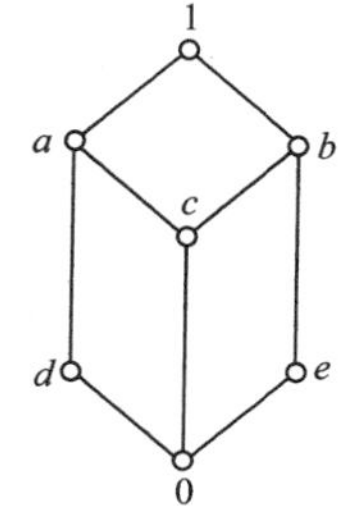


图 6-12 有补格举例

【例 6-16】 考察图 6-13 所示的格中其元素的补元。

图 6-13(a)中除 0 与 1 互为补元之外，$a$，$b$，$c$ 均没有补元。

图 6-13(b)中 $a$ 的补元是 $b$，$b$ 的补元是 $a$，0 与 1 互为补元。

图 6-13(c)中元素 $a$，$b$，$c$ 两两互为补元，0 与 1 互为补元。

图 6-13(d)中除 0 与 1 互为补元之外，$a$，$b$ 均没有补元。

事实上，多于两个元素的全序集除 0 与 1 互为补元之外，其他元素均无补元。

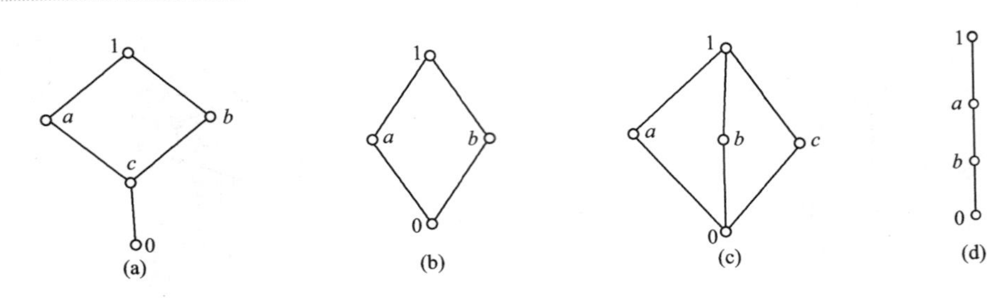


图 6-13 格中元与元素补元

【例 6-17】 设 $S=\{a,b,c\}$，则 $\langle P(S),\cup,\cap\rangle$ 为一个有界格。对 $\forall A\in P(S)$，$\overline{A}$ 是 $A$ 的补元，比如 $\{a\}$ 与 $\{b,c\}$ 互补，$\{a,b\}$ 与 $\{c\}$ 互补，$\varnothing$ 与 $S$ 互补。

**定义 6.3.3** 如果有界格 $\langle L,\vee,\wedge\rangle$ 中每个元素都至少有一个补元，则称 $\langle L,\vee,\wedge\rangle$ 为有补格(Complemented Lattice)。

例 6-16 中图 6-13(b)、图 6-13(c)均是有补格，图 6-13(a)、图 6-13(d)不是有补格。多于两个元素的全序集都不是有补格。

**定理 6.3.3** 若 $\langle L,\vee,\wedge\rangle$ 是有补分配格，则任意 $a\in L$，其补元是唯一的。因此，可用 $\overline{a}$ 来表示 $a$ 的补元。

**证明** 用反证法：若存在 $a\in L$，有两补元 $b,c$，且 $b\neq c$，则

$$a\vee b=a\vee c=1,a\wedge b=a\wedge c=0$$

由定理 6.2.5 有 $b=c$，与 $b\neq c$ 矛盾。因此 $a$ 只有唯一补元 $\overline{a}$。

# 6.4 布尔代数

## 6.4.1 布尔代数的概念

**定义 6.4.1** 一个至少有两个元素的有补分配格称为布尔格。

例如，对任意非空集合 $S$，$\langle P(S),\cup,\cap\rangle$ 就是一个布尔格。

**定义 6.4.2** 由布尔格 $\langle B,\leqslant\rangle$ 所诱导的代数系统 $\langle B,\vee,\wedge,0,1\rangle$ 称为布尔代数(Boolean Algebra)。具有有限个元素的布尔代数称为有限布尔代数；具有无限个元素的布尔代数称无限布尔代数。

如不作特别说明，只讨论有限布尔代数。

设 $\langle B,\leqslant\rangle$ 是一个布尔格，因为布尔格中的每一个元素 $a$ 都有唯一的补元 $\overline{a}$，所以求补运算也可看成是 $B$ 中的一元运算，记为"$\overline{\ }$"。因此，一般将一个布尔代数记为 $\langle B,\vee,\wedge,\overline{\ },0,1\rangle$。

【例 6-18】 设 $L=\{0,1\}$，在 $L$ 上定义 $\vee,\wedge,\overline{\ }$ 运算见表 6-1，表 6-2，表 6-3。

表 6-1

| $\vee$ | 0 | 1 |
|---|---|---|
| 0 | 0 | 1 |
| 1 | 1 | 1 |

表 6-2

| $\wedge$ | 0 | 1 |
|---|---|---|
| 0 | 0 | 0 |
| 1 | 0 | 1 |

表 6-3

| $a$ | $\overline{a}$ |
|---|---|
| 0 | 1 |
| 1 | 0 |

则$\langle \{0,1\}, \vee, \wedge, ^- \rangle$是一个布尔代数,它是最简单的布尔代数,称为开关代数。

【例 6-19】 对任意非空集合 $S$,则$\langle P(S), \cup, \cap, ^- \rangle$是一个布尔代数,称为集合代数。其中$\cap$表示集合的交运算,$\cup$表示集合的并运算,$^-$表示集合的求余集的运算(这里的全集是$S$)。图 6-14 给出了 $S=\{a\}$,$S=\{a,b\}$,$S=\{a,b,c\}$及 $S=\{a,b,c,d\}$时布尔代数的哈斯图。

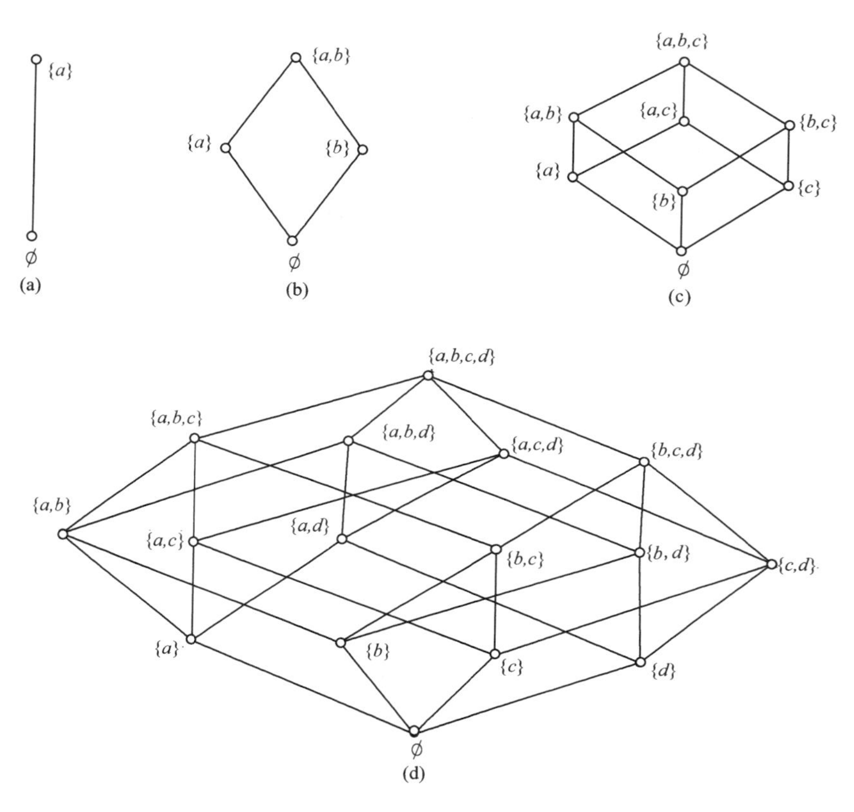


图 6-14 布尔代数的哈斯图

【例 6-20】 设$\langle B, \vee, \wedge, ^-, 0, 1 \rangle$是任意一个布尔代数,在 $B^n$ 中定义:

$$(a_1,a_2,\cdots,a_n) \wedge (b_1,b_2,\cdots,b_n)=(a_1 \wedge b_1, a_2 \wedge b_2, \cdots, a_n \wedge b_n)$$

$$(a_1,a_2,\cdots,a_n) \vee (b_1,b_2,\cdots,b_n)=(a_1 \vee b_1, a_2 \vee b_2, \cdots, a_n \vee b_n)$$

$$\overline{(a_1,a_2,\cdots,a_n)}=(\overline{a}_1,\overline{a}_2,\cdots,\overline{a}_n)$$

则不难验证 $B^n$ 是一个布尔代数,它的最小、最大元分别为$(0,0,\cdots,0)$、$(1,1,\cdots,1)$,特别是当 $B=\{0,1\}$时,$B^n$ 也称为开关代数。

【例 6-21】 设 $L$ 为命题公式的集合,$\vee$、$\wedge$、$\neg$分别是命题的析取、合取、否定联结词,则$\langle L, \vee, \wedge, \neg, 0, 1 \rangle$是布尔代数,亦称命题代数。

显然,一维开关代数的阶数$|\{0,1\}|=2$,集合代数的阶数$|P(S)|=2^{|S|}$,$n$ 维开关代数的阶数$|B^n|=2^n$,当 $L$ 为含有 $n$ 个命题变元的命题公式的集合时,命题代数的阶数$|L|=2^{2^n}$。这些布尔代数的阶数都是 2 的一个正整数幂。在稍后的讨论中将会看到,这一特征具有一般性。

## 6.4.2 布尔代数的性质

**定理 6.4.1** 在布尔代数$\langle B,\vee,\wedge,^{-},0,1\rangle$中，对任意$a,b\in B$，有

(1)$\overline{(\overline{a})}=a$；

(2)$\overline{a\vee b}=\overline{a}\wedge\overline{b}$，$\overline{a\wedge b}=\overline{a}\vee\overline{b}$。

**证明** (1)因为$a\wedge\overline{a}=0$，$a\vee\overline{a}=1$，由补元的定义及其唯一性可得$\overline{(\overline{a})}=a$。

(2)由于

$$(a\vee b)\vee(\overline{a}\wedge\overline{b})$$
$$=(a\vee b\vee\overline{a})\wedge(a\vee b\vee\overline{b})=1\wedge 1=1$$
$$(a\vee b)\wedge(\overline{a}\wedge\overline{b})$$
$$=(a\wedge(\overline{a}\wedge\overline{b}))\vee(b\wedge(\overline{a}\wedge\overline{b}))=0\vee 0=0$$

因此，$(\overline{a}\wedge\overline{b})$为$(a\vee b)$的补元。由补元的唯一性得知：

$$\overline{(a\vee b)}=\overline{a}\wedge\overline{b}$$

同理可证$\overline{(a\wedge b)}=\overline{a}\vee\overline{b}$。

**定理 6.4.2** 在布尔代数$\langle B,\vee,\wedge,^{-},0,1\rangle$中，对任意$a,b\in B$，下列四个条件是相互等价的：

(1)$a\leqslant b$；

(2)$a\wedge\overline{b}=0$；

(3)$\overline{a}\vee b=1$；

(4)$\overline{b}\leqslant\overline{a}$。

**证明** 首先证明(1)$\Leftrightarrow$(2)。

由于

$$a\leqslant b\Leftrightarrow a\wedge b=a\Leftrightarrow a\vee b=b$$

根据德·摩根定律得

$$a\leqslant b\Leftrightarrow\overline{a}\vee\overline{b}=\overline{a}\Leftrightarrow\overline{a}\wedge\overline{b}=\overline{b}\tag{6-13}$$

因而

$$a\leqslant b\Rightarrow a\wedge\overline{b}=a\wedge(\overline{a}\wedge\overline{b})=(a\wedge\overline{a})\wedge\overline{b}=0$$

反之，

$$a\wedge\overline{b}=0\Rightarrow b\vee(a\wedge\overline{b})=b$$
$$\Rightarrow(b\vee a)\wedge(b\vee\overline{b})=b$$
$$\Rightarrow b\vee a=b$$
$$\Rightarrow a\leqslant b$$

故$a\leqslant b\Leftrightarrow a\wedge\overline{b}=0$。

其次证明(1)$\Leftrightarrow$(3)。

由式 6-13 知， $a\leqslant b\Rightarrow\overline{a}\vee b=(\overline{a}\vee\overline{b})\vee b=\overline{a}\vee(\overline{b}\vee b)=1$

反之，

$$\overline{a}\vee b=1\Rightarrow a\wedge(\overline{a}\vee b)=a$$
$$\Rightarrow(a\wedge\overline{a})\vee(a\wedge b)=a$$
$$\Rightarrow a\wedge b=a$$

$$\Rightarrow a \leqslant b$$

故 $a \leqslant b \Leftrightarrow \overline{a} \vee b = 1$。

最后证明(1)⇔(4)。

由式 6-13 知，
$$a \leqslant b \Leftrightarrow \overline{a} \vee \overline{b} = \overline{a} \Leftrightarrow \overline{b} \leqslant \overline{a}$$

由前面的讨论可知，布尔代数 $\langle B, \vee, \wedge, ^{-}, 0, 1\rangle$ 具有下列重要性质，即对 $\forall a, b, c \in B$，有：

(1) $a \leqslant b \Leftrightarrow a \wedge b = a \Leftrightarrow a \vee b = b$；

(2) $a \leqslant b \Leftrightarrow a \wedge \overline{b} = 0 \Leftrightarrow \overline{a} \vee b = 1 \Leftrightarrow \overline{b} \leqslant \overline{a}$；

(3) $a \vee b = LUB\{a, b\}, a \wedge b = GLB\{a, b\}$；

(4) $a \vee b = b \vee a, a \wedge b = b \wedge a$； （交换律）

(5) $(a \vee b) \vee c = a \vee (b \vee c), (a \wedge b) \wedge c = a \wedge (b \wedge c)$； （结合律）

(6) $a \wedge a = a, a \vee a = a$； （幂等律）

(7) $a \vee (a \wedge b) = a, a \wedge (a \vee b) = a$； （吸收律）

(8) $a \vee (b \wedge c) = (a \vee b) \wedge (a \vee c), a \wedge (b \vee c) = (a \wedge b) \vee (a \wedge c)$； （分配律）

(9) $0 \leqslant a \leqslant 1$；

(10) $a \vee 0 = a, a \wedge 1 = a$； （同一律）

(11) $a \wedge 0 = 0, a \vee 1 = 1$； （零律）

(12) $a \vee \overline{a} = 1, a \wedge \overline{a} = 0$； （互补律）

(13) $\overline{0} = 1, \overline{1} = 0$；

(14) $\overline{\overline{a}} = a$； （对合律）

(15) $\overline{a \vee b} = \overline{a} \wedge \overline{b}, \overline{a \wedge b} = \overline{a} \vee \overline{b}$。 （德·摩根律）

上述性质是布尔代数的特征性质。一个布尔代数必具有这些性质，反过来，一个代数系统 $\langle B, \vee, \wedge, ^{-}, 0, 1\rangle$ 若具有这些性质，则 $\langle B, \vee, \wedge, ^{-}, 0, 1\rangle$ 必是一个布尔代数。作为有补分配格的布尔代数是否要有这么多性质才能定义呢？其实，这些性质之间并不是相互独立的，上述性质中(4)，(8)，(10)和(12)是最基本的，它们相互独立，而且其他性质都可由它们推出。以这四项性质为公理来刻画布尔代数的方法称为亨廷顿(Huntington)公理方法。

**定理 6.4.3** 设 $B$ 是至少包含两个不同元素的集合，$0, 1 \in B, 0 \neq 1$，$\vee, \wedge$ 是 $B$ 上的两个二元运算，$^{-}$ 是 $B$ 上的一元运算，若对 $\forall a, b, c \in B$，有

(1)交换律：$a \vee b = b \vee a, a \wedge b = b \wedge a$；

(2)分配律：$a \vee (b \wedge c) = (a \vee b) \wedge (a \vee c), a \wedge (b \vee c) = (a \wedge b) \vee (a \wedge c)$；

(3)同一律：$a \vee 0 = a, a \wedge 1 = a$；

(4)互补律：$a \vee \overline{a} = 1, a \wedge \overline{a} = 0$。

则 $\langle B, \vee, \wedge, ^{-}, 0, 1\rangle$ 是一个布尔代数。

**证明** 由布尔代数的定义，只需证明 $\langle B, \vee, \wedge\rangle$ 是格，且 0，1 分别是 $B$ 的最小元和最大元。因为由此可知 $\langle B, \vee, \wedge, ^{-}, 0, 1\rangle$ 是有界格，由(4)知它还是有补格，再由(2)知它是有补分配格，即布尔代数。

为了证明 $\langle B, \vee, \wedge\rangle$ 是格，需要证代数系统 $\langle B, \vee, \wedge\rangle$ 除了已有交换律(1)以外还具有结合律和吸收律。为此先证明下述两个事实：

事实 1：满足亨廷顿公理的代数系统 $\langle B, \vee, \wedge\rangle$ 具有零律，即

$$对\ \forall a\in B,都有\ a\wedge 0=0,a\vee 1=1$$

事实上，

$$a\vee 1\overset{(3)}{=}(a\vee 1)\wedge 1\overset{(1)}{=}1\wedge(a\vee 1)\overset{(4)}{=}(a\vee\overline{a})\wedge(a\vee 1)\overset{(2)}{=}a\vee(\overline{a}\wedge 1)\overset{(3)}{=}a\vee\overline{a}\overset{(4)}{=}1,$$

$$a\wedge 0\overset{(3)}{=}(a\wedge 0)\vee 0\overset{(1)}{=}0\vee(a\wedge 0)\overset{(4)}{=}(a\wedge\overline{a})\vee(a\wedge 0)\overset{(2)}{=}a\wedge(\overline{a}\vee 0)\overset{(3)}{=}a\wedge\overline{a}\overset{(4)}{=}0。$$

事实1得证。

事实2：满足亨廷顿公理的代数系统$\langle B,\vee,\wedge\rangle$中，对$\forall a,b,c\in B$，

若$a\vee b=a\vee c,\overline{a}\vee b=\overline{a}\vee c$，则$b=c$；

若$a\wedge b=a\wedge c,\overline{a}\wedge b=\overline{a}\wedge c$，则$b=c$。

事实上，若$a\vee b=a\vee c,\overline{a}\vee b=\overline{a}\vee c$，则有

$$b\overset{(3)}{=\!=}b\vee 0\overset{(4)}{=\!=}b\vee(a\wedge\overline{a})\overset{(2)}{=\!=}(b\vee a)\wedge(b\vee\overline{a})\overset{(1)}{=\!=}(a\vee b)\wedge(\overline{a}\vee b)$$

$$\overset{(已知)}{=\!=}(a\vee c)\wedge(\overline{a}\vee c)\overset{(1)}{=\!=}(c\vee a)\wedge(c\vee\overline{a})\overset{(2)}{=\!=}c\vee(a\wedge\overline{a})\overset{(4)}{=\!=}c\vee 0\overset{(3)}{=\!=}c。$$

利用上述证明过程的对偶过程可证，若$a\wedge b=a\wedge c,\overline{a}\wedge b=\overline{a}\wedge c$，则$b=c$。

下面证明$\langle B,\vee,\wedge\rangle$是一个格。

(1)代数系统$\langle B,\vee,\wedge\rangle$具有吸收律。这是因为对$\forall a,b\in B$，有

$$a\vee(a\wedge b)\overset{(3)}{=\!=}(a\wedge 1)\vee(a\wedge b)\overset{(2)}{=\!=}a\wedge(1\vee b)\overset{(零律)}{=\!=}a\wedge 1\overset{(3)}{=\!=}a,$$

$$a\wedge(a\vee b)\overset{(3)}{=\!=}(a\vee 0)\wedge(a\vee b)\overset{(2)}{=\!=}a\vee(0\wedge b)\overset{(零律)}{=\!=}a\vee 0\overset{(3)}{=\!=}a。$$

(2)代数系统$\langle B,\vee,\wedge\rangle$具有结合律。这是因为对$\forall a,b,c\in B$，有

$$a\vee(a\wedge(b\wedge c))\overset{(吸收律)}{=\!=}a,$$

$$a\vee((a\wedge b)\wedge c)\overset{(2)}{=\!=}(a\vee(a\wedge b))\wedge(a\vee c)\overset{(吸收律)}{=\!=}a\wedge(a\vee c)\overset{(吸收律)}{=\!=}a,$$

$$\overline{a}\vee(a\wedge(b\wedge c))\overset{(2)}{=\!=}(\overline{a}\vee a)\wedge(\overline{a}\vee(b\wedge c))\overset{(4)}{=\!=}1\wedge(\overline{a}\vee(b\wedge c))\overset{(3)}{=\!=}\overline{a}\vee(b\wedge c),$$

$$\overline{a}\vee((a\wedge b)\wedge c)\overset{(2)}{=\!=}(\overline{a}\vee(a\wedge b))\wedge(\overline{a}\vee c)\overset{(2)}{=\!=}((\overline{a}\vee a)\wedge(\overline{a}\vee b))\wedge(\overline{a}\vee c)$$

$$\overset{(4)}{=\!=}(1\wedge(\overline{a}\vee b))\wedge(\overline{a}\vee c)\overset{(3)}{=\!=}(\overline{a}\vee b)\wedge(\overline{a}\vee c)\overset{(2)}{=}\overline{a}\vee(b\wedge c)。$$

于是得

$$a\vee(a\wedge(b\wedge c))=a\vee((a\wedge b)\wedge c),$$
$$\overline{a}\vee(a\wedge(b\wedge c))=\overline{a}\vee((a\wedge b)\wedge c)。$$

再由事实2知，$a\wedge(b\wedge c)=(a\wedge b)\wedge c$。

同理可证$a\vee(b\vee c)=(a\vee b)\vee c$，即结合律成立，从而$\langle B,\vee,\wedge\rangle$是一个格。再由(2)知$\langle B,\vee,\wedge\rangle$是一个分配格。

(3)最后证明$\langle B,\vee,\wedge\rangle$是一个有补格。0,1分别是$\langle B,\vee,\wedge\rangle$的最小元和最大元。

在格$\langle B,\vee,\wedge\rangle$中定义关系$\leqslant$如下：对$\forall a,b\in B$

$$a\leqslant b\ 当且仅当\ a\wedge b=a。$$

因此，由定理6.1.2知$\langle B,\leqslant\rangle$是偏序集，且有对$\forall a,b\in B$，

$$a\leqslant b\Leftrightarrow a\wedge b=a\Leftrightarrow a\vee b=b。$$

于是由$a\vee 0=a,a\wedge 1=a$知$0\leqslant a\leqslant 1$，即0,1分别是$\langle B,\vee,\wedge\rangle$的最小元和最大元。再由$a\vee\overline{a}=1,a\wedge\overline{a}=0$知$\langle B,\vee,\wedge,^{-},0,1\rangle$是一个有补分配格，即布尔代数。

关于定理 6.4.3 的亨廷顿公理的独立性讨论，由于篇幅所限，这里不作讨论。

容易验证例 6-18～例 6-21 中的代数系统均为满足亨廷顿公理的代数系统，因此，它们都是布尔代数。

## 6.4.3 子布尔代数

**定理 6.4.4** 设 $\langle B,\vee,\wedge,^{-},0,1\rangle$ 是一个布尔代数，$S\subseteq B$。如果 $S$ 含有元素 0 和 1，并且在运算 $\vee$，$\wedge$ 和 $^{-}$ 下封闭，则 $\langle S,\vee,\wedge,^{-},0,1\rangle$ 是一个布尔代数。

**证明** 由于 $S\subseteq B$，$0,1\in S$ 且 $S$ 在运算 $\vee$，$\wedge$ 和 $^{-}$ 下封闭，所以，如果 $a\in S$，则 $\bar{a}\in S$，于是亨廷顿公理中的(3)和(4)显然在 $S$ 中成立；又交换律和分配律是继承的，所以 $\langle S,\vee,\wedge,^{-},0,1\rangle$ 是一个布尔代数。

由此，有如下定义：

**定义 6.4.3** 设 $\langle B,\vee,\wedge,^{-},0,1\rangle$ 是一个布尔代数，$S\subseteq B$。如果 $S$ 含有元素 0 和 1，并且在运算 $\vee$，$\wedge$ 和 $^{-}$ 下封闭，则称 $\langle S,\vee,\wedge,^{-},0,1\rangle$ 是 $\langle B,\vee,\wedge,^{-},0,1\rangle$ 的子布尔代数。

实际上，验证 $B$ 的一个非空子集 $S$ 是否是子布尔代数，不需要按定义进行，只需验证该子集对运算 $\{\vee,^{-}\}$ 或 $\{\wedge,^{-}\}$ 封闭就可以了。这是因为

若 $S\neq\varnothing$ 且 $S$ 对运算 $\{\vee,^{-}\}$ 封闭，则存在 $a\in S$，所以 $\bar{a}\in S$，$1=a\vee\bar{a}\in S$，$0=\bar{1}\in S$，且对 $\forall a,b\in S$，有

$$a\wedge b=\overline{(\bar{a}\vee\bar{b})}\in S$$

故 $S$ 是 $B$ 的子布尔代数。

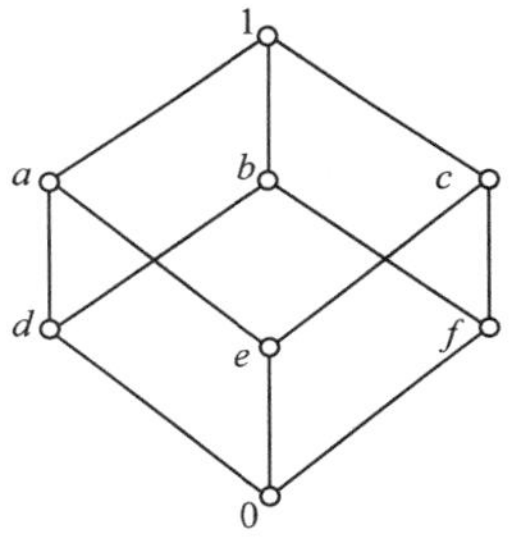

【例 6-22】 (1)对任何布尔代数 $\langle B,\vee,\wedge,^{-},0,1\rangle$ 恒有子布尔代数 $\langle B,\vee,\wedge,^{-},0,1\rangle$ 和 $\langle\{0,1\},\vee,\wedge,^{-},0,1\rangle$，它们被称为 $\langle B,\vee,\wedge,^{-},0,1\rangle$ 的平凡子布尔代数。

考察图 6-15 所示的布尔代数 $\langle B,\vee,\wedge,^{-},0,1\rangle$。

图 6-15 布尔代数 $\langle B,\vee,\wedge,^{-},0,1\rangle$

①$S_1=\{a,f,0,1\}$，$S_2=\{b,e,0,1\}$。由于 $S_1$，$S_2$ 都含有 0 和 1，且均对运算 $\vee$，$\wedge$ 和 $^{-}$ 封闭，所以 $\langle S_1,\vee,\wedge,^{-},0,1\rangle$，$\langle S_2,\vee,\wedge,^{-},0,1\rangle$ 均是 $\langle B,\vee,\wedge,^{-},0,1\rangle$ 的子布尔代数。

②$S_3=\{a,e,c,1\}$，$S_4=\{e,c,f,0\}$，由于 $S_3$ 不含 0，$S_4$ 不含 1，所以它们都不是 $\langle B,\vee,\wedge,^{-},0,1\rangle$ 的子布尔代数，但它们本身都构成布尔代数。

③$S_5=\{a,c,0,1\}$ 对运算 $^{-}$ 不封闭(因为 $\bar{a}=f\notin S_5$)，所以 $S_5$ 不能构成 $\langle B,\vee,\wedge,^{-},0,1\rangle$ 的子布尔代数。

## 6.4.4 布尔代数的同态与同构

**定义 6.4.4** 设 $\langle A,\vee,\wedge,^{-},0,1\rangle$ 和 $\langle B,\cup,\cap,^{\sim},\theta,e\rangle$ 是两个布尔代数，若存在映射 $f:A\to B$ 满足，对任意元素 $a,b\in A$，有

$$f(0)=\theta \tag{6-14}$$

$$f(1)=e \tag{6-15}$$

$$f(a\vee b)=f(a)\cup f(b) \tag{6-16}$$

$$f(a\wedge b)=f(a)\cap f(b) \tag{6-17}$$

$$f(\overline{a})=\widetilde{f(a)} \tag{6-18}$$

则称 $f$ 是 $\langle A,\vee,\wedge,^{-},0,1\rangle$ 到 $\langle B,\cup,\cap,^{\sim},\theta,e\rangle$ 的布尔同态。若 $f$ 是双射，则称 $f$ 是 $\langle A,\vee,\wedge,^{-},0,1\rangle$ 到 $\langle B,\cup,\cap,^{\sim},\theta,e\rangle$ 的布尔同构，也称两个布尔代数 $\langle A,\vee,\wedge,^{-},0,1\rangle$ 和 $\langle B,\cup,\cap,^{\sim},\theta,e\rangle$ 同构，简记为 $A\cong B$。

## *6.4.5 有限布尔代数的原子表示

本小节研究有限布尔代数的一个重要性质，就是任何有限布尔代数 $\langle B,\vee,\wedge,^{-},0,1\rangle$ 都同构于某一非空集合 $S$ 的幂集布尔代数 $\langle P(S),\cup,\cap,^{\sim},\varnothing,S\rangle$。

**定义 6.4.5** 设 $\langle B,\vee,\wedge,^{-},0,1\rangle$ 是一个布尔代数。$a\in B$，如果 $a$ 盖住 0，则称元素 $a$ 是该布尔代数的一个原子。

例如，图 6-16 所示的布尔代数 $\langle A,\vee,\wedge,^{-},0,1\rangle$ 中 $\alpha,\beta$ 均是原子；在布尔代数 $\langle B,\cup,\cap,^{\sim},\theta,e\rangle$ 中，$d,f,g$ 均是原子；一般地，在布尔代数 $\langle B,\vee,\wedge,^{-},0,1\rangle$ 中，原子是 $B-\{0\}$ 的极小元，因为原子与 0 之间不存在其他元素。

关于布尔代数的原子我们有以下性质：

**引理 6.4.1** 设 $\langle B,\vee,\wedge,^{-},0,1\rangle$ 是布尔代数且元素 $a\in B$，$a\neq 0$。则 $a$ 为原子当且仅当对任意元素 $x\in B$，有 $x\wedge a=a$ 或 $x\wedge a=0$。

**证明** 先证必要性。

因为 $x\wedge a\leqslant a$，而 $a$ 是原子，所以 $x\wedge a=a$ 或 $x\wedge a=0$。

再证充分性。

用反证法。若 $a$ 不是原子，则存在一元素 $x\in B$，使得 $0<x<a$，于是有 $x\wedge a=x$，这与假设"对任意 $x\in B$，有 $x\wedge a=a$ 或 $x\wedge a=0$"相矛盾，所以 $a$ 是原子。

**引理 6.4.2** 设 $a,b$ 为布尔代数 $\langle B,\vee,\wedge,^{-},0,1\rangle$ 中任意两个原子，则 $a=b$ 或 $a\wedge b=0$。

**证明** 分两种情况来证明：

(1)若 $a,b$ 是原子且 $a\wedge b\neq 0$，则有

$$0<a\wedge b\leqslant a,0<a\wedge b\leqslant b。$$

因为 $a,b$ 是原子，所以 $a\wedge b=a$，$a\wedge b=b$，故 $a=b$。

(2)若 $a,b$ 是原子且 $a\neq b$，则 $a\wedge b=0$。若不然，$a\wedge b\neq 0$，则由(1)知 $a=b$，与 $a\neq b$ 矛盾，故 $a\wedge b=0$。

**引理 6.4.3** 设 $\langle B,\vee,\wedge,^{-},0,1\rangle$ 是有限布尔代数，则对每一非零元 $x\in B$，必有原子 $a\in B$，使得 $a\leqslant x$。

**证明** 若 $x$ 是原子，取 $a=x$ 即可；若 $x$ 不是原子，则有非零元 $x_1\in B$，使得 $x_1<x$，若 $x_1$ 是原子，则取 $a=x_1$ 即可；若 $x_1$ 不是原子，则有非零元 $x_2\in B$，使得 $x_2<x_1$，若 $x_2$ 是原子，则取 $a=x_2$ 即可；若 $x_2$ 不是原子，重复上述过程，由于布尔代数 $\langle B,\vee,\wedge,^{-},0,1\rangle$ 是有限的，故必存在 $n$ 使 $x_n\in B$，且 $x_n$ 是原子，$x_n<x_{n-1}<\cdots<x_1<x$。

**引理 6.4.4** 设 $\langle B,\vee,\wedge,^{-},0,1\rangle$ 是布尔代数，$a$ 是该布尔代数的任意一个原子，则对 $\forall b,c\in B$，$a\leqslant b\vee c$ 的充分必要条件是 $a\leqslant b$ 或 $a\leqslant c$。

**证明** 先证必要性。

若 $a$ 是原子，则有 $a \wedge b=0$ 或 $a \wedge b=a$。

如果 $a \wedge b=0$，由 $a \leqslant b \vee c$ 得：

$$a=a \wedge (b \vee c)=(a \wedge b) \vee (a \wedge c)=a \wedge c。$$

所以有 $a \leqslant c$。

如果 $a \wedge b=a$，则有 $a \leqslant b$。

充分性显然。

**引理 6.4.5** 设 $\langle B, \vee, \wedge, \bar{}, 0, 1\rangle$ 是布尔代数，$a$ 是该布尔代数的任意一个原子，则对 $\forall b \in B$ 且 $b \neq 0$，$a \leqslant b$ 和 $a \leqslant \bar{b}$ 两式中有且仅有一式成立。

**证明** 由于 $a$ 是原子，且 $b \in B$，$b \neq 0$，所以有 $a \leqslant b \vee \bar{b}=1$，则由引理 6.4.4 知，$a \leqslant b$ 或 $a \leqslant \bar{b}$，但 $a \leqslant b$ 和 $a \leqslant \bar{b}$ 不能同时成立。若不然，$a \leqslant b$ 且 $a \leqslant \bar{b}$，则 $a \leqslant b \wedge \bar{b}=0$，这就与 $a$ 是原子相矛盾。所以 $a \leqslant b$ 和 $a \leqslant \bar{b}$ 两式中有且仅有一式成立。

**引理 6.4.6** **（原子表示定理）** 设 $\langle B, \vee, \wedge, \bar{}, 0, 1\rangle$ 是有限布尔代数，$x$ 是 $B$ 中任意非 0 元素。如果 $a_1, a_2, \cdots, a_n$ 是 $B$ 中满足 $a_i \leqslant x$ 的所有原子，则 $x=a_1 \vee a_2 \vee \cdots \vee a_n$ 且表达式唯一。

**证明** (1)首先证明 $x=a_1 \vee a_2 \vee \cdots \vee a_n$。

由引理 6.4.3 知，$n \geqslant 1$。设 $y=a_1 \vee a_2 \vee \cdots \vee a_n$，由于 $a_i \leqslant x$，$i=1,2,\cdots,n$，所以 $a_1 \vee a_2 \vee \cdots \vee a_n \leqslant x$，即 $y \leqslant x$。

下证 $x \leqslant y$，由布尔代数的性质(2)，只需证 $x \wedge \bar{y}=0$。

用反证法，若 $x \wedge \bar{y} \neq 0$，则由引理 6.4.3，存在原子 $a \in B$，使得

$$0 \leqslant a \leqslant x \wedge \bar{y}$$

所以有 $a \leqslant x$，$a \leqslant \bar{y}$。由于 $a \leqslant x$，$a$ 是原子，因此 $a$ 为 $a_1, a_2, \cdots, a_n$ 之一，故 $a \leqslant y$。所以 $a \leqslant y \wedge \bar{y}=0$，与 $a$ 是原子矛盾。因此 $x \wedge \bar{y}=0$，即 $x \leqslant y$。从而 $x=y=a_1 \vee a_2 \vee \cdots \vee a_n$ 得证。

(2)下证唯一性。

若另有一种表示式为

$$x=b_1 \vee b_2 \vee \cdots \vee b_m$$

其中 $b_1, b_2, \cdots, b_m$ 是 $B$ 中不同的原子。

因为 $x$ 是 $b_1, b_2, \cdots, b_m$ 的最小上界，所以 $b_i \leqslant x(i=1,2,\cdots,m)$。而 $a_1, a_2, \cdots, a_n$ 是 $B$ 中满足 $a_i \leqslant x(i=1,2,\cdots,n)$ 的所有原子，所以有

$$\{b_1, b_2, \cdots, b_m\} \subseteq \{a_1, a_2, \cdots, a_n\} \text{且 } m \leqslant n$$

如果 $m<n$，那么 $a_1, a_2, \cdots, a_n$ 中必有一 $a_i$ 与 $b_1, b_2, \cdots, b_m$ 全不相同，由

$$a_i \wedge (b_1 \vee b_2 \vee \cdots \vee b_m)=a_i \wedge (a_1 \vee a_2 \vee \cdots \vee a_n)$$

得：

$$0=a_i$$

于是导致矛盾。所以，只能有 $m=n$，即 $\{b_1, b_2, \cdots, b_m\}=\{a_1, a_2, \cdots, a_n\}$。

引理 6.4.6 揭示了有限布尔代数结构的本质属性。在有限布尔代数 $\langle B, \vee, \wedge, \bar{}, 0, 1\rangle$

中，如果 $a_1,a_2,\cdots,a_n$ 是其全部原子，则对任意 $x\in B$，$x$ 都有 $a_1,a_2,\cdots,a_n$ 的唯一表示式：

$$x=(e_1\wedge a_1)\vee(e_2\wedge a_2)\vee\cdots\vee(e_n\wedge a_n) \tag{6-19}$$

其中 $e_i=0$ 或 $1,i=1,2,\cdots,n$。习惯上称一个布尔代数的全部原子 $a_1,a_2,\cdots,a_n$ 为该布尔代数的一组基。该布尔代数的全部元素可通过式 6-19 由它的一组基生成，并称该布尔代数是 $n$ 维的（有 $n$ 个原子）。显然有

$$0=(0\wedge a_1)\vee(0\wedge a_2)\vee\cdots\vee(0\wedge a_n)$$

$$1=(1\wedge a_1)\vee(1\wedge a_2)\vee\cdots\vee(1\wedge a_n)=a_1\vee a_2\vee\cdots\vee a_n$$

引理 6.4.6 的重要性还在于在有限布尔代数 $\langle B,\vee,\wedge,{}^{-},0,1\rangle$ 的基集 $B$ 与其全部原子集合 $S=\{a_1,a_2,\cdots,a_n\}$ 的幂集之间架起了建立双射的桥梁。通过这个桥梁，可以证明布尔代数 $\langle B,\vee,\wedge,{}^{-},0,1\rangle$ 与它的全部原子集合 $S$ 的幂集构成的布尔代数 $\langle P(S),\cup,\cap,{}^{\sim},\varnothing,S\rangle$ 同构。从而得到任意有限布尔代数都与一个集合代数同构的结论。

**定理 6.4.5**（**Stone 定理**） 设 $\langle B,\vee,\wedge,{}^{-},0,1\rangle$ 是有限布尔代数，$S$ 是 $B$ 的所有原子构成的集合，则 $\langle B,\vee,\wedge,{}^{-},0,1\rangle$ 同构于 $S$ 的幂集构成的布尔代数 $\langle P(S),\cup,\cap,{}^{\sim},\varnothing,S\rangle$。

**证明** 对 $\forall x\in B$，令 $S_x=\{a\mid a\in B,a$ 是原子且 $a\leqslant x\}$，则 $S_x\subseteq S$。定义映射：

$$f:B\to P(S),f(x)=S_x,\forall x\in B。$$

下证 $f$ 是同构映射。

(1) 对 $\forall x,y\in B$，若 $f(x)=f(y)$，则有 $S_x=S_y$，由引理 6.4.6，有

$$x=\bigvee_{a_i\in S_x}a_i=\bigvee_{b_j\in S_y}b_j=y,$$

于是 $f$ 是单射。

任取 $\{a_{j_1},a_{j_2},\cdots,a_{j_k}\}\in P(S)$，令 $x=a_{j_1}\vee a_{j_2}\vee\cdots\vee a_{j_k}$，则 $f(x)=\{a_{j_1},a_{j_2},\cdots,a_{j_k}\}$，于是 $f$ 是满射。

从而 $f$ 是双射。

再证 $f$ 是 $\langle B,\vee,\wedge,{}^{-},0,1\rangle$ 到 $\langle P(S),\cup,\cap,{}^{\sim},\varnothing,S\rangle$ 的同态映射。

(2) 由于 $S_0=\{a\mid a\in B,a$ 是原子且 $a\leqslant 0\}=\varnothing$，$S_1=S$，所以 $f(0)=\varnothing$，$f(1)=S$。

(3) 对 $\forall x,y\in B$，设

$$x=a_{j_1}\vee a_{j_2}\vee\cdots\vee a_{j_k},y=b_{j_1}\vee b_{j_2}\vee\cdots\vee b_{j_l}$$

则

$$f(x)=\{a_{j_1},a_{j_2},\cdots,a_{j_k}\},f(y)=\{b_{j_1},b_{j_2},\cdots,b_{j_l}\}$$

$$x\vee y=a_{j_1}\vee a_{j_2}\vee\cdots\vee a_{j_k}\vee b_{j_1}\vee b_{j_2}\vee\cdots\vee b_{j_l}$$

因此，

$$\begin{aligned}f(x\vee y)&=\{a_{j_1},a_{j_2},\cdots,a_{j_k},b_{j_1},b_{j_2},\cdots,b_{j_l}\}\\&=\{a_{j_1},a_{j_2},\cdots,a_{j_k}\}\cup\{b_{j_1},b_{j_2},\cdots,b_{j_l}\}\\&=f(x)\cup f(y)\end{aligned}$$

又对 $\forall a\in B$，有

$$\begin{aligned}a\in S_{x\wedge y}&\Leftrightarrow a\in S\text{ 且 }a\leqslant x\wedge y\Leftrightarrow(a\in S,a\leqslant x)\text{且}(a\in S,a\leqslant y)\\&\Leftrightarrow a\in S_x\text{ 且 }a\in S_y\Leftrightarrow a\in S_x\cap S_y\end{aligned}$$

因此，$S_{x\wedge y}=S_x\cap S_y$，即 $f(x\wedge y)=f(x)\cap f(y)$。

(4) $\forall x\in B$，有 $x\wedge\overline{x}=0, x\vee\overline{x}=1$，所以，

$$f(x)\cup f(\overline{x})=f(x\vee\overline{x})=f(1)=S$$
$$f(x)\cap f(\overline{x})=f(x\wedge\overline{x})=f(0)=\varnothing$$

于是 $f(\overline{x})=\widetilde{f(x)}$。

综合以上四点知，$f$ 是$\langle B,\vee,\wedge,^{-},0,1\rangle$到$\langle P(S),\cup,\cap,^{\sim},\varnothing,S\rangle$的同构映射。

定理 6.4.5 有如下明显的推论：

**推论 1** 若有限布尔代数有 $n$ 个原子，则它有 $2^n$ 个元素。

**推论 2** 任何具有 $2^n$ 个元素的布尔代数互相同构。

因此，有限布尔代数的基数都是 2 的幂。同时在同构的意义上对于任何正整数 $n$，仅存在一个含 $2^n$ 个元素的布尔代数。如图 6-16 给出了 2 个元素、4 个元素、8 个元素的布尔代数。

**注意：**定理 6.4.5 对无限布尔代数不能成立。

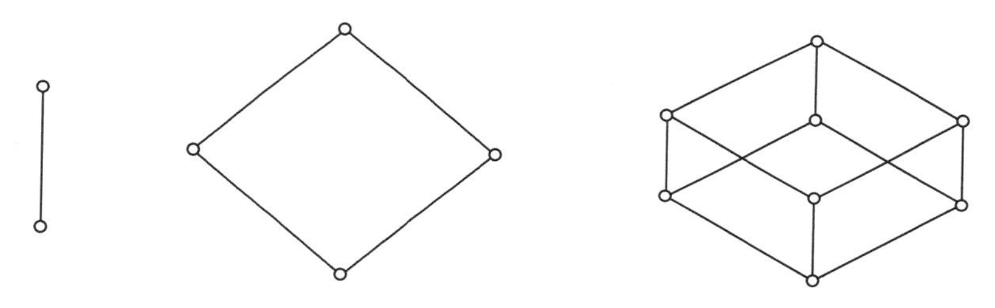

图 6-16 2、4、8 个元素的布尔代数

# 6.5 布尔表达式与布尔函数

## 6.5.1 布尔表达式

由于在布尔代数$\langle B,\vee,\wedge,^{-},0,1\rangle$上，$\vee$ 关于 $\wedge$ 是可分配的，所以

$$a\vee(b\wedge c)=(a\vee b)\wedge(a\vee c)$$

是$\langle B,\vee,\wedge,^{-},0,1\rangle$上的一个恒等式。那么，如何判定$\langle B,\vee,\wedge,^{-},0,1\rangle$上的两个表达式是恒等式？$\langle B,\vee,\wedge,^{-},0,1\rangle$上有多少种互不恒等的表达式？为了回答这个问题，本节先引入布尔表达式的概念，然后通过把表达式化为规范形式的方法来判定两个表达式是否恒等。

设$\langle B,\vee,\wedge,^{-},0,1\rangle$是一个布尔代数，现在考虑一个从 $B^n$ 到 $B$ 的映射。

【例 6-23】 设 $A=\{0,1\}$，表 6-4 给出了一个从 $A^3$ 到 $A$ 的映射 $f$；设 $B=\{0,a,b,1\}$，表 6-5 给出了一个从 $B^2$ 到 $B$ 的映射 $g$。

表 6-4 $f:A^3\to A$

| $\langle x_1,x_2,x_3\rangle$ | $f$ |
|---|---|
| $\langle 0,0,0\rangle$ | 1 |
| $\langle 0,0,1\rangle$ | 0 |
| $\langle 0,1,0\rangle$ | 1 |
| $\langle 0,1,1\rangle$ | 0 |
| $\langle 1,0,0\rangle$ | 1 |
| $\langle 1,0,1\rangle$ | 1 |
| $\langle 1,1,0\rangle$ | 0 |
| $\langle 1,1,1\rangle$ | 0 |

表 6-5 $g:B^2\to B$

| $\langle x_1,x_2\rangle$ | $g$ |
|---|---|
| $\langle 0,0\rangle$ | 1 |
| $\langle 0,a\rangle$ | 0 |
| $\langle 0,b\rangle$ | 0 |
| $\langle 0,1\rangle$ | $b$ |
| $\langle a,0\rangle$ | $a$ |
| $\langle a,a\rangle$ | 1 |
| $\langle a,b\rangle$ | 0 |
| $\langle a,1\rangle$ | $b$ |
| $\langle b,0\rangle$ | $a$ |
| $\langle b,a\rangle$ | 0 |
| $\langle b,b\rangle$ | $a$ |
| $\langle b,1\rangle$ | 1 |
| $\langle 1,0\rangle$ | $b$ |
| $\langle 1,a\rangle$ | 0 |
| $\langle 1,b\rangle$ | $a$ |
| $\langle 1,1\rangle$ | $a$ |

下面我们试图用别的方法来描述函数,使之具有紧凑的形式。为此先引入布尔表达式的概念:

**定义 6.5.1** 设$\langle B,\vee,\wedge,\bar{},0,1\rangle$是一个布尔代数,取值于 $B$ 中元素的变元称为布尔变元;$B$ 中的元素称为布尔常元。

**定义 6.5.2** 设$\langle B,\vee,\wedge,\bar{},0,1\rangle$是一个布尔代数,该布尔代数上的布尔表达式定义如下:

(1)单个布尔常元是一个布尔表达式;

(2)单个布尔变元是一个布尔表达式;

(3)如果 $e_1$ 和 $e_2$ 是布尔表达式,则 $\bar{e}_1$,$(e_1\vee e_2)$和$(e_1\wedge e_2)$也是布尔表达式;

(4)有限次应用规则(1),(2),(3)形成的符号串是布尔表达式。

【例 6-24】 设$\langle\{0,a,b,1\},\vee,\wedge,\bar{},0,1\rangle$是布尔代数,则 $x_1$,$0\wedge x_1$ 均为含有单个变元的布尔表达式;$(1\vee\bar{x}_1)\wedge x_2$,$\bar{x}_1\vee x_2$ 均为含有两个变元的布尔表达式;$x_1\vee((x_2\wedge\bar{x}_1)\wedge x_3)$,$(\overline{(a\vee b)}\wedge(\bar{x}_1\vee x_2)\wedge\overline{(x_1\wedge x_3)})$均为含有三个变元的布尔表达式。

**定义 6.5.3** 一个含有 $n$ 个相异变元的布尔表达式称为 $n$ 元布尔表达式,记为 $E(x_1,x_2,\cdots,x_n)$或 $f(x_1,x_2,\cdots,x_n)$,其中 $x_1,x_2,\cdots,x_n$ 是式中可能含有的布尔变元。

今后,我们约定运算$\vee$、$\wedge$和$\bar{}$的优先级依次为$\bar{}$、$\wedge$、$\vee$。这样一来,布尔表达式中的某些圆括号可以省略,约定类似于命题公式。例如,表达式

$$(x_1)\vee((x_2\wedge\overline{(x_1)})\wedge x_3)$$

可简写为

$$x_1\vee x_2\wedge\bar{x}_1\wedge x_3$$

【例 6-25】 设$\langle\{0,a,b,1\},\vee,\wedge,\bar{},0,1\rangle$是布尔代数,则

$$f_1=a$$
$$f_2=0\wedge x$$
$$f_3=(1\wedge x_1)\vee x_2$$

$$f_4=(\overline{(a \vee b)} \vee (\overline{x}_1 \vee 1 \vee x_2)) \wedge (\overline{(x_1 \wedge x_2)})$$

$$f_5=(\overline{(a \vee b)} \wedge (\overline{x}_1 \vee x_2)) \wedge (\overline{(x_1 \wedge x_3)})$$

$$f_6=x_1 \vee ((\overline{x}_1 \wedge x_2) \wedge x_3)$$

都是该布尔代数上的布尔表达式。其中 $f_1$ 是零元布尔表达式；$f_2$ 是一元布尔表达式；$f_3$ 和 $f_4$ 是二元布尔表达式；$f_5$ 和 $f_6$ 是三元布尔表达式。

**定义 6.5.4** 布尔代数$\langle B, \vee, \wedge, ^-, 0, 1\rangle$上的布尔表达式 $E(x_1, x_2, \cdots, x_n)$的值指的是：将 $B$ 的元素作为变元 $x_i(i=1,2,\cdots,n)$的值代入表达式以后（即对变元赋值），计算出来的表达式的值。

【例 6-26】 (1)取 $x_1=a, x_2=b$，则例 6-24 中的 $f_3$ 的值是

$$f_3=(1 \wedge x_1) \vee x_2=(1 \wedge a) \vee b=a \vee b=1$$

(2)设布尔代数$\langle\{0,1\}, \vee, \wedge, ^-, 0, 1\rangle$上的表达式

$$f(x_1, x_2, x_3)=(\overline{x}_1 \wedge \overline{x}_2) \wedge (\overline{x}_1 \vee \overline{x}_2) \wedge \overline{(x_2 \vee x_3)}$$

则

$$f(1,0,1)=(\overline{1} \wedge \overline{0}) \wedge (\overline{1} \vee \overline{0}) \wedge \overline{(0 \vee 1)}=(0 \wedge 1) \wedge (0 \vee 1) \wedge \overline{1}=0$$

**定义 6.5.5** 布尔代数$\langle B, \vee, \wedge, ^-, 0, 1\rangle$上两个 $n$ 元布尔表达式 $f_1(x_1, x_2, \cdots, x_n)$和 $f_2(x_1, x_2, \cdots, x_n)$，如果对 $n$ 个变元的任意指派 $f_1$ 和 $f_2$ 的值均相等，则称这两个布尔表达式是等价的或相等的，记作 $f_1(x_1, x_2, \cdots, x_n)=f_2(x_1, x_2, \cdots, x_n)$。

【例 6-27】 对布尔代数$\langle\{0,1\}, \vee, \wedge, ^-, 0, 1\rangle$上的两个布尔表达式 $f_1(x_1, x_2, x_3)=(x_1 \vee x_2) \wedge (x_1 \vee x_3)$和 $f_2(x_1, x_2, x_3)=x_1 \vee (x_2 \wedge x_3)$，容易验证对 $x_1, x_2, x_3$ 的任意指派，$f_1$ 和 $f_2$ 的值均相等，例如，

$$\begin{cases} f_1(0,0,0)=(0 \vee 0) \wedge (0 \vee 0)=0 \\ f_2(0,0,0)=0 \vee (0 \wedge 0)=0 \end{cases}$$

$$\begin{cases} f_1(0,0,0)=(0 \vee 0) \wedge (0 \vee 1)=0 \\ f_2(0,0,1)=0 \vee (0 \wedge 1)=0 \end{cases}$$

……

所以 $f_1$ 和 $f_2$ 是等价的。

事实上，上例中 $f_1$ 和 $f_2$ 的等价性恰为布尔代数的 ∨ 对 ∧ 的分配律。在实践中，如果能有限次应用布尔代数公式，将一个布尔表达式化成另一个表达式，就可以判定这两个布尔表达式是否等价。

定义 6.5.5 给出的等价（或相等）关系将 $n$ 元布尔代数表达式集合划分成不同等价类，处于同一个等价类中的表达式都相互等价（或相等）。可以证明当$|B|$有限时，等价类数目是有限的，为此，我们引入布尔表达式的范式的概念。

**定义 6.5.6** 给定 $n$ 个布尔变元 $x_1, x_2, \cdots, x_n$，形如 $x_1^{\delta_1} \wedge x_2^{\delta_2} \wedge \cdots \wedge x_n^{\delta_n}$ 的布尔表达式称为由变元 $x_1, x_2, \cdots, x_n$ 产生的小项，其中 $\delta_i \in \{0,1\}$，$x_i^1$ 表示 $x_i$，$x_i^0$ 表示 $\overline{x}_i$，并用 $m_{\delta_1\delta_2\cdots\delta_n}$ 表示该小项。形如 $x_1^{\sigma_1} \vee x_2^{\sigma_2} \vee \cdots \vee x_n^{\sigma_n}$ 的布尔表达式称为由变元 $x_1, x_2, \cdots, x_n$ 产生的大项，其中 $\sigma_i \in \{0,1\}$，$x_i^1$ 表示 $\overline{x}_i$，$x_i^0$ 表示 $x_i$，并用 $M_{\sigma_1\sigma_2\cdots\sigma_n}$ 表示该大项。

为书写方便，将二进制数 $\delta_1\delta_2\cdots\delta_n$ 和$\sigma_1\sigma_2\cdots\sigma_n$ 分别化为十进制数 $i$ 和 $j$ 作为 $m$ 和 $M$

的下标，即 $m_i$ 和 $M_j$。

与命题公式相类似，$n$ 个布尔变元可以构成 $2^n$ 个不同的小项或大项，并且关于小项和大项有下列性质：

$$m_i \wedge m_j = 0 \quad (i \neq j);$$
$$M_i \vee M_j = 1 \quad (i \neq j);$$
$$\bigvee_{i=0}^{2^n-1} m_i = 1,\ \bigwedge_{i=0}^{2^n-1} M_i = 0;$$
$$\overline{m}_i = M_i,\ \overline{M}_i = m_i。$$

**定义 6.5.7** 形如

$$(a_0 \wedge m_0) \vee (a_1 \wedge m_1) \vee \cdots \vee (a_{2^n-1} \wedge m_{2^n-1})$$

的布尔表达式称为析取范式。这里 $m_i$ 是小项，$a_i$ 是布尔常元（$i=0,1,2,\cdots,2^n-1$）。

形如

$$(c_0 \vee M_0) \wedge (c_1 \vee M_1) \wedge \cdots \wedge (c_{2^n-1} \vee M_{2^n-1})$$

的布尔表达式称为合取范式。这里 $M_j$ 是大项，$c_j$ 是布尔常元（$j=0,1,2,\cdots,2^n-1$）。

因为 $a_i$ 有 $|B|$ 种取法，故 $n$ 个布尔变元可以构成 $|B|^{2^n}$ 个不同的析取（或合取）范式。特别地当 $B=\{0,1\}$ 时，$n$ 个布尔变元可以构成 $2^{2^n}$ 个不同的析取（或合取）范式。

任何一个 $n$ 元布尔表达式都唯一地等价于一个析取（或合取）范式。更具体地说，我们有下面的范式定理：

**定理 6.5.1**（范式定理） 在 $\langle B, \vee, \wedge, \overline{\ }, 0, 1\rangle$ 上由变元 $x_1, x_2, \cdots, x_n$ 构成的任意一个布尔表达式 $f(x_1, x_2, \cdots, x_n)$ 均可唯一地表示成：

$$f(x_1, x_2, \cdots, x_n) = \bigvee_{i=0}^{2^n-1} (a_i \wedge m_i)\text{（析取范式）} \tag{6-20}$$

$$f(x_1, x_2, \cdots, x_n) = \bigwedge_{j=0}^{2^n-1} (c_j \vee M_j)\text{（合取范式）} \tag{6-21}$$

其中

$$a_i = f(\delta_1, \delta_2, \cdots, \delta_n)$$
$$c_j = f(\sigma_1, \sigma_2, \cdots, \sigma_n)$$

$\delta_1\delta_2\cdots\delta_n$ 和 $\sigma_1\sigma_2\cdots\sigma_n$ 分别为 $i$ 和 $j$ 的二进制表示。

把一个 $n$ 元布尔表达式化成等价的析取（或合取）范式，主要应用德·摩根律、分配律等定律，其方法与数理逻辑中化析取（或合取）范式的方法完全类似。下面举例说明将一个布尔表达式转换为析取范式的步骤。

【例 6-28】 将布尔代数 $\langle\{0,1\}, \vee, \wedge, \overline{\ }, 0, 1\rangle$ 上的布尔表达式

$$f(x_1, x_2, x_3, x_4) = [(\overline{(x_1 \vee x_2)} \vee x_3) \wedge x_4] \vee (x_1 \wedge x_2 \wedge x_3)$$

化成析取范式。

**解** （1）多次使用德·摩根律，使得求补符号仅作用在单个变元上（简称否定深入）。

$$f(x_1, x_2, x_3, x_4) = [((\overline{x}_1 \wedge \overline{x}_2) \vee x_3) \wedge x_4] \vee (x_1 \wedge x_2 \wedge x_3)$$

（2）多次用 $\wedge$ 对 $\vee$ 的分配律将 $f(x_1, x_2, x_3, x_4)$ 转化为乘积项的并，然后去掉包含 $(x_i \wedge \overline{x}_i)$ 的项。

$$f(x_1, x_2, x_3, x_4) = (\overline{x}_1 \wedge \overline{x}_2 \wedge x_4) \vee (x_3 \wedge x_4) \vee (x_1 \wedge x_2 \wedge x_3)$$

(3)逐个检查 $f(x_1,x_2,x_3,x_4)$ 中的每一乘积项，若某一项既不含 $x_i$ 也不含 $\overline{x}_i$，则在该项中添加因子$(x_i \vee \overline{x}_i)$。

$$f(x_1,x_2,x_3,x_4)=(\overline{x}_1 \wedge \overline{x}_2 \wedge (x_3 \vee \overline{x}_3) \wedge x_4)$$
$$\vee((x_1 \vee \overline{x}_1) \wedge (x_2 \vee \overline{x}_2) \wedge x_3 \wedge x_4) \vee (x_1 \wedge x_2 \wedge x_3 \wedge (x_4 \vee \overline{x}_4))$$

(4)多次用∧对∨的分配律将 $f(x_1,x_2,x_3,x_4)$转化为小项的并。

$$\begin{aligned}f(x_1,x_2,x_3,x_4)&=(\overline{x}_1 \wedge \overline{x}_2 \wedge x_3 \wedge x_4) \vee (\overline{x}_1 \wedge \overline{x}_2 \wedge \overline{x}_3 \wedge x_4)\\&\vee (x_1 \wedge x_2 \wedge x_3 \wedge x_4) \vee (x_1 \wedge \overline{x}_2 \wedge x_3 \wedge x_4)\\&\vee (\overline{x}_1 \wedge x_2 \wedge x_3 \wedge x_4) \vee (x_1 \wedge x_2 \wedge \overline{x}_3 \wedge x_4)\\&\vee (x_1 \wedge x_2 \wedge x_3 \wedge \overline{x}_4)\\&=m_1 \vee m_3 \vee m_7 \vee m_{11} \vee m_{14} \vee m_{15}\\&=\sum\nolimits_{1,3,7,11,14,15}\end{aligned}$$

【例 6-29】 (1)将布尔代数$\langle\{0,a,b,1\},\vee,\wedge,^{-},0,1\rangle$上的布尔表达式

$$f(x_1,x_2)=(a \wedge x_1) \wedge (x_1 \vee \overline{x}_2) \vee (b \wedge x_1 \wedge x_2)$$

化成析取范式。

(2)将布尔代数$\langle\{0,1\},\vee,\wedge,^{-},0,1\rangle$上的布尔表达式

$$f(x_1,x_2,x_3)=(x_1 \wedge x_2) \vee x_3$$

化成合取范式。

**解** (1)
$$\begin{aligned}f(x_1,x_2)&=(a \wedge x_1) \wedge (x_1 \vee \overline{x}_2) \vee (b \wedge x_1 \wedge x_2)\\&=(a \wedge x_1 \wedge x_1) \vee (a \wedge x_1 \wedge \overline{x}_2) \vee (b \wedge x_1 \wedge x_2)\\&=(a \wedge x_1) \vee (b \wedge x_1 \wedge x_2)\\&=(a \wedge x_1 \wedge x_2) \vee (a \wedge x_1 \wedge \overline{x}_2) \vee (b \wedge x_1 \wedge x_2)\\&=(x_1 \wedge x_2) \vee (a \wedge x_1 \wedge \overline{x}_2)\\&=m_3 \vee (a \wedge m_2)\end{aligned}$$

(2)
$$\begin{aligned}f(x_1,x_2,x_3)&=(x_1 \wedge x_2) \vee x_3\\&=(x_1 \vee x_3) \wedge (x_2 \vee x_3)\\&=\{(x_1 \vee x_3) \vee (x_2 \wedge \overline{x}_2)\} \wedge \{(x_1 \wedge \overline{x}_1) \vee (x_2 \vee x_3)\}\\&=(x_1 \vee x_2 \vee x_3) \wedge (x_1 \vee \overline{x}_2 \vee x_3) \wedge (\overline{x}_1 \vee x_2 \vee x_3)\\&=M_0 \wedge M_2 \wedge M_4\\&=\prod\nolimits_{0,2,4}\end{aligned}$$

## 6.5.2 布尔函数

布尔代数$\langle B,\vee,\vee,^{-},0,1\rangle$上的任一 $n$ 元布尔表达式 $f(x_1,x_2,\cdots,x_n)$，对 $n$ 个变元的每一指派，都可得到相应的表达式的值，这值属于 $B$。所以，$f(x_1,x_2,\cdots,x_n)$可视为 $B^n$ 到 $B$ 的函数。但 $n$ 个变元的析取范式(或合取范式)最多只有$|B|^{2^n}$ 个，所以，至多只能代表$|B|^{2^n}$ 个不同的函数。从 $B^n$ 到 $B$ 的函数共有$|B|^{|B^n|}=|B|^{|B|^n}$ 个。现分情况讨论：

(1)$B=\{0,1\}$时，从 $B^n$ 到 $B$ 的函数共有 $2^{2^n}$ 个，析取范式也有 $2^{2^n}$ 个，恰好每一范式代表一个函数。所以，在 $B=\{0,1\}$时，每一函数均可用布尔表达式表示。

例,表 6-4 所示的函数可表示为

$$f=(\overline{x}_1\wedge\overline{x}_2\wedge\overline{x}_3)\vee(\overline{x}_1\wedge x_2\wedge\overline{x}_3)\vee(x_1\wedge\overline{x}_2\wedge\overline{x}_3)\vee(x_1\wedge\overline{x}_2\wedge x_3)$$
$$=(\overline{x}_1\wedge\overline{x}_3)\vee(x_1\wedge\overline{x}_2)。$$

(2)$B\neq\{0,1\}$时,例如 $B=\{0,a,b,1\}$时,从 $B^n$ 到 $B$ 的函数共有 $4^{4^n}$ 个,但析取范式仍只有 $4^{2^n}$ 个,所以,不是每一函数都可用布尔表达式表示。

**定义 6.5.8** 设$\langle B,\vee,\wedge,^{-},0,1\rangle$是一个布尔代数,一个从 $B^n$ 到 $B$ 的函数,如果能够用该布尔代数上的 $n$ 元布尔表达式表示,那么这个函数就称为布尔函数(Boolean Function)。

例如,表 6-5 所示的函数不是布尔函数。若不然,不妨设

$$f(x_1,x_2)=(a_1\wedge\overline{x}_1\wedge\overline{x}_2)\vee(a_2\wedge\overline{x}_1\wedge x_2)\vee(a_3\wedge x_1\wedge\overline{x})\vee(a_4\wedge x_1\wedge x_2)$$

这里 $a_i$ 取值于 $B=\{0,a,b,1\}$,根据表的第一行

$$f(0,0)=(a_1\wedge 1\wedge 1)=a_1=1$$

根据表的第二行

$$f(0,a)=(a_1\wedge 1\wedge b)\vee(a_2\wedge 1\wedge a)$$
$$=(a_1\wedge b)\vee(a_2\wedge a)$$
$$=b\vee(a_2\wedge a)=0$$

不管 $a_2$ 取什么值,上式都不可能成立。所以,布尔表达式表示不了这个函数,它不是布尔函数。

## *6.6 布尔函数在电路设计中的应用

布尔代数的应用极为广泛,其中最明显的是在自动化技术和计算机技术中的应用。本节仅介绍开关代数在电路分析与综合中的应用。

对电路进行分析是指找出电路接通和电路断开的条件;对电路进行综合,则是指根据所给条件来设计电路使其能满足这些条件。

电路分析的方法是:先根据电路图写出其构造式,然后利用函数值表求出与各开关所处状态相应的函数值,使函数值取 1 者即为电路接通时各开关所处的状态——电路工作的条件。

电路综合从开关函数的观点看就是已知函数值,求出函数表达式。可以利用求析取范式的方法解决。现举例说明。

【例 6-30】 (电路分析)设电路图如图 6-17 所示,试对它进行分析,找出其工作的条件。

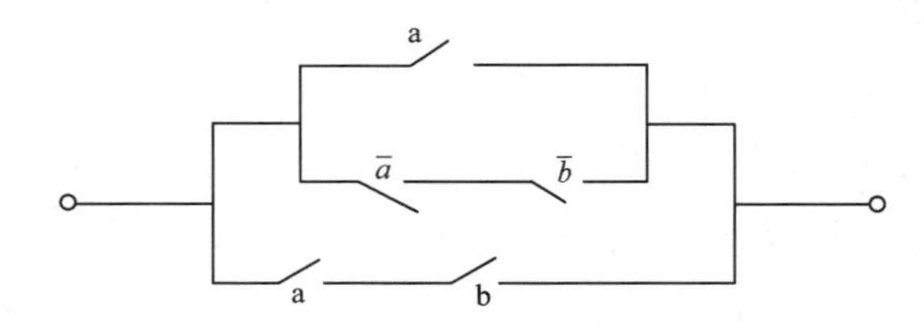


图 6-17 电路图

**解** 该电路的构造式是 $a\vee(\overline{a}\wedge\overline{b})\vee(a\wedge b)$，为了便于分析，首先将它化简：

$$\begin{aligned}a\vee(\overline{a}\wedge\overline{b})\vee(a\wedge b)&=((a\vee\overline{a})\wedge(a\vee\overline{b}))\vee(a\wedge b)\\&=(a\vee\overline{b})\vee(a\wedge b)\\&=(a\vee(a\wedge b))\vee\overline{b}\\&=a\vee\overline{b}\end{aligned}$$

作 $a\vee\overline{b}$ 的函数值表（如表 6-6 所示），即知该电路工作的条件是：

(1)$a=b=0$；　　(2)$a=1,b=0$；　　(3)$a=b=1$。

表 6-6　$a\vee\overline{b}$ 函数值表

| $a$ | $b$ | $a\vee\overline{b}$ |
|---|---|---|
| 0 | 0 | 1 |
| 0 | 1 | 0 |
| 1 | 0 | 1 |
| 1 | 1 | 1 |

【例 6-31】（电路综合）设计一个为三人小组进行秘密表决的电路，要求信号在两人或两人以上按下开关表示同意时亮，其他情况不亮。

**解** 该三人各控制开关 $a,b,c$，根据题意作出开关函数 $f(a,b,c)$ 的函数值表及函数值取 1 的各行的小项如表 6-7 所示，这些小项的并即为该电路的析取范式：

$$f(a,b,c)=(\overline{a}\wedge b\wedge c)\vee(a\wedge\overline{b}\wedge c)(a\wedge b\wedge\overline{c})\vee(a\wedge b\wedge c)$$

将它化简得

$$f(a,b,c)=(a\wedge(b\vee c))\vee(b\wedge c)$$

表 6-7　$f(a,b,c)$ 函数值表

| $a$ | $b$ | $c$ | $f(a,b,c)$ | $m_k$ |
|---|---|---|---|---|
| 0 | 0 | 0 | 0 | |
| 0 | 0 | 1 | 0 | |
| 0 | 1 | 0 | 0 | |
| 0 | 1 | 1 | 1 | $m_3=\overline{a}\wedge b\wedge c$ |
| 1 | 0 | 0 | 0 | 0 |
| 1 | 0 | 1 | 1 | $m_5=a\wedge\overline{b}\wedge c$ |
| 1 | 1 | 0 | 1 | $m_6=a\wedge b\wedge\overline{c}$ |
| 1 | 1 | 1 | 1 | $m_7=a\wedge b\wedge c$ |

则满足该工作条件的电路如图 6-18 所示。

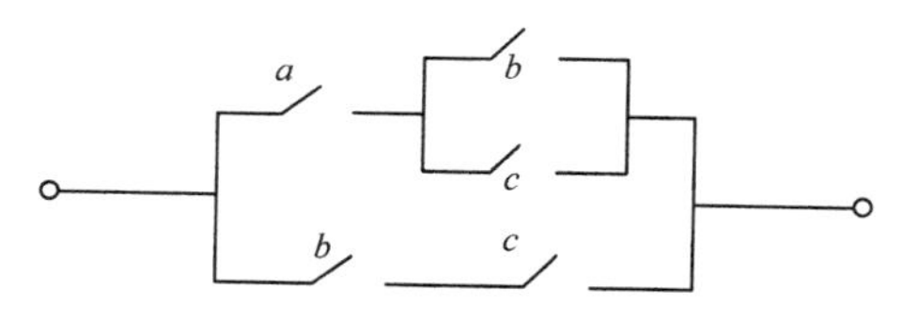


图 6-18　例 6-31 电路图

## 本章小结

对于计算机科学来说，格与布尔代数是两个重要的代数系统。在开关理论、计算机的逻辑设计及其他一些科学领域中都直接应用了格与布尔代数。这两个系统有一个重要特点：

强调次序关系。本章主要介绍了格的概念、分配格、有补格、布尔代数、布尔表达式。其中，格、布尔代数、布尔表达式是重点。

## 习　题

1. 下列各集合对于整除关系都构成偏序集，判断哪些偏序集是格。

(1) $L=\{1,2,3,4,5\}$

(2) $L=\{1,2,3,6,12\}$

(3) $L=\{1,2,3,4,6,9,12,18,36\}$

2. 试说明四个元素的集合有 15 种划分，画出相应的格的图。

3. 证明在任何格 $\langle L,\leqslant\rangle$ 中，对任意 $a,b,c\in L$，有 $((a*b)\oplus(a*c))*((a*b)\oplus(b*c))\leqslant ab$ 成立。

4. 设 $\langle L,\leqslant\rangle$ 是一个格，$a$ 是 $L$ 中的一个固定元素。试证明以下的两个从 $L$ 到 $L$ 的映射 $\varphi_1$ 和 $\varphi_2$ 都是保序映射，其中 $\varphi_1$ 和 $\varphi_2$ 分别定义如下：对于任意 $x\in L$，$\varphi_1(x)=x*a$，$\varphi_2(x)=x\oplus a$。

5. 设两个格为 $\langle L,*,\oplus\rangle$ 和 $(S,\wedge,\vee)$，在集合 $L$ 和 $S$ 中，对应于保交和保联运算的偏序关系分别是 $\leqslant$ 和 $\leqslant'$。$f$ 是 $L$ 到 $S$ 的双射，则 $f$ 是 $\langle L,*,\oplus\rangle$ 到 $(S,\wedge,\vee)$ 的格同构，当且仅当对任意 $a,b\in L$，有 $a\leqslant b\Leftrightarrow f(a)\leqslant' f(b)$。

6. 设 $\langle L,\leqslant\rangle$ 是有限格。证明：$L$ 中必有最大元和最小元。

7. 设 $\mathbf{S}$ 为所有正偶数集合，$\mathbf{N}$ 为所有正整数集合。证明：$\langle \mathbf{N},|\rangle$ 与 $\langle \mathbf{S},|\rangle$ 同构。

8. 设 $\langle B,\cdot,+,\bar{\ },0,1\rangle$ 是布尔代数，$a,b,c\in B$. 证明以下等式：

(1) $a+(\bar{a}\cdot b)=a+b$

(2) $a\cdot(\bar{a}+b)=a\cdot b$

(3) $(a\cdot b)+(a\cdot\bar{b})=a$

(4) $(a+b)\cdot(a+\bar{b})=a$

(5) $(a\cdot b\cdot c)+(a\cdot b)=a\cdot b$

9. 设 $\langle B,\cdot,+,\bar{\ },0,1\rangle$ 是布尔代数，证明：对于任意 $a,b,c\in B$ 有下列式子成立：

(1) $a=b$ 当且仅当 $(a\cdot\bar{b})+(\bar{a}\cdot b)=0$；

(2) $a=0$ 当且仅当 $(a\cdot\bar{b})+(\bar{a}\cdot b)=b$；

(3) 如果 $a\leqslant b$，则有 $a+b\cdot c=b\cdot(a+c)$；

(4) $(a+\bar{b})\cdot(b+\bar{c})\cdot(c+\bar{a})=(\bar{a}+b)\cdot(\bar{b}+c)\cdot(\bar{c}+a)$。

10. 设 $B$ 是布尔代数，对任意 $a,b,c\in B$，如果 $a\leqslant c$，则有

$$a\vee(b\wedge c)=(a\vee b)\wedge c$$

称这个等式为模律。证明布尔代数适合模律。

11. 设 $B$ 是布尔代数，对任意 $a,b\in B$，证明：

$$a\leqslant c\Leftrightarrow a\wedge b'=0\Leftrightarrow a'\vee b=1$$

12. 设 $\langle B,\wedge,\vee,',0,1\rangle$ 是布尔代数，在 $B$ 上定义二元运算 $\oplus$，对任意 $x,y\in B$ 有

$$x\oplus y=(x\wedge y')\vee(x'\wedge y)$$

问 $\langle B,\oplus\rangle$ 能否构成代数系统？如果能，指出是哪一种代数系统，为什么？

13. 设 $B_1,B_2,B_3$ 是布尔代数。证明：如果 $B_1\cong B_2$，$B_2\cong B_3$，则有 $B_1\cong B_3$。

# 第4篇
# 图 论

图论是近年来发展迅速而又应用广泛的一门新兴学科。它最早起源于一些数学游戏的难题研究，如1736年欧拉所解决的哥尼斯堡七桥问题，以及在民间广泛流传的一些游戏难题，如迷宫问题、匿名博弈问题、棋盘上马的行走路线问题等。这些古老的难题，当时吸引了很多学者的注意，在这些问题研究的基础上又继续提出了著名的四色猜想、哈密尔顿数学难题。图论中许多的概论和定理的建立都与解决这些问题有关。

1847年，克希霍夫(Kirchhoff)第一次把图论用于电路网络的拓扑分析，开创了图论面向实际应用的成功先例。此后，随着实际的需要和科学技术的发展，图论得到了迅猛的发展，已经成了数学领域中最繁茂的分支学科之一。尤其在电子计算机问世后，图论的应用范围更加广泛，在解决运筹学、信息论、控制论、网络理论、博弈论、化学、社会科学、经济学、建筑学、心理学、语言学和计算机科学中的问题时，扮演着越来越重要的角色，受到工程界和数学界的特别重视，成为解决许多实际问题的基本工具之一。

图论研究的课题和包含的内容十分广泛，专门著作很多，很难在一本教科书中概括它的全貌。作为离散数学的一个重要内容，本书主要围绕与计算机科学有关的图论知识介绍一些基本的图论概念、定理和研究内容，同时也介绍一些与实际应用有关的基本图类和算法，为应用、研究和进一步学习奠定基础。

第4篇
图论

# 第7章 图

图论是一门很有实用价值的学科，它在数据结构、形式语言、分布式系统、计算机图形学、操作系统、编译原理等方面均有很重要的应用。这种应用的多样化，使它受到数学界和工程界的极大重视。

## 7.1 图的基本概念

### 7.1.1 图的定义

在日常生活、科学研究中，人们通常用结点表示事物，而事物之间是否有联系常以它们之间有无连线表示，若两者这种联系是单向的，则可用单向带箭头的连线表示。与实际中图相区别的是，这里仅关心点之间是否有连线，或是否有带箭头的连线，而不关心结点的位置及它们之间连线的曲直。

【例 7-1】 四个城市 $a,b,c,d$，用四个结点表示，若用连线表示其中两个城市是否有航班，那么这四城市之间的航班情况可用图 7-1 表示。

图 7-1 中用不带箭头的连线，表示 $a,b,c,d$ 四个城市两两之间是否有对飞航班的情况。此即为无向图。

若用始端在某个结点，终端在另外一个结点的带箭头的线段，相应表示从一个城市到另外一个城市有单飞航班的情形，则某四个城市之间的航班情况可用图 7-2 表示，即表示有 $b$ 到 $a$，$b$ 到 $c$，$c$ 到 $d$，$d$ 到 $a$，$d$ 到 $b$ 的单飞航班和 $a$ 与 $c$ 之间的对飞航班。此即为有向图。

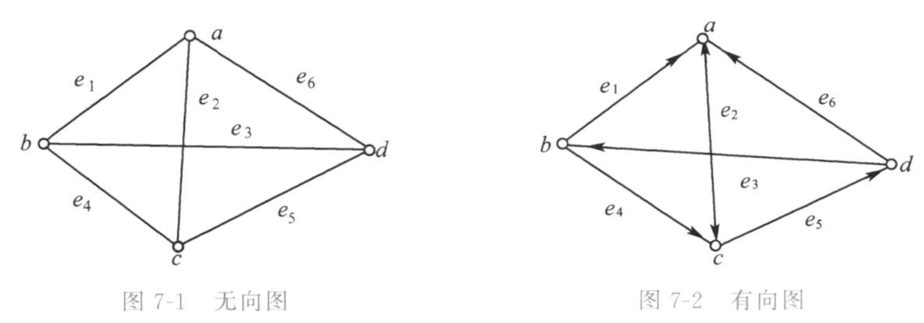


图 7-1 无向图　　图 7-2 有向图

**定义 7.1.1** 设图 $G=(V,E)$，其中 $V$ 是非空的结点的集合，它的元素称为结点；$E$ 为边的集合（可以为空），它的元素称为边。我们将结点 $u,v$ 的无序偶记为 $(u,v)$，将结点

$u,v$ 的有序偶记为 $\langle u,v\rangle$。

如果边集合 $E$ 是由结点的无序偶组成的，即结点间的连线不带箭头，则图 $G$ 称为无向图；若边集合 $E$ 是由结点的有序偶组成的，即结点间的连线带箭头，则图 $G$ 称为有向图。

**定义 7.1.2** 若图 $G$ 中的边 $e$ 与结点 $u,v$ 的无序偶 $(u,v)$ 相对应，则称 $e$ 为无向边，记为 $e=(u,v)$。无向图中，边 $(u,v)$ 等价于 $(v,u)$，称结点 $u,v$ 与边 $e=(u,v)$ 相关联，也称结点 $u$ 与结点 $v$ 相邻接。

若图 $G$ 中的边 $e$ 与结点 $u,v$ 的有序偶 $\langle u,v\rangle$ 相对应，则称 $e$ 为有向边或弧。有向图中，有向边 $e=\langle u,v\rangle$ 表示从结点 $u$ 指向 $v$ 的带箭头的线，$u$ 称为起点（或弧尾），$v$ 称为终点或端点（或弧头），称结点 $u$ 邻接到结点 $v$，称结点 $v$ 邻接自结点 $u$。

例如，图 7-1 中结点 $b,d$ 与 $e_3$ 相关联，也称结点 $b,d$ 相邻接；图 7-2 中结点 $b$ 邻接到结点 $a$，或称结点 $a$ 邻接自结点 $b$。

若图 $G$ 中既有有向边，又有无向边，就称 $G$ 为混合图。一个有向图的基图是去掉边的方向后得到的无向图（可以含有平行边和环）。

**定义 7.1.3** 关联于同一结点的两条边称为邻接边；关联于同一结点的一条边称为自回路或环。

环既可作有向边，也可作无向边。

**定义 7.1.4** 结点集合 $V$ 的元素个数称为图 $G$ 的阶，记为 $|V|$。如 $n$ 阶图表明图中结点数目为 $n$ 个。

若 $E=\varnothing$，则称图 $G$ 为零图，即仅由孤立结点构成的图；仅由一个孤立结点构成的图称为平凡图。

**定义 7.1.5** 在无向图中，关联于同一对结点无序偶的无向边多于 1 条，则称这些边为平行边，平行边的条数称为重数。在有向图中，关联于同一对结点有序偶的有向边如果多于 1 条，且这些边的始点与终点相同（即方向相同），则称这些边为平行边。含平行边的图称为多重图。既不含平行边又不含环的图称为简单图。

【例 7-2】 如图 7-3，图 7-4 中 $e_4$ 为自回路（或环），图 7-3 中 $e_1$ 和 $e_6$，$e_3$ 和 $e_5$，图 7-4 中 $e_3$ 和 $e_5$ 都是平行边，故两个图都是多重图。

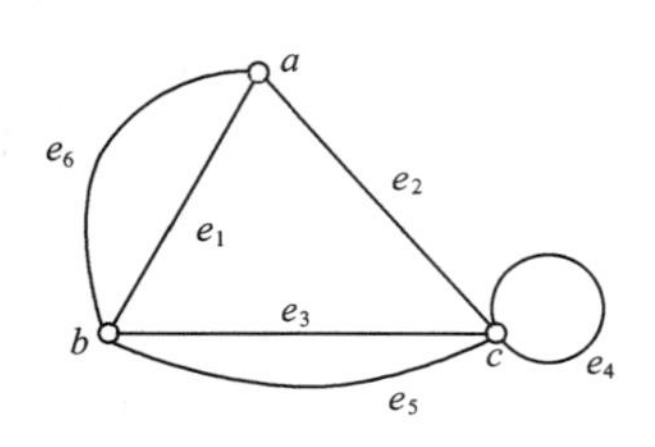

图 7-3 无向多重图

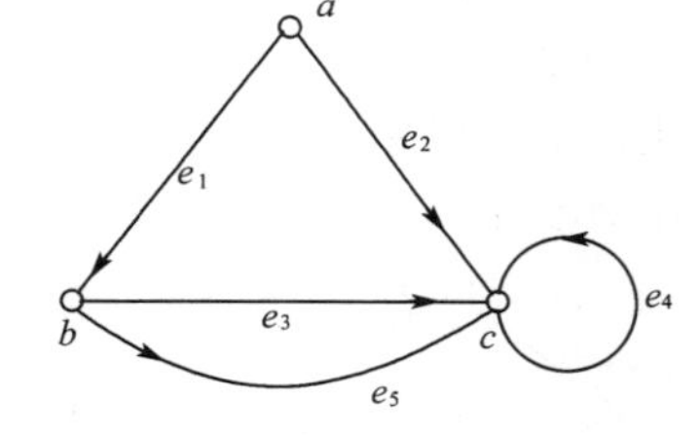

图 7-4 有向多重图

## 7.1.2 子图与补图

### 1. 子图

**定义 7.1.6** 设图 $G=(V,E)$ 和 $G'=(V',E')$（同为有向图或同为无向图）。

(1) 若 $V'\subseteq V$，$E'\subseteq E$，则称 $G'$ 是 $G$ 的子图。

(2)若 $G'$ 是 $G$ 的子图，且 $E' \neq E$，则称 $G'$ 是 $G$ 的真子图。

(3)若 $V'=V, E' \subseteq E$，则称 $G'$ 是 $G$ 的生成子图。

(4)设 $V' \subseteq V$，且 $V' \neq \varnothing$，以 $V'$ 为结点集，以两端点均在 $V'$ 中的全体边为边集的 $G$ 的子图，称为由 $V'$ 确定的导出子图(Induced Subgraph)，记为 $G[V']$。设 $E' \subseteq E$，且 $E' \neq \varnothing$，以 $E'$ 为边集，以 $E'$ 中边关联的结点的全体为结点集的 $G$ 的子图，称为 $E'$ 确定的导出子图，记为 $G[E']$。

图 7-5 给出了图 $G$ 的真子图 $G_1$ 和生成子图 $G_2$。

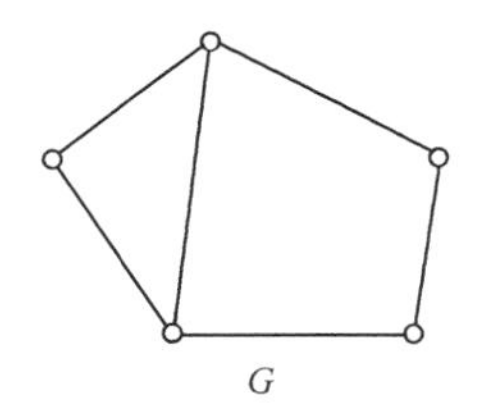

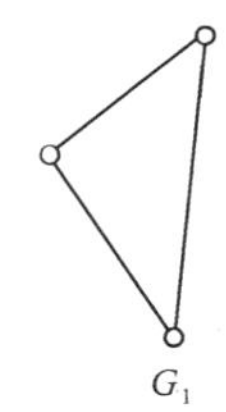

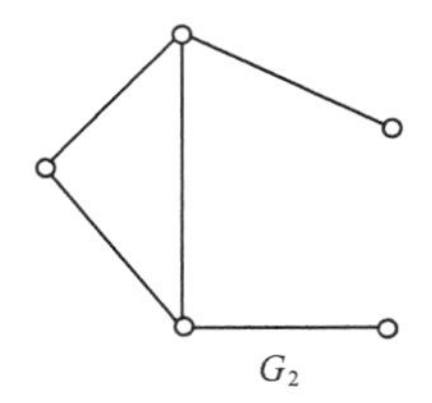


图 7-5 图 $G$ 的真子图 $G_1$ 和生成子图 $G_2$

例如，图 7-6 中，设 $G$ 如图 7-6(a)所示，取 $V_1=\{a,b,c\}$，则 $V_1$ 的导出子图 $G[V_1]$ 如图 7-6(b)所示；取 $E_1=\{e_2,e_4\}$，则 $E_1$ 的导出子图 $G[E_1]$ 如图 7-6(c)所示。

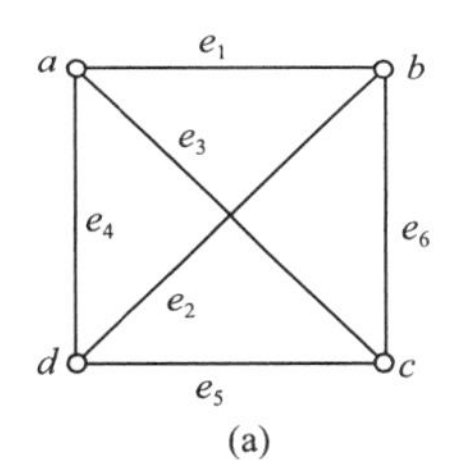

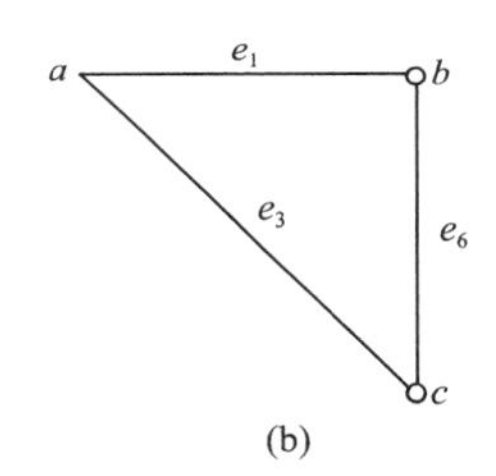

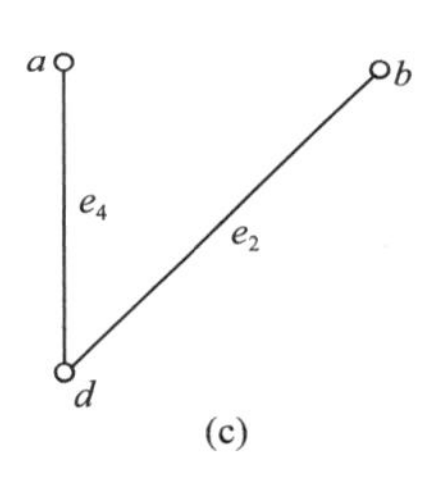


图 7-6 图 $G$ 及其导出子图 $G[V_1]$ 和 $G[E_1]$

**定义 7.1.7** 如果图 $G$ 中的一个子图是通过删去图 $G$ 的结点集 $V$ 的一个子集 $V_1$ 的所有结点及其相关的所有边得到的，则将该子图记为 $G-V_1$；如果图 $G$ 中的一个子图是通过删去图 $G$ 的边集 $E$ 的一个子集 $E_1$ 的所有边而不删去它的结点得到的，则该子图记为 $G-E_1$。

**注意**：以上叙述的几种子图的定义是从不同的方面定义的，相互之间不一定有包含关系。但可以肯定 $G-E_1$ 是 $G$ 的生成子图，$G-V_1$ 是 $G$ 的真子图。

**2. 补图**

为了介绍补图概念，先看看什么是完全图。

**定义 7.1.8** 简单无向图 $G=(V,E)$ 中，若每一对结点间都有边相连，则称该图为无向完全图。有 $n$ 个结点的无向完全图记作 $K_n$。

简单有向图中，对任一对结点 $u,v$，既存在有向边(弧)$\langle u,v\rangle$，又存在有向边(弧)$\langle v,u\rangle$，则称为有向完全图。具有 $n$ 个结点的有向完全图记作 $D_n$。

**定理 7.1.1** $n$ 个结点的无向完全图 $K_n$ 的边数为 $\frac{1}{2}n(n-1)$。

**证明** 在 $K_n$ 中，任意两点间都有边相连，$n$ 个结点中任取两点的组合数为：

$C_n^2=\frac{1}{2}n(n-1)$，故 $K_n$ 的边数为：

$$|E(K_n)|=\frac{1}{2}n(n-1)$$

**定义 7.1.9** 给定一个图 $G$，由 $G$ 中所有结点和所有能使 $G$ 成为完全图所添加的边组成的图，称为 $G$ 的相对于完全图的补图，或简称为 $G$ 的补图，记作 $\overline{G}$。

【例 7-3】 画出图 7-7 的相对完全图的补图。

**解** 图 7-7 相对完全图的补图如图 7-8 所示。

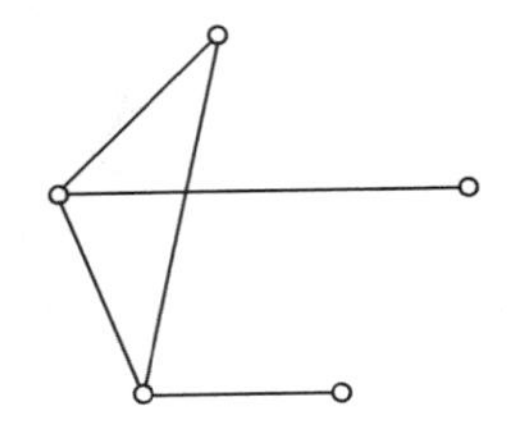

图 7-7 相对完全图

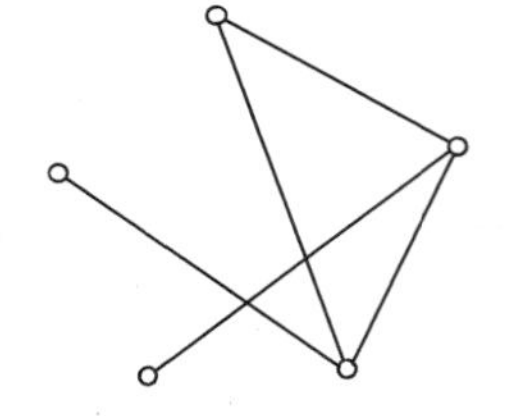

图 7-8 相对完全图的补图

**定义 7.1.10** 设 $G'=(V',E')$ 是图 $G=(V,E)$ 的子图，若给定另外一个图 $G''=(V'',E'')$，使得 $E''=E-E'$，且 $V''$ 是仅包含 $E''$ 的边所关联的结点。则称 $G''$ 是子图 $G'$ 的相对于图 $G$ 的补图。

**注意**：用以上两定义可知，补图与相对补图的区别在于原图 $G$ 是否是完全图。

## 7.1.3 结点的度

在对图的研究中，还常常需要了解图中与一结点相连的有多少条边，此即结点的度。

**定义 7.1.11** 在无向图 $G=(V,E)$ 中，与结点 $v(v\in V)$ 关联的边数，称作该结点的度数，记作 $\deg(v)$。

此外，记 $\Delta(G)=\max\{\deg(v)\mid v\in V\}$，$\delta(G)=\min\{\deg(v)\mid v\in V\}$，分别为图 $G$ 的最大度和最小度。

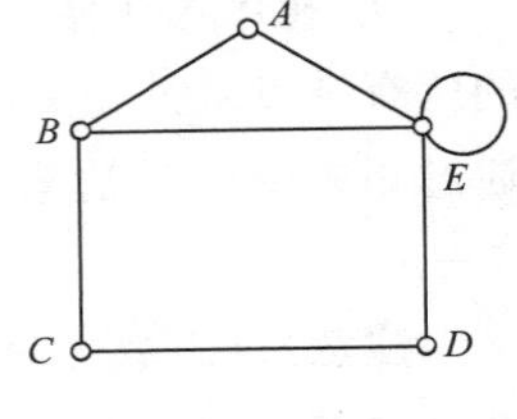


图 7-9 无向图 $G$

如图 7-9，结点 $A$ 的度数为 2，即 $\deg(A)=2$，结点 $B$ 的度数为 3，即 $\deg(B)=3$。约定：每个自回路或环在其对应结点上度数增加 2。故结点 $E$ 的度数为 5，即 $\deg(E)=5$。且图 $G$ 的最大度、最小度分别为：$\Delta(G)=5$，$\delta(G)=2$。

握手定理的应用

**定理 7.1.2** （**握手定理**）图 $G=(V,E)$ 中，结点度数的总和等于边数的两倍，即

$$\sum_{v\in V}\deg(v)=2|E|$$

**证明** 因为每条边必关联两个结点，而一条边给予关联的每个结点的度数为 1。因此在一个图中，结点度数的总和等于边数的两倍。

**定理 7.1.3** 在任何图中，度数为奇数的结点必定是偶数个。

**证明** 设 $V_1$ 和 $V_2$ 分别是 $G$ 中奇数度数和偶数度数的结点集，则由定理 7.1.2，有

$$\sum_{v\in V_1}\deg(v)+\sum_{v\in V_2}\deg(v)=\sum_{v\in V}\deg(v)=2|E|$$

由于 $\sum_{v \in V_2} \deg(v)$ 是偶数之和，必为偶数，而 $2|E|$ 是偶数，故得 $\sum_{v \in V_1} \deg(v)$ 是偶数，因此 $|V_1|$ 必是偶数。

**定义 7.1.12** 在有向图中，射入一个结点 $v$ 的边数称为该结点的入度，用 $\deg^-(v)$ 表示。由一个结点 $v$ 射出的边数称为该结点的出度，用 $\deg^+(v)$ 表示。结点的出度与入度之和就是该结点的度数，记 $\deg(v)=\deg^-(v)+\deg^+(v)$。

类似可定义最大度 $\Delta(G)$ 和最小度 $\delta(G)$。再令

$$\Delta^+(G)=\max\{\deg^+(v) \mid v \in V\}$$
$$\delta^+(G)=\min\{\deg^+(v) \mid v \in V\}$$
$$\Delta^-(G)=\max\{\deg^-(v) \mid v \in V\}$$
$$\delta^-(G)=\min\{\deg^-(v) \mid v \in V\}$$

分别表示最大出度，最小出度，最大入度，最小入度。以上记号可分别简记为 $\Delta^+$，$\delta^+$，$\Delta^-$，$\delta^-$。

例如：在有向图 $G$（图 7-10）中，相应结点的入度、出度如表 7-1 所示。

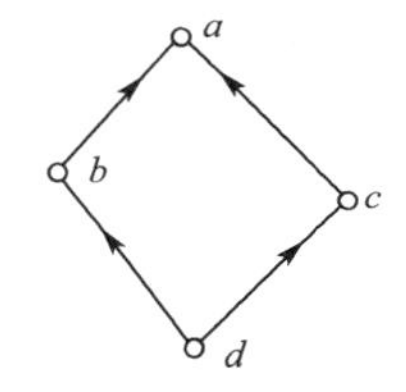


图 7-10 有向图 $G$

表 7-1 有向图 $G$ 结点度数表

| 结　点 | 入　度 | 出　度 | 度　数 |
|---|---|---|---|
| $a$ | 2 | 0 | 2 |
| $b$ | 1 | 1 | 2 |
| $c$ | 1 | 1 | 2 |
| $d$ | 0 | 2 | 2 |

$\deg^-(a)=2$，$\deg^+(c)=1$，而 $\Delta^+(G)=2$，$\delta^+(G)=0$，$\Delta^-(G)=2$，$\delta^-(G)=0$。

**定理 7.1.4** 在任何有向图中，所有结点入度之和等于所有结点的出度之和，且等于总的边数。

**证明** 因为每一条有向边必对应一个入度和一个出度，若一个结点具有一个入度或出度，则必关联一条有向边，所以，有向图中各结点入度之和等于边数，各结点出度之和也等于边数，因此，任何有向图中，入度之和等于出度之和，且等于总的边数。

【例 7-4】 试证：在无向完全图中，将所有无向边变成有向边后，所有结点入度的平方之和等于所有结点的出度的平方之和。

**证明** 记更改后的有向图为 $G=(V,E)$，其中 $|V|=n$，则由在任何有向图中所有结点的入度之和等于出度之和可知

$$\sum_{i=1}^{n} \deg^+(v_i)=\sum_{i=1}^{n} \deg^-(v_i)$$

由 $n$ 个结点的无向图 $K_n$ 的边数为 $\frac{1}{2}n(n-1)$ 可知

$$边数=\frac{1}{2}n(n-1)=\sum_{i=1}^{n}\deg^{+}(v_i)=\sum_{i=1}^{n}\deg^{-}(v_i)$$

而对图 $G$ 任一结点 $v_i$，

$$\deg^{+}(v_i)+\deg^{-}(v_i)=n-1$$

故

$$\begin{aligned}\sum_{i=1}^{n}(\deg^{+}(v_i))^2&=\sum_{i=1}^{n}(n-1-\deg^{-}(v_i))^2\\&=\sum_{i=1}^{n}(n-1)^2-2\sum_{i=1}^{n}(n-1)\deg^{-}(v_i)+\sum_{i=1}^{n}(\deg^{-}(v_i))^2\\&=\sum_{i=1}^{n}(n-1)^2-2(n-1)\sum_{i=1}^{n}\deg^{-}(v_i)+\sum_{i=1}^{n}(\deg^{-}(v_i))^2\\&=n(n-1)^2-2(n-1)\times\frac{1}{2}n(n-1)+\sum_{i=1}^{n}(\deg^{-}(v_i))^2\\&=\sum_{i=1}^{n}(\deg^{-}(v_i))^2\end{aligned}$$

设 $V=\{v_1,v_2,\cdots,v_n\}$ 是图 $G$ 的结点集，称 $\deg(v_1),\deg(v_2),\cdots,\deg(v_n)$ 为 $G$ 的度序列。如图 7-9 的度序列为 2,3,2,2,5。

【例 7-5】 (1)图 $G$ 的度序列为 2,2,3,3,4,则边数 $m$ 是多少？

(2)3,3,2,3 与 5,2,3,1,4 能成为图的度序列吗，为什么？

(3)图 $G$ 有 12 条边，度数为 3 的结点有 6 个，其余结点度均小于 3，问图 $G$ 中至少有几个结点？

**解** (1) 由握手定理 $2m=\sum_{v\in V}\deg(v)=2+2+3+3+4=14$，所以 $m=7$。

(2) 由于这两个序列中有奇数个奇数，由定理 7.1.3 可知，它们都不能成为图的度序列。

(3) 由握手定理 $\sum_{v\in V}\deg(v)=2m=24$，度数为 3 的结点有 6 个占去 18 度，还有 6 度由其余结点占有，其余结点的度数可为 0,1,2，当均为 2 时所用结点数最少，所以应由 3 个结点占有这 6 度，即图 $G$ 中至少有 9 个结点。

【例 7-6】 证明：在 $n(n\geqslant 2)$ 个人的集体中，总有两个人在此团体中恰有相同个数的朋友。

**解** 以结点代表人，两个人如果是朋友，则在代表他们的结点间连上一条边，这样可得无向简单图 $G$，每个人的朋友数即是图中代表他的结点的度数，于是问题转化为：$n$ 阶无向简单图 $G$ 必有两个结点的度数相同。

用反证法：设 $G$ 中每个结点的度数均不相同，则度序列为 $0,1,2,\cdots,n-1$，说明图中有孤立点，而图 $G$ 是简单图，这与图中有 $n-1$ 度数的结点相矛盾。所以必有两个结点的度数相同。

## 7.1.4 图的同构

从图的定义可知，它的本质内容是结点与结点之间的邻接关系。图 7-11 的两个图尽管形式不同，但图中各结点间的连接情况是相同的，从此意义上说，图 7-11(a)图与图 7-11(b)图是同一个图，即同构。

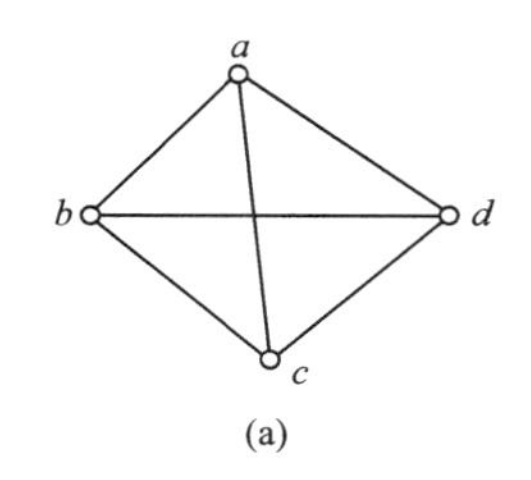


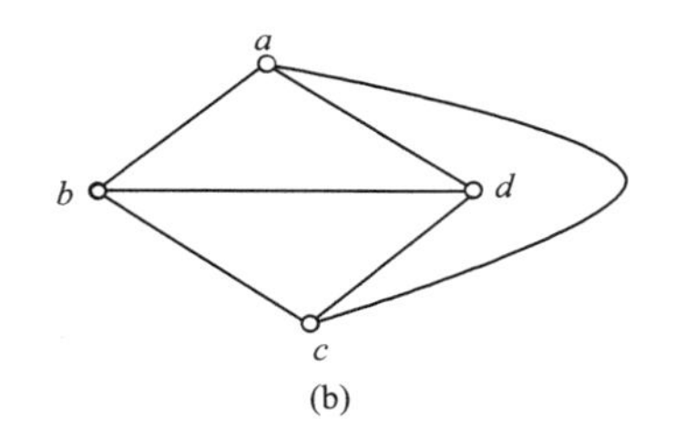


图 7-11 同构图

**定义 7.1.13** 设有图 $G=(V,E)$ 和 $G'=(V',E')$，如果存在双射 $g:V\to V'$，使得 $e=(u,v)\in E$ 当且仅当 $e'=(g(u),g(v))\in E'$，且 $(u,v)$ 与 $(g(u),g(v))$ 有相同的重数，则称 $G$ 与 $G'$ 同构，记为 $G\cong G'$。

从定义可以看到，若 $G$ 与 $G'$ 同构，它的充分必要条件是：两个图的结点和边分别存在着一一对应关系，且保持关联关系。

考察图 7-11 中的两个图，显然，若定义 $g:V\to V'$，且 $g(v)=v$，可以验证 $g$ 是满足定义 7.1.13 中的双射，故 $G\cong G'$。

【例 7-7】 证明：图 7-12 所示的两个图不同构。

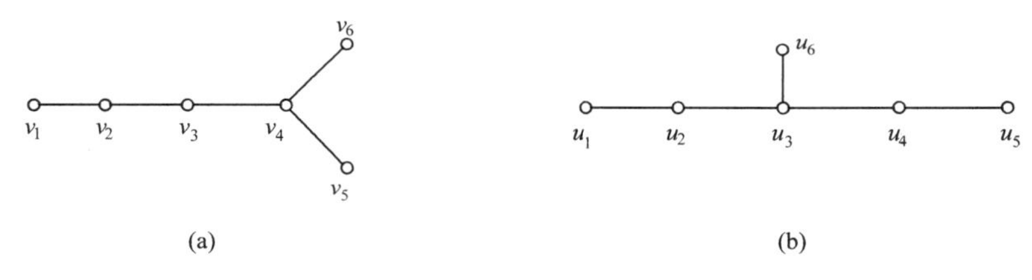


图 7-12 例 7-7 图

**证明** 若图 7-12(a)与图 7-12(b)同构，则对应结点的度数相同。图 7-12(a)中：

$$\deg(v_1)=\deg(v_5)=\deg(v_6)=1,\deg(v_2)=\deg(v_3)=2,\deg(v_4)=3$$

图 7-12(b)中：

$$\deg(u_1)=\deg(u_5)=\deg(u_6)=1,\deg(u_2)=\deg(u_4)=2,\deg(u_3)=3$$

因此若图 7-12(a)与图 7-12(b)同构，则必有 $v_4$ 和 $u_3$ 相对应，但是在图 7-12(a)中与 $v_4$ 邻接的结点中

$$\deg(v_5)=\deg(v_6)=1,\deg(v_3)=2$$

但是在图 7-12(b)中与 $u_3$ 邻接的结点中

$$\deg(u_2)=\deg(u_4)=2,\deg(u_6)=1$$

此与同构矛盾。

从该例容易看出，两个图同构的必要条件是：(1)结点数相同；(2)边数相同；(3)度序列相同。但不是充分条件。

一般说来，要判定两个图是否同构非常困难，尚无简单的通用方法。但在某些情况下，可根据同构的必要条件有效地排除不同构的情况，如例 7-7。另外，容易证明，图的同构关系是图集上的等价关系。凡是同构的图将不予区分，只须考虑等价类中的代表元。在大多数情况下，不标出图的全部结点名称和边的名称。

# 7.2 路、回路与连通性

## 7.2.1 路与回路

**定义 7.2.1** 给定图 $G=(V,E)$，设 $e_1,e_2,\cdots,e_n\in E$，其中 $e_i$ 是关联于结点 $v_{i-1}$，$v_i$ 的边，交替序列 $v_0e_1v_1e_2\cdots e_{n-1}v_{n-1}e_nv_n$ 称为联结 $v_0$ 到 $v_n$ 的路。$v_0$ 和 $v_n$ 分别称作路的起点和终点，边的数目 $n$ 称作路的长度。当 $v_0=v_n$ 时，这条路称作回路。

若一条路中所有的边 $e_1,e_2,\cdots,e_n$ 均不相同，称作简单路(或简称迹)；若一条路中所有结点 $v_0,v_1,v_2,\cdots,v_n$ 均不相同，则称作基本路(或简称通路)；闭合的通路，即除 $v_0=v_n$ 外，其余的结点均不相同的路，就称作圈。

【例 7-8】 写出图 7-13 中的一条路，迹，通路，圈。

**解** $v_1e_2v_3e_3v_2e_3v_3e_4v_2e_6v_5e_7v_3$ 是图 7-13 中的一条路。

$v_5e_8v_4e_5v_2e_6v_5e_7v_3e_4v_2$ 是图 7-13 中的一条迹。

$v_4e_8v_5e_6v_2e_1v_1e_2v_3$ 是图 7-13 中的通路。

$v_2e_1v_1e_2v_3e_7v_5e_6v_2$ 是图 7-13 中的圈。

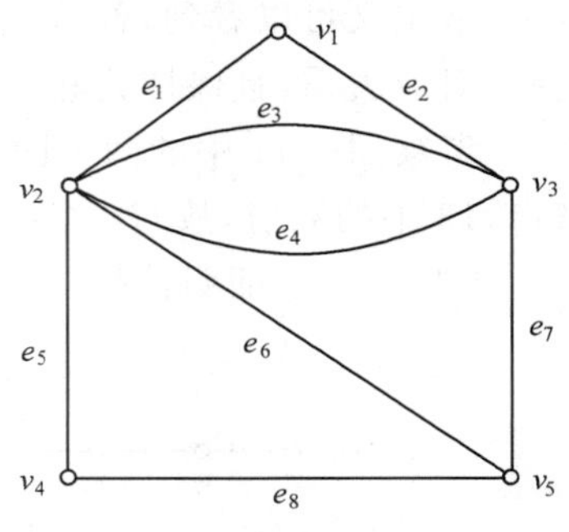

图 7-13 例 7-8 图

**定理 7.2.1** 在一个具有 $n$ 个结点的图中，如果从结点 $v_j$ 到结点 $v_k$ 存在一条路，则从结点 $v_j$ 到结点 $v_k$ 必存在一条不多于 $n-1$ 条边的通路。

**证明** 如果从结点 $v_j$ 到结点 $v_k$ 存在一条路，该路上的结点序列是 $v_j\cdots v_i\cdots v_k$，如果在这条路中有 $l$ 条边，则序列中必有 $l+1$ 个结点。若 $l>n-1$，则在路的结点序列 $v_j\cdots v_i\cdots v_k$ 中必存在结点 $v_s$，它在序列中出现不止一次，即必有结点序列 $v_j\cdots v_s\cdots v_s\cdots v_k$，在路中去掉从 $v_s$ 到 $v_s$ 的这些边，仍是 $v_j$ 到 $v_k$ 的一条路，但路的边数比原路的边数要少，如此重复进行下去，必可得到一条从 $v_j$ 到 $v_k$ 的不多于 $n-1$ 条边的通路。

**推论** 设图 $G=(V,E)$，$|V|=n$，则 $G$ 中任一圈长度不大于 $n$。

## 7.2.2 图的连通性

**定义 7.2.2** 在一个无向图 $G$ 中，若存在从结点 $v_i$ 到 $v_j$ 的通路(当然也存在从 $v_j$ 到 $v_i$ 的通路)，则称 $v_i$ 与 $v_j$ 是连通的(Connected)。规定 $v_i$ 到自身是连通的。无向图中，如果任何两个结点之间都是连通的，那么我们称此图为连通图，否则称为不连通图。

**定义 7.2.3** 无向图中，图 $G$ 的一个连通的子图(称为连通子图)若不包含在 $G$ 的任何更大的连通子图中，它就被称为连通分支。图 $G$ 的连通分支数记为 $W(G)$。

则定义 7.2.2 又可表述为：

若图 $G$ 只有一个连通分支，则称图 $G$ 是连通图。

例如，图 7-14(a)连通分支数为 3。而图 7-14(b)中连通分支数为 1，故它为连通图。

容易看出，连通性是无向图的结点集上的一个等价关系。对应于连通关系，存在无向图 $G$ 的结点集 $V$ 的一个划分 $\{V_1,V_2,\cdots,V_k\}$，使得 $G$ 中任何两个结点 $u$ 和 $v$ 连通，当且仅当 $u$

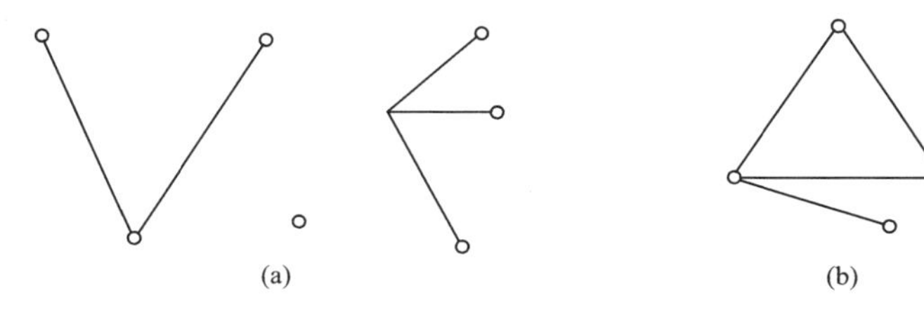


图 7-14 连通图与连通分支

和 $v$ 属于同一个划分块 $V_i(1\leqslant i\leqslant k)$。这样，导出子图 $G[V_i]$中任何两个结点都是连通的，而当 $i\neq j$ 时，$G[V_i]$的结点与 $G[V_j]$的结点间绝不会连通，因此 $G[V_i](1\leqslant i\leqslant k)$是 $G$ 的极大连通子图，即 $G$ 的连通分支。

另外，设 $u$ 和 $v$ 是无向图 $G$ 中的两个结点，若 $u$ 和 $v$ 是连通的，$u$ 和 $v$ 之间的最短通路之长称为 $u$ 和 $v$ 之间的距离，记为 $d(u,v)$。若 $u$ 和 $v$ 不是连通的，规定 $d(u,v)=\infty$。

容易证明，这里定义的距离满足欧几里得距离的三条公理，即

(1)$d(u,v)\geqslant 0$(非负性)；

(2)$d(u,v)=d(v,u)$(对称性)；

(3)$d(u,v)+d(v,w)\geqslant d(u,w)$(三角不等式)

下面讨论无向图的连通程度。

**定义 7.2.4** 设无向图 $G=(V,E)$为连通图，若有点集 $V_1\subset V$，使图 $G$ 删去 $V_1$ 的所有结点后(在连通图中，删除结点即是把结点以及与结点关联的边都删去)，所得的子图是不连通图，而删除了 $V_1$ 的任何真子集后，所得到的子图仍是连通图，则称 $V_1$ 是 $G$ 的一个点割集。若某一个结点构成一个点割集，则称该结点为割点。

例如，图 7-15(a)中移去割点 $s$ 后，成为有两个连通分支的非连通图 7-15(b)。

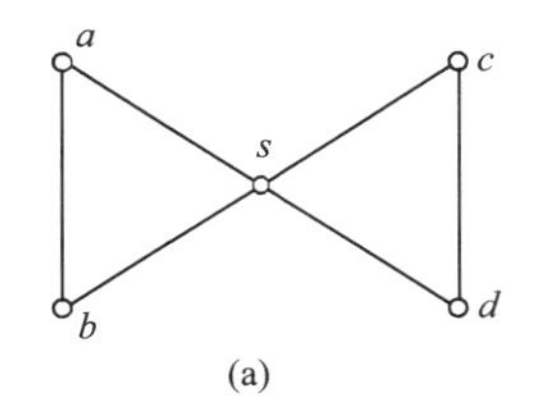

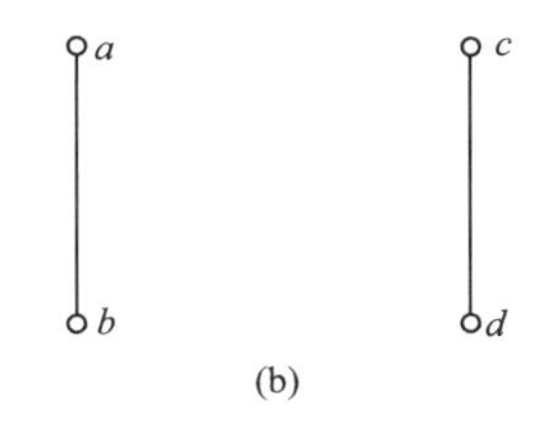


图 7-15 移去割点形成非连通图

若无向图 $G$ 不是完全图，可定义 $k(G)=\min\{|V_1|\,|V_1$ 是 $G$ 的点割集$\}$为 $G$ 的点连通度(或连通度)。$k(G)$是为了产生一个不连通图需要删去的点的最少数目。

容易知道：

(1)不连通图的连通度等于 0；

(2)存在割点的连通图的连通度为 1；

(3)完全图 $K_n$ 的连通度为 $k(K_n)=n-1$。

**定义 7.2.5** 设无向图 $G=(V,E)$为连通图，若有边集 $E_1\subset E$，使图 $G$ 中删除了 $E_1$ 中的所有边后(删边仅需把边删去即可)得到的子图是不连通图，而删除了 $E_1$ 的任一真子集后得到的子图是连通图，则称 $E_1$ 是 $G$ 的一个边割集。若某一个边构成一个边割集，则称该边为割边(或桥)。

若无向图 $G$ 不是完全图，可定义 $\lambda(G)=\min\{|E_1| \mid E_1$ 是 $G$ 的边割集$\}$为 $G$ 的边连通度。$\lambda(G)$是为了产生一个不连通图需要删去的边的最少数目。

设 $G_1,G_2$ 都是 $n$ 阶无向简单图，若 $k(G_1)>k(G_2)$，则称 $G_1$ 比 $G_2$ 的点连通度高。若 $\lambda(G_1)>\lambda(G_2)$，则称 $G_1$ 比 $G_2$ 的边连通度高。

**定理 7.2.2** 对于任何一个图 $G$，有 $k(G)\leqslant\lambda(G)\leqslant\delta(G)$。

证明略。

【例 7-9】 若图 $G$ 是不连通的，则 $G$ 的补图 $\overline{G}$ 是连通的。

**证明** 图 $G=(V,E)$不连通，则其连通分支为 $G_1,G_2,\cdots,G_s$，其相应的结点集为 $V_1,V_2,\cdots,V_s$，任取 $\overline{G}$ 中的两个结点 $u,v\in V$，则：

(1)若 $u,v$ 分属 $G$ 中不同的连通分支，则$(u,v)\in\overline{G}$，因此 $u,v$ 在 $\overline{G}$ 中连通。

(2)若 $u,v$ 属于 $G$ 中同一个连通分支，则从另一个连通分支中任取 $w$，则$(u,w)\notin G$，$(v,w)\notin G$，即$(u,w)\in\overline{G}$，$(v,w)\in\overline{G}$，于是在 $\overline{G}$ 中存在一条通路 $u(u,w)w(w,v)v$，使 $u$，$v$ 相通。

【例 7-10】 当且仅当 $G$ 的一条边 $e$ 不包含在 $G$ 的闭迹中时，$e$ 才是 $G$ 的割边。

**证明** 必要性：设 $e$ 是连通图 $G$ 的割边，$e$ 关联的结点为 $u,v$。若 $e$ 包含在 $G$ 的一个闭迹中，则除边 $e=(u,v)$外还有一条以 $u,v$ 为端点的路，故删去边 $e$ 后，$G$ 仍是连通的，这与 $e$ 是割边矛盾。

充分性：若边 $e$ 不包含在任一闭迹中，那么连接结点 $u,v$ 的只有边 $e$，而不会有其他连接 $u,v$ 的路，因为若连接 $u,v$ 还有不同于边 $e$ 的路，此路与 $e$ 就组成一条包含 $e$ 的闭迹，从而矛盾。所以，删去边 $e$ 后，$u$ 和 $v$ 就不连通，故边 $e$ 是割边。

我们再讨论有向图的连通性：

**定义 7.2.6** 在一个有向图 $G$ 中，若存在从结点 $v_i$ 到 $v_j$ 的通路，则称从 $v_i$ 到 $v_j$ 是可达的。规定 $v_i$ 到自身是可达的。

在有向图 $G$ 中，略去各有向边的方向后所得无向图 $G$ 是连通图，则称 $G$ 为弱连通图；若 $G$ 中任意一对结点间，至少有一个结点到另一个结点是可达的，则称 $G$ 为单侧连通图；若 $G$ 中任意一对结点两者之间是相互可达的，则称 $G$ 为强连通图。

例如，图 7-16(a)为强连通图，图 7-16(b)为单侧连通图，图 7-16(c)为弱连通图。

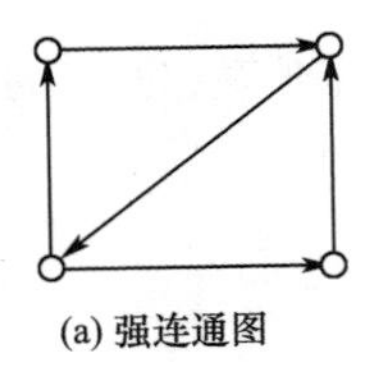
(a) 强连通图

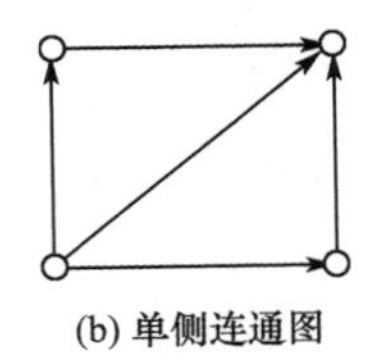
(b) 单侧连通图

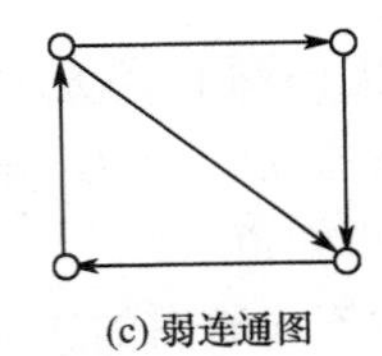
(c) 弱连通图

图 7-16 连通图

**定理 7.2.3** 一个有向图是强连通的，当且仅当 $G$ 中有一个回路，它至少包含每个结点一次。

**证明** 充分性：如果 $G$ 中有一个回路，它至少包含每个结点一次，则 $G$ 中任意两个结点都是相互可达的，故 $G$ 是强连通图。

必要性：如果有向图 $G$ 是强连通的，则任意两个结点都是相互可达的。故必可作一回路经过图中所有点。若不然，则必有一回路不包含某一结点 $v$，而 $v$ 与回路上的各结点就不是相互可达的，与强连通条件矛盾。

**定义 7.2.7** 在简单有向图中，具有强连通性质的最大子图，称为强分图；具有单侧连通性质的最大子图，称为单侧分图；具有弱连通性质的最大子图，称为弱分图。

在图 7-17 中的简单有向图是一个弱分图，其点诱导子图 $G(\{v_1,v_2,v_3\})$、$G(\{v_4\})$、$G(\{v_5\})$和 $G(\{v_6\})$都是强分图，$G(\{v_4,v_5,v_6\})$和 $G(\{v_1,v_2,v_3,v_4,v_5\})$都是单侧分图。

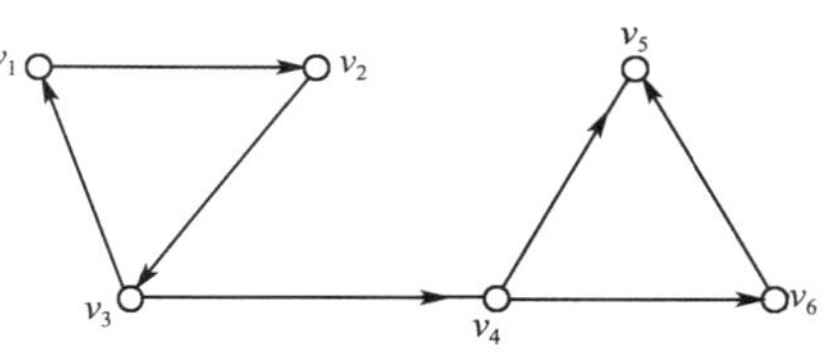


图 7-17 弱分图

**定理 7.2.4** 在简单有向图 $G=(V,E)$中，每个结点位于且仅位于一个强分图中。

**证明** 任取 $v\in V$，设 $R(v)$是 $G$ 中与 $v$ 相互可达的结点构成的集合。显然，$R(v)\neq\varnothing$，并且由点集 $R(v)$导出的子图是 $G$ 的一个强连通子图。这说明 $G$ 中每个结点必位于一个强分图中。

若 $v$ 既位于强分图 $G_1=(V_1,E_1)$中，又位于强分图 $G_2=(V_2,E_2)$中，那么 $V_1\cup V_2\subseteq R(v)$，必然导致 $V_1=V_2$ 即 $G_1=G_2$，这就证明了唯一性。

事实上，相互可达是结点集 $V$ 上的一个等价关系，它导致产生 $V$ 的一个分划 $\{V_1,V_2,\cdots,V_k\}$，因此 $G(V_1),G(V_2),\cdots,G(V_k)$都是 $G$ 的强分图，定理 7.2.4 正是反映了这一事实。

强分图在计算机科学中有特殊的应用。例如在操作系统中，同时有多道程序 $p_1,\cdots,p_m$ 在运行，设在某一时刻这些程序拥有的资源(如 CPU、主存储器、输入输出设备、数据集、数据库、编译程序等)集合为$\{r_1,r_2,\cdots,r_n\}$。一个程序在占有某项资源时可能对另一项资源提出要求，这样就存在资源的动态分配问题。这个问题可以用一个有向图 $G^{(t)}=(V^{(t)},E^{(t)})$来表示。$V^{(t)}$是 $t$ 时刻各项资源的集合$\{r_1,r_2,\cdots,r_n\}$，$E^{(t)}$的每条有向边$[r_i,r_j]$，两端加有标记的 $p_k$ 表示运行程序 $p_k$ 在占有资源 $r_i$ 的情况下又要求资源 $r_j$。强分图如图 7-18 所示，其中程序 $P_1$ 占有 $r_2$ 时又要求 $r_1$，$P_2$ 占有 $r_3$ 时又要求 $r_2$，等等，此时资源分配就会出现冲突，只要各自都不释放已占有的资源，上述要求就无法满足，即出现所谓“死锁”现象。“死锁”现象对应有向图 $G^{(t)}$ 中存在非平凡的强分图。

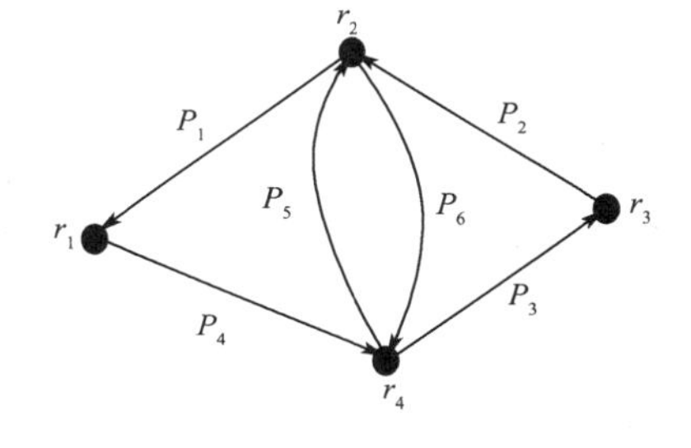


图 7-18 强分图

## 7.3 图的矩阵表示

我们已知道事物之间的联系可用图来表示，它的优点是直观，比较形象，但是当结点较多，边数较多时图则显得比较混乱，用起来不方便。因此，下面引入一种矩阵表示法，这样，可以把“图”存储在计算机中，同时，利用矩阵的运算还可以了解它的一些性质。本节主要讨论有向图的邻接矩阵和可达矩阵及有向、无向图的关联矩阵。

## 7.3.1 邻接矩阵

微课15

图的邻接矩阵性质

**定义 7.3.1** 设 $G=(V,E)$ 是无向图（或有向图），它有 $n$ 个结点 $V=\{v_1,v_2,\cdots,v_n\}$，则 $n$ 阶方阵 $A(G)=(a_{ij})_{n\times n}$ 称为邻接矩阵。其中

$$a_{ij}=\begin{cases}1 & v_i \text{ 邻接 } v_j(v_i \text{ 邻接到 } v_j)\\ 0 & v_i \text{ 不邻接 } v_j\end{cases}$$

易知：有向图的邻接矩阵不一定是对称的，而无向图的邻接矩阵是对称的。例如图 7-19 的邻接矩阵为

$$A=\begin{pmatrix}0&1&1&1&0\\1&0&0&0&0\\1&0&0&1&0\\1&0&1&0&0\\0&0&0&0&0\end{pmatrix}$$

图 7-19 无向图 $G$

【例 7-11】 写出图 7-20 的邻接矩阵：

**解** 图 7-20 的邻接矩阵是：

$$A=\begin{matrix} & v_1 & v_2 & v_3 & v_4 & v_5\\ v_1 & 0&1&0&0&0\\ v_2 & 0&0&1&0&0\\ v_3 & 0&1&0&1&1\\ v_4 & 1&0&0&0&0\\ v_5 & 1&1&0&1&0\end{matrix}$$

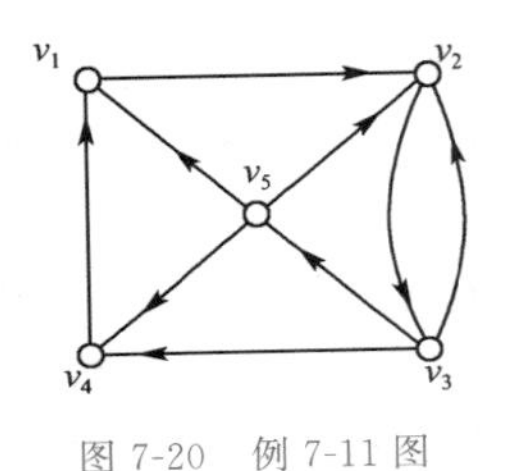

图 7-20 例 7-11 图

由此例可知邻接矩阵有如下特点：

(1)有向图邻接矩阵中第 $i$ 行各元素的和等于 $v_i$ 的出度；

(2)有向图邻接矩阵中第 $j$ 列中各元素的和等于 $v_j$ 的入度；

(3)对有向图而言，整个矩阵中所有元素的和等于总的边数；对无向图而言，整个矩阵中所有元素的和等于边数的 2 倍。

显然，当改变图的结点编号顺序时，可以得到该图不同的邻接矩阵，这相当于对一个矩阵进行相应行列的交换得到新的邻接矩阵。例如对图 7-20 的结点重新定序，使 $v_1$ 与 $v_5$ 对换，则得到新的邻接矩阵如下：

$$A'=\begin{matrix} & v_5 & v_2 & v_3 & v_4 & v_1\\ v_5 & 0&1&0&1&1\\ v_2 & 0&0&1&0&0\\ v_3 & 1&1&0&1&0\\ v_4 & 0&0&0&0&1\\ v_1 & 0&1&0&0&0\end{matrix}$$

**定理 7.3.1** 设 $A(G)$ 是图 $G$ 的邻接矩阵，则 $(A(G))^l$ 中的 $i$ 行 $j$ 列元素 $a_{ij}^{(l)}$ 等于 $G$ 中连接 $v_i$ 与 $v_j$ 的长度为 $l$ 的路的数目。

$$(a_{ij}^{(l)})_{n\times n}=(A(G))^l=\begin{pmatrix}a_{11} & a_{12} & \cdots & a_{1n}\\ a_{21} & a_{22} & \cdots & a_{2n}\\ \cdots & & & \\ a_{n1} & a_{n2} & \cdots & a_{nn}\end{pmatrix}\cdots\begin{pmatrix}a_{11} & a_{12} & \cdots & a_{1n}\\ a_{21} & a_{22} & \cdots & a_{2n}\\ \cdots & & & \\ a_{n1} & a_{n2} & \cdots & a_{nn}\end{pmatrix}$$

**推论** 设 $B_l=A+A^2+\cdots+A^l(l\geqslant 1)$，则 $B_l$ 中元素 $\sum_{i=1}^{n}\sum_{j=1}^{n}b_{ij}^{(l)}$ 为无向图（或有向图）$G$ 中长度小于或等于 $l$ 的通路数，其中 $\sum_{i=1}^{n}b_{ii}^{(l)}$ 为 $G$ 中小于或等于 $l$ 的回路数。

【例 7-12】 给定一个无向图 $G=(V,E)$（图 7-21），写出邻接矩阵 $A$，并求 $A^2$，$A^3$，$A^4$。并指出从 $v_2$ 到 $v_2$ 长度为 4 的通路有几条？ 从 $v_3$ 到 $v_2$ 长度为 3 的通路有几条？

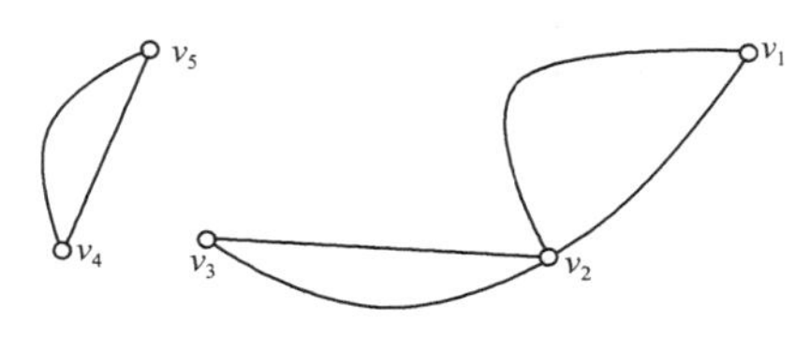


图 7-21 无向图 $G$

**解** 图 7-21 所示无向图 $G$ 的邻接矩阵为 $A(G)$，计算它的平方，三次方，四次方如下：

$$A=\begin{pmatrix}0&1&0&0&0\\1&0&1&0&0\\0&1&0&0&0\\0&0&0&0&1\\0&0&0&1&0\end{pmatrix}\quad A^2=\begin{pmatrix}1&0&1&0&0\\0&2&0&0&0\\1&0&1&0&0\\0&0&0&1&0\\0&0&0&0&1\end{pmatrix}$$

$$A^3=\begin{pmatrix}0&2&0&0&0\\2&0&2&0&0\\0&2&0&0&0\\0&0&0&0&1\\0&0&0&1&0\end{pmatrix}\quad A^4=\begin{pmatrix}2&0&2&0&0\\0&4&0&0&0\\2&0&2&0&0\\0&0&0&1&0\\0&0&0&0&1\end{pmatrix}$$

由所求矩阵可知，从 $v_2$ 到 $v_2$ 长度为 4 的通路有 4 条。从 $v_3$ 到 $v_2$ 长度为 3 的通路有 2 条。

且由推论可知，图 $G$ 中长度小于等于 4 的通路有 38 条。

## 7.3.2 可达矩阵

**定义 7.3.2** 设 $G=(V,E)$ 是一个有 $n$ 个结点的有向图，若令

$$p_{ij}=\begin{cases}1 & v_i\text{ 到 }v_j\text{ 可达}(i\neq j)\\ 0 & \text{其他}\end{cases}\quad i,j=1,2,\cdots,n$$

则称 $n$ 阶方阵 $P(G)=(p_{ij})_{n\times n}$ 为图 $G$ 的可达矩阵。

根据可达矩阵，可知图中两个结点之间是否存在一条路及回路。利用有向图 $G$ 的邻接

矩阵$A(G)$，分两步可求可达矩阵：

(1)令 $B_n=A+A^2+\cdots+A^n$；

(2)将矩阵 $B_n$ 中不为零的元素均改为1，为零元素不变，所得到的矩阵就是可达矩阵。

但是，当 $n$ 很大时，这种求法非常复杂，下面介绍利用布尔矩阵(元素仅为“0”或“1”)求可达矩阵。由于所关心的只是两点间是否有路存在，用元素为“1”表示两结点间有路，用“0”表示两结点间无路，故可达矩阵的元素仅有“1”和“0”两种，因而有必要定义一种运算，称为布尔运算。

**定义 7.3.3** 集合$\{0,1\}$中的二元运算$\wedge$和$\vee$定义如下：

$$0\vee 0=0,\ 0\vee 1=1\vee 0=1\vee 1=1,$$
$$1\wedge 1=1,\ 1\wedge 0=0\wedge 1=0\wedge 0=0。$$

分别称$\vee$，$\wedge$为布尔加法，布尔乘法。

**定义 7.3.4** 两个矩阵相乘，矩阵中元素之间的计算取布尔加$\vee$，布尔乘$\wedge$，则称这种矩阵运算为布尔矩阵运算。且把这些矩阵称作布尔矩阵。

若将矩阵 $A,A^2,\cdots,A^n$ 分别记为布尔矩阵 $A^{(1)},A^{(2)},\cdots,A^{(n)}$，则

$$A^{(2)}=A^{(1)}\wedge A^{(1)}=A\wedge A$$
$$A^{(3)}=A^{(2)}\wedge A^{(1)}$$
$$\cdots$$
$$A^{(n)}=A^{(n-1)}\wedge A^{(1)}$$
$$P=A^{(1)}\vee A^{(2)}\vee\cdots\vee A^{(n-1)}\vee A^{(n)}$$

**思考：这里求矩阵 $A$ 的次幂为什么不大于$n$？**

**定理 7.3.2** 设$A(G)$是有向图$G$的邻接矩阵，$P(A)$为$G$的可达矩阵，则：

(1)若$G$是强连通的当且仅当其可达矩阵$P(G)$除主对角线外，其他元素均为1；

(2)若$G$不是强连通的，则当$P(G)\vee P^{\mathrm{T}}(G)$除主对角线外其他元素均为1时，$G$是单侧连通的；

(3)若$G$既不是强连通，又不是单向连通的，设$B=A(G)\vee A^{\mathrm{T}}(G)$，则当$P(B)$除主对角线外其他元素均为1时，$G$是弱连通的。

【例 7-13】 如图 7-22 所示，用矩阵判别这些图分别为何种连通图。

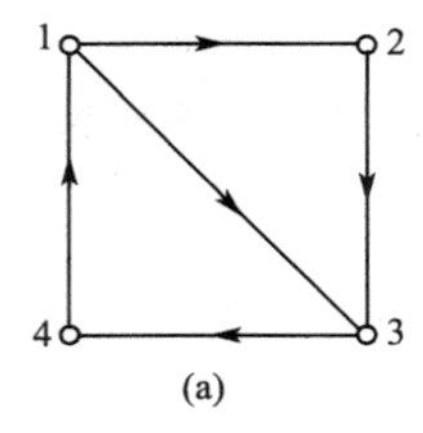


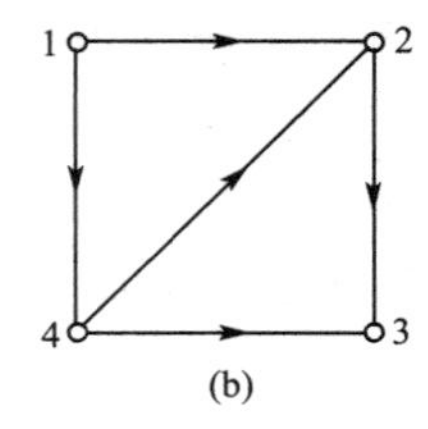


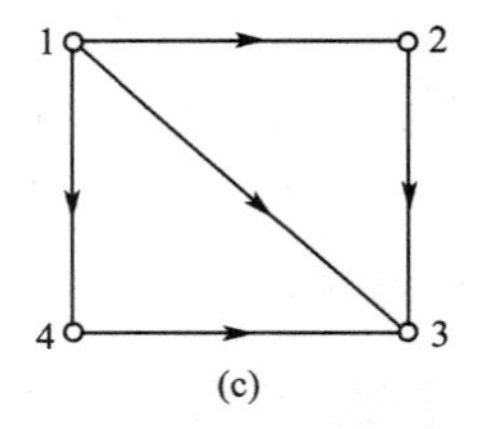


图 7-22 例 7-13 图

**解** 图 7-22(a)的邻接矩阵为

$$A(a)=\begin{pmatrix}0&1&1&0\\0&0&1&0\\0&0&0&1\\1&0&0&0\end{pmatrix}$$

得图 7-22(a)的可达矩阵为

$$P(a)=A^{(1)}(a)\vee A^{(2)}(a)\vee A^{(3)}(a)\vee A^{(4)}(a)=\begin{pmatrix}1&1&1&1\\1&1&1&1\\1&1&1&1\\1&1&1&1\end{pmatrix}$$

故图 7-22(a)为强连通的。

图 7-22(b)的邻接矩阵为

$$A(b)=\begin{pmatrix}0&1&0&1\\0&0&1&0\\0&0&0&0\\0&1&1&0\end{pmatrix}$$

故图 7-22(b)的可达矩阵为

$$P(b)=\begin{pmatrix}0&1&1&1\\0&0&1&0\\0&0&0&0\\0&1&1&0\end{pmatrix}$$

所以 $P(b)$不是强连通的。然而

$$P(b)\vee P^{\mathrm{T}}(b)=\begin{pmatrix}0&1&1&1\\1&0&1&1\\1&1&0&1\\1&1&1&0\end{pmatrix}$$

故图 7-22(b)为单向连通的。

图 7-22(c)的邻接矩阵为

$$A(c)=\begin{pmatrix}0&1&1&1\\0&0&1&0\\0&0&0&0\\0&0&1&0\end{pmatrix}$$

故图 7-22(c)的可达矩阵为

$$P(c)=\begin{pmatrix}0&1&1&1\\0&0&1&0\\0&0&0&0\\0&0&1&0\end{pmatrix}$$

进而

$$P(c)\vee P^{\mathrm{T}}(c)=\begin{pmatrix}0&1&1&1\\1&0&1&0\\1&1&0&1\\1&0&1&0\end{pmatrix}$$

可以判定图 7-22(c)既非强连通,又非单向连通。又

$$B=A(c)\vee A^{T}(c)=\begin{pmatrix}0&1&1&1\\1&0&1&0\\1&1&0&1\\1&0&1&0\end{pmatrix},P(B)=\begin{pmatrix}1&1&1&1\\1&1&1&1\\1&1&1&1\\1&1&1&1\end{pmatrix}$$

故图 7-22(c)是弱连通的。

## 7.3.3 关联矩阵

**定义 7.3.5** 给定无向图 $G=(V,E)$，令 $V=\{v_1,v_2,\cdots,v_n\}$ 和 $E=\{e_1,e_2,\cdots,e_m\}$，则 $n\times m$ 矩阵 $M(G)=(m_{ij})_{n\times m}$ 称为图 $G$ 的关联矩阵。其中

$$m_{ij}=\begin{cases}1 & 若\ v_i\ 关联\ e_i\\0 & 若\ v_i\ 不关联\ e_i\end{cases}$$

**定理 7.3.3** 若一个连通图 $G$ 有 $r$ 个结点，则其关联矩阵 $M(G)$ 的秩为 $r-1$，即

$$\mathrm{rank}(M(G))=r-1$$

证明略。

【例 7-14】 写出图 7-23 所示图 $G=(V,E)$ 的关联矩阵 $M(G)$，并验证定理 7.3.3 的正确性。

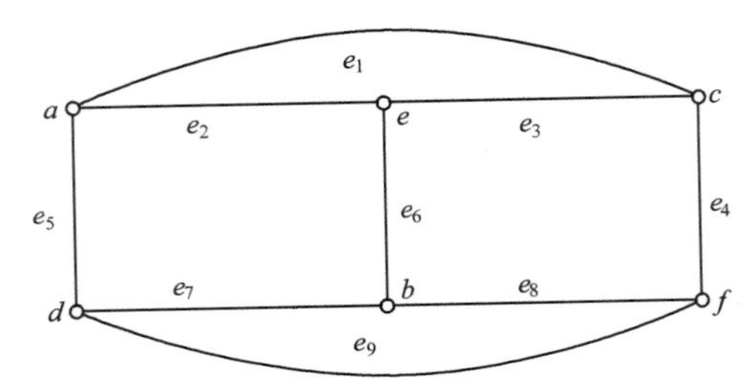


图 7-23 例 7-14 图

**解** 图 7-23 的关联矩阵 $M(G)$ 为：

$$A'=\begin{matrix} & e_1 & e_2 & e_3 & e_4 & e_5 & e_6 & e_7 & e_8 & e_9\\ a & 1&1&0&0&1&0&0&0&0\\ b & 0&0&0&0&0&1&1&1&0\\ c & 1&0&1&1&0&0&0&0&0\\ d & 0&0&0&0&1&0&1&0&1\\ e & 0&1&1&0&0&1&0&0&0\\ f & 0&0&0&1&0&0&0&1&1\end{matrix}$$

对关联矩阵进行处理

$$M(G)=\begin{pmatrix}1&1&0&0&1&0&0&0&0\\0&0&0&0&0&1&1&1&0\\1&0&1&1&0&0&0&0&0\\0&0&0&0&1&0&1&0&1\\0&1&1&0&0&1&0&0&0\\0&0&0&1&0&0&0&1&1\end{pmatrix}$$

$$
\xrightarrow{\text{行运算}}\begin{pmatrix}1&1&0&0&1&0&0&0&0\\0&1&1&1&1&1&0&0&0\\0&0&1&0&0&0&1&1&0\\0&0&0&1&1&0&1&1&0\\0&0&0&0&1&0&1&0&1\\0&0&0&0&0&0&0&0&0\end{pmatrix}
$$

其中，行运算步骤为：①$r_3+r_1$；②$r_3\leftrightarrow r_2$；③$r_5+r_2$；④$r_3\leftrightarrow r_6$；⑤$r_5+r_3$；⑥$r_5\leftrightarrow r_4$；⑦$r_6+r_4$；⑧$r_6+r_5$；其中元素间运算是布尔加法、布尔乘法运算。

由上可知 $\text{rank}(M(G))=5=|V|-1$。

【例 7-15】 写出图 7-24 的关联矩阵。

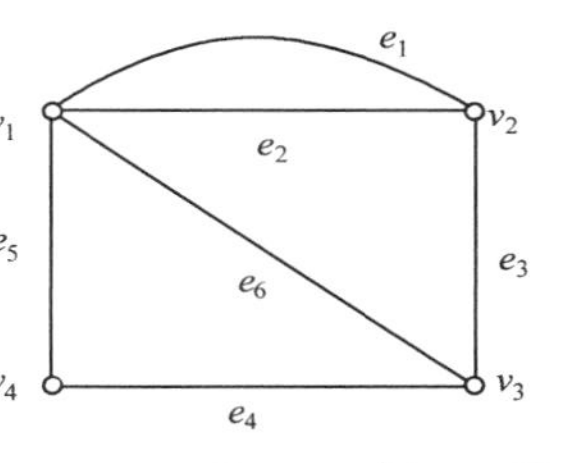

图 7-24 例 7-15 图

**解** 图 7-24 的关联矩阵为

$$
M(G)=\begin{matrix} & e_1 & e_2 & e_3 & e_4 & e_5 & e_6 \\ v_1 & 1 & 1 & 0 & 0 & 1 & 1 \\ v_2 & 1 & 1 & 1 & 0 & 0 & 0 \\ v_3 & 0 & 0 & 1 & 1 & 0 & 1 \\ v_4 & 0 & 0 & 0 & 1 & 1 & 0 \\ v_5 & 0 & 0 & 0 & 0 & 0 & 0 \end{matrix}
$$

从关联矩阵 $M(G)$ 中可以看出图形的一些性质：

(1)图中每一边关联两个结点，故 $M(G)$ 的每一列中只有两个 1；

(2)每一行中元素的和数是对应结点的度数；

(3)若一行中元素全为 0，其对应的结点为孤立结点；

(4)两个平行边其对应的两列相同；

(5)同一个图当结点或边的编序不同时，其对应的 $M(G)$ 仅有行序、列序的差别。

**定义 7.3.6** 给定简单有向图 $G=(V,E)$，令 $V=\{v_1,v_2,\cdots,v_n\}$ 和 $E=\{e_1,e_2,\cdots,e_m\}$，则 $n\times m$ 矩阵 $M(G)=(m_{ij})_{n\times m}$ 称为图 $G$ 的关联矩阵。其中

$$
m_{ij}=\begin{cases}1 & \text{若 } v_i \text{ 是 } e_j \text{ 的起点}\\-1 & \text{若 } v_i \text{ 是 } e_j \text{ 的终点}\\0 & \text{若 } v_i \text{ 与 } e_j \text{ 不关联}\end{cases}
$$

称 $M(G)$ 为 $G$ 的关联矩阵。

【例 7-16】 写出有向图 7-25 的关联矩阵。

**解** 图 7-25 的关联矩阵如下所示

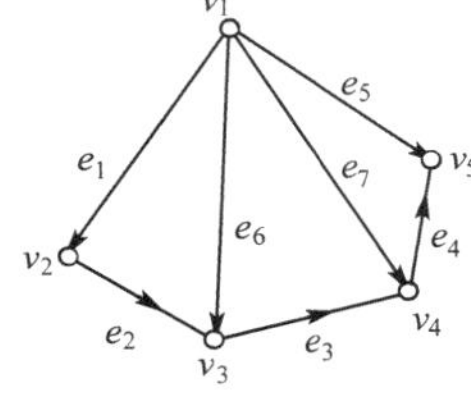

图 7-25 例 7-16 图

$$
\begin{matrix} & e_1 & e_2 & e_3 & e_4 & e_5 & e_6 & e_7 \\ v_1 & 1 & 0 & 0 & 0 & 1 & 1 & 1 \\ v_2 & -1 & 1 & 0 & 0 & 0 & 0 & 0 \\ v_3 & 0 & -1 & 1 & 0 & 0 & -1 & 0 \\ v_4 & 0 & 0 & -1 & 1 & 0 & 0 & -1 \\ v_5 & 0 & 0 & 0 & -1 & -1 & 0 & 0 \end{matrix}
$$

**思考**:对有向图的关联矩阵是否也可以得出例 7-15 中无向图的关联矩阵类似的性质,有哪些不同?

# 7.4 欧拉图与哈密尔顿图

## 7.4.1 欧拉图

1736 年,瑞士数学家列昂哈德·欧拉(Leonhard Euler)发表了图论的第一篇论文"哥尼斯堡七桥问题(Konig sberg sever Bridge problem)":哥尼斯堡有一条横贯全城的普雷格尔河,河中有两个小岛,两小岛及两河岸之间用七座桥连接(图 7-26)。每逢假日,城中居民进行环城逛游,问能否一次"遍游",即从某地出发,每桥只走一次,而遍历了七桥之后又能回到原地。

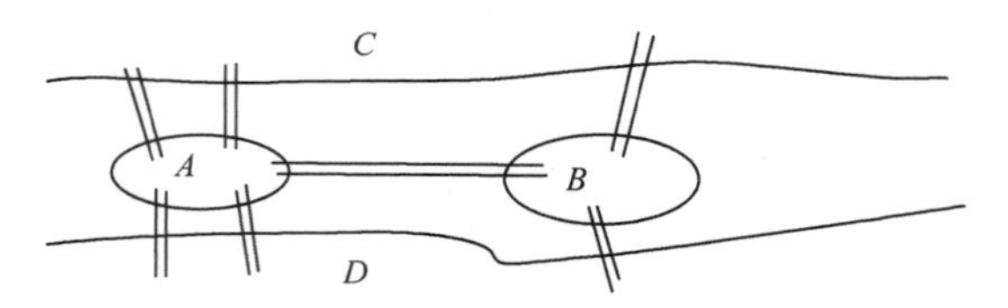


图 7-26 七桥连接图示

若四块陆地分别用 $A,B,C,D$ 四个结点表示,它们之间的桥用 $A,B,C,D$ 之间边表示,则通过哥尼斯堡城中每座桥一次且仅一次的问题,相当于在图 7-27 中从某一结点出发,能否找一条通路,通过它的每条边一次且仅一次,并回到原结点。

**定义 7.4.1** 给定连通的无向图 $G$,若存在一条回路,经过图中每边一次且仅一次,该条路称为欧拉回路。具有欧拉回路的图称作欧拉图。

**定义 7.4.2** 给定连通的无向图 $G$,若存在一条路,经过图中每边一次且仅一次,该路称为欧拉通路。若图 $G$ 中仅有欧拉通路,而没有欧拉回路,叫半欧拉图。

【例 7-17】 图 7-28 是欧拉图,还是半欧拉图?说明原因。

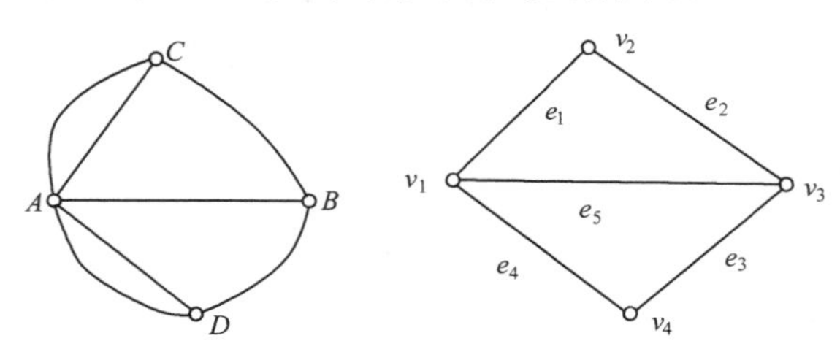


图 7-27 七桥问题简单图　　图 7-28 例 7-17 图

欧拉在论文中提出了一条简单的准则,确定了哥尼斯堡七桥问题是无解的。

**解** 没有欧拉回路,故不是欧拉图。具有欧拉路:$v_1e_1v_2e_2v_3e_5v_1e_4v_4e_3v_3$,故是半欧拉图。

下面给出连通图是否为欧拉图的判定方法:

**定理 7.4.1** 无向图 $G$ 具有一条欧拉回路,当且仅当 $G$ 是连通的,且图 $G$ 所有结点度数全为偶数。

**证明** 必要性：设 $G$ 是一欧拉图，$\alpha$ 是 $G$ 中的一条欧拉回路。当 $\alpha$ 通过 $G$ 的欧拉回路的任意一个结点时，必通过关联于该结点的两条边。又因为 $G$ 中每条边仅出现一次，所以 $\alpha$ 所通过的每一个结点必定为偶度结点。

充分性：不妨设 $G$ 中边数 $m \geqslant 1$，对 $m$ 作归纳。

(1)$m=1$ 时，由 $G$ 的连通性及无奇度结点知，$G$ 只能为一个环，因而 $G$ 是欧拉图。

(2)$m \leqslant k(k \geqslant 1)$时结论成立。由 $G$ 的连通性及无奇度结点知，$\delta(G) \geqslant 2$。无论 $G$ 是否为简单图，都可以证明 $G$ 中必含圈，设 $C$ 为 $G$ 中一个圈，删除 $C$ 上的全部边，得 $G$ 的生成子图 $G'$，设 $G'$ 有 $s$ 个连通分支 $G'_1, G'_2, \cdots, G'_s$，每个连通分支至多有 $k$ 条边，且无奇度结点，并且设 $G'_i$ 与 $C$ 的公共结点为 $v_{j_i}^*$，$i=1,2,\cdots,s$。由归纳假设知 $G'_1, G'_2, \cdots, G'_s$ 都是欧拉图，因而都存在欧拉回路 $C'_i$，$i=1,2,\cdots,s$。最后将 $C$ 删除的边加上还原，并从 $C$ 上某结点 $v_r$ 开始遍历，每遇到 $v_{j_i}^*$ 就行遍 $C_i'$ 中的欧拉回路，最后回到 $v_r$，得回路：

$$v_r \cdots v_{j_1}^* \cdots v_{j_1}^* \cdots v_{j_2}^* \cdots v_{j_2}^* \cdots\cdots v_{j_s}^* \cdots v_{j_s}^* \cdots v_r$$

此回路经过 $G$ 中每一条边一次且仅一次，并行遍 $G$ 中所有的结点，因而它是 $G$ 中的欧拉回路，故 $G$ 为欧拉图。

结合此定理充分性证明过程不难得到如下推论：

**推论** $G$ 是非平凡的欧拉图当且仅当 $G$ 是连通的，且 $G$ 是若干个边不重叠的圈的并。

**定理 7.4.2** 无向图 $G$ 具有一条欧拉通路，当且仅当 $G$ 是连通图时，有零个或两个奇数度结点，这两个奇数度的结点分别为起点和终点。

**证明** 不妨设 $G$ 有 $m$ 条边。

必要性：因为 $G$ 为半欧拉图，故 $G$ 中存在欧拉通路(没有欧拉回路)，设

$$\Gamma = v_{i_0} e_{j_1} v_{i_1} \cdots v_{i_{m-1}} e_{j_m} v_{i_m}$$

为 $G$ 中一条欧拉通路，$v_{i_0} \neq v_{i_m}$，对 $\forall v \in V(G)$，若 $v$ 不在 $\Gamma$ 的结点中出现，显然 $\deg(v)$为偶数，若 $v$ 在结点中出现过，则 $\deg(v)$为奇数，因为 $\Gamma$ 只有两个端点且不同，因而 $G$ 中只有两个奇度结点。又易知，$G$ 是连通的。

充分性：设 $G$ 的两个奇度结点分别为 $u_0, v_0$，对 $G$ 加新边$(u_0, v_0)$，并设 $G' = G \cup (u_0, v_0)$，则 $G'$ 是连通且无奇度结点的图，由定理 7.4.1 可知，$G'$ 为欧拉图，因而存在欧拉回路 $C'$，而 $C = C' - (u_0, v_0)$为 $G$ 中一条欧拉通路，故 $G$ 为半欧拉图。

对于有向图，也有类似的定义与定理：

**定义 7.4.3** 给定有向图 $G$，通过图中每边一次且仅一次的一条单向路(回路)，称作单向欧拉路(回路)。

**定理 7.4.3** 有向图 $G$ 具有一条单向欧拉回路，当且仅当 $G$ 是强连通图时，$G$ 的每个结点入度等于出度。

**定理 7.4.4** 一个有向图 $G$ 具有单向欧拉路，当且仅当图 $G$ 是连通图时，除两个结点外，每个结点的入度等于出度，且在这两个结点中，一个结点的入度比出度大 1，另一个结点的入度比出度小 1。

我国民间流传的“一笔画”游戏即图论中判断欧拉回路或欧拉通路问题。

(1)若图 $G$ 中所有结点的度数均为偶数,则必有欧拉回路,一笔画的起点与终点应为同一结点。

(2)若除两个结点外,其余结点度数均为偶数,则必有欧拉通路,一笔画的起点与终点应为不同的两个奇度结点。下面举例说明。

【例 7-18】 判定图 7-29 所示的图形能否一笔画出。

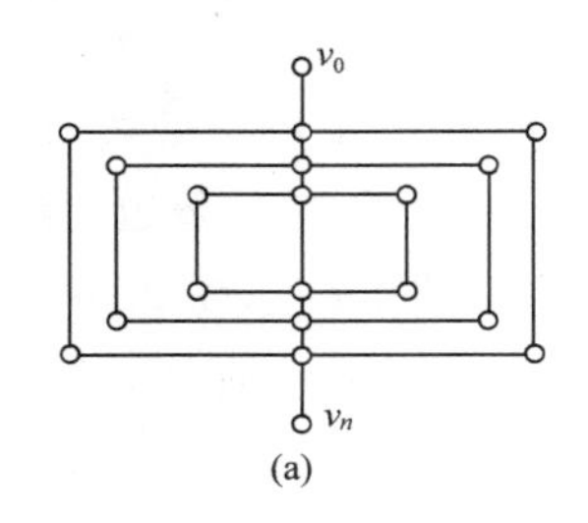


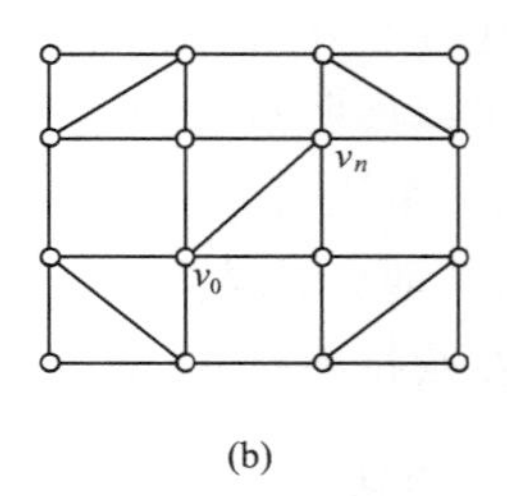


图 7-29 例 7-18 图

**解** 图 7-29(a)中除 $v_0$,$v_n$ 外所有结点的度数为 2 或 4,$\deg(v_0)=\deg(v_n)=1$,故由欧拉定理可知,图 7-29(a)中包含欧拉通路,此通路为由 $v_0$ 出发到达 $v_n$(或由 $v_n$ 出发到 $v_0$),必有一条包含所有边且只包含一次的通路。

图 7-29(b)中除 $v_0$,$v_n$ 外所有结点度数为 2 或 4,为偶数,$\deg(v_0)=\deg(v_n)=5$,故图 7-29(b)中包含欧拉通路,此通路为由 $v_0$ 出发到达 $v_n$(或由 $v_n$ 出发到 $v_0$),必有一条包含所有边且只包含一次的通路。

由上述分析可知,图 7-29(a)、图 7-29(b)均可一笔画出,且起点为 $v_0(v_n)$,终点为 $v_n(v_0)$。

## 7.4.2 哈密尔顿图

哈密尔顿图性质及应用

1859 年,威廉·哈密尔顿(William Hamilton)爵士在给朋友的一封信中首先谈到关于十二面体的一个数学游戏:能否在图 7-30(a)中找到一条回路,使它包含这个图的所有结点一次且仅一次?如果把每个结点看成一个城市,连接两个结点的边看成是交通线,则他的问题就演变为能否找到旅行线路,沿着交通线经过每个城市恰好一次,再回到原来的出发地?也就是在图 7-30(b)中找一条包含所有结点的圈。图 7-30(b)中的粗线所构成的圈就是这个问题的回答。

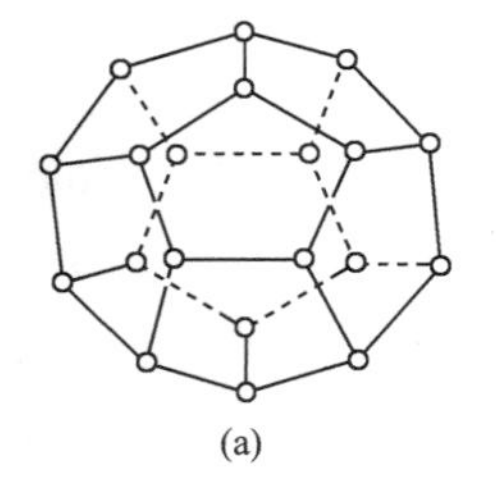


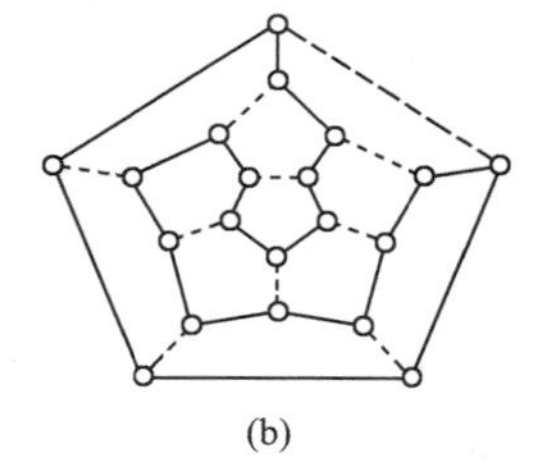


图 7-30 十二面体数学游戏图

**定义 7.4.4** 给定图 $G$,若存在一条路经过图中的每个结点恰好一次,这条路称作哈密尔顿路。若存在一条回路,经过图中的每个结点恰好一次,这条回路称作哈密尔顿回路。

下面给出两个判定哈密尔顿路及哈密尔顿图的充分条件：

**定理 7.4.5** 设 $G$ 是具有 $n$ 个结点的简单图，如果 $G$ 中每一对结点度数之和大于等于 $n-1$，则在 $G$ 中存在一条哈密尔顿路。

**注意**：该定理的条件对于图中哈密尔顿图的存在性只是充分的，并不是必要的。

**定理 7.4.6** 设 $G$ 是具有 $n$ 个结点的简单图，如果 $G$ 中每一对结点度数之和大于等于 $n$，则在 $G$ 中存在一条哈密尔顿回路。

【例 7-19】 某地有 5 个景点。若每个景点均有 2 条路与其他景点相通，问是否可经过每个景点恰好一次而游完这 5 个景点。

**解** 将景点作为结点，道路作为边，则得到一个有 5 个结点的无向图。

由题意，对每个结点 $v_i(i=1,2,\cdots,5)$ 有 $\deg(v_i)=2$。则对任两个结点 $v_i,v_j(i,j=1,2,\cdots,5)$ 均有

$$\deg(v_i)+\deg(v_j)=2+2=5-1$$

可知此图一定存在一条哈密尔顿路。

**定理 7.4.7** 设图 $G=(V,E)$ 是哈密尔顿图，则对于 $V$ 的每个非空子集 $S$，均有

$$W(G-S)\leqslant|S|$$

成立。其中 $W(G-S)$ 是图 $G-S$ 的连通分支数。

**证明** 设 $\Gamma$ 是 $G$ 的哈密尔顿回路，$S$ 是 $V$ 的一个非空子集。在 $G-S$ 中，$\Gamma$ 最多被分为 $|S|$ 段。所以 $W(G-S)\leqslant|S|$。

定理 7.4.7 作为判定哈密尔顿图的必要条件常用来判定一个图不是哈密尔顿图。

【例 7-20】 判断图 7-31 是否具有哈密尔顿回路。

**解** 图 7-31(a)中没有哈密尔顿回路。这是因为若删去 $u,v$ 两个结点后，则图 7-31(a)化为图 7-31(b)，它有 4 个连通分支，令 $S=\{u,v\}$，则 $W(G-S)=4>|S|=2$。故由定理 7.4.7 知图 7-31(a)中没有哈密尔顿回路。

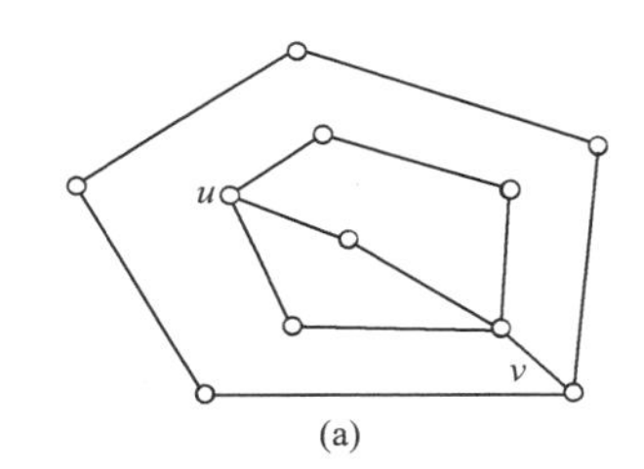


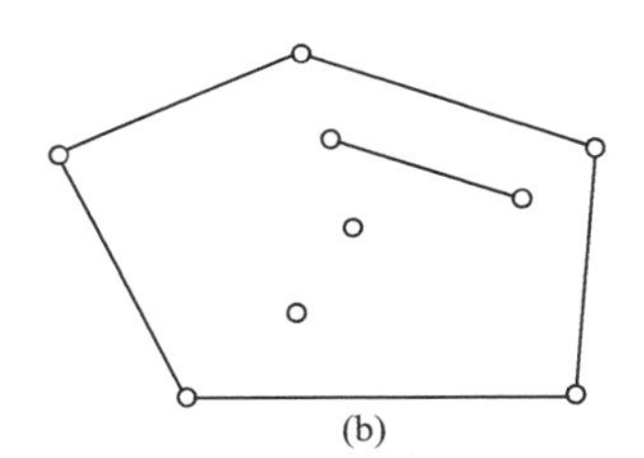


图 7-31 例 7-20 图

另外，关于图中是否有哈密尔顿回路没有确定的判别方法，可采用标记方法：用 $A$ 标记图中任意一个结点 $A$，所有与 $A$ 邻接的结点均标记为 $B$，继续不断地用 $A$ 标记所有邻接于 $B$ 的结点，用 $B$ 标记所有邻接于 $A$ 的结点，如果在标记过程中遇到相邻结点出现相同标记时，可在此对应边上增加一个结点，并标上相异的标记。直到所有结点标记完毕。如果在图 $G$ 中有一条哈密尔顿回路，则必交替通过结点 $A$ 和结点 $B$。

(1)如果图中有一条哈密尔顿回路(起点与终点不同)，则标 $A$ 结点数目与标 $B$ 结点数目应相差一个。

(2)如果图中有一条哈密尔顿回路，则标 $A$ 结点数目与标 $B$ 结点数目应相同。

【例 7-21】 判断图 7-31(a)是否具有哈密尔顿回路。

从中心一点标 $A$ 开始，经过标记后如图 7-32 所示，图中共有 7 个 $A$，6 个 $B$，故不存在哈密尔顿回路。

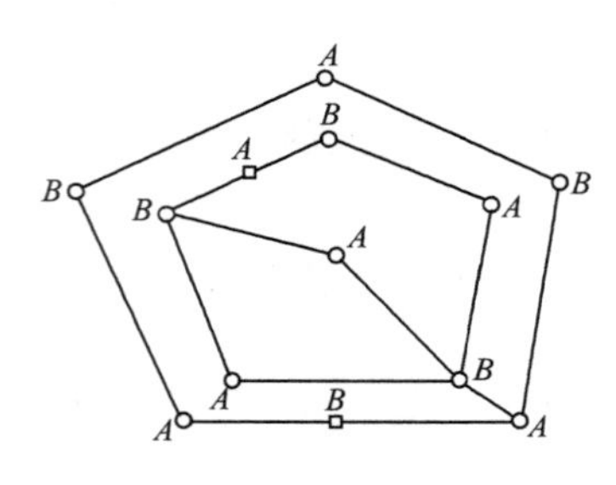


图 7-32 例 7-21 图

# *7.5 二部图及匹配

## 7.5.1 二部图

本节讨论的图都是无向图。

**定义 7.5.1** 若无向图 $G=(V,E)$ 的结点集 $V$ 能划分为两个子集 $V_1$ 和 $V_2$，对于 $G$ 中任一条边 $e=(v_i,v_j)$，都有 $v_i \in V_1$，$v_j \in V_2$，则称 $G$ 为二部图或偶图。这时 $V_1$ 和 $V_2$ 称为偶图 $G$ 的互补结点子集。偶图记为 $G=(V_1,V_2,E)$。

**注意**：二部图没有自回路。

**定义 7.5.2** 若无向图 $G=(V,E)$ 的结点集 $V$ 能划分为两个子集 $V_1$ 和 $V_2$，对于 $\forall v_i \in V_1$，$\forall v_j \in V_2$，都有 $e=(v_i,v_j)\in G$，则称 $G$ 为完全二部图，记 $K_{m,n}$，$m=|V_1|$，$n=|V_2|$。

例如，图 7-33 所示(a)、(b)、(c)、(d)均为二部图，其中(b)、(c)、(d)为完全二部图((c)和(d)实际上是一个图)，分别记为 $K_{2,3}$，$K_{3,3}$，$K_{3,3}$。

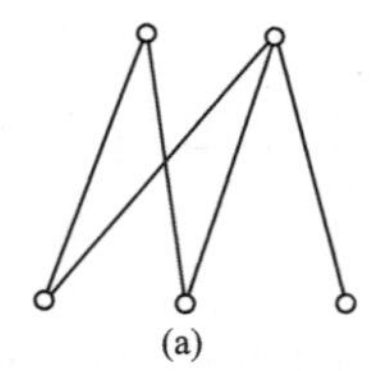
(a)

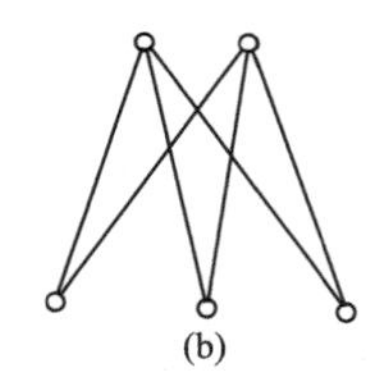
(b)

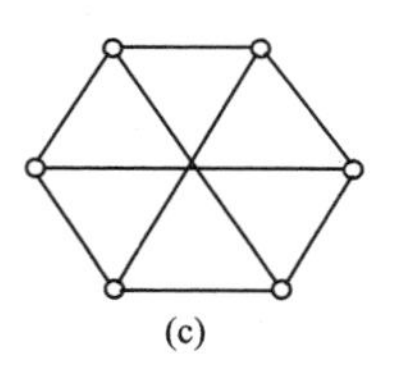
(c)

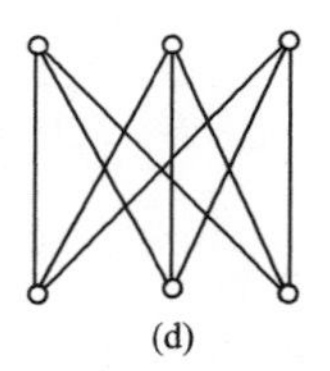
(d)

图 7-33 二部图举例

**注意**：

(1) $K_{m,n}$ 与 $K_n$ 的区别；

(2) 二部图不一定连通。

下面介绍如何判断二部图：

**定理 7.5.1** 一个无向图 $G=(V,E)$ 是二部图当且仅当 $G$ 中无奇数长度的回路。

**证明** 必要性：若 $G$ 是二部图且 $G=(V_1,V_2,E)$。

令 $C=v_0(v_0,v_1)v_1\cdots v_k(v_k,v_0)v_0$ 是 $G$ 的一个回路，长为 $k+1$。不妨假定 $v_0\in V_1$，则由二部图的定义可知 $v_1\in V_2$，$v_2\in V_1$。故有 $v_{2i}\in V_1$ 且 $v_{2i+1}\in V_2$。又因为 $v_0\in V_1$，所以 $v_k\in V_2$，因而 $k$ 为奇数，故 $C$ 为偶数长。

充分性：不妨设 $G$ 是连通图，并设 $G$ 中每个回路长度均为偶数。任选 $v_0\in V$，定义 $V$ 的两个子集 $V_1$ 和 $V_2$ 为：$V_1=\{v\mid d(v_i,v_0)\text{为偶数}\}$，$V_2=V-V_1$，其中 $d(v_i,v_j)$ 含义是结点 $v_i$ 与 $v_j$ 之间所有路径长度的最小者，又称为结点 $v_i$ 与 $v_j$ 之间的距离。

下仅须证：$V_1$ 中任两个结点间没有边。假设存在一条边 $(v_i,v_j)$，其中 $v_i,v_j\in V_1$，则由 $v_0$ 到 $v_i$ 间的短程（偶数长）加边 $(v_i,v_j)$，得出 $v_j$ 到 $v_0$ 间的短程长由 $V_1$ 的定义及假定可知也是偶数，这样从 $v_0$ 到 $v_i$ 到 $v_j$ 再到 $v_0$ 所组成的回路的长度为奇数，与假设矛盾。类似可证：$V_2$ 中任两结点间无边。

故由二部图定义知 $G$ 是二部图。

顺便指出，人们画二部图时习惯把 $V_1$ 中的结点与 $V_2$ 中的结点分开来画，如图 7-32 中 (a)、(b) 和 (d)。

【例 7-22】 六名间谍 $a,b,c,d,e,f$ 被擒，已知 $a$ 懂汉语、法语和日语，$b$ 懂德语、俄语和日语，$c$ 懂英语和法语，$d$ 懂西班牙语，$e$ 懂英语和德语，$f$ 懂俄语和西班牙语，问至少用几个房间监禁他们，能使在一个房间里的人不能直接对话。

**解** 以六人 $a,b,c,d,e,f$ 为结点，在懂共同语言的人的结点间连边得图 $G$（图 7-34(a)），因为 $G$ 中没有奇圈，所以 $G$ 是二部图（图 7-34(b)），故至少应有两间房间即可。

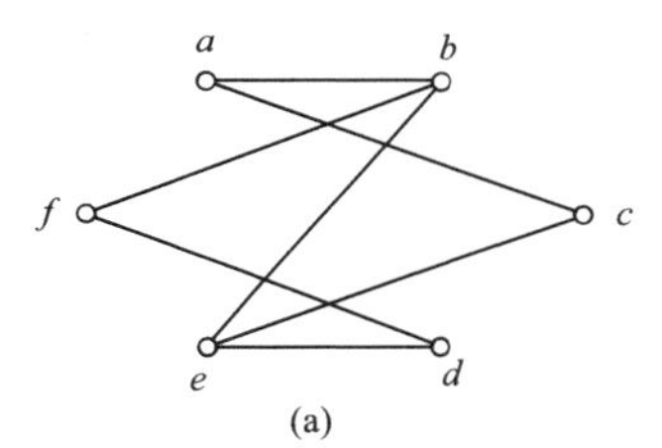


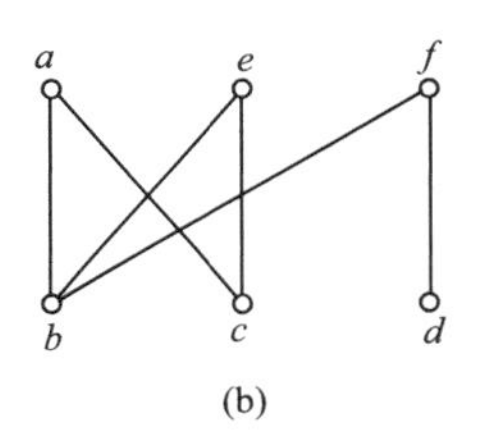


图 7-34 例 7-22 图

## 7.5.2 匹 配

二部图的主要应用是匹配，匹配是图论中的一个重要内容，它在所谓“人员分配问题”和“最优分配问题”等运筹学问题上有重要应用。

首先看实际中常碰见的问题：给 $n$ 个工作人员安排 $m$ 项任务，$n$ 个人用 $V=\{x_1,x_2,\cdots,x_n\}$ 表示。并不是每个工作人员均能胜任所有的任务，一个人只能胜任其中 $k$ $(k\geqslant1)$ 个任务，那么如何安排才能做到最大限度地使每项任务都有人做，并使尽可能多的人有工作做？

例如，现有 $x_1,x_2,x_3,x_4,x_5$ 五个人，$y_1,y_2,y_3,y_4,y_5$ 五项工作。已知 $x_1$ 能胜任 $y_1$ 和 $y_2$，$x_2$ 能胜任 $y_2$ 和 $y_3$，$x_3$ 能胜任 $y_2$ 和 $y_5$，$x_4$ 能胜任 $y_1$ 和 $y_3$，$x_5$ 能胜任 $y_3$、$y_4$ 和 $y_5$。如何安排才能使每个人都有工作做，且每项工作都有人做？

显然，我们只需构造这样的数学模型：以 $x_i$ 和 $y_j$ $(i,j=1,2,3,4,5)$ 为结点，在 $x_i$ 与其胜任的工作 $y_j$ 之间连边，得二部图 $G$，如图 7-35 所示，然后在 $G$ 中找一个边的子集，使得每个结点只与一条边关联(图中粗线),问题便得以解决了。这就是所谓的匹配问题,下面给出匹配的基本概念和术语。

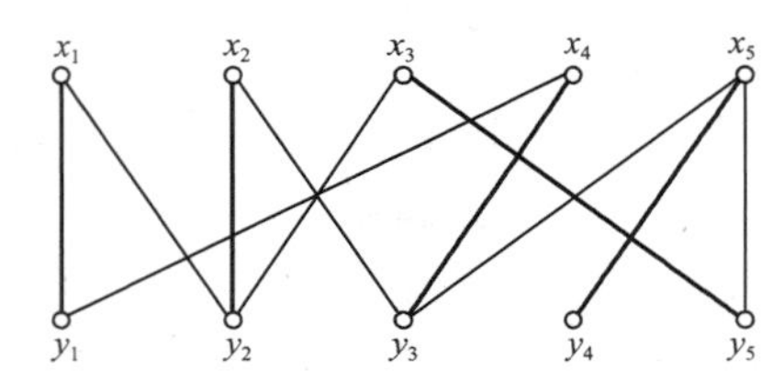


图 7-35 匹配问题示意图

**定义 7.5.3** 设无向图 $G=(V,E)$,$M$ 为边集 $E$ 的子集,且 $M$ 中任意两条边都没有公共端点,则称边集 $M$ 是图 $G$ 的一个匹配。图 $G$ 中符合此条件的边集 $M$ 不一定是唯一的,把边数最多的匹配称为最大匹配。对于 $G$ 的一个匹配 $M$,若结点 $v$ 与 $M$ 中的边关联,则称 $v$ 是 $M$ 饱和的,否则称 $v$ 是 $M$ 不饱和的。

**定义 7.5.4** 设二部图 $G=(V_1,V_2,E)$,$M$ 是 $G$ 的一个匹配。若 $\forall v\in V_1$,$v$ 均是 $M$ 饱和的,则称 $M$ 是 $V_1$ 对 $V_2$ 的完全匹配(简称 $V_1$-完全匹配);若 $\forall v\in V_2$,$v$ 均是 $M$ 饱和的,则称 $M$ 是 $V_2$ 对 $V_1$ 的完全匹配(简称 $V_2$-完全匹配)。若 $M$ 既是 $V_1$-完全匹配,又是 $V_2$-完全匹配(即图 $G$ 的每个顶点都是饱和的),则称 $M$ 是完全匹配。

显然,完全匹配是最大匹配,但反之不然。

【例 7-23】 (1)在图 7-35 中,边集 $M=\{(x_1,y_1),(x_2,y_2),(x_3,y_5),(x_4,y_3),(x_5,y_4)\}$是一个匹配,而且是一个最大和完全匹配。

(2)在图 7-36(a)中,边集 $M_1=\{(1,5),(2,7),(3,9),(4,8)\}$和 $M_2=\{(1,6),(2,7),(3,9),(4,8)\}$都是图 $G$ 的最大匹配,也是 $V_1$-完全匹配,但不是完全匹配。在图 7-36(b)中,边集 $M=\{(1,4),(2,5),(3,6)\}$是完全匹配。

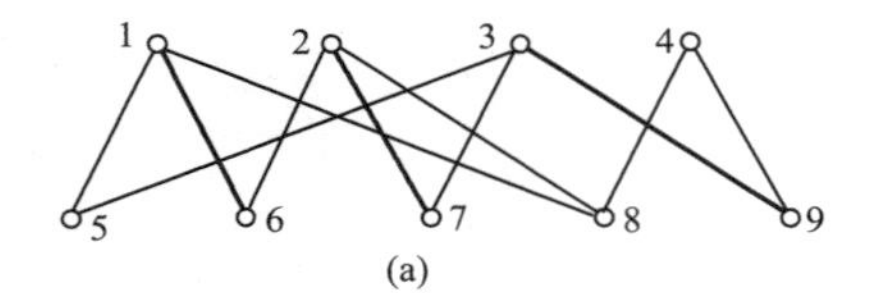


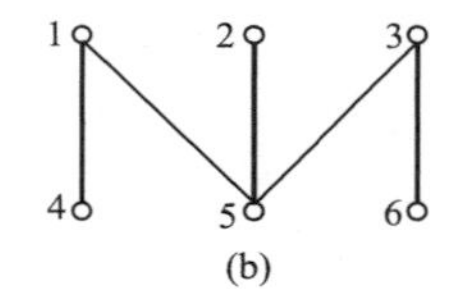


图 7-36 例 7-23 图

1935 年,霍尔(Hall)给出二部图存在匹配的充分必要条件。

**定理 7.5.2(Hall 定理)** 设二部图 $G=(V_1,V_2,E)$,则 $G$ 中存在 $V_1$ 到 $V_2$ 的匹配当且仅当 $V_1$ 中的任何 $k$ 个结点($k=1,2,\cdots,|V_1|$)至少和 $V_2$ 中 $k$ 个结点相邻接。这个定理通常称为相异性条件。

在图 7-37(a)中,二部图满足相异性条件,所以存在 $V_1$ 到 $V_2$ 的匹配。而 7-37(b)二部图不满足相异性条件,故不存在 $V_1$ 到 $V_2$ 的匹配。

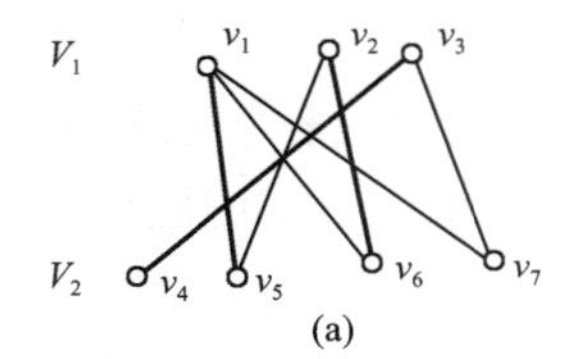


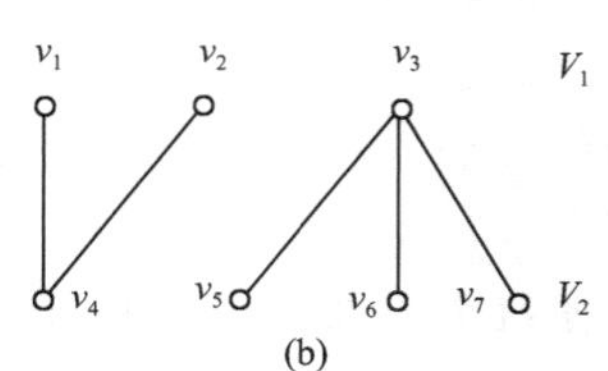


图 7-37 Hall 定理示意图

判断一个二部图是否满足相异性条件通常比较复杂，下面给出一个判断二部图是否存在 $V_1$ 到 $V_2$ 的匹配的充分条件，对于任何二部图来说都很容易确定这些条件。

**定理 7.5.3** 设 $G=(V_1,V_2,E)$ 是一个二部图，如果存在正整数 $t$ 使得：

(1) $V_1$ 中每个结点至少关联 $t$ 条边；

(2) $V_2$ 中每个结点至多关联 $t$ 条边。

则 $G$ 中存在 $V_1$ 到 $V_2$ 的匹配。

这个定理的条件通常称为 $t$ 条件。但要注意 $t$ 条件是一个充分条件。

【例 7-24】 某工厂要招收 3 个工人，工种分别为车工、钳工、铣工，现有 $m_1,m_2,m_3,m_4,m_5$ 等 5 个人来应聘。已知 $m_1,m_2$ 会车工，$m_1,m_3,m_4$ 会钳工，$m_3,m_4,m_5$ 会铣工。问该工厂能否从 5 个人中招到符合要求的工人？

**解** 以 3 个工种车工、钳工、铣工作为结点集 $V_1$，以 5 个人 $m_1,m_2,m_3,m_4,m_5$ 作为结点集 $V_2$，若某人会某工种则在对应的结点间连边，因此，构造二部图 $G=(V_1,V_2,E)$，如图 7-38 所示。该图满足 $t(t=2)$ 条件，所以存在 $V_1$ 到 $V_2$ 的匹配，因此工厂能招到符合要求的工人。例如 $m_1$—车工，$m_3$—钳工，$m_4$—铣工。

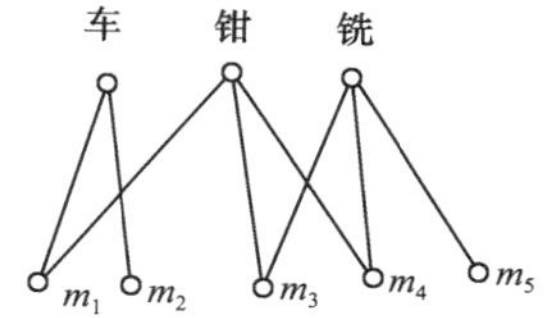


图 7-38 例 7-24 图

# 7.6 平面图

## 7.6.1 平面图定义

在现实生活中，常常要画一些图形，希望边与边之间尽量减少相交的情况，例如印刷线路板上的布线，交通道路的设计等。

例如，如图 7-39(a) 所示 $M,N,P$ 是三个仓库，每天都要很频繁地从三个仓库用汽车运货到 $A,B,C$ 三个码头，为了减少交通事故，在它们两两之间建造道路要求不相交，是否可能？若不可能，如何建才使建造的道路交点最少？

经过研究，建造不相交的道路是不可能的，但可建造最少只有一个交点的道路，如图 7-39(b) 所示。

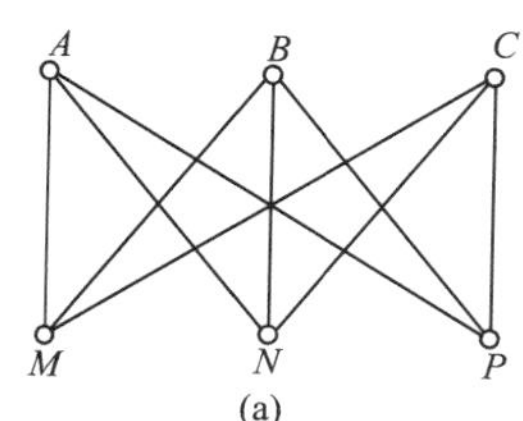


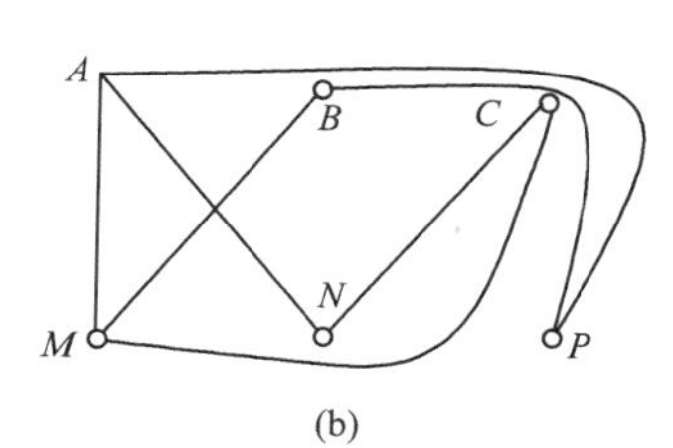


图 7-39 建造道路问题图示

此即图论平面图应用的实例。

**定义 7.6.1** 设 $G=(V,E)$ 是一个无向图，如果能够把 $G$ 的所有结点和边画在平面上，且使得任何两条边除了结点外没有其他的交点，就称 $G$ 是一个平面图。

**注意：**

(1) 我们不能从表面上判定一个图是否是平面图，比如在图 7-39(a) 中删去 $BM$ 边后即是平面图，因为它相当于在图 7-39(b) 删去 $BM$ 边后的图形，由图 7-39(b) 可知它确实符合平面图的定义，因而在图 7-39(a) 中删去 $BM$ 边后是平面图。

(2) 易知当且仅当一个图的每个连通分支都是平面图时，这个图是平面图。故研究平面图性质仅研究连通的平面图即可。因而，我们仅就连通图进行讨论。

**定义 7.6.2** 设 $G$ 是一连通平面图，在由图中的边所包围的区域内既不包含图的结点，也不包含图的边，这样的区域称为 $G$ 的一个面，记为 $R$，包围该面的诸边所构成的回路称为这个面的边界。面的边界的回路长度称作面的次数，记为 $\deg(R)$。

【例 7-25】 求如图 7-40 所示连通图各面的次数。

**解** 图 7-40 所示平面图有 4 个面，$\deg(R_1)=3$，$\deg(R_2)=3$，$R_3$ 的边界为 $e_{10}e_7e_8e_9e_{10}$，$\deg(R_3)=5$，$R_0$ 的边界为 $e_1e_6e_7e_9e_8e_6e_5e_4e_2$，$\deg(R_0)=9$。其中，在计算面 $R_3$ 时 $e_{10}$ 边被来回计算了两次。

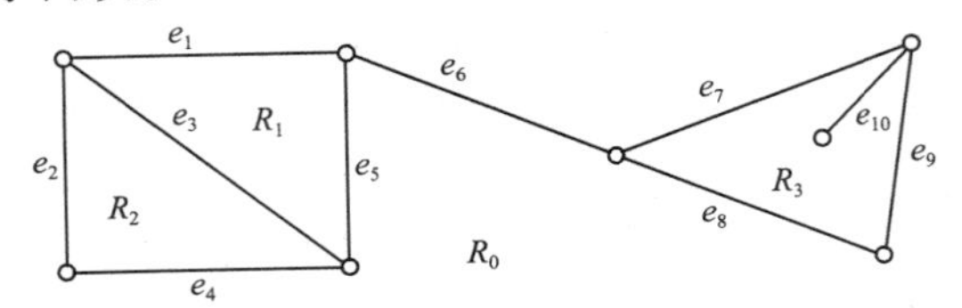

图 7-40 例 7-25 图

在例 7-25 中 $R_1 \sim R_3$ 被称为有限面，$R_0$ 被称为无限面。一般来说，有限面的面积是有限的，无限面的面积是无限的。任意一个平面图有且仅有一个无限面。

关于面的次数，有下述定理：

**定理 7.6.1** 一个平面图，所有面的次数之和等于其边数的两倍。即

$$\sum_{i=1}^{r}\deg(R_i)=2m$$

其中，$r$ 为 $G$ 的面数，$m$ 为边数。

**证明** 注意到等式的左端表示 $G$ 的各个面次数的总和，在计算过程中，$G$ 的每条边或者是两个面的公共边界为每一个面的次数增加 1，或者在一个面中作为边界重复计算两次，为该面的次数增加 2。因此在好计算面的次数总和时，每条边都恰计算了两次，故等式成立。

例如，在例 7-25 中，$\sum_{i=1}^{4}\deg(R_i)=20$，恰好是边数 10 的两倍。

## 7.6.2 欧拉公式

欧拉定理的运用

1750 年，欧拉发现任何一个有 $v$ 个顶点，$e$ 条棱，$r$ 个面的凸多面体，等式 $v+r-e=2$ 都成立。这个结论推广到平面图上来即是欧拉定理。

**定理 7.6.2**（欧拉定理） 设有一个连通的平面图 $G$，共有 $v$ 个结点，$e$ 条边和 $r$ 个面，则欧拉公式 $v+r-e=2$ 成立。

**证明** 若设 $e=1$，只可能有如下两种情况：

(1) 设如图 7-41(a) 所示情况 $v+r-e=2+1-1=2$。

(2) 设如图 7-41(b) 所示情况 $v+r-e=1+2-1=2$。

设当 $e=k$ 时，定理成立，则当 $e=k+1$ 时，要构成连通图，只有如下两种情况：

(1) 设如图 7-41(c) 所示，增加一条边 $e=(O_1,O_2)$，一个结点 $O_2$，而面数不变。

$$v+r-e=v_{k+1}+r_k-e_{k+1}=(v_k+1)+r_k-(e_k+1)=2$$

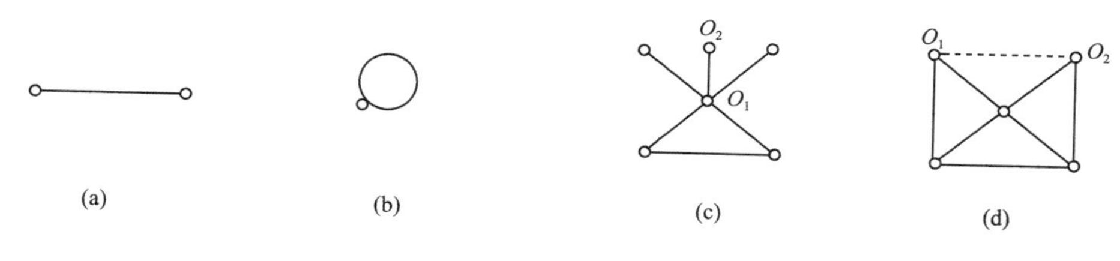


图 7-41　欧拉定理辅助图

(2)增加一条边,一个面,而结点不变(图 7-41(d))。

$$v+r-e=v_k+r_{k+1}-e_{k+1}=v_k+(r_k+1)-(e_k+1)=2$$

证毕。

**注意**:任何一个凸多面体都同构于一个平面图。例如,如图 7-42 所示。

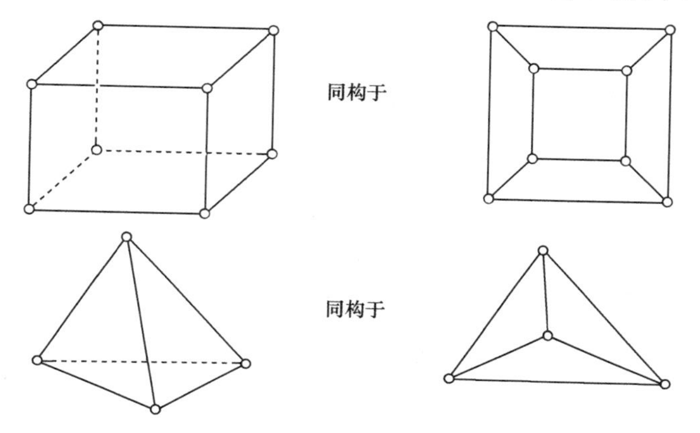


图 7-42　凸面体同构于平面图

**推论 1**　设 $G$ 是一个有 $v$ 个结点,$e$ 条边的连通简单平面图,若 $v\geqslant 3$ 则 $e\leqslant 3v-6$。

**证明**　设 $G$ 有 $k$ 个面,$G$ 的每个面 $R_i(i=1,2,\cdots,k)$由三条或三条以上的边组成,故

$$\sum_{i=1}^{k}\deg(R_i)\geqslant 3k$$

又根据定理 7.6.1,有 $\sum_{i=1}^{k}\deg(R_i)=2e$,于是有 $3k\leqslant 2e$ ,即 $k\leqslant\frac{2}{3}e$ 代入欧拉公式得 $2=v+k-e\leqslant v+\frac{2}{3}e-e=v-\frac{1}{3}e$ ,整理得,$e\leqslant 3v-6$。

**推论 2**　若图 $G$ 的每个面 $R_i(i=1,2,\cdots,k)$ 的边都是由四条或四条以上的边围成的连通平面图,则有

$$e\leqslant 2v-4$$

其中 $e$ 为图 $G$ 的边数,$v$ 为结点数。

**证明**　由题意 $\sum_{i=1}^{k}\deg(R_i)\geqslant 4k$,由定理 7.6.1 知 $4k\leqslant 2e$ 即 $k\leqslant\frac{1}{2}e$,代入欧拉公式可得 $e\leqslant 2v-4$。

更一般地,有:

**推论 3**　若 $G$ 是每个面至少由 $m(m\geqslant 3)$条边围成的连通平面图,则有

$$e\leqslant\frac{m(v-2)}{m-2}$$

其中 $e$,$v$ 分别为图 $G$ 的边数和结点数。留给读者自己证明。

**定理 7.6.3**（**库拉托夫斯基定理 1**） 一个图是平面图，当且仅当它不包含与 $K_{3,3}$（图 7-43）或 $K_5$（图 7-44）同构的子图。

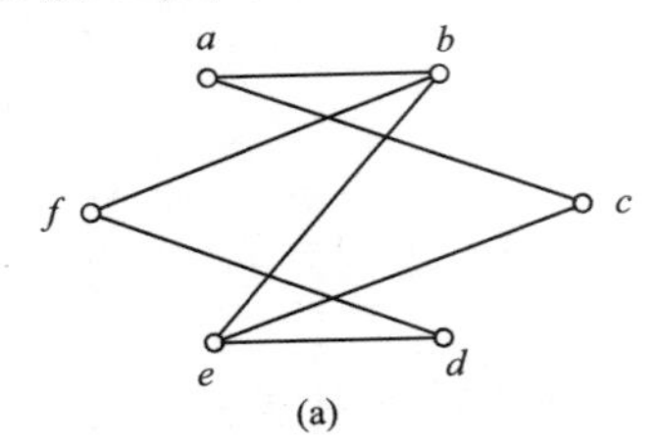

图 7-43 图 $K_{3,3}$

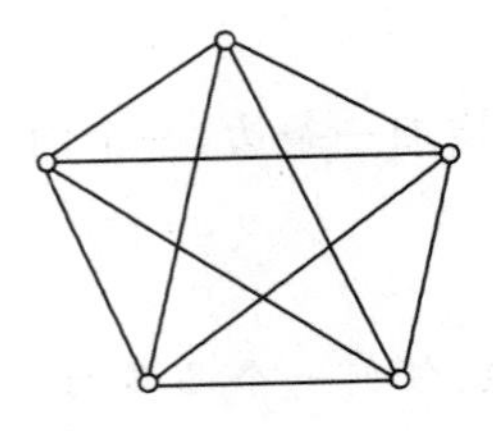

图 7-44 图 $K_5$

**证明** 对于图 $K_5$，$v=5$，$e=10$，而 $3v-6=15-6=9<e=10$。故由定理 7.6.2 的推论 1 知它不是平面图。对于图 $K_{3,3}$，由定理 7.6.2 的推论 2 知它也不是平面图。

**定义 7.6.3** 设边 $e=(u,v)\in E$，用 $\frac{G}{e}$ 表示从 $G$ 中删除 $e$ 后，将 $e$ 的两个端点 $u$，$v$ 用一个新的结点 $w$ 代替，使 $w$ 关联除 $e$ 以外 $u$，$v$ 所关联所有边，称为边 $e$ 的收缩，也称为删去一个 2 度结点；相反，我们可在 $G$ 的一条边中插入一个新的结点，使一条边变成 2 条边，这种做法称为插入一个 2 度结点，或称边的扩张。

**定义 7.6.4** 如果两个图 $G_1$ 和 $G_2$ 是同构的，或者通过反复插入或删去度数为 2 的结点后是同构的，则称 $G_1$ 和 $G_2$ 在 2 度结点内同构（或称同胚）。

**定理 7.6.4**（**库拉托夫斯基定理 2**） 图 $G$ 是平面图当且仅当 $G$ 中既没有可以收缩到 $K_5$ 的子图，也没有可以收缩到 $K_{3,3}$ 的子图。

证明略。

## 7.6.3 平面图的对偶与着色

### 1. 平面图的对偶

**定义 7.6.5** 给定平面图 $G=(V,E)$，它具有面 $R_i(i=1,2,\cdots,n)$，若有图 $G^*=(V^*,E^*)$ 满足下述条件：

(1) 对于图 $G$ 的任一个面 $R_i$，内部有且仅有一个结点 $v_i^*\in V^*$；

(2) 对于图 $G$ 的面 $R_i$，$R_j$ 的公共边 $e_k$，存在且仅存在一条边 $e_k^*\in E^*$，使 $e_k^*=(v_i^*,v_j^*)$，且 $e_k^*$ 与 $e_k$ 相交；

(3) 当且仅当 $e_k$ 只是一个面 $R_i$ 的边界时（即为桥时），存在 $v_i^*$ 的一个环 $e_k^*$ 和 $e_k$ 相交。

则称图 $G^*$ 是图 $G$ 的对偶图，此时，图 $G$ 也是 $G^*$ 的对偶图。

下面给出图 $G$ 和它的对偶图的顶点数、边数和面数之间的关系。

**定理 7.6.5** 设 $G^*$ 是平面连通图 $G$ 的对偶图，$v^*$，$e^*$，$r^*$ 和 $v$，$e$，$r$ 分别为 $G^*$ 和 $G$ 的顶点数，边数，面数，则

(1) $v^*=r$；

(2) $e^*=e$；

(3)$r^*=v$;

(4)设 $G^*$ 的顶点 $v_i^*$ 位于$G$ 的面$R_i$ 中,则有$G^*$ 的顶点 $v_i^*$ 的度数等于$G$ 中面$R_i$ 的度数,即

$$\deg_{G^*}(v_i^*)=\deg_G(R_i)$$

**证明** (1)(2)显然。(4)(略),仅证(3)。

由于$G$ 是连通的,故$G^*$ 也是连通的,因而满足欧拉公式

$$v-e+r=2$$

$$v^*-e^*+r^*=2$$

结合(1)(2)可得

$$r^*=2+e^*-v^*=2+e-r=v$$

**定义 7.6.6** $G^*$ 是平面图 $G$ 的对偶图,若 $G^*\cong G$,则称 $G$ 为自对偶图。

【例 7-26】 证明:若图 $G$ 是自对偶的,则 $e=2v-2$。

**证明** 设图 $G$ 的结点数,边数,面数分别为 $v,e,r$;图 $G^*$ 的结点数,边数,面数分别为 $v^*,e^*,r^*$,则由对偶图的性质定理

$$v^*=r,\ e^*=e,\ r^*=v$$

又由 $G^*\cong G$,故 $r=r^*$,$v=v^*$,因而 $r=r^*=v=v^*$。又因为 $G$ 是平面图,故欧拉公式成立,即 $v-e+r=2$。将 $v=r$ 代入得 $e=2v-2$。

2. 图的着色

着色问题起源于四色猜想:在一张地图中,若相邻国家着以不同的颜色,那么最少需要多少种颜色呢?1852 年,英国青年盖思瑞(Guthrie)提出了用四种颜色可以对地图着色的猜想(以下简称四色猜想)。1879 年,肯普(Kempe)给出了这个猜想的第一个证明,但到了1890 年希伍德(Hewood)发现肯普证明是有错误的,并且指出了肯普的方法虽不能证明地图着色用四种颜色就够了,但却可以证明用五种颜色就够了,即五色定理成立。此后四色猜想一直成为图论中的难题。许多人试图证明猜想都没有成功。直到 1976 年美国数学家阿佩尔(K. Appel)和哈肯(W. Haken)利用计算机分析了近 2000 种图形和 100 万种情况,花费了 1200 个机时,进行了 100 多亿个逻辑判断,证明了四色猜想。从此四色猜想便被称为四色定理。但是,不依靠计算机而直接给出四色定理的证明,仍然是数学界的一个令人困惑的问题。着色问题分为点着色,边着色和面着色。我们仅简单介绍一下无向图的点着色和边着色。

**定义 7.6.7** 对无向图 $G=(V,E)$的每个结点涂上一种颜色,使相邻的结点颜色不同,称为对 $G$ 的一种着色;如能用 $m$ 种颜色给图$G$ 着色,则称图 $G$ 是$m$—可着色的;若图 $G$ 是$m$—可着色的,而不是 $m-1$—可着色的,则称图 $G$ 是 $m$ 色图,又称正常着色,并称 $m$ 为图$G$ 的色数,记作 $\chi(G)=m$,在不引起混乱的情况下,可简记为 $\chi=m$。

关于点着色易知:(1)$G$ 是零图当且仅当 $\chi(G)=1$;(2)$\chi(K_n)=n$;(3)若 $G$ 中仅含一条边,则 $\chi(G)=2$ 当且仅当 $G$ 为二部图。

【例 7-27】 证明一个无向连通图能被两种颜色正常着色,当且仅当它不包含长度为奇数的回路。

**证明** 必要性(反证法):无向图 $G$ 能被两种颜色正常着色,且 $G$ 中包含一条长度为奇

数的回路，设为 $v_1(v_1,v_2)v_2(v_2,v_3)v_3\cdots(v_{n-1},v_n)v_n(v_n,v_1)v_1$ 为奇数。由于 $G$ 能被两种颜色正常着色，因此若 $v_1$ 着 $C_1$ 色必有 $v_3,v_5,\cdots,v_n$ 着 $C_1$ 色，$v_2,v_4,\cdots,v_{n-1}$ 着 $C_2$ 色，而 $v_1$ 和 $v_n$ 邻接同时着 $C_1$ 色，与 $G$ 中结点能被两种颜色正常着色矛盾，故 $G$ 中不可能有长度为奇数的回路。

充分性：任取结点 $u\in G$，令 $V_1=\{v\mid 从\ u\ 到\ v\ 有奇数长度通路\}$，$V_2=\{v\mid 从\ u\ 到\ v\ 有偶数长度通路\}$，则 $V_1\cap V_2=\varnothing$，这是因为若存在 $v\in V_1\cap V_2$，则从 $u$ 到 $v$ 有奇数长度的通路 $L_1$，从 $u$ 到 $v$ 也有偶数长度通路 $L_2$，$L_1\cup L_2$ 即为 $G$ 中奇数长度的回路，矛盾，故 $V_1\cap V_2=\varnothing$。又由于 $G$ 连通，故 $V_1\cup V_2=V$。

下证 $V_i(i=1,2)$ 内各个结点不邻接。

反证法：设 $v_1,v_2\in V_i(i=1,2)$，$v_1$ 和 $v_2$ 邻接，则从 $u$ 到 $v_1,v_2$ 均有奇(偶)长度通路 $L_1$ 和 $L_2$，则 $L_1+(v_1,v_2)+L_2$，即为包含 $v_1,v_2$ 和 $u$ 的回路，此回路的长度为 $L_1$ 和 $L_2$ 的长度之和(为偶数)再加 1，故得数为奇数，与已知矛盾，故 $V_i(i=1,2)$ 内各个结点不邻接。现对 $V_1$ 着 $C_1$ 色，对 $V_2$ 着 $C_2$ 色，则 $G$ 能被两种颜色正常着色。

从对偶图的定义容易知道，对于地图的着色问题，可以化为一种等价的对于平面图的结点的着色问题。因此，四色问题可以归结为证明：对任意平面图一定可以用四种颜色，对其结点进行着色，使得相邻结点都有不同颜色。

于是，四色定理可简单地叙述如下：

**定理 7.6.6**（四色定理）　任何简单平面图都是 4—可着色的。

**定理 7.6.7**（五色定理）　任何简单平面图 $G=(V,E)$，均有 $\chi(G)=5$。

证明略。

边着色和面着色有类似的定义。其中关于边着色，现仅通过下面一个问题了解一下：

【例 7-28】 (1)一个完全图 $K_6$ 的边涂上红色或蓝色。证明对于任何一种随意涂边的方法，总有一个完全图 $K_3$ 的所有边被涂上红色，或者有一个 $K_3$ 的所有边被涂上蓝色。

(2)证明 6 个人的人群中，或者有 3 个人相互认识或者有 3 个人彼此陌生。

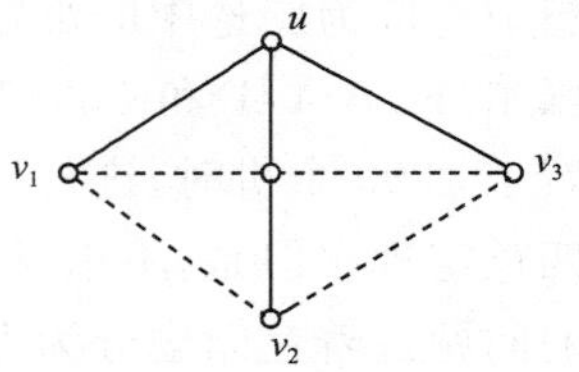

**证明**　(1)任取 $K_3$ 的一个结点 $u$，则和 $u$ 相关联的边共有 5 条，随意涂上红色或蓝色，则必有 3 条边涂同一颜色(设为红色)，设这 3 条边另外的端点是 $v_1,v_2,v_3$，则 $v_1,v_2,v_3$ 相互邻接，图中虚线设为蓝色如图 7-45 所示。若有实线边则和图中与 $u$ 邻接的三条实线边的任意两条组成 $K_3$ 子图。若无涂红色的边，则均涂蓝色，于是 $v_1,v_2,v_3$ 组成了一个涂以蓝色 $K_3$ 子图，故 $K_6$ 的边随意涂色必有 $K_3$ 子图所有边被涂上红色或蓝色。

图 7-45　实线(设为红色)表示与 $u$ 邻接的三条边

(2)6 个人可以看成 6 个结点，则 6 个结点组成 $K_6$ 的完全图。若 2 人认识，则将关联的边涂以红色，若 2 人不认识，则涂以蓝色。于是由(1)知 $K_6$ 的边随意用红色和蓝色涂边，必有一个 $K_3$ 子图所有边同涂上红色，即有 3 个人相互认识，或有一个 $K_3$ 子图所有边同涂蓝色，即有 3 个人相互不认识。

# 7.7 树与生成树

树是图论中最重要的概念之一。早在 1847 年，克希霍夫(Kirchhoff)就用树的理论来研究电网络；1857 年，凯莱(Cayley)在计算有机化学中饱和碳化氢的同分异构体数目时也用到了树的理论。树在许多领域中，特别是在计算机科学领域中得到了广泛的应用。

## 7.7.1 无向树的定义与性质

**定义 7.7.1** 连通不含回路的无向图称为无向树，简称为树。常用 $T$ 表示一棵树。在树中，度数为 1 的结点称为树叶，度数大于 1 的结点称为分枝点。不含回路且至少有两个连通分支的无向图称为森林。平凡图称为平凡树。

例如，图 7-46 所示的图是一棵树，它有 6 片树叶，2 个分枝点。

树有许多性质。有些性质是树的必要条件，同时也是充分条件，因而树有许多等价的定义，下面用定理给出这些性质。

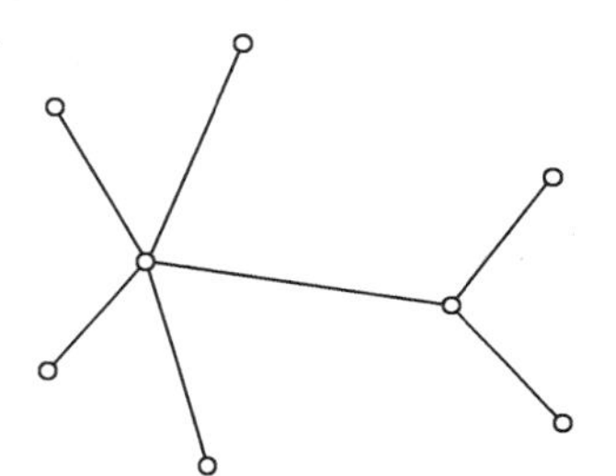
图 7-46 树 $T$

**定理 7.7.1** 设无向图 $T$ 是树，则下列命题等价：

(1) $T$ 不含简单回路且 $m=n-1$(其中 $n$ 为结点数，$m$ 为边数，下同)；

(2) $T$ 连通且 $m=n-1$；

(3) $T$ 不含简单回路，但如果增加一条新边就可以得到一条且仅一条简单回路；

(4) $T$ 连通，如果删除一条边以后，$T$ 就变成了非连通图；

(5) $T$ 中任何一对结点之间仅有唯一一条初级通路。

下面证明定理(1)以及(2)两部分，其余部分作为课后练习请自行证明。

(1) **证明** 由树的定义可推出第(1)条。

应用数学归纳法，对 $n$ 作归纳。

当 $n=1$ 时，$m=0$，有 $m=n-1$ 成立。

假设 $n=k$ 时命题成立，只要证明 $n=k+1$ 时也成立即可。

由于树是连通而无简单回路的，所以至少存在一个次数为 1 的结点 $v$，在 $T$ 中删去 $v$ 及其关联边，便得到 $k$ 个结点的连通无简单回路图。由归纳假设它有 $k-1$ 条边。再将结点 $v$ 及其关联边放回得到原图 $T$，所以 $T$ 中含有 $k+1$ 个结点和 $k$ 条边，有公式 $m=n-1$ 成立。

所以树 $T$ 是无简单回路且 $m=n-1$ 的图。

(2) **证明** 由(1)⇒(2)。

用反证法：如果图 $T$ 不连通，设有 $k$ 个连通分支($k\geqslant 2$)，分别为 $T_1,T_2,\cdots,T_k$，其结点数分别是 $n_1,n_2,\cdots,n_k$，边数分别是 $m_1,m_2,\cdots,m_k$，且 $\sum_{i=1}^{k}n_i=n$，$\sum_{i=1}^{k}m_i=m$，所以有下式成立：

$$m=\sum_{i=1}^{k}m_i=\sum_{i=1}^{k}(n_i-1)=n-k<n-1$$

这就得出了一个矛盾的结果。所以 $T$ 是连通的，并且有 $m=n-1$ 成立。

**定理 7.7.2** 设 $T$ 是 $n$ 阶非平凡的无向树，则 $T$ 中至少有两片树叶。

**证明** 设 $T$ 有 $x$ 片树叶，由握手定理及定理 7.7.1 的 $m=n-1$，所以 $\sum_{i=1}^{n}\deg(v_i)=2m=2(n-1)$，如果叶数为零，则 $\sum_{v\in V}\deg(v)\geqslant 2n, m\geqslant n$，矛盾；如果叶数为 1，则有 $n-1$ 个结点的次数大于等于 2，$\sum_{v\in V}\deg(v)\geqslant 2(n-1)+1>2(n-1)$，矛盾。

综上所述，如果 $T$ 是 $n$ 阶非平凡的无向树，则 $T$ 中至少有两片树叶。

## 7.7.2 无向图中的生成树与最小生成树

有些连通图，本身不是树。但是它的某些子图是树。一个图可能有许多子图是树，其中最重要的一类就是生成树。

**定义 7.7.2** 如果图 $G$ 的生成子图是树 $T$，称 $T$ 为 $G$ 的生成树。从 $G$ 中删去 $T$ 中的边，得到的图称为 $G$ 的余树，记为 $\overline{T}$。$T$ 中的边称为树枝。$\overline{T}$ 中的边称为 $G$ 的弦。

【例 7-29】 在图 7-47 中，图(b)、(c)、(d)、(e)、(f)都是图(a)的生成树。而且，可以看出由图(b)、(c)表示的生成树，它们的余树都不是树。

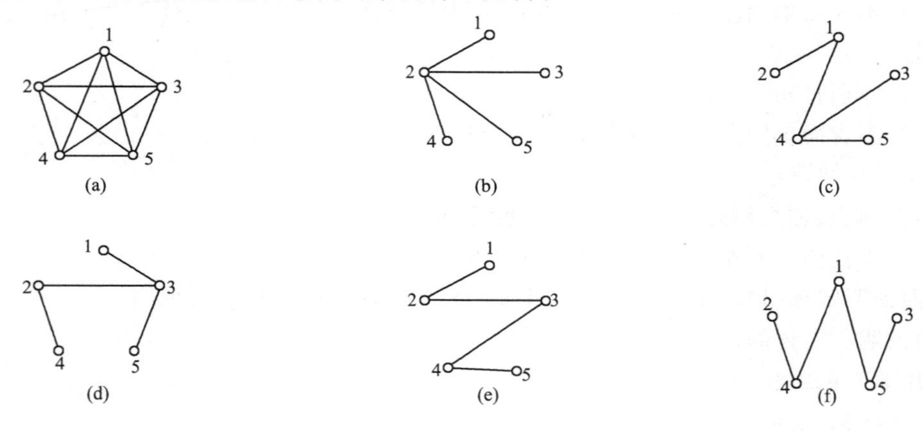


图 7-47 例 7-29 图

**定理 7.7.3** 一个连通图 $G$ 至少存在一棵生成树。

**证明** 不妨设 $G$ 是简单图，否则删去所有的平行边和环不改变 $G$ 的结点数，也不影响图 $G$ 的连通性。如果图 $G$ 中无回路，则 $G$ 本身就是生成树。如果 $G$ 中存在回路 $C$，去掉 $C$ 中一条边，不影响 $G$ 的连通性，若还有回路，就再去掉这个回路中的一条边，直至无回路为止。最后得到含 $G$ 中所有结点的不含回路且是连通的 $G$ 的子图 $T$，$T$ 即为 $G$ 的生成树。

显然，定理 7.7.3 的证明过程就是求连通图 $G$ 的生成树的一种算法，关键的一步是判断图中是否有回路。若有回路，则去掉回路中的一条边，由于选择回路上的边有多种选法，所以形成的生成树是不唯一的。

**推论 1** $G$ 为 $n$ 阶 $m$ 条边的无向连通图，则 $m\geqslant n-1$。

**证明** $G$ 中存在生成树 $T$，由定理 7.7.1 知，$T$ 中有 $n-1$ 条边。但 $T$ 中的边数小于等于 $G$ 中的边数 $m$，所以 $m\geqslant n-1$。

**推论 2** 设 $G$ 是 $n$ 阶 $m$ 条边的无向图，$T$ 为 $G$ 的生成树，则 $T$ 的余树 $\overline{T}$ 的边数为 $m-n+1$。

**证明** $T$ 与 $\overline{T}$ 无公共边，又 $G$ 中的任一条边不是在 $T$ 中就是在 $\overline{T}$ 中。所以 $T$ 与 $\overline{T}$ 的边数之和为 $m$，而 $T$ 的边数为 $n-1$，所以 $\overline{T}$ 的边数为 $m-(n-1)=m-n+1$。

下面讨论求连通带权图中的最小生成树问题。

**定义 7.7.3** 设无向图 $G=(V,E)$ 是带权图（权为实数），$T$ 是 $G$ 的一棵生成树，$T$ 的每个树枝所带权之和称为 $T$ 的权，记为 $W(T)$。$G$ 的带权最小的生成树称为 $G$ 的最小生成树。

一个无向图的生成树不是唯一的，同样的，一个带权图的最小生成树也不一定是唯一的。求带权图的最小生成树的方法很多。主要介绍避圈法(Kruskal)：

设 $n$ 阶无向连通带权图 $G=(V,E,W)$ 有 $m$ 条边，不妨设 $G$ 中没有环，否则可以先删除所有的环，将 $G$ 中非环边按权值从小到大排序：$e_1,e_2,\cdots,e_m$。

(1)取 $e_1$ 在 $T$ 中；

(2)检查 $e_2$，若 $e_2$ 与 $e_1$ 不构成回路，把 $e_2$ 放到 $T$ 中，否则摒弃边 $e_2$；

(3)再查 $e_3,\cdots,e_m$，如果 $e_j$ 与已知在 $T$ 中的边不能构成回路，则把 $e_j$ 放到 $T$ 中，否则摒弃边 $e_j$。

算法停止时得到的 $T$ 为 $G$ 的最小生成树。

求最小生成树是一类实际问题的数学抽象，例如“为了把若干城市联结起来，要求设计最短通信线路”，“为了解决若干居民点供水，要求设计最短的自来水管线路”等。

【例 7-30】 设 $G=(V,E,W)$，如图 7-48(a)所示，用避圈法求 $G$ 的最小生成树。

**解** 具体求解过程如下：

| $T$ | $e$ |
| --- | --- |
| $\varnothing$ | $e_{12}$ |
| $\{e_{12}\}$ | $e_5$ |
| $\{e_{12},e_5\}$ | $e_8$ |
| $\{e_{12},e_5,e_8\}$ | $e_{11}$ |
| $\{e_{12},e_5,e_8,e_{11}\}$ | $e_3$ |
| $\{e_{12},e_5,e_8,e_{11},e_3\}$ | $e_{10}$ |
| $\{e_{12},e_5,e_8,e_{11},e_3,e_{10}\}$ | $e_6$ |
| $\{e_{12},e_5,e_8,e_{11},e_3,e_{10},e_6\}$ | |

所以图 $G$ 的最小生成树如图 7-48(b)所示。

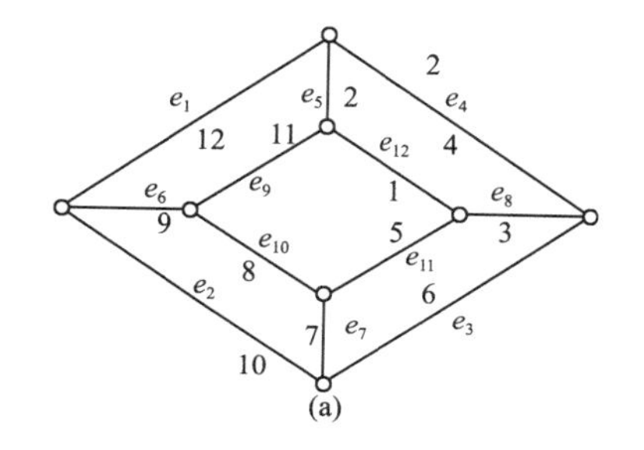


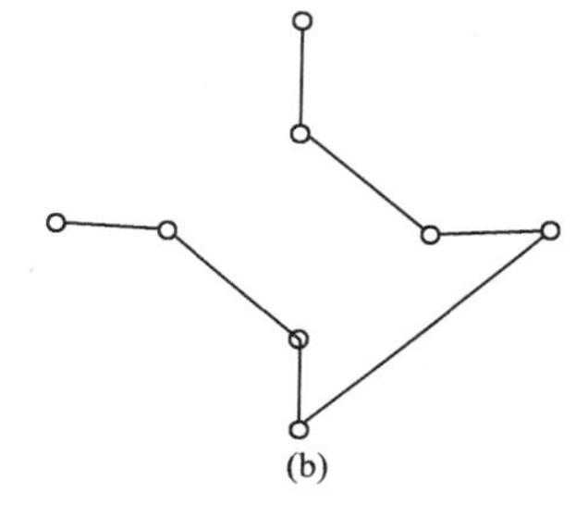


图 7-48 例 7-30 图

# 7.8 根树及其应用

## 7.8.1 有向树

**定义 7.8.1** 一个有向图，如果略去各有向边的方向所得到的无向图是一棵树，则称这个有向图为有向树。

例如，图 7-48 所示的两个图形都是有向树。

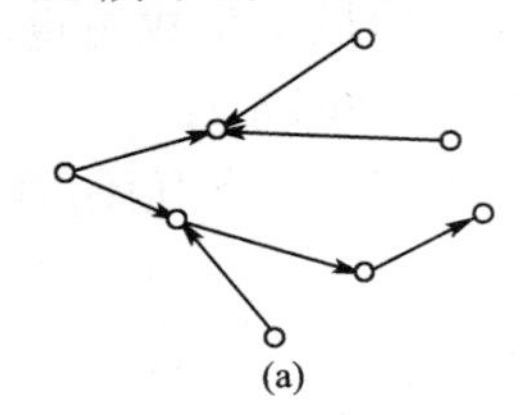


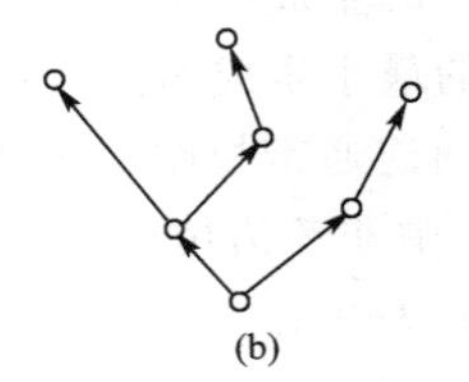


图 7-48 有向树

**定义 7.8.2** 一棵非平凡的有向树，如果有一个结点的入度为 0，其余的结点的入度均为 1，则这一有向树称为根树。入度为 0 的结点称为树根，入度为 1 出度为 0 的结点称为树叶，入度为 1，出度大于 0 的结点称为内点。将内点与树根统称为分支点。

设在一棵根树中，从树根到任一结点 $v$ 的通路长度称为该结点的层数。称层数相同的结点在同一层，层数越大的结点所处的层越高。层数最大的结点对应的层数值称为根树高。

【例 7-31】 图 7-50 中各图是否是根树？

**解** 只有图 7-50(b)是根树，其余都不是。这是因为图 7-50(a)中没有入度为 0 的结点，图 7-50(c)中有入度为 2 的结点，图 7-50(d)中有两个入度为 0 的结点。

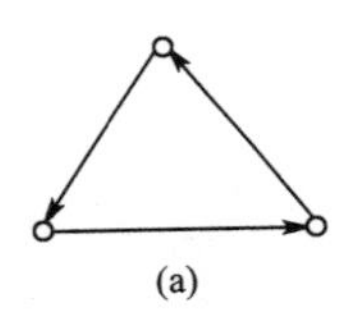


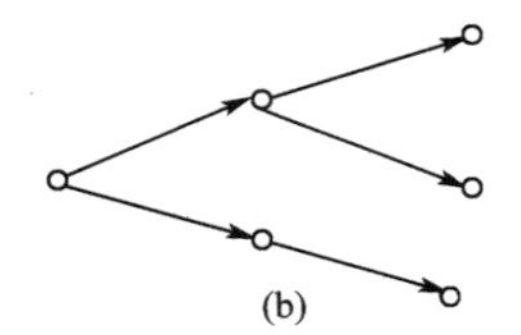


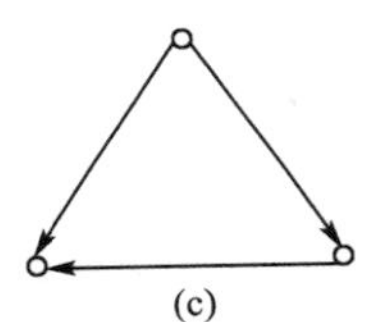


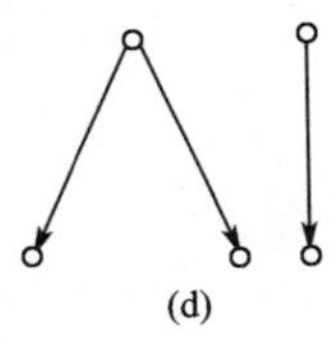


图 7-50 例 7-31 图

习惯上将根树画成树根在上，各边箭头均朝下，并为方便起见，略去边上的箭头。图 7-50(b)中的根树可画成图 7-51 的形式。

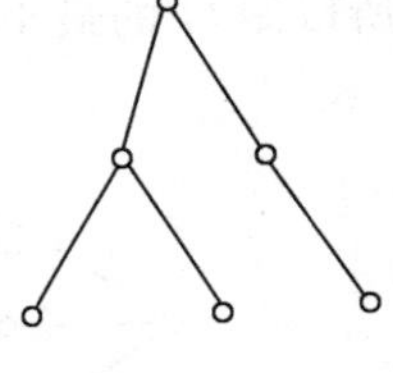

图 7-51 例 7-31 图

由根树的定义不难得到如下的定理：

**定理 7.8.1** 设 $T$ 是根树，则从根 $v_0$ 到每个结点都存在唯一的有向路。

**定义 7.8.3** 一棵根树也常称为一棵家族树：

(1)若顶点 $a$ 邻接 $b$，则称 $b$ 为 $a$ 的儿子，$a$ 为 $b$ 的父亲；

(2)若 $b$，$c$ 同为 $a$ 的儿子，则 $b$，$c$ 为兄弟；

(3)若 $a \neq d$，而 $a$ 可达 $d$，则 $a$ 为 $d$ 的祖先，$d$ 为 $a$ 的后代。

**定义 7.8.4** 设 $T$ 为一棵根树，$a$ 为 $T$ 中一个内点，称 $a$ 及其后代导出的子图 $T'$ 为 $T$ 的以 $a$ 为根的子树。

## 7.8.2 $m$ 叉树

上面研究根树时，没有考虑同一层上结点的次序。然而在编码理论和计算机科学中常常要考虑同一层上结点的次序。

**定义 7.8.5** 如果在根树中规定了每一层上结点的次序，这样的根树称为有序树。

一般地，在画出的有序树中，同一层结点的次序为从左到右，也可以用边的次序来代替顶点的次序。

根据根树 $T$ 中每个分支点儿子数以及是否有序，可以将根树分成下列种类：

(1)若 $T$ 的每个分支点至多有 $m$ 个儿子，则称 $T$ 为 $m$ 叉树；

(2)若 $T$ 的每个分支点都恰好有 $m$ 个儿子，则称 $T$ 为完全 $m$ 叉树(或 $m$ 叉正则树)；

(3)若 $m$ 叉树 $T$ 是有序的，则称 $T$ 为 $m$ 叉有序树；

(4)若 $m$ 叉正则树 $T$ 是有序的，则称 $T$ 是 $m$ 叉正则有序树；

(5)若 $T$ 是 $m$ 叉正则树，且所有树叶的层数均相同，则称 $T$ 为满 $m$ 叉树。

特别当 $m=2$ 时，分别称二叉树，二叉正则树，二叉有序树，二叉正则有序树，满二叉树。

【例 7-32】 图 7-52(a)中的图是三叉树，图 7-52(b)是二叉树但不是完全二叉树，图 7-52(c)是完全二叉树但不是满二叉树，图 7-52(d)是满二叉树。

根树和无向树一样，满足 $m=n-1$。并且还满足其他一些数量关系：

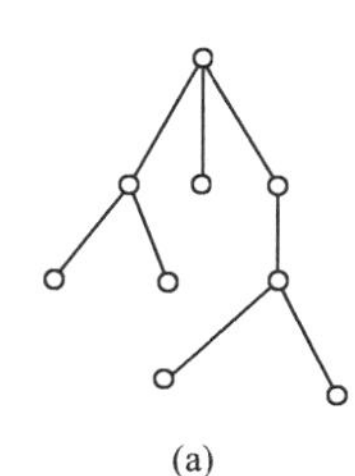
(a)

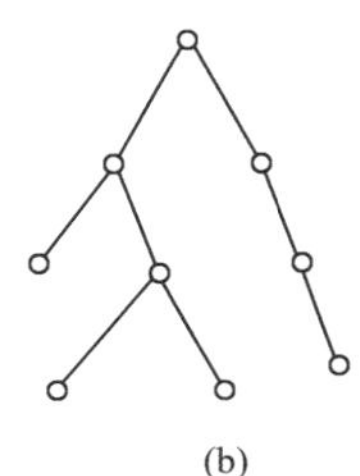
(b)

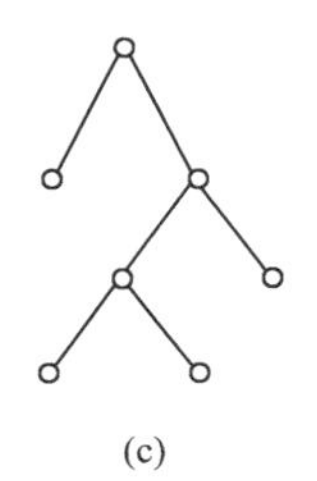
(c)

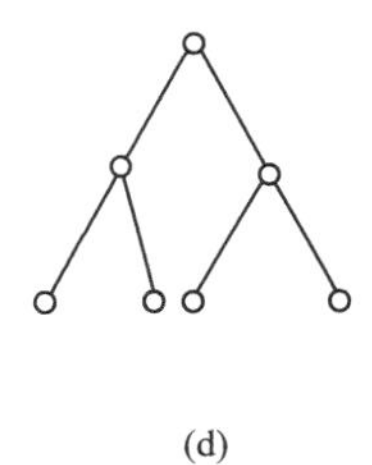
(d)

图 7-52 例 7-32 图

**定理 7.8.2** 设 $T$ 是一棵完全 $m$ 叉树，并有 $n_0$ 个叶结点，$t$ 个分支点，则 $(m-1)t=n_0-1$。

**证明** 由完全 $m$ 叉树的定义可知，$T$ 的边数是 $mt$，结点数为 $n_0+t$。

于是 $mt=n_0+t-1$，即 $(m-1)t=n_0-1$。

**定理 7.8.3** 设 $T$ 是一棵二叉树，$n_0$ 表示叶结点数，$n_2$ 表示出度为 2 的结点数，则 $n_2=n_0-1$。

**证明** 设 $T$ 的出度为 1 的结点数为 $n_1$，则 $T$ 的边数为 $m=n_1+2n_2$，结点数为 $n_0+n_1+n_2$，由 $m=n-1$ 得 $n_1+2n_2=n_0+n_1+n_2-1$。

所以 $n_2=n_0-1$ 。

若 $T$ 是完全二叉树，则无出度为 1 的结点，因此得证。

**定理 7.8.4** 完全二叉树有奇数个结点。

利用二元树进行信息处理，经常会涉及逐个不重复地访问二叉树的所有结点，称其为二叉树的遍历(Ergodic)。下面介绍二叉树遍历的三种常用的递归算法。

**算法一** （先根遍历）

(1)访问根；

(2)在根的左子树上执行先根遍历；

(3)在根的右子树上执行先根遍历。

**算法二** （中根遍历）

(1)在根的左子树上执行中根遍历；

(2)访问根；

(3)在根的右子树上执行中根遍历。

**算法三** （后根遍历）

(1)在根的左子树上执行后根遍历；

(2)在根的右子树上执行后根遍历；

(3)访问根。

【例 7-33】 运用上述三种算法访问图 7-53 所示的根树的结点顺序分别为：

先根遍历：$ABDEHCFIJGK$；中根遍历：$DBHEAIFJCGK$；

后根遍历：$DHEBIJFKGCA$。

利用二叉有序树可以表示算术表达式。表示时，通常将运算符放在分枝结点上，数字或变量放在树叶结点上，另外被减数和被除数放在左子树的树叶上。

【例 7-34】 (1)利用二叉有序树表示算术表达式 $a\times c+\left(\frac{d+e}{f}-g\right)$；

(2)用三种方法遍历此树.

**解** (1)二叉有序树如图 7-54。

(2)先根遍历的结果为：$+(\times(-ab)c)(-(\div(+de)f)g)$；

中根遍历的结果为：$((a-b)\times c)+(((d+e)\div f)-g)$；

后根遍历的结果为：$((ab-)c\times)(((de+)f\div)g-)+$。

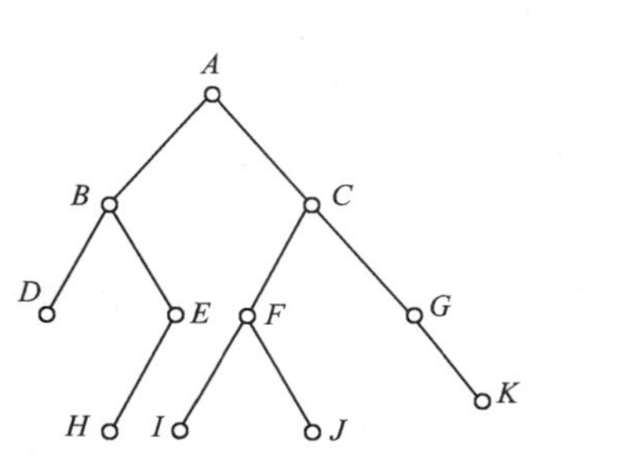

图 7-53 例 7-33 图

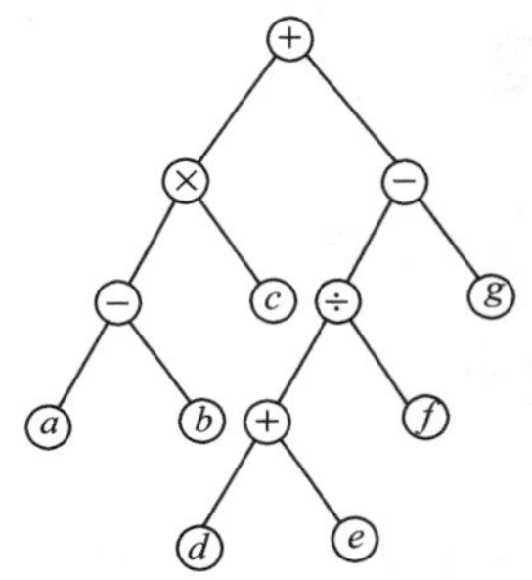

图 7-54 例 7-34 图

上述遍历结果显示，中根遍历的结果是还原算术表达式；先根遍历的结果是将运算符号放在参加运算的两个数之前，称此为前缀符号法或波兰符号法；后根遍历的结果是将运算符号放在参加运算的两个数之后，称此为后缀符号法或逆波兰符号法。为了清楚起见，解(2)中的括号是人为加上去的。

## 7.8.3 最优二叉树

在二叉正则有序树中，它的每个分支点的两个儿子导出的根子树分别称为左子树和右子树。在所有的 $m$ 叉树中，二叉树居重要地位。下面介绍一些二叉树的应用。

**定义 7.8.6** 设二叉树 $T$ 有 $t$ 片树叶 $v_1,v_2,\cdots,v_t$，权分别为 $w_1,w_2,\cdots,w_t$，称 $W(t)=\sum_{i=1}^{t}w_i l(v_i)$ 为 $T$ 的权，其中 $l(v_i)$ 是 $v_i$ 的层数。在所有 $t$ 片树叶，带权 $w_1,w_2,\cdots,w_t$ 的二叉树中，权最小的二叉树称为最优二叉树(又称 Huffman 树)。

如何求出最优二叉树呢？1952 年，霍夫曼(Huffman)给出了求最优二叉树的算法，即霍夫曼算法：

给定实数 $w_1,w_2,\cdots,w_t$，且 $w_1\leqslant w_2\leqslant\cdots\leqslant w_t$。

(1)连接权为 $w_1,w_2$ 的两片树叶，得一个分支点，其权为 $w_1+w_2$；

(2)在 $w_1+w_2,w_3,\cdots,w_t$ 中选出两个最小的权，连接它们对应的结点(不一定是树叶)，得新分支点及所带的权；

(3)重复(2)，直到形成 $t(\geqslant 1)$ 个分支点，$t$ 片树叶为止。

【例 7-35】 画一棵带权值分别为 2,3,5,7,9,11 的最优二叉树。其具体构造过程如图 7-55 所示。

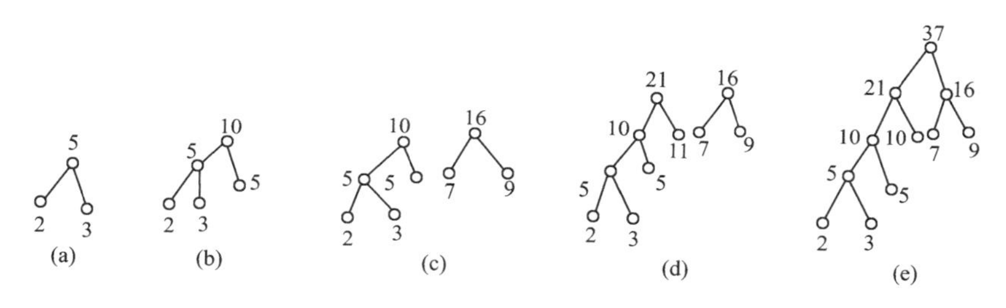

图 7-55 例 7-35 图

由定义得 $W(T)=2\times4+3\times4+5\times3+11\times2+7\times2+9\times2=89$

实际上，$W(T)$ 也可以视为各分支点权值之和，因而

$$W(T)=5+10+21+37+16=89$$

## 7.8.4 二叉树在计算机中的应用

在计算机及通讯中，常用二进制编码来表示字符，例如，可用 00,01,10,11 分别表示字母 $A,B,C,D$。如果字母 $A,B,C,D$ 出现的频率是一样的，则输入 100 个这样的字母用 200 个比特位。但实际上字母出现的频率差异较大，如 $A$ 出现的频率为 50%，$B$ 出现的频率为 25%，$C$ 出现的频率为 20%，$D$ 出现的频率为 5%。能否用不等长的二进制序列表示字母 $A,B,C,D$，使传输信息的比特位尽可能少呢？事实上，可用 001 表示 $D$，000 表示 $C$，00 表示 $B$，1 表示 $A$，这样表示，传输 100 个这样的字母所用的比特位为

$$3\times5+3\times20+2\times25+1\times50=175$$

这种表示法比用等长的二进制序列表示法好，节省了比特位。但是，如果用 1 表示 $A$，用 00 表示 $B$，用 000 表示 $C$，用 001 表示 $D$，当接收端收到信息 001000 时，就无法辨别它是 $DC$ 还是 $BAC$，因而不能用这种二进制序列表示 $A,B,C,D$，而要寻找另外的表示法。

**定义 7.8.7** 设 $A=\{\alpha_1,\alpha_2,\cdots,\alpha_{n-1},\alpha_n\}$为一个符号串集合，若对任意 $\alpha_i,\alpha_j\in A$，$\alpha_i$ 不是$\alpha_j$ 的前缀，$\alpha_j$ 也不是$\alpha_i$ 的前缀，则称 $A$ 为前缀码；若符号串 $\alpha_i(i=1,2,\cdots,m)$中，只出现 0,1 两个符号，则称 $A$ 为二元前缀码。

例如，{1,01,001,000}是前缀码，而{1,11,001,0011}不是前额码。

如何产生二元前缀码？可用一棵二叉树产生一个二元前缀码。方法如下：

在一棵完全二叉树中，将每个结点和它的左子结点之间的边标记 0；将它与右子结点之间的边记为 1，如图 7-56(a)所示，把从根到每片树叶所经过的边的标记序列作为树叶的标记。

由于每片树叶的标记的前缀是它的祖先的标记，而不可能是任何其他树叶的标记，所以这些树叶的标记就是前缀码。由图 7-56(a)可以看出前缀码是{000,001,01,10,11}。

相反，如果给定前缀码，也可找出对应的二叉树。例如，{000,001,01,1}对应的完全二叉树如图 7-56(b)所示。因此，二元前缀码与完全二叉树是一一对应的。

当知道了要传输的字符的频率时，可用各个字符出现的频率作权，用霍夫曼算法构造一棵最优树 $T$，由 $T$ 产生的二元前缀码称为最优前缀码（又称 Huffman 码），用这样的前缀码传输对应的符号可以传输的二进制数码最少。

【例 7-36】 假设通讯中，$A,B,C,D,E,F$ 出现的频率分别为：30%，25%，20%，10%，10%，5%。

(1)求传输它们的最优二元前缀码；

(2)用最优二元前缀码传输 1000 个按上述频率出现的字符需要多少个二进制数？

**解** (1)先求带权 30,25,20,10,10,5 的最优二元树 $T$，如图 7-57，并由 $T$ 产生一个前缀码是{0000,0001,001,01,10,11}。

(2)传输 1000 个这样的字符所用的二进制长度为

$$[4\times(5+10)+3\times10+2\times(20+25+30)]\times1000\times\frac{1}{100}=2400$$

即用最优前缀码传输 1000 个按上述频率出现的字符需要 2400 个二进制数。

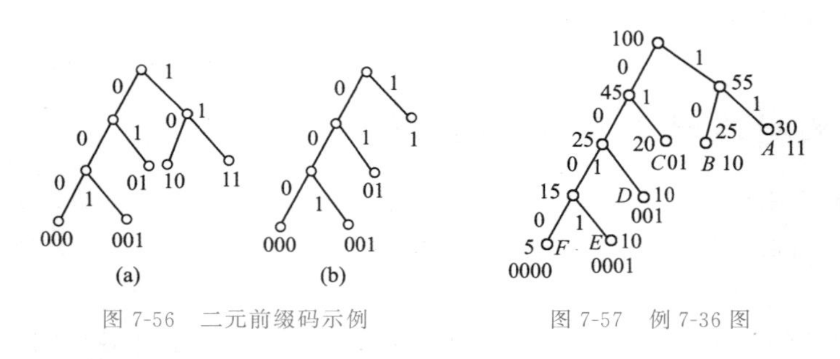


图 7-56 二元前缀码示例 图 7-57 例 7-36 图

## 7.9 最短路径问题

### 7.9.1 问题的提出

路径问题是图论的一个重要内容，也是图论在应用上卓有成效的一个广阔领域，在前面章节中，我们已对路径给出定义并讨论了结点间是否存在路径（即可达性）的问题，但是在很多情况下，更为重要的是如何寻找结点间存在的最短路径问题。

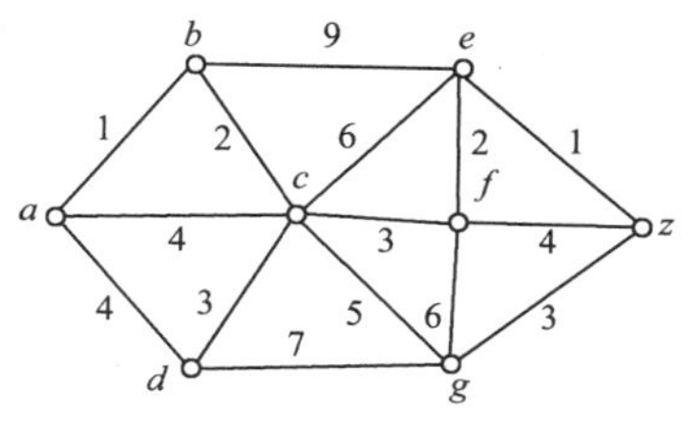

图 7-58 赋权图

在图的点或边上标注某种信息的数，称为权，含有权的图称为赋权图。如图 7-58 是一个在边上含权的赋权图。如果图中各结点表示各个城市，边表示城市间的公路，边上的权表示公路的里程，这就是一个公路交通网络图。如果自结点 $a$ 出发，目的地是结点 $z$，那么如何寻找一条自结点 $a$ 到结点 $z$ 的通路，使得通路上各边的权和最小，这就是赋权图的最短通路问题。关于这个问题已有不少算法，本节主要介绍著名的 Dijkstra 算法。

## 7.9.2 Dijkstra 算法

如何求得两个结点之间的最短路径呢？Dijkstra 提出了一种按路径长度递增的次序产生最短路径的算法。该算法能够求出某个结点 $v$ 到图 $G$ 的其余各结点的最短路径。

设 $G=<V,E>$，其中 $V=\{v_1,v_2,\cdots,v_{n-1},v_n\}$，下面先给出相关定义：

**定义 7.9.1** 给定有向图 $G=\langle V,E\rangle$，设 $V=\{v_1,v_2,\cdots,v_{n-1},v_n\}$。如果给每一条有向边 $e=\langle v_i,v_j\rangle$ 赋一个非负实数权 $w_{ij}$，则称图 $G$ 为有向网络。

**定义 7.9.2** 给定有向网络 $G=\langle V,E\rangle$，设 $V=\{v_1,v_2,\cdots,v_{n-1},v_n\}$。定义 $G$ 的距离矩阵 $D_{n\times n}=(d_{ij})_{n\times n}$，其中

$$d_{ij}=\begin{cases} w_{ij} & e=\langle v_i,v_j\rangle\in E \\ \infty & \text{其他} \end{cases}。$$

**定义 7.9.3** 给定有向网络 $G=\langle V,E\rangle$，设 $V=\{v_1,v_2,\cdots,v_{n-1},v_n\}$。定义有向路径 $T=v_{i_1},v_{i_2},\cdots,v_{i_k}$ 的带权路径长度为

$$d(T)=\sum_{j=1}^{k-1} w_{i_j i_{j+1}},$$

若结点 $v_i$ 可达 $v_j$，则称 $v_i$ 到 $v_j$ 的所有有向路径中具有最小带权路径长度的路径为 $v_i$ 到 $v_j$ 的最短路径，$v_i$ 到 $v_j$ 的最短路径的带权路径长度称为 $v_i$ 到 $v_j$ 的最短距离。

**定理 7.9.1** 给定有向网络 $G=\langle V,E\rangle$ 如图 7-59 所示，设 $V=\{v_1,v_2,\cdots,v_{n-1},v_n\}$，若路径 $v_1,v_2,\cdots,v_{k-1},v_k$ 是 $v_1$ 到 $v_k$ 的最短路径，则路径 $v_1,v_2,\cdots,v_{k-1}$ 是 $v_1$ 到 $v_{k-1}$ 的最短路径。

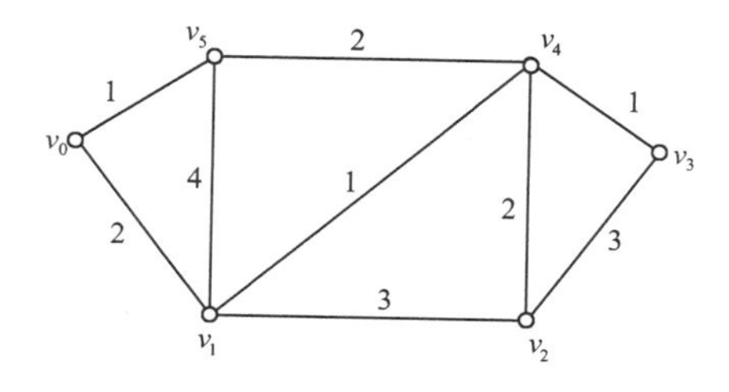

图 7-59 Dijkstra 算法描述图

Dijkstra 算法描述如下：

设 $S$ 表示已经求得的从 $v_0$ 出发的最短路径的终点的集合，一维数组的分量 $D$ 表示当前所发现的从起始点 $v_0$ 到每个终点的最短路径。

(1)令 $S=\varnothing, D(v_0)=0, D(v_i)=\infty, i=1,2,\cdots,n$；

(2)如果 $v_j \in S$，转到步骤(5)，算法结束；

(3)选择使得 $D(u)$ 最小的 $u \in V-S$，令 $S=S\cup\{u\}$。对所有的 $v \in V-S$，令 $D(v)=\min\{D(v), D(u)+w(u,v)\}$；

(4)返回步骤 2 起始处，重复步骤(2)、(3)共 $n-1$ 次；

(5)计算从 $v_0$ 到 $v_j$ 的最短路径的权值。

【例 7-37】 用 Dijkstra 算法求图中结点 $v_0$ 到 $v_3$ 的最短路径。

**解** 在表 7-2 中列出了通过应用 Dijkstra 算法求解过程的各个步骤，可得到结点 $v_0$ 到 $v_3$ 的最短路径为 4。

通过应用上述表格，我们可以寻找从结点 $v_0$ 到 $v_3$ 的最短路径：$v_3$ 与 $v_4$ 相邻，$v_4$ 与 $v_5$ 相邻，$v_5$ 与 $v_0$ 相邻。这样可以从 $v_3$ 逆向追踪，求得从顶点 $v_0$ 到 $v_3$ 的最短路径为 $=v_0v_5v_4v_3$，对应的路径长度为 4。

表 7-2 最短路径的求解步骤

| 步骤 | S | $D(v_0)$ | $D(v_1)$ | $D(v_2)$ | $D(v_3)$ | $D(v_4)$ | $D(v_5)$ |
|---|---|---|---|---|---|---|---|
| 0 | $\varnothing$ | 0 | $\infty$ | $\infty$ | $\infty$ | $\infty$ | $\infty$ |
| 1 | $\{v_0\}$ | | 2 | $\infty$ | $\infty$ | $\infty$ | 1 |
| 2 | $\{v_0,v_5\}$ | | 2 | $\infty$ | $\infty$ | 3 | |
| 3 | $\{v_0,v_5,v_1\}$ | | | 5 | $\infty$ | 3 | |
| 4 | $\{v_0,v_5,v_1,v_4\}$ | | | 5 | 4 | | |
| 5 | $\{v_0,v_5,v_1,v_4,v_3\}$ | | | 5 | | | |
| 6 | $\{v_0,v_5,v_1,v_4,v_3,v_2\}$ | | | | | | |

## 本章小结

图论是一门具有实用价值的独立学科，有广泛的研究课题，在语言学、逻辑学、物理化学、信息学以及通信工程等方面有广泛的应用，在计算机开关理论与逻辑设计、数据结构等方面起重要作用。本章主要内容包括：图的基本概念及图的矩阵表示、欧拉图、哈密尔顿图、平面图、对偶图与着色、树与生成树、根树及其应用。其中，图与图的矩阵表示、平面图、对偶图与着色、树与生成树是重点。

## 习 题

1. 证明在任何有向图中，所有结点的入度之和等于所有结点出度之和。

2. 证明在任何有向完全图中，所有结点入度平方之和等于所有结点出度的平方之和。

3. 证明以下问题：

(1)证明在 $n$ 个结点的无向完全图中共有 $\frac{1}{2}n(n-1)$ 条边。

(2)证明在 $n$ 个结点的有向简单图中最多只有 $n(n-1)$ 条边。

(3)证明 $n$ 个结点的简单无向图中，至少有两个结点次数相同，这里 $n\geqslant 2$。

4. 设 $G$ 是 $n$ 阶自补图，证明 $n=4k$ 或 $n=4k+1$，其中 $k$ 为正整数。

5. 已知 $n$ 阶无向简单图 $G$ 有 $m$ 条边，试求 $G$ 的补图 $\overline{G}$ 的边数 $m$。

6. $n$ 个城市用 $k$ 条公路的网络连接（一条公路定义为两个城市间的一条不穿过任何中间城市的道路），证明如果 $k>\frac{1}{2}(n-1)(n-2)$，则人们总能通过连接的公路，在任何两个城市间旅行。

7. 证明图 7-60 的两个图形是不同构的。

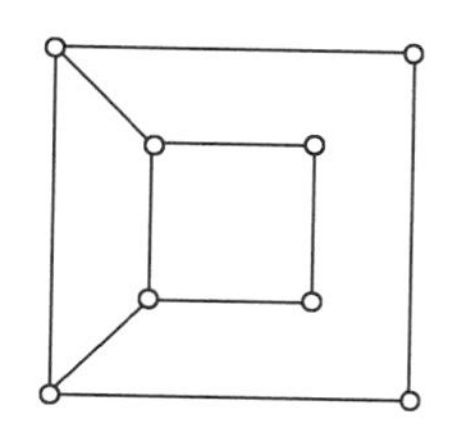
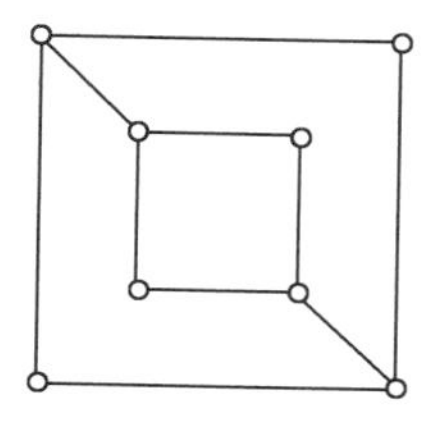

图 7-60 7 题图

8. 下面的 $K_6$ 代表无向完全图。

(1)给一个 $K_6$ 的边涂上红色或蓝色，证明：对于任意一种涂法，要么有一个红色 $K_3$（一个 $K_3$ 的所有边涂上红色），要么有一个蓝色的 $K_3$。

(2)用(1)的结论证明：6 人的人群中间，或者有 3 个相互认识的，或者有 3 个彼此陌生的。

9. 设 $a,b,c,d,e,f,g$ 分别表示 7 个人，已知：$a$ 会讲英语，$b$ 会讲汉语和英语，$c$ 会讲英语、意大利语和俄语，$d$ 会讲日语和汉语，$e$ 会讲德语和意大利语，$f$ 会讲法语、日语和俄语，$g$ 会讲法语和德语。试问这 7 个人可以交谈吗？（必要时，可借助别人翻译）

10. 若简单图有 $2n$ 个结点，每个结点的度数至少为 $n$，证明此图为连通图。

11. 若简单图 $G$ 有 $n$ 个结点，$m$ 条边，如果 $m>\frac{(n-1)(n-2)}{2}$，证明：图 $G$ 是连通图。

12. 设无向图有 11 条边，其中有 2 个 4 度点，3 个 3 度点，如果此图是连通图，问：图中最少有几个结点？最多有几个结点？并画出最少结点图和最多结点图各一个。

13. 如图 7-61 所示，试给出从 $v_1$ 到 $v_3$ 的 3 种不同的基本路径。$v_1$ 到 $v_3$ 之间的距离是多少？找出图中所有基本回路。

图 7-61 13 题图

14. 画出满足下列条件的无向简单图各一个：

(1)具有偶数个点、偶数条边的欧拉图。

(2)具有奇数个点、奇数条边的欧拉图。

(3)具有奇数个点、偶数条边的欧拉图。

(4)具有偶数个点、奇数条边的欧拉图。

15. 当 $n$ 取什么值时，无向完全图 $K_n$ 是欧拉图？

16. 设图 $G$ 是具有 8 个结点的无向简单图，如果图 $G$ 是欧拉图，问：在图 $G$ 中最多有几条边？

17. 画出两种不同构的具有 7 个结点、9 条边的欧拉图（要求画出的图是简单图）。

18. 画一个无向简单图，使其满足下列条件：

(1)是欧拉图又是哈密尔顿图。

(2)是欧拉图但不是哈密尔顿图。

(3)是哈密尔顿图但不是欧拉图。

(4)不是欧拉图也不是哈密尔顿图。

19. 如果 $G$ 是二部图，有 $n$ 个结点，$m$ 条边，证明：$m\leqslant\frac{n^2}{4}$。

20. 有甲、乙、丙、丁四位教师，分配他们教数学、物理、电工和计算机原理四门课程。甲能教物理和电工，乙能教数学和计算机原理，丙能教数学、物理和电工，丁只能教电工，对他们的工作怎样分配？

21. 编写一个程序打印出 $G$ 中每个结点的度数。

22. 编写一个程序打印出 $G$ 的 $6\times6$ 邻接矩阵。

23. 一棵树有 $n_i$ 个度数为 $i$ 的结点，$i=2,3,4,\cdots,k$，问它有多少个度数为 1 的结点？

24. 设无向图 $G$ 是森林，证明 $G$ 中无回路并且 $m=n-p$ 这里 $m$、$n$、$p$ 分别是 $G$ 中的结点数、边数和连通分支数。

25. 证明：正整数序列$(d_1,d_2,\cdots,d_n)$是一棵树的结点的度数序列的充分必要条件是

$$\sum_{i=1}^{n}d_i=2(n-1)。$$

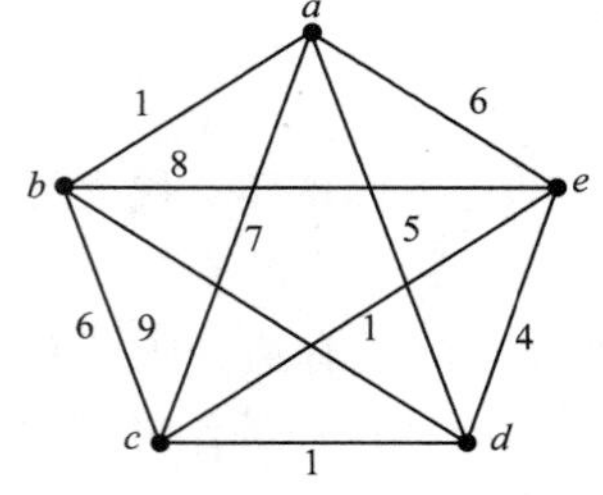


图 7-62　27 题图

26. 画出具有 7 个结点的所有非同构的树。

27. 用避圈法求图 7-62 所示的一棵最小生成树。

28. 一个有向图 $G$，仅有一个结点入度为 0，其余所有结点的入度均为 1，$G$ 一定是根树吗？

29. 证明：树是一个偶图。

30. $n$ 为何值时，无向完全图 $K_n$ 是欧拉图？$n$ 为何值时，无向完全图 $K_n$ 仅存在欧拉通路而不存在欧拉回路？

31. 设 $G$ 是具有 $k$ 个奇度数结点的无向连通图，那么，最少要在 $G$ 中添加多少条边才能使 $G$ 具有欧拉回路？

32. 在 $8\times8$ 黑白相间的棋盘上跳动一只马，不论跳动方向如何，要使这只马完成每一种可能的跳动恰好一次，问这样的跳动是否可能？（一只马跳动一次是指从 $2\times3$ 黑白方格组成的长方形的一个对角跳到另一个对角上）

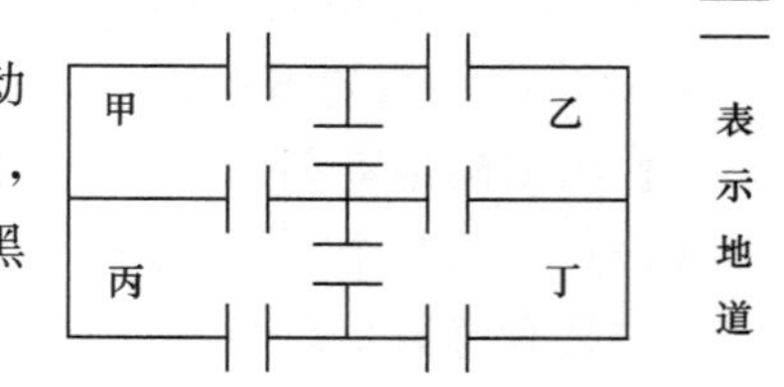


图 7-63　33 题图

33. 如图 7-63 所示，四个村庄下面各有一个防空洞甲、乙、丙、丁，相邻的两个防空洞之间有地道相通，并且每个防空洞各有一条地道与地面相通，问能否每条地道恰好走过一次，既无重复也无遗漏？

34. 今有 $n(n\geqslant3)$个人，已知他们中的任何两个人合起来认识其余 $n-2$ 个人。证明这 $n$ 个人可以排成一行，使得除排头和排尾外，其余每个人均认识他两旁的人。当 $n\geqslant4$ 时，这 $n$ 个人可以排成一个圆圈，使得每个人都认识他两旁的人。

35. 试通过二叉树为字母集 $\{a,b,c,d,e,f,g,h\}$ 编制一组前缀码。

36. 有六个城市 $C_1,C_2,\cdots,C_6$，两个城市 $C_i$ 和 $C_j(1\leqslant i\leqslant 6,1\leqslant j\leqslant 6)$ 间班机旅费由以下矩阵 $P=[p_{ij}]_{6\times 6}$ 的 $p_{ij}$ 表示（∞表示两个城市之间无航班）。

$$P=\begin{pmatrix} 0 & 50 & \infty & 40 & 25 & 10 \\ 50 & 0 & 15 & 20 & \infty & 25 \\ \infty & 15 & 0 & 10 & 20 & \infty \\ 40 & 20 & 10 & 0 & 10 & 25 \\ 25 & \infty & 20 & 10 & 0 & 55 \\ 10 & 25 & \infty & 25 & 55 & 0 \end{pmatrix}$$

用 Dijkstra 算法求出从 $C_1$ 到其余各个城市旅费最少的旅游路线。

## 上机实践

1. 构造最优二叉树算法

(1)功能：给定一个正整数序列 $w_1,w_2,\cdots,w_n$，它们是 $n$ 个结点的对应权值。要求构造一棵以 $k_1,k_2,\cdots,k_n$ 为树叶的最优二叉树。

(2)基本思想

一棵具有 $n$ 片树叶的完全二叉树，必有 $n-1$ 个内结点，所以它一定是一棵具有 $2n-1$ 个结点的完全二叉树。

① 根据给定的 $n$ 个权值 $\{w_1,w_2,\cdots,w_n\}$ 构造 $n$ 棵二叉树的集合 $F=\{T_1,T_2,\cdots,T_n\}$，其中 $T_i$ 中只有一个权值为 $w_i$ 的根结点，左右子树为空；

② 在 $F$ 中选取两棵根结点的权值为最小的数作为左、右子树以构造一棵新的二叉树，且置新二叉树的根结点的权值为左、右子树上根结点的权值之和；

③ 将新的二叉树加入到 $F$ 中，删除原两棵根结点权值最小的树；

④ 重复(2)和(3)直到 $F$ 中只含一棵树为止，这棵树就是最优二叉树。

(3)算法描述

```
#include "stdio.h"
#include "stdlib.h"
#define m 100
struct ptree                              //定义二叉树结点类型
{
    int w;                                //定义结点权值
    struct ptree *lchild;                 //定义左子结点指针
    struct ptree *rchild;                 //定义右子结点指针
};

struct pforest                            //定义链表结点类型
{
    struct pforest *link;
    struct ptree *root;
```

```
};

int WPL=0;                          //初始化 WTL 为 0
struct ptree *hafm();
void travel();
struct pforest *inforest(struct pforest *f,struct ptree *t);

void travel(struct ptree *head,int n)
{
  //为验证 harfm 算法的正确性进行的遍历
  struct ptree *p;
  p=head;
  if(p! =NULL)
  {
    if((p->lchild)==NULL &&(p->rchild)==NULL)//如果是叶子结点
    {
      printf("%d ",p->w);
      printf("the hops of the node is: %d\n",n);
      WPL=WPL+n*(p->w);     //计算权值
  }//if
  travel(p->lchild,n+1);
  travel(p->rchild,n+1);
  }//if
}//travel

struct ptree *hafm(int n,int w[m])
{
  struct pforest *p1,*p2,*f;
  struct ptree *ti,*t,*t1,*t2;
  int i;
  f=(pforest *)malloc(sizeof(pforest));
  f->link=NULL;
}
for(i=1;i<=n;i++)                   //产生 n 棵只有根结点的二叉树
{
    ti=(ptree*)malloc(sizeof(ptree));  //开辟新的结点空间
    ti->w=w[i];                     //给结点赋权值
    ti->lchild=NULL;
    ti->rchild=NULL;
    f=inforest(f,ti);
    //按权值从小到大的顺序将结点从上到下地挂在一棵树上
}//for
while(((f->link)->link)! =NULL)//至少有两棵二叉树
```

```
{
    p1=f->link;
    p2=p1->link;
    f->link=p2->link;               //取出前两棵树
    t1=p1->root;
    t2=p2->root;
    free(p1);                       //释放 p1
    free(p2);                       //释放 p2
    t=(ptree *)malloc(sizeof(ptree));//开辟新的结点空间
    t->w=(t1->w)+(t2->w);           //权相加
    t->lchild=t1;
    t->rchild=t2;                   //产生新二叉树
    f=inforest(f,t);
    }//while
    p1=f->link;
    t=p1->root;
    free(f);
    return(t);                      //返回 t
  }                                 //endwhile

pforest *inforest(struct pforest *f,struct ptree *t)
{
  //按权值从小到大的顺序将结点从上到下地挂在一棵树上
  struct pforest *p, *q, *r;
  struct ptree *ti;
  r=(pforest *)malloc(sizeof(pforest));//开辟新的结点空间
  r->root=t;
  q=f;
  p=f->link;
  while(p! =NULL)                   //寻找插入位置
  {
    ti=p->root;
    if(t->w>ti->w)                  //如果 t 的权值大于 ti 的权值
    {
        q=p;
        p=p->link;                  //p 向后寻找
    }//if
    else
      p=NULL;                       //强迫退出循环
  }//while
  r->link=q->link;
  q->link=r;                        //r 接在 q 的后面
  return(f);                        //返回 f
```

```
}

void InPut(int &n,int w[m])
{
  printf("please input the sum of node\n");    //提示输入结点数
  scanf("%d",&n);          //输入结点数
  printf("please input weight of every node\n");    //提示输入每个结点的权值
  for(int i=1;i<=n;i++)
  scanf("%d",&w[i]);                    //输入每个结点权值
}

int main()
{
  struct ptree  * head;
  int n,w[m];
  InPut(n,w);
  head=hafm(n,w);
  travel(head,0);
  printf("The length of the best path is WPL=%d",WPL);   //输出最佳路径权值之和
  return 1;
}
```

2. 最小生成树的避圈法算法。

(1)功能:给定无向连通加权图,能构造出一棵最小生成树。

(2)基本思想:

①设 $n$ 阶无向连通带权图 $G=(V,E,W)$ 有 $m$ 条边。不妨设 $G$ 中没有环(否则,可以将所有的环先删除),将 $m$ 条边按权值从小到大顺序排列,设为 $e_1,e_2,\cdots,e_m$;

②在 $T$ 中取 $e_1$,然后依次检查 $e_2,e_3,\cdots,e_m$,若 $e_j(j=2,3,\cdots,m)$与 $T$ 中的边不能构成回路,则取 $e_j$ 在 $T$ 中,否则弃去 $e_j$;

③算法停止时得到的 $T$ 为 $G$ 的最小生成树。

(3)算法实现

```
#include<stdio.h>
#define SIZE 1001
int m,n,father[SIZE],rank[SIZE];

struct bian
{
  int x,y,n;
}[SIZE * SIZE];

bool compare(struct bian x,struct bian y)
{
  return(x.n<y.n);
```

```
}

int fa(int i)
{
  if(father==i)        return i;
  father=fa(father);
  return father;
}

void combine(int x,int y)
{
  father[y]=x;
  if(rank[x]==rank[y])
    rank[x]++;
}

void tackle(int x,int y)
{
  if(rank[x]>rank[y])
    combine(x,y);
  else
    combine(y,x);
}

void kruskal()
{
  int i,j,t;
  sort(l+1,l+m+1,compare);      //边排序
  for(t=i=1;t<n;i++)       //t 为并入点数
    if(fa(l.x)! =fa(l.y))      //是否在一个集合
    {
      printf("%dt%d<-->%dt%dn",t,l.x,l.y,l.n);      //输出此边
      t++;
      tackle(father[l.x],father[l.y]);      //更新
    }
}

main()
{
  int i;
  for(;scanf("%d%d",&m,&n)! =EOF;)
    {
      for(i=1;i<=m;i++)      //边数
```

```
        scanf("%d%d%d",&l.x,&l.y,&l.n);       //若有重边还需另加判断
        for(i=1;i<=n;i++)      father=i;      //并查集初始化
        memset(rank,0,sizeof(rank));
        kruskal();
    }
    return 0;
}
```

## 阅读材料

### 图论的历史

图论是以图为研究对象的数学分支。图论中的图指的是一些结点以及连接这些点的线的总体。通常用结点代表事物,用连接两结点的线代表事物间的关系。图论则是研究事物对象在上述表示法中具有的特征与性质的学科。

在自然界和人类社会的实际生活中,用图形来描述和表示某些事物之间的关系既方便又直观。例如,国家用结点表示,有外交关系的国家用线连接代表这两个国家的结点,于是世界各国之间的外交关系就被一个图形描述出来了。另外我们常用工艺流程图来描述某项工程中各工序之间的先后关系,用网络图来描述某通讯系统中各通讯站之间信息传递关系,用开关电路图来描述 IC 中各元件电路导线连接关系等等。

事实上,任何一个包含了某种二元关系的系统都可以用图形来模拟。由于我们感兴趣的是两对象之间是否有某种特定关系,所以图形中两结点之间连接与否最重要,而连接线的曲直长短则无关紧要。由此经数学抽象产生了图的概念。研究图的基本概念和性质、图的理论及其应用构成了图论的主要内容。

图论的产生和发展经历了二百多年的历史,大体上可分为三个阶段:

第一阶段是从 1736 年到 19 世纪中叶。当时的图论问题是盛行的迷宫问题和游戏问题。最有代表性的是著名数学家欧拉于 1736 年解决的哥尼斯堡七桥问题。

东普鲁士的哥尼斯堡城(现今是俄罗斯的加里宁格勒,在波罗的海南岸)位于普雷格尔(Pregel)河的两岸,河中有一个岛,于是城市被河的分支和岛分成了四个部分,各部分通过 7 座桥彼此相通。如同德国其他城市的居民一样,该城的居民喜欢在星期日绕城散步。于是产生了这样一个问题:从四部分陆地任一块出发,按什么样的路线能做到每座桥经过一次且仅一次返回出发点。这就是有名的哥尼斯堡七桥问题(图 7-64)。

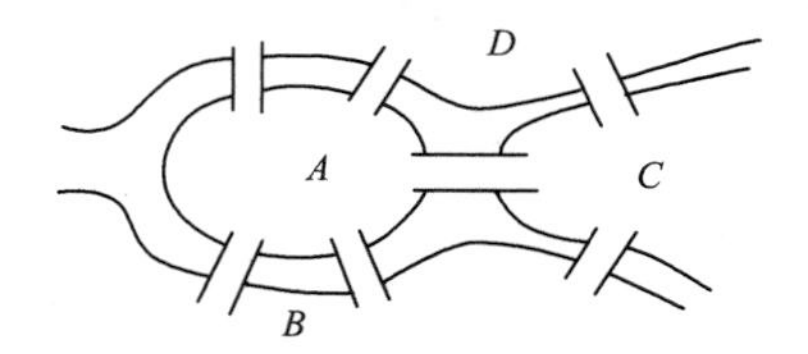


图 7-64

哥尼斯堡七桥问题看起来不复杂,因此立刻吸引了所有人的注意,但是实际上是很难解决。

欧拉在 1736 年发表的“哥尼斯堡七桥问题”的文章中解决了这个问题。这篇论文被公

认是图论历史上的第一篇论文，欧拉也因此被誉为“图论之父”。

欧拉把七桥问题抽象成数学问题——一笔画问题，并给出一笔画问题的判别准则，从而判定七桥问题不存在解。欧拉是这样解决这个问题的：将四块陆地表示成四个点，桥看成是对应结点之间的连线，则哥尼斯堡七桥问题就变成了：从 $A$，$B$，$C$，$D$ 任一点出发，通过每边一次且仅一次返回原出发点的路线（回路）是否存在？欧拉证明这样的回路是不存在的（图 7-65）。

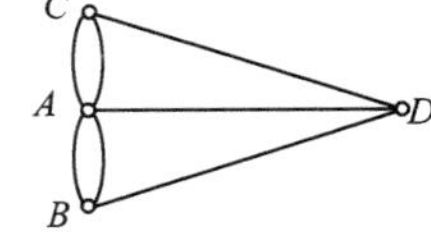

图 7-65

第二阶段是从 19 世纪中叶到 1936 年。图论主要研究一些游戏问题：迷宫问题、博弈问题、棋盘上马的行走线路问题。一些图论中的著名问题如四色问题（1852 年）和 Hamilton 环游世界问题（1856 年）也大量出现。同时出现了以图为工具去解决其他领域中一些问题的成果。1847 年德国的克希霍夫将树的概念和理论应用于工程技术的电网络方程组的研究。1857 年英国的凯莱（A. Cayley）也独立地提出了树的概念，并应用于有机化合物的分子结构的研究中。1936 年匈牙利的数学家哥尼格（D. Konig）写出了第一本图论专著《有限图与无限图的理论》（Theory of directed and Undirected Graphs）。标志着图论作为一门独立学科的诞生。

第三阶段是 1936 年以后。由于生产管理、军事、交通运输、计算机和通讯网络等方面的大量问题的出现，大大促进了图论的发展。特别是电子计算机的大量应用，使大规模问题的求解成为可能。实际问题如电网络、交通网络、电路设计、数据结构以及社会科学中的问题所涉及的图形都是很复杂的，需要计算机的帮助才有可能进行分析和解决。目前图论在物理、化学、运筹学、计算机科学、电子学、信息论、控制论、网络理论、社会科学及经济管理等几乎所有学科领域都有应用。

# 参考文献

[1] 左孝凌,李为监,刘永才. 离散数学[M]. 上海:上海科学技术文献出版社,1982.

[2] 李盘林,李丽双,赵铭伟等. 离散数学(第 3 版)[M]. 北京:高等教育出版社,2016.

[3] 屈婉玲,耿素云,张立昂. 离散数学(第 3 版)[M]. 北京:清华大学出版社,2014.

[4] 屈婉玲,耿素云,张立昂. 离散数学习题解答与学习指导(第 3 版)[M]. 北京:清华大学出版社,2014.

[5] 徐凤生. 离散数学及其应用(第 2 版)[M] . 北京:机械工业出版社,2022.

[6] 王庆先,顾小丰,王丽杰. 离散数学[M]. 北京:人民邮电出版社,2022.

[7] Kenneth H. Rosen. Discrete Mathematics and Its Applications[M]. 8th ed(影印版). 北京:机械工业出版社,2022.

[8] 周晓聪,乔海燕. 离散数学基础[M]. 北京:清华大学出版社,2021.

[9] 刘铎. 离散数学及应用(第 2 版)[M]. 北京:清华大学出版社,2018.

[10] 廉师友. 人工智能导论[M]. 北京:清华大学出版社,2020.

[11] 李未. 数理逻辑 :基本原理与形式演算[M] . 北京:科学出版社,2008.